中国大型交通枢纽建设与运营实践丛书

北京大兴国际机场规划设计

刘春晨 主编

·上海·

本书编委会

主　　编：刘春晨
副 主 编：宋　鸥　蔡　颢
执行主编：李勇兵　马　力　吴志晖

编写人员：
首都机场集团有限公司
姚晏斌　宣　颖　武　龙　马家骏　李荣荣　李美华　杨承恩

首都机场集团有限公司北京大兴国际机场
潘　建　杜晓鸣　王毓晓　丁艳雯　何　旭　庞俊潇　于　跃

首都机场集团有限公司北京建设项目管理总指挥部
易　巍　何　彬　赵建明　张小乐　田　涛　郭树林　董家广

中国民航机场建设集团有限公司
吴松华　姬莉莉　陈望春　姚忠举　殷祥瑞　李振楠　刘丹丹　于　勇　庞年华　路海锋　余　虔　王　硕　张　昆

北京市建筑设计研究院有限公司
王晓群　王亦知　崔屹岩　门小牛

北京市市政工程设计研究总院有限公司
李　巍　武彦杰　安　邦

中国中元国际工程有限公司
田孟晋　赵习习　贺继超

同济大学复杂工程管理研究院
何清华　谢坚勋　王　歌　陈　震　陈小燕　张宗玮　江书睿　董　杰

序言 Foreword

　　北京大兴国际机场为国家重大建设工程。在新发展理念的指引下，北京大兴国际机场建成投运，其规划设计理念与实践更是吸引全球目光、赢得广泛赞誉，既为中国民航未来机场规划设计提供了创新发展模式和实践案例典范，也向全世界展现了中国工程建设的超强综合实力。

　　自古以来，大小工事在于人事。一项工程得以顺利落成并成功投用的基础是高质量的规划设计。北京大兴国际机场的规划设计创造了多项世界之最，如世界最大的机场航站楼综合体、世界最大机场钢屋盖、世界首个"双进双出"航站楼、世界首个高铁下穿的航站楼，在智慧机场、绿色机场建设方面也走在世界前列，成为一座代表新时代、新水平的新机场，被国外媒体誉为"世界新七大奇迹之首"。

　　北京大兴国际机场规划设计充分体现了人本设计理念，以传统文化精髓、中国服务内涵、特色人文理念为精神源头，让人文关怀贯穿始终，将机场建设成为有活力有温度的温馨港湾。航站楼采用了五指廊构型设计，旅客从航站楼中心到最远登机口的步行时间不超过 8 min，极大提高了出行效率；安全舒适的旅行保障，智慧出行体验，无障碍系统设计乃至大量公共艺术的引入等，无不体现规划设计者"以旅客为中心"的匠心精神。

　　北京大兴国际机场规划设计充分体现了绿色设计理念，坚持服务生态文明建设与可持续发展，在注重工程功能和经济效益的同时，还兼顾了生态效益、社会效益。通过节约、集约利用资源，不断提高机场绿色低碳水平；创新跑道构型设计，引领国内飞行区设计新方向，有效降低飞机起降能耗；打造了国内首个同时获得绿色建筑三星级、节能建筑 AAA 级的航站楼样板工程。

　　北京大兴国际机场规划设计深度应用了数字设计技术，无论是航站区设计，还是飞行区设计，乃至综合交通系统规划，空地一体化仿真模拟技术、航站楼 BIM 数字孪生技术、AirPort 3.0 智慧机场信息规划技术在北京大兴国际机场大显身手，通过综合应用大数据和人工智能等数字化工具，实现了机场规划设计由粗放向精细、由传统向智慧、由追赶向引领的转变，创造了数字时代的工程奇迹。

北京大兴国际机场的规划设计管理实现了大型工程管理模式创新，树立了工程管理实践上新的里程碑。通过本书总结，北京大兴国际机场"一个目标、二元治理、三级组织、四型机场、五项理念、六项机制"的规划设计管理模式跃然纸上，打造了民航机场工程规划设计管理新的典范案例。

当前及今后一段时期，机场规划设计逐步呈现服务个性化、设施智慧化、交通综合化和港城一体化等发展趋势，面临新的机遇和挑战。北京大兴国际机场工程建设的管理者、规划设计者和研究者认真贯彻落实习近平总书记关于打造"四个工程"、建设"四型机场"的重要指示精神，紧跟时代发展脉搏，以大兴机场规划设计实践为主题，全景式展现了大兴机场前瞻性、创新性的规划设计及其管理的全过程，为机场建设领域宏观层面研判战略布局、区域关系与功能定位，中观层面洞悉城市与行业发展趋势，微观层面把握规划设计管理策略，提供了宝贵的理论支撑和经验参考。

在大兴机场投运 5 周年之际，本书的出版是对其规划设计及管理经验的再回顾、再沉淀、再升华，期待能够为中国民航机场规划建设乃至全国重大工程规划设计的理论研究和管理实践提供有益启示，是以欣然为序。

中国工程院院士
同济大学原副校长
2024 年 9 月

前 言 | Preface

2019年金秋,在古都北京城市中轴线延长线的南端腾飞起一只"金色的凤凰"——北京大兴国际机场,它承载着中国民航人的百年希冀,它是无数建设者辛勤劳动、共同努力、高质量打造的"世界工程新奇迹"。北京大兴国际机场(以下简称"大兴机场")作为新时代超级工程,不仅缓解了北京首都国际机场(以下简称"首都机场")的运行压力,还有力支撑了京津冀地区的协同发展,成为展现国家形象的新国门和国家发展的新动力源。

随着我国社会经济发展和居民收入水平提高,航空出行需求持续增长,首都机场经历了三次大规模扩建,但仍难以有效满足首都地区人民的出行需求,新机场的建设势在必行。历经十余年反复选址论证和国家立项,大兴机场建设项目终于启动。在首都机场集团有限公司(以下简称"集团公司")的领导下,北京新机场建设指挥部(以下简称"指挥部")组织规划设计团队通力协作,走出了一条以自主创新支撑高质量规划设计的奋进之路,闪耀着大国"工匠精神"的光芒。规划设计工作位于工程价值曲线的顶端,决定了工程价值创造的潜力。规划设计阶段不仅涉及项目功能和美学的追求,更关乎工程价值的可持续实现。大兴机场的规划设计实践在集团公司和指挥部的引领与统筹下,以前瞻性的研判和一系列创新技术的应用,为工程的高效实施和卓越运营奠定了坚实的基础。通过本书,我们将"全景式"呈现大兴机场的规划设计过程,揭示其在这一重大工程实施中的核心地位和深远影响。

本书编写的重要策略是通过实践界和理论界的"对话",使"渗透"在大兴机场规划设计中的思想"现身",进而构建出一种具有相对普适性的管理"模式"。通过这种策略,本书凝练出"一个目标、二元治理、三级组织、四型机场、五项理念、六项机制"的规划设计管理模式。其中"一个目标"指的是建设标杆工程目标,"二元治理"指的是政府与市场协同运作的重大工程项目治理特色,"三级组织"体系包括规划设计管理方面的决策层组织体系、管理层组织体系与实施层组织体系,"四型机场"指贯彻落实民航局提出的平安机场、绿色机场、智慧机场和人文机场设计目标,"五项理念"分别为建设运营一体化理念、价值交付理念、协同共创理念、迭代学习理念、4D设计统筹理念,"六项机制"包括规划设计决策机制、规划设计统筹机制、规划设计协调机制、规划设计迭代优化机制、规划设计综合管控机制和跨边界、平台化的开放自主设计机制。结合北京大兴国际机场工程规划设计及管理过程的工程实践,本书在第 4 章中还阐述了标杆示范理念、综合集成管理理念和创新发展理念及其应用;在第 5 章中还阐述了规划设计评审论证机制及其应用等相关内容。考虑到这三项理念和一项机制在大型工程规划设计管理中的通用性较强,为更好地提炼北京大兴国际机场规划设计的管理特色,本书未将其纳入北京大兴国际机场规划设计的管理模式中。本书既是对大兴机场规划设计及管理工作的全面回顾,也是对大型机场规划设计工作思想和规律的集体性认知,它将帮助我们以大兴经验的同一性与独特性为支撑,在新的历史方位与起点上启迪大型机场规划设计的发展道路。

本书是技术和管理思维的一种结合,在反映规划设计工作技术性全貌的同时也刻画了规划设计工作背后的管理策略,以期对我国未来的大型机场建设提供启示。全书包括管理篇、规划篇、设计篇和展望篇。管理篇对应于第 1 章至第 6 章,主要涉及大兴机场规划设计管理概况、研究思路与文献综述、规划设计管理组织、规划设计管理理念、规划设计管理机制和规划设计管理成效。规划篇对应于第 7 章至第 9 章,主要涉及机场选址、决策研究、机场规划。设计篇对应于第 10 章至第 12 章,主要涉及航站区设计、飞行区设计、配套工程设计。展望篇对应于第 13 章至第 14 章,主要涉及规划设计经验与创新、规划设计与管理展望。

在本书的撰写过程中,我们广泛收集并学习了大兴机场规划设计管理方面的文献、档案资料,吸收了规划设计实践者、管理者、决策者和研究者的真知灼见,是集体智慧的结晶,在此向他们致以崇高的敬意和真挚的感谢。

2018 年 9 月 14 日,北京新机场名称确定为"北京大兴国际机场",为方便读者阅读,除会议名称、机构名称、报告文件等保留"北京新机场"名称以外,其他各处本书均统称为北京大兴国际机场,简称"大兴机场"。本书将中国民用航空局(含原中国民用航空总局)简称为"民航局"。

限于编著者的水平,书中难免存在谬误之处,诚请读者批评指正。

本书编写组

时任民航局局长冯正霖出席北京大兴国际机场首航仪式(来源:中国民航报社)

北京大兴国际机场建设现场

北京大兴国际机场航站楼 C 形柱设计

北京大兴国际机场行业验收总验及使用许可终审通报大会

目录 Contents

序言
前言

第一篇　管理篇

第1章　规划设计管理概况　3

1.1　工程概况　3
1.2　规划设计历程　7
1.3　规划设计管理目标与意义　8
1.4　规划设计管理基本内容　11

第2章　研究思路与文献综述　13

2.1　规划设计管理研究思路　13
2.2　规划设计管理文献梳理　16
2.3　现有研究述评　24

第3章　规划设计管理组织　26

3.1　大兴机场规划设计决策组织　26
3.2　大兴机场规划设计管理组织　30

3.3　大兴机场规划设计实施组织　　36

第 4 章　规划设计管理理念　　45

4.1　综合集成管理理念　　45
4.2　建设运营一体化理念　　47
4.3　价值交付理念　　50
4.4　协同共创理念　　53
4.5　迭代学习理念　　55
4.6　创新发展理念　　57
4.7　标杆示范理念　　60
4.8　4D 设计统筹理念　　61

第 5 章　规划设计管理机制　　63

5.1　规划设计决策机制　　63
5.2　规划设计统筹机制　　65
5.3　规划设计协调机制　　67
5.4　规划设计迭代优化机制　　69
5.5　规划设计评审论证机制　　70
5.6　规划设计综合管控机制　　71
5.7　跨边界、平台化的开放自主设计机制　　73

第 6 章　规划设计管理成效　74

6.1　规划设计目标实现情况　74

6.2　规划设计创优创新成效　75

6.3　运营成效　77

第二篇　规划篇

第 7 章　机场选址　83

7.1　机场选址综述　83

7.2　初步定位研究　86

7.3　市场需求分析　87

7.4　场址论证　89

7.5　选址特色及亮点　91

第 8 章　决策研究　94

8.1　机场建设程序　94

8.2　综合交通规划研究　96

8.3　智慧机场规划研究　113

8.4　绿色机场规划研究　124

8.5　全场雨水系统规划研究　138

第 9 章　机场规划　150

9.1　总体规划综述　150

9.2　大兴机场定位　155

9.3　跑道构型演变　157

9.4　航站区规划　161

9.5　空地一体化仿真模拟　167

9.6　控制性详细规划　171

第三篇　设计篇

第 10 章　航站区设计　187

10.1　航站区方案历程　187
10.2　航站区设计综述　192
10.3　数字时代的工程奇迹　204
10.4　面向未来的绿色航站楼　240
10.5　以旅客为中心　244
10.6　行李处理系统设计　250

第 11 章　飞行区设计　259

11.1　飞行区设计综述　259
11.2　飞行区总平面优化设计　262
11.3　地基沉降及应对措施　264
11.4　低能见度运行设施设计　274
11.5　飞行区道桥工程　280
11.6　绿色设计　283
11.7　创新设计探索　286

第 12 章　配套工程设计　289

12.1　配套工程设计综述　289
12.2　以人为本的交通组织设计　292
12.3　功能与景观兼顾的桥梁设计　300
12.4　新一代雨洪管理的海绵建设　305
12.5　公用配套设施系统的构建　310
12.6　高效有序的货运区设计　333

第四篇　展望篇

第 13 章　大兴机场规划设计经验与创新　347

13.1　大兴机场规划设计经验　347
13.2　大兴机场规划设计创新　350
13.3　大兴机场规划设计管理模式创新　352

第 14 章　未来大型机场规划设计与管理展望　356

14.1　未来机场的发展趋势　356
14.2　大型机场规划设计与管理的展望　358

参考文献　365

附录一　大兴机场主要规划设计单位简介　371

附录二　大兴机场规划设计专项课题研究工作一览表　376

附录三　大兴机场规划设计主要管理工作内容清单　379

第一篇

管理篇

1949年11月2日,民航局成立,揭开了我国民航事业发展的崭新篇章。从这一天开始,新中国民航迎着共和国的朝阳起飞,从无到有,由弱到强。从百年前仅有的南苑机场到如今的大兴机场,显示了北京市的民用机场建设经历了从小到大、从简单到复杂、从单一功能到综合功能的发展历程。

规划设计作为机场工程建设的龙头,发挥着项目引领和总体统筹的作用,其管理体系和建设理念也在不断丰富。在项目的整个生命周期中,规划设计不仅决定了工程的实施内容、项目的各项技术指标和设计参数,同时也很大程度上决定了建成后的运营成效。

大兴机场是我国大型复合型枢纽机场之一,项目体量巨大,建设目标超前,设计难度超高,政府和民众期望殷切,项目规划设计管理团队广泛吸收了国内外机场方案的优点,构建形成了开放自主的复杂工程规划设计及其管理组织体系,秉持五大新发展理念开展规划设计工作,并深度运用计算机仿真技术对航站楼流程、跑道系统、综合交通体系等一系列方案进行多方案模拟、比对、优化,以确定实施方案,最终成为"世界新七大奇迹"之首,充分体现了大国工匠精神。

管理是组织和协调集体活动以达到既定目标的关键过程,本篇将在介绍工程概况并进行文献综述的基础上,从管理组织、管理理念、管理机制和管理成效等方面阐述大兴机场的规划设计及管理逻辑。

第 1 章
规划设计管理概况

1.1 工程概况

大兴机场是举世瞩目的超级工程。大兴机场于 2014 年 12 月 26 日动工建设,在不到 5 年的时间内完成预定建设任务,创造了 40 余项国际、国内第一,被英国《卫报》誉为"世界新七大奇迹",代表着新中国民航 70 年工程建设的最高水平。

大兴机场建设体现了中国人民的雄心壮志和世界眼光、战略眼光,体现了民族精神和现代水平的大国工匠风范,并成为新时代中国奋斗精神的鲜活案例。2019 年 9 月 25 日,习近平总书记亲自出席大兴机场投运仪式,宣布大兴机场正式投入运营,并在巡览航站楼时,对大兴机场给予了充分肯定,铿锵有力地指出:"奇迹是干出来的,社会主义是干出来的。中国共产党和中国人民有雄心、有自信继续奋斗,朝着实现'两个一百年'奋斗目标、实现中华民族伟大复兴的中国梦奋勇前进。实践充分证明,中国人民一定能,中国一定行。"

从设计室里的"蓝图规划"到京畿大地上铺展开来的美丽"现实画卷"(图 1-1),大兴机场始终把科学管理作为运筹制胜的重要抓手,以高标准勾画发展蓝图,以强动能蓄积发展力量,先后获得鲁班奖、詹天佑奖、国家优质工程金奖、北京市科技进步特等奖、IPMA(国际项目管理协会)2020 年度全球卓越项目管理金奖等诸多殊荣。作为新国门,大兴机场设备的国产化率达 98%,高质量规划设计不仅向世界展示了大兴机场国际领先航空枢纽的水准,亦展示了中国人民的智慧和胸怀。

图 1-1 大兴机场全景图

1.1.1 基本情况

1. 地理位置

大兴机场坐落在北京市大兴区榆垡镇、礼贤镇和河北省廊坊市广阳区之间,地跨京冀两地,在地理上处于京津冀三地主要城市之间的中心位置,在促进区域合作上具有先天的区位优势。大兴机场场址距天安门直线距离约 46 km,距首都机场约 67 km,距北京城市副中心约 54 km,距廊坊市中心约 26 km,距天津滨海机场约 85 km,距河北雄安新区约 55 km。大兴机场与城市及邻近机场的位置关系如图 1-2 所示。

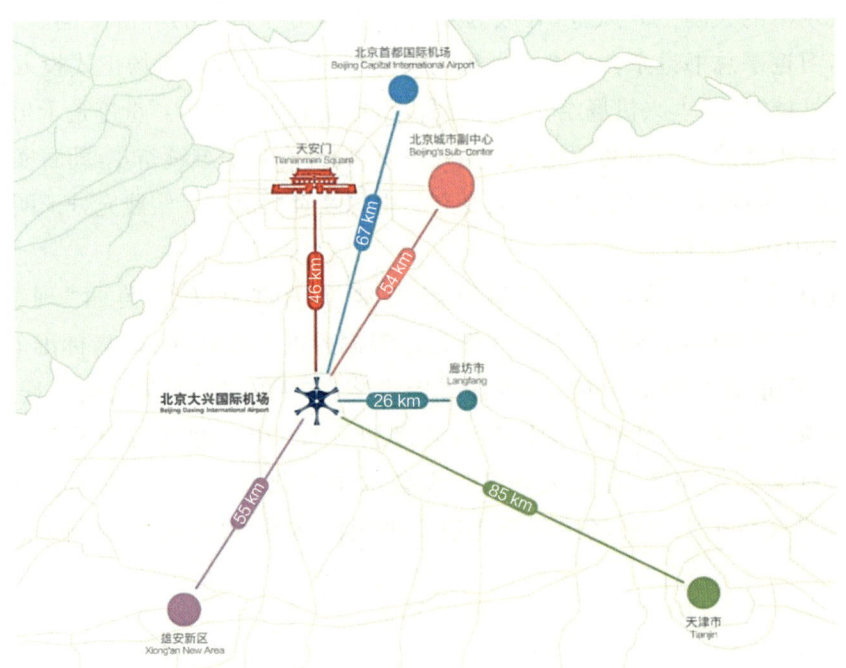

图 1-2 大兴机场与城市及邻近机场关系图

2. 建设规模及主要建设内容

大兴机场远期规划的年旅客吞吐量为1亿人次以上、货邮吞吐量400万t、飞机起降量88万架次。综合考虑一次性投资压力、征地规模以及投运后的市场培育等情况，大兴机场采用了滚动发展、分期建设的模式。大兴机场的规划分为近期和远期规划，其中近期规划目标年为2025年，可满足7 200万人次的年旅客吞吐量、货邮吞吐量200万t、飞机起降63万架次的需求。

本期工程占地27 km^2，主要建设内容由三部分组成：第一部分为机场主体工程，包括飞行区（道面铺筑面积约944万m^2）、航站区（总建筑面积约143万m^2）、货运区（建筑面积约24万m^2）、机务维修区（建筑面积约30万m^2）、航空食品配餐（建筑面积约15.5万m^2）、工作区（建筑面积约139万m^2）、公务机区（建筑面积约4.4万m^2）、交通市政配套、绿化等工程；第二部分为民航专业工程，包括航空公司基地、航油、空管等工程；第三部分为综合配套工程，包括城市配套的机场高速公路、地铁、城铁以及噪声治理、征地、居民安置等工程。

3. 主要规划设计单位

参与大兴机场的规划设计单位数量多达40余家，其中民航机场规划设计研究总院有限公司（含原中国民航机场建设集团有限公司规划设计总院，以下简称"民航总院"）、北京市建筑设计研究院股份有限公司（以下简称"北京建院"）、北京市市政工程设计研究总院有限公司（以下简称"北京市政总院"）和中国中元国际工程有限公司（以下简称"中元国际"）作为相应分区的主要设计单位，不仅需要完成自己的核心设计工作，还需要协调各个专业团队，整合外部的设计咨询资源，统筹各项设计成果，发挥了关键作用。大兴机场主要规划设计单位简介详见本书附录一。

1.1.2 建设特点

1. 项目站位高

大兴机场位于北京市区南部，跨越北京市与河北省的行政区划。大兴机场的服务功能辐射到京津冀地区，对接京津冀一体化国家发展战略、交通强国民航新篇章发展战略，对雄安新区建设形成重要支撑，并形成国家社会经济发展的一个新动力源。大兴机场作为民航运输网络的重要节点，将服务于京津冀地区乃至全国的社会和经济的发展，作为汇集人流、物流、信息流和资金流的综合服务平台，它将推动区域产业布局、公共事业和旅游业的发展。因此，对于大兴机场规划建设项目的认识和理解需要站在全局的高度，摆脱传统理念和行政区划的束缚，开拓思路，勇于创新。

2. 跨地域和跨领域的同步建设

大兴机场占地跨越了北京市和河北省两地，大兴机场建设也横跨民用机场、轨道交通、铁路、公路、市政道路、桥梁、房屋建筑等一系列专业领域。北京市与河北省的报建程序有较大差异；进场轨道项目审批程序、驻场基地航空公司项目建设方案的批复、导航和空管项目的批复均滞后于机场项目。这些情况都给机场规划设计的统筹工作带来挑战。项目涉及的利益相关者众多，统筹协调难度巨大。在国家发展和改革委员会（以下简称"国家发改委"）和民航局领导的总协调下，做好相关项目规划设计工作的推进、批复程序的对接尤为重要，是完成多项工程同步建设的重要保障。

3. 建设投资主体多

大兴机场项目的投资主体包括不限于北京市、河北省政府，民航局、集团公司、航空公司，以及轨道（高速铁路、城市轨道、城际铁路）、空管、航油等领域的建设单位和社会资本等，各投资主体的利益倾向、工程目标和建设进度都有其自身的诉求与安排，需要指挥部予以统筹与协调。

4. 项目规模与投资规模巨大

大兴机场本期建设用地 27 km^2，一次建设"三纵一横"的四条跑道，航站楼综合体建筑面积超过 140 万 m^2，机场主体总投资达 800 亿元，场内还有数十亿的招商引资项目。中国南方航空股份有限公司（以下简称"南航"）和中国东方航空集团有限公司（以下简称"东航"）基地设施建设规模近 200 万 m^2，总投资达 200 亿元，包括 2 座超大型维修机库。场内配套齐全的空管通道设施，布置四条跑道和空管小区，并建设 2 座指挥塔台。供油设施覆盖飞行区的所有机位机坪，并建有油库和加油服务设施。进场交通项目包括机场高速路"一纵一横"、机场快轨、京雄高速铁路机场段、城市地铁线等。本期工程还包括场内场外对接市政道路，机场临空区开发基础设施等。大兴机场项目带动了约 4 500 亿元的投资，是一个复杂系统工程。

5. 工程进度压力大

机场主体工程的建设工期不足 5 年。如此之大的建设规模、如此之多的巨量投资、如此复杂的系统衔接、如此繁杂报批程序的项目要在 5 年之内建设完成，其进度压力巨大，工程建设推进节奏很快。

6. 统筹协调工作量巨大

统筹协调工作量巨大是大兴机场规划设计管理最主要的挑战。统筹协调工作不仅在于地区之间、行业之间、单位之间的管理协调，还在于工程实体与工程系统在三维空间和时间（分期）维度上的技术集成。为方便工程推进，根据各区域实际具备的条件，机场主体工程初步设计分为四个批次报审。第一批为飞行区工程，第二批为航站区工程，第三批为市政配套设施工程，第四批为货运区及机场陆侧其他房建工程。而到施工图阶段，则需要安排施工工期较长的航站区工程率先突破。项目分批、分期、分区之间，规划设计的各阶段之间的统筹协调工作非常关键，是整体方案优化和工程顺利推进的基本保障。

1.1.3 功能定位

大兴机场定位为：大型国际航空枢纽、国家发展一个新的动力源、支撑雄安新区建设的京津冀区域综合交通枢纽。

1. 大型国际航空枢纽

大兴机场的建成通航使北京"两场"大幅提升国际航班数量成为可能，为北京加强与世界的联系、促进国际合作提供有力保障。作为东北亚核心枢纽港，大兴机场推动了多种交通方式的融合发展，极大拓展了世界级大型航空枢纽的辐射范围，为大众出行创造更为高效便捷的条件和环境。

2. 国家发展一个新的动力源

从适应把握引领经济发展新常态的大逻辑来看，大兴机场的新动力源作用体现为发展动力转换中的牵引力，主要着力点是为北京国际化大都市建设提供新引擎。作为世界级枢纽，大兴机场有效推动人流、物流、资金流、信息流在区域内的流动，带动临空经济区乘势崛起。以大兴机场近期规划的 7 200 万人次旅客吞吐量估算，有望增加直接就业岗位 72 万人，间接带动区域就业 200 多万人。从推进供给侧结构性改革这条大主线来看，大兴机场的新动力源作用体现为发展结构调整中的内生力，主要着力点是为完善机场网、航线网和综合交通体系提供新支撑。从实施京津冀协同发展战略来看，大兴机场的新动力源作用体现为生产要素集聚中的竞争力，主要着力点是为打造世界级城市群提供新增长点。

3. 支撑京津冀区域协同发展和雄安新区建设的综合交通枢纽

作为推动京津冀协同发展的骨干工程，大兴机场在内部实现了公路、轨道交通、高速铁路、城际铁路等不同运输方式的立体换乘、无缝衔接，在外部配套建设了五纵两横的交通网络，是全球最大的空地一体化综合交通枢纽之一，是服务京津冀协同发展的一体化综合交通枢纽，将最大限度满足雄安新区背景下京津冀世界级城市群航空需求，为京津冀协同发展和雄安新区建设插上腾飞的翅膀。

1.2 规划设计历程

大兴机场前期历经了多轮次的场址比选，2006 年，民航局正式启动北京新机场选址工作，并成立领导小组和工作小组，开展了 3 年多的立项评估以及近 2 年的全面可行性论证。规划设计工作自 2010 年启动航站区规划方案国际征集，至 2018 年完成本期工程全部项目的设计，包括了总体规划、控制性详细规划、初步设计、施工图设计等阶段设计，规划设计持续时间长、涵盖内容多、相关研究广、参与单位多。在集团公司和指挥部的统筹协调下，历时 10 余年，最终形成了大兴机场建设的宏伟蓝图。大兴机场规划设计历程如图 1-3 所示。

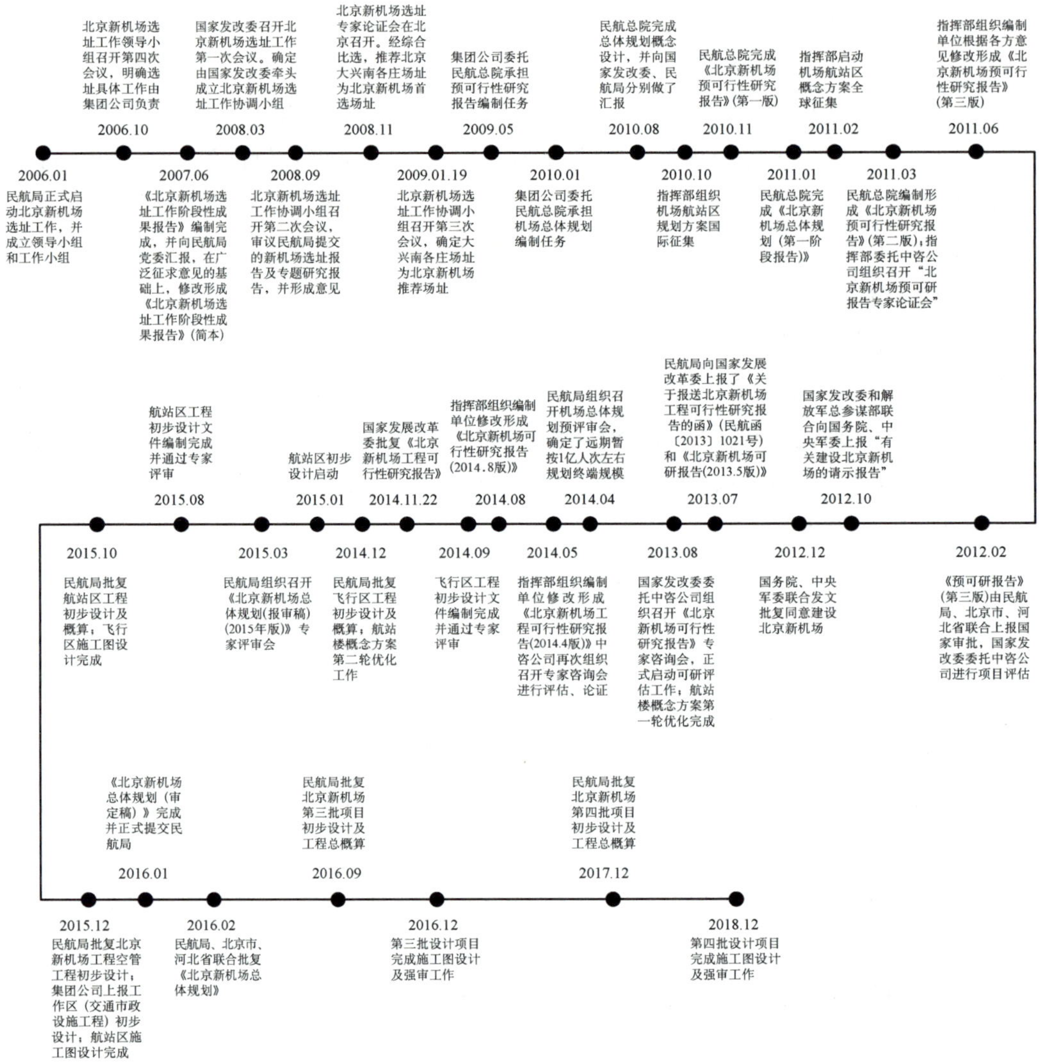

图 1-3　大兴机场规划设计历程示意图

1.3　规划设计管理目标与意义

1.3.1　规划设计管理目标

1. 品质管理目标

大兴机场规划设计的品质管理目标是形成具有世界一流水准的机场规划设计方案，体现现代化水平的大国工匠风范，具体又可以分为以下四个方面的目标。

1) 统筹规划，协调发展

服务国家战略，明确机场定位，以机场总体规划作为内外统筹协调的着力点，完善功能布局，优化资源配置，"一张蓝图绘到底"。深化多方融合，有效衔接国土空间规划和综合交通规划，促进机场与城市和其他运输方式的协同融合。

2）安全为基，效率优先

坚守安全底线，把安全贯穿于机场规划设计管理全过程，以提升机场运行和服务效率为导向，补齐基础设施短板，破除效率瓶颈，实现机场规模、结构与功能协调发展，构建支撑机场高效运行、优质服务的基础设施条件，打造集成高速铁路（以下简称"高铁"）、城市轨道交通（以下简称"地铁"）、城际铁路（以下简称"城铁"）等多种大型交通的综合交通换乘中心，大容量公共交通与航站楼无缝衔接，换乘效率国内领先、世界一流。

3）以人为本，绿色低碳

坚持人民航空为人民，打造集内在品质和外在品位于一体的现代化机场，提供"人享其行、货畅其流"的优质航空服务，不断提升人民群众航空出行的体验感。节约、集约利用资源，不断提高机场绿色低碳水平，包括实施创新跑道构型设计，引领国内飞行区设计新方向；打造首个同时获得绿色建筑三星级、节能建筑3A级的航站楼样板；实现绿色建筑率100%、可再生能源利用率10%、空侧通用清洁能源车比例100%、特种车辆清洁能源车比例力争20%等领先性指标；实现生态建设样板，海绵机场试点示范；实现雨、污分离率100%、处理率100%；非传统水源利用率30%；垃圾分类及无害化处理率100%；航空器除冰液收集及预处理率100%等具体目标。

4）创新驱动，智慧引领

发挥大兴机场样板示范作用，推进机场规划理念创新、技术创新和管理创新，建立总体规划技术指标体系，综合应用大数据和人工智能等数字化工具，实现机场规划设计由粗放向精细、由传统向智慧、由追赶向引领的转变。

2. 投资管理目标

大兴机场规划设计的投资管理总目标是实现全生命周期项目价值最大化。在管理操作方面，可以分为成本可控和运行可持续两项具体目标。

1）成本可控

以满足旅客、航空公司、运营单位和驻场单位等各方需求为出发点，统筹考虑，努力降低项目建设成本和运营成本，确保投资收益。大兴机场工程投资概算799.8亿元，规划设计须精打细算，注重前瞻性和精细化，强化工程建设全过程的预算管理和投资控制，尽可能减少项目资金的重复投入，严格将工程投资额控制在国家批复的投资概算范围内，严禁超规模、超概算。

2）运行可持续

对标国内外同类标杆机场的盈利能力，统筹考虑全过程投资收益和运营效益，通过捕捉客户需求、创新提供多层次的服务项目、广泛应用新技术和新设备等方式来满足客户需求,增加非航业务收入,在满足旅客及各单位需求的基础上,确保项目尽快收回初始投资成本并实现盈利。

3. 进度管理目标

大兴机场规划设计的进度管理目标是通过多维协同、压茬推进的设计协调与管理确保各项出图节点,满足现场施工的图纸供应。

规划设计方案的选取是一个多目标决策问题,很难出现一个方案在机场运行效率、应对未来需求、用地范围、建设投资、旅客便捷性等诸多目标中均最优,需权衡考虑、有取有舍、有轻有重、有缓有急。大兴机场构建了一个按照一定秩序和内部联系组合而成的超越组织边界、超越项目边界、多维协同的规划设计进度综合管控运行系统,以项目总进度计划和规划设计专项进度计划为纲,压茬推进规划设计工作,很好地保障了各项规划设计决策和现场施工推进。

1.3.2 规划设计管理意义

1. 为工程建设创造先决条件

规划设计是项目全生命周期管理的首要任务,是项目全生命周期的起点。在项目前期策划和设计准备阶段的基础上,通过规划设计文件将项目定义和策划的主要内容具体化和明确化,是下阶段建设的先决条件。因此,规划设计管理是实现策划、建设和运营衔接的关键性环节。无数大型建设工程项目的实践证明,规划设计工作的好坏影响着整个工程建设的投资、进度和质量,并对建设项目能否成功实施起到决定性的作用。

2. 为工程运营奠定基础

规划设计关系到项目最终交付使用后的运营效果和项目成败。科学合理的机场规划设计方案对确保机场运行安全、提高机场飞行区运行效率起着至关重要的作用。机场规划设计应当充分征求空管、航司和运行部门意见,空管、航司和运行部门也应当积极参与,主动提出意见建议,不断优化完善机场规划设计方案,最大程度防范运营风险的产生。

3. 为国家和社会创造价值

大兴机场的建成投运解决了首都机场的超负荷运行压力,架起了国际国内沟通之桥。同时,大兴机场充分展示了中国传统文化与审美理念,彰显了中华民族的文化自信,已经成为新时代的文化符号。大兴机场的规划设计及管理引领我国机场建设从效仿国外机场、应用国外规范、采购国外先进设备,到自创标杆、自定规范、大量采用国产品牌设备的历史性变化。这个转换使得大兴机场成为中国民族企业开展技术创新的强大推手,成为中国民族品牌的"集聚地"和"代言人"。

1.4 规划设计管理基本内容

1.4.1 机场选址

机场选址要解决要不要建新机场、何时建、在哪里建、建多大、建成的新机场与首都机场的关系等问题，工作涉及面广，制约因素多，需综合考虑空域运行、地面保障、服务便捷、区域协同等各个方面。

2006年，民航局成立选址工作领导小组，开展了北京新机场的第四轮选址工作。2008年3月，国家发改委牵头成立了北京新机场选址工作协调小组，重新制定了北京新机场的选址原则，在此基础上，从区域经济背景分析、多机场系统、空域情况、绿色机场、综合交通五个方面开展论证工作并撰写了一系列研究报告（具体详见附录二），为北京新机场成功选址大兴奠定了基础。北京新机场选址的确定可看作是综合权衡、寻找"最优解"的创新过程，管理工作主要围绕机场选址相关各类成果报告的组织和审批来进行，主要管理内容详见附录三。

1.4.2 机场决策研究

大兴机场决策研究的管理工作主要是围绕项目的预可行性研究（以下简称"预可研"）和可行性研究（以下简称"可研"）来进行。指挥部经过与国家发改委、地方规划行政主管部门、项目评估机构沟通，梳理完善大兴机场项目立项及可研评估所需的各项文件清单，并据此在组织民航总院编制、完善（预）可研报告的同时，委托相关专业机构完成了大量的前置专题研究工作，最终完成了机场建设的决策程序。

大兴机场决策研究的主要管理工作不仅涉及大量不同行业行政主管部门的跨专业、跨部门协调，还需明确项目的资金筹措方案，包括申请省市政府的资本金、民航发展资金、银行的贷款承诺等。此外，还需协调地方政府及相关方同步开展空管工程、供油工程、配套基础设施工程等工作。

1.4.3 机场规划

大兴机场的建设始终秉承"规划引领、统筹全局"的理念，整体规划自2010年12月指挥部正式成立之前已经开始，做到了"规划先行"。在总体规划工作推进过程中，民航局、北京市政府、集团公司、指挥部组织国内外咨询研究机构，开展了多项专题研究工作，对总体规划编制与审批进行支撑，包括运用仿真技术实现了从天至地、由内到外，全要素、全场景、全流程一体化仿真，进一步细化大兴机场规划。

大兴机场的整体规划方案直至2016年2月最终确定，中间经历了5年多的反复

研究、决策与论证,开展了总体规划、控制性详细规划及综合交通规划、空域终端区规划、智慧机场规划、绿色机场规划等多个专项规划,也引入了城市设计手段,体现了集团公司和指挥部对机场发展特有的敏感与战略眼光,以超前的思维预见并建构了大兴机场的未来。

1.4.4 机场设计

机场设计是机场规划方案的具体落实,是为制定工程实施计划而进行的具体谋划。大兴机场规模宏大、工程交叉、设计条件复杂,客观条件制约无法实现全场一次性同步完成设计。按照总工期进度计划安排,为满足各工程分阶段开工的需要,指挥部创新工作方式,将机场工程设计分为飞行区、航站区、工作区、生产辅助设施四个批次,组织设计单位分阶段完成初步设计和审批工作。

大兴机场的设计经历了航站楼方案全球招标和国内设计招标、方案优化、初步设计与施工图设计等阶段。集团公司和指挥部从未停止对完美的追求,带领中外设计团队协同工作、博采众长、融合设计、持续创新,反复地推敲与修改、集成与筛选、优化与调整、推翻与创新,力求达到更适合运行的设计、更便捷的设计、更智能的设计、更安全的设计、更绿色的设计、更美的设计和更"中国"的设计。以航站楼工程为例,最终得到既简洁实用又独具审美的设计方案,并在施工过程中得到深化和改进,实现了大兴机场设计的新亮点。

第 2 章
研究思路与文献综述

本书是大兴机场规划设计者、管理者和研究者共同开展的一项系统性、总结性案例研究工作的成果。研究设计是一项研究正式开始前的关键工作，它梳理明确研究开展的思路、研究的内容、研究采用的方法和技术路线。本书的研究思路聚焦于大兴机场规划研究、设计研究和规划设计的管理研究三大方面。任何研究都是在前人贡献的基础上开展的，文献综述是工程管理研究中的一项基础工作，它涉及对研究领域内已有的文献资料进行系统的搜集、整理、分析和评述。通过文献综述，可以梳理大兴机场规划设计研究的历史背景、发展脉络和当前的研究状态、现有研究中的空白或不足，为新的研究提供方向。

2.1 规划设计管理研究思路

2.1.1 研究内容

1. 大兴机场规划设计管理研究

大兴机场规划设计管理是工程稳步推进的基础。本书在"管理篇"梳理了大兴机场规划设计管理的组织体系、管理理念、管理机制和管理成效。首先，组织体系包括决策组织、管理组织、实施组织，通过"相互融合、相辅相成"的组织方式进行组织体系的搭建，并明确了每个组织的管理职责。其次，规划设计管理遵循综合集成管理、建设运营一体化、价值交付、协同共创、迭代学习、创新发展、标杆示范、4D 设计统筹等理念。再次，规划设计管理机制包括决策、统筹、协调、迭代优化、评审论证、综合管控以及跨边界、平台化的开放自主设计等方面。最后，管理成效主要指规划设计目标实现情况、创新成效、创优成效和运营成效。

2. 大兴机场规划研究

规划是项目实施的重要前期工作，对项目的成功实施和预期目标的达成起着至关重要的作用。本书的"规划篇"从如何选址、专项研究和机场内部规划三方面梳理并总结大兴机场的规划工作。首先根据初步定位、市场需求分析、场址论证解决了机场选址问题。其次，以预可研、可研和机场总体规划为核心，对大兴机场开展专项研究。最后，基于全局性、整体性和系统性原则，分析了机场内部规划，涉及跑道构型的演变、航站区规划、空地一体化仿真模拟、控制性详细规划等内容。

3. 大兴机场设计研究

设计是指根据工程项目的建设需求提供有技术依据的设计文件和图纸的整个过程。本书"设计篇"从航站区设计、飞行区设计和配套工程设计三部分展开。首先，航站区设计将旅客的便利性和体验作为第一出发点，围绕总体规划构型、功能设定和流程安排、技术设计等方面展开，在常规项目方案设计和初步设计、施工图设计等三阶段设计的基础上，大兴机场航站区工程的设计方案经历了多轮的方案优化，体现了迭代优化的管理特点。其次，飞行区按照2025年飞机起降量63万架次的目标设计，远期规划建设6条跑道，满足年旅客吞吐量1亿人次的需求，从可研阶段的专题研究暨方案设计开始，后续经历了初步设计、施工图设计和深化设计等阶段。最后，配套工程设计涉及场内、市政道路交通系统设计、供电系统设计、通风系统设计、排水系统及海绵城市设计、能源系统设计和货运区设计等内容。

4. 大兴机场规划设计管理展望

大兴机场被誉为"世界级工程奇迹"。本书在"展望篇"总结了大兴机场的规划设计经验，展望了未来大型机场规划设计的发展趋势。首先，大兴机场规划设计的经验是坚持全生命周期的项目管理理念，坚持开放、自主与创新，坚持科学研究与科学决策，坚持建设运营一体化、实施跨组织、平台化的规划，坚持与城市管理相融合；规划设计创新包括创新规划与合理布局、规划设计"以人为本"、全生命周期贯彻绿色理念、专项信息系统规划与全面信息共享；规划设计管理模式创新体现为"一个目标、二元治理、三级组织体系、四型机场、五项管理理念、六项管理机制"。其次，本书梳理了未来机场的发展趋势，即个性化、智慧化、综合化、绿色化和一体化。最后，未来大型机场的规划设计与管理需要从宏观、中观和微观三个层次加以把握，其中宏观层面需要全面研判战略定位、功能布局与区域关系；中观层面需要深刻洞悉城市与行业发展趋势，实现有效对接；微观层面需要合理把握规划设计管理策略与引领作用。

2.1.2 研究方法

参考Saunders等（2009）的研究，管理研究方法以洋葱图的形式加以层次化的展现，如图2-1所示。本书将依照洋葱图中展现的六个层次，从外向内逐步进行研究设计，并从内向外逐步开展研究。

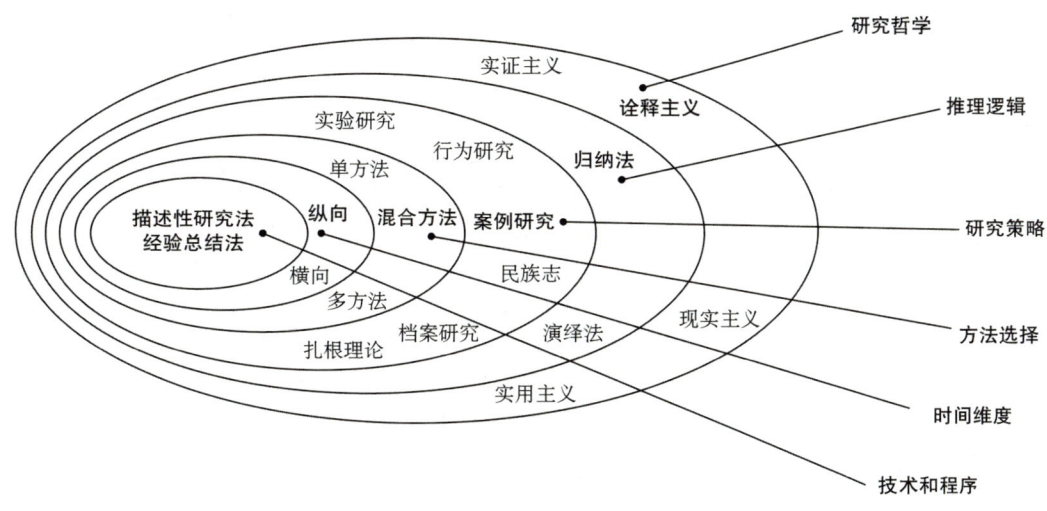

图 2-1 管理研究方法洋葱图

本书旨在基于大兴机场规划设计管理实践,分析其规划设计管理模式,进而总结凝练经验,为大型机场的规划设计管理提供参考。具体而言,本书采用诠释主义的哲学逻辑,基于归纳法,从大兴机场的特殊案例出发凝练出对大型机场规划设计管理具有借鉴性的一般性经验,通过将多种质性研究方法相结合,从纵向的时间维度进行分阶段的研究,主要涉及案例研究法、参与式研究法和经验总结法。

(1)案例研究法:实地研究的一种,研究者选取典型案例,系统收集资料开展深入研究,以探讨特定现象在具体情境下的状况。在纵向案例研究中,应高度重视时间性,并以实践为导向(王凤彬和张雪,2022)。本书选取大兴机场作为典型案例,研究的时间跨度聚焦于规划设计阶段,以实践为导向分析大兴机场的规划设计过程,总结大型机场成功的经验和启示,为其他工程提供参考。

(2)参与式研究法:一种知行并举的定性评估方法,这种方法以参与者为主体,以参与者的实践活动为基础,结合其他研究手段探讨社会问题的原因、特征和发展动态。本书的参编人员同时也参与了大兴机场规划设计管理实践,通过工程参与者和研究者身份的有机融合,能够为本书提供更为详实、丰富的一手信息,减少二手资料解读的偏差。

(3)经验总结法:通过对实践活动中的具体情况进行归纳与分析,使之系统化、理论化的一种方法。本书在展望部分详细总结了大兴机场的规划设计理念与技术、管理理念与管理机制方面的经验,旨在为未来大型机场的规划设计与管理提供借鉴和参考。

2.1.3 技术路线

本书的技术路线如图 2-2 所示。

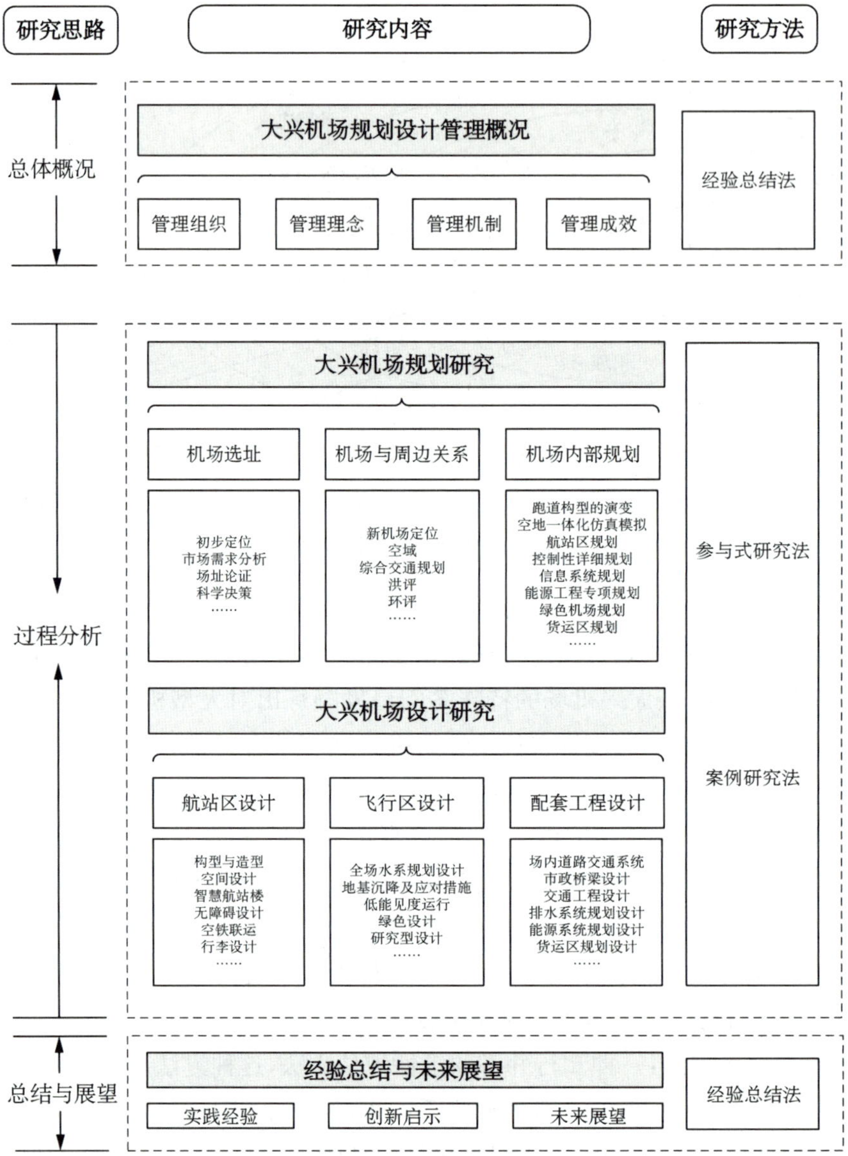

图 2-2　技术路线图

2.2　规划设计管理文献梳理

2.2.1　重大基础设施工程规划设计研究

不同于一般工程，重大基础设施工程（以下简称"重大工程"）不仅为社会提供基础构筑物，还战略性地对国家的社会、政治、经济和科技等多个领域具有深刻影响（盛昭瀚，等，2019；刘娜娜和周国华，2023），通常具有投资规模大、创新需求高、生命周期长、环境复杂和技术先进等特征。重大工程并不是多个一般项目或工程的集合,而是工程理论、方法和技术的有机集成和创新(薛小龙和王璐琪,2018),应建立程序化管理、系统管理和复杂性管理的三层次方法论体系指导工程实践(盛昭瀚,等,2009)。

目前对重大工程的研究涉及规划设计管理(Flyvbjerg,2007;Giezen et al.,2015;Priemus,2007)、施工现场管理(祁俊雄,等,2018)、进度管理(乐云,等,2022)、创新管理(陈宏权,等,2020)、风险管理(朱建波,等,2022)、建设和运营衔接(薛小龙,等,2023)等。

为满足重大工程不同利益相关者的诉求,合理的规划设计是重中之重(van der Heijden,1996)。不合理的规划设计将会显著降低工程的整体效益(李凯薇,等,2019)。第一,重大工程牵涉更大规模和更多类型的利益相关者,复杂的利益相关者交互易产生矛盾冲突,优化规划设计是应对上述挑战的有效措施(Flyvbjerg,2007)。第二,在规划设计阶段,对工程过于僵化的界定可能会限制方案适应环境变化的可能性,需要探索渐进式的适应措施(Giezen et al.,2015)。重大交通工程在设计阶段不能只关注线路建设,还应注重区域发展(Priemus,2007)。第三,重大工程面临的环境复杂,对技术要求高,需要改变传统的设计理念,推动直接抗毁伤设计向结构安全与功能恢复并重的韧性设计转变(卢浩,等,2023),同时还应考虑如何应对与气候相关的不确定性,以适应气候变化并提供稳定的服务(Helmrich and Chester,2022)。

2.2.2 大型机场规划设计研究

1. 大型机场规划设计研究现状

大型机场大多面临工程复杂、协调难度大、地形地貌变化大等难题,因此对规划设计提出了更高的要求,设计灵活性对于降低风险和面向未来的机场扩建项目、避免下行后果并利用上行机会是必要的(De Neufville,2020)。大型机场规划设计研究主要分为对机场与周边关系、机场自身的规划设计研究。

1)机场与周边关系的规划设计研究

机场与周边关系的规划设计研究主要涉及航空网络、综合交通、临空经济区、周边水系和生态环境等方面。第一,航空网络的灵活构建与加密,能快速扩大单个机场节点的运营规模。要提升分层多元航空运输网络发展质量,除了北京、上海、广州,还需要更多的国际航空枢纽,面向我国周边区域和全球发展,在整体航空网络中发挥提纲挈领的作用(杨学兵,2022)。第二,与高铁或城际轨道系统的衔接是大型机场集疏运体系的重要内容(张国华,2011),轨道交通因具有容量大、可靠性高等特点,成为机场客运交通的重要方式(钟靖和陈小鸿,2017),目前倡导构建多种交通方式整合协调的陆侧综合交通体系。第三,临空经济正成为拉动区域经济增长的新动力源(赵楠琦,等,2022),其发展是机场、产业和城市功能逐渐融合、匹配、提升的过程(蔡云楠,等,

2017）。第四，新机场建设中，为保障机场防洪排涝安全、构筑机场周边水生态安全格局，需要以目标和问题为导向，引入规划设计创新理念，对水系空间布局进行凝练总结（张君伟，2020）。第五，机场建设项目独有的特殊性极易对周围的生态环境造成一定程度的破坏，因此对生态破坏及其恢复问题的研究具有重要意义（王文良和王晓谋，2016）。

2）机场自身的规划设计研究

机场自身的规划设计研究主要聚焦于跑道构型、飞行区规划、航站区规划、货运区与机务区规划、工作区与其他功能区规划等方面。第一，大型机场飞行区规划的目标是在环境、能耗和成本的约束下，实现飞行区内人、车、飞机、货物的安全高效流动，以保障飞行区场面运行、能源保障、应急救援等各项业务的有效运行（赵鸿铎，2019）。第二，就航站区规划而言，根据运行方式的不同可以分为集中式和分散单元式，集中式通常由单个航站楼或由一个主楼和若干卫星厅构成，主楼集中处理旅客办票和行李托运，指廊或卫星单元分散登机，此种规划一般适用于大型机场（薛宽利，2009）。第三，货运区作为连接陆侧与空侧、地面与天空的重要传输枢纽，高效的规划布局将直接影响机场的货运能力（马晓，2021）。第四，新建大型机场中逐步开始在平行跑道周边规划侧向跑道（沈志远和胡莹莹，2020），目前对侧向跑道的研究主要集中于跑道容量研究（沈志远和胡莹莹，2020；李雄，等，2018）和滑行路径优化（何庶，等，2021）。第五，平安机场是机场运营安全、旅客出行安全的重要保障，而消防安全是落实"平安机场"的重要举措，大型机场航站楼给排水和消防系统设计是规划设计中的一个重点（赖振贵，等，2023；石永涛和李坤，2019）。

2. 大型机场规划设计管理研究现状

作为一种典型的复杂工程，大型机场面临复杂变化的环境。赖华辉和徐峰（2010）认为在前期策划阶段，采取从上往下、再由下往上的循环编制方法能够加强计划对变化的可控性，有利于不同层次人员对整个项目进度的掌控，明晰各层级管理者的权责，也有利于大型机场项目的规范性进行。为避免工程设计、建设、运营等阶段相分离，可以使用BIM技术有效地整合大型机场各阶段的管理工作，使施工管理等环节与规划设计管理合理衔接（Wu et al.，2023）。由于大型机场的规划设计管理复杂，可以根据复杂性降解原理，将管理思路从单一转向为复杂、从静态转向为动态（陈军，2024）。在规划设计管理中，需要确保技术人员能够得到技术规则、方法和工具的支持（Esposito and Fossi，2016）。

2.2.3 大兴机场规划设计研究

大兴机场横跨北京、河北两地，具有航空、地铁、高铁和公共交通等综合交通功能，是我国迄今为止一次性建成的规模最大的空地一体化交通枢纽（乐云，等，2022）。目前对于大兴机场规划设计的研究涵盖了建筑设计（王晓群，2019；王亦知，2018）、结构设计(束伟农,2020;朱忠义,等,2023;张爱林,等,2021)、海绵系统设计(Peng et al.,2021;赵莹,等,2023)、跑道容量设计(王维和石燕丹,2021)、消防系统设计(韩维平,等,2019)等方面。

作为举世瞩目的重大工程,大兴机场设计秉承着持续优化的设计理念与创新,其重点可以总结为多轮优化的航站楼设计、依托课题研究的优化设计、凝聚匠心的人文机场设计、科技创新引领的智慧机场设计、持续迭代优化的绿色机场设计和全过程协同的数字化设计(姚亚波,郭雁池,等,2022)。在设计中,力求达到更绿色的设计、更适合运行的设计、更便捷的设计、更智能的设计、更安全的设计、更美的设计和更"中国的设计"(姚亚波,吴志晖,等,2022)。此外,大兴机场在设计开始之前,还提前部署,联合咨询单位,开展了绿色专项设计,并专门编制了绿色设计专项任务书,以指导和推动绿色设计(姚亚波,李强,等,2022)。

2.2.4 文献研究热点演进

本节采用文献计量分析方法,运用 CiteSpace 软件绘制知识图谱。知识图谱是通过数据挖掘、信息处理、知识计量和图形绘制实现的,展示文献的研究脉络与演进历程。中文文献源于中国知网,以"SU =(规划 + 设计)AND KY =(机场)"为检索式,设置文献发表时间为 2000 年至 2024 年[1],经过逐条筛选与整理,得到有效文献 371 篇。英文文献源于 Web of Science 核心合集,以"Airports(Title)AND Planning(Abstract)OR Design(Abstract)AND Planning(Keyword Plus ®)AND Design(Keyword Plus ®)"为检索式,设置文献发表时间为 2000 年至 2024 年[2],经过逐条筛选与整理,得到有效文献 326 篇。

1. 关键词共现情况

利用 CiteSpace 对机场规划设计相关文献的关键词共现情况进行可视化分析,得到关键词共现图谱。如图 2-3 所示,中文机场规划设计研究的关键词以"机场"为主,"设计""航站楼""施工技术""规划"次之,"钢结构""系统设计""监控""刚性道面""提升"紧跟其后。如图 2-4 所示,英文机场规划设计研究的关键词以"model""impact"为主,"aircraft""aircraft noise""optimization""airport planning"次之,"airport city""airlines"紧跟其后,上述关键词反映了研究热点的分布。

2. 关键词词频统计

关键词是作者高度提炼的文献信息内容,比较关键词词频数据可以呈现某一领域研究热点的变化。如表 2-1 所示,在关键词共现频次方面,中文文献高频关键词为"机场"

---

[1] 检索日期为 2024 年 7 月 26 日。
[2] 检索日期为 2024 年 7 月 27 日。

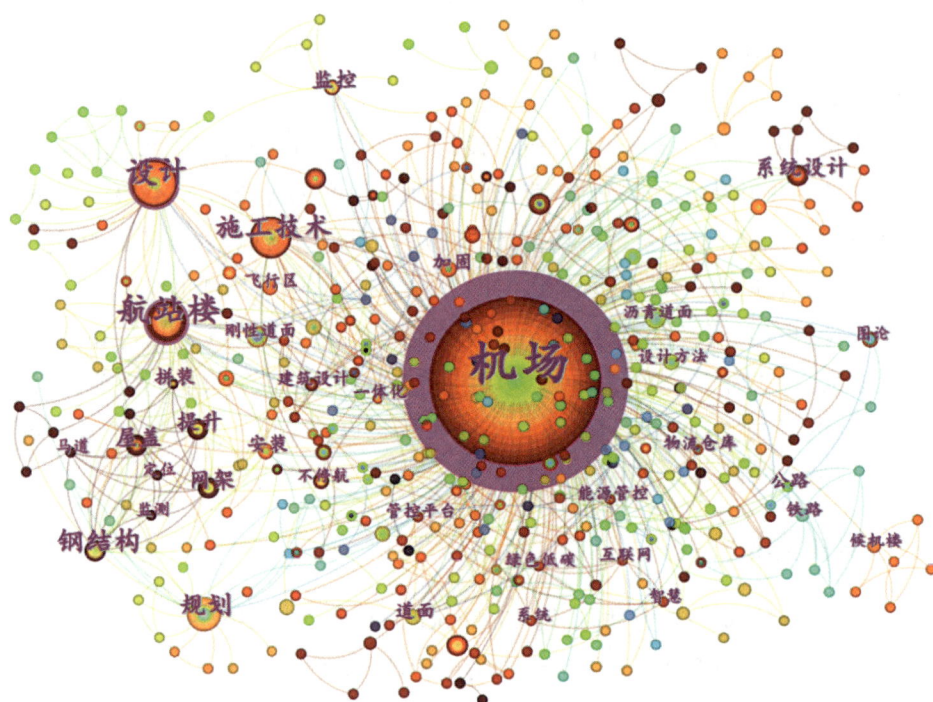

图 2-3　中文文献的关键词共现图谱

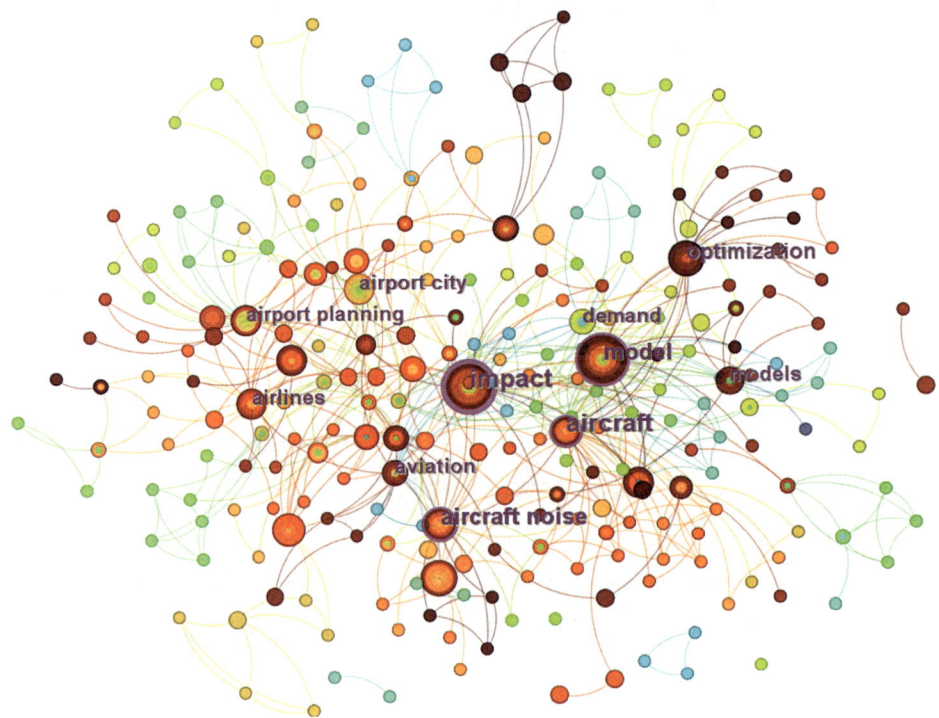

图 2-4　英文文献的关键词共现图谱

(371次)、"设计"(37次)、"航站楼"(33次)、"施工技术"(16次)、"规划"(13次)、"钢结构"(8次)、"施工"(7次)、"系统设计"(6次)、"监控"(5次)、"弱电系统"(5次)。在关键词中心度方面,"机场""航站楼""监控""道面"是相对重要的节点。由表2-2可知,在关键词共现频次方面,英文文献高频关键词为"model"(19次)、"impact"(18次)、"airport planning"(12次)、"optimization"(12次)、"aircraft noise"(11次)、"management"(10次)、"aircraft"(10次)、"choice"(9次)、"models"(8次)、"algorithm"(7次)、"aviation"(7次)。在关键词中心度方面,"impact""aircraft noise""aircraft""airport planning""airport city"是相对重要的节点。

表2-1 中文机场规划设计研究的关键词共现频次(前20名)

序号	关键词	出现次数(次)	中心度	出现年份
1	机场	371	1.91	2000年
2	设计	37	0.15	2003年
3	航站楼	33	0.13	2003年
4	施工技术	16	0.05	2011年
5	规划	13	0.08	2005年
6	钢结构	8	0.04	2011年
7	施工	7	0.03	2006年
8	系统设计	6	0.05	2010年
9	监控	5	0.03	2006年
10	弱电系统	5	0	2014年
11	安装	5	0	2008年
12	建筑设计	5	0	2015年
13	道面	5	0.01	2001年
14	地基处理	4	0	2003年
15	深化设计	4	0	2015年
16	网架	4	0.01	2013年
17	刚性道面	4	0	2003年
18	提升	4	0.01	2013年
19	沥青道面	4	0	2007年
20	屋盖	4	0	2012年

表2-2 英文机场规划设计研究的关键词共现频次(前20名)

序号	关键词	出现次数(次)	中心度	出现年份
1	model	19	0.18	2006年

续表

序号	关键词	出现次数（次）	中心度	出现年份
2	impact	18	0.21	2006 年
3	airport planning	12	0.08	2008 年
4	optimization	12	0.08	2018 年
5	aircraft noise	11	0.16	2006 年
6	management	10	0.04	2008 年
7	aircraft	10	0.18	2007 年
8	choice	9	0.08	2015 年
9	models	8	0.05	2002 年
10	algorithm	7	0.08	2015 年
11	aviation	7	0.06	2006 年
12	air traffic management	6	0.03	2015 年
13	airport city	6	0.10	2011 年
14	framework	6	0.01	2007 年
15	airlines	6	0.07	2016 年
16	infrastructure	5	0.04	2012 年
17	efficiency	5	0.03	2016 年
18	air transport	5	0.02	2006 年
19	airport operations	5	0.06	2015 年
20	city	5	0.04	2008 年

3. 演进脉络

利用 CiteSpace 绘制关键词聚类时区图，可以反映研究的演进脉络及趋势，如图 2-5 所示，中文文献呈现以下演进历程。

1）缓慢摸索期（2009 年之前）

进入 21 世纪后，在经济高速发展的推动下，交通系统不断完善，机场工程不断涌现，机场规划设计方面的研究成果逐渐增多。高频关键词主要为航站楼、刚性道面、图论、监控、安装、加固等方面，关注点主要集中在机场航站楼、道面处理、规划设计、施工安装等方面，强调实现机场的安全运行。

2）高速增长期（2010 年至 2019 年）

由于一系列大型机场的建成，如大兴机场、昆明长水机场、成都天府机场等，机场规划设计研究的机构不断扩展，研究内容、范围得到扩展。高频关键词主要为系统设计、钢结构、屋盖、网架、提升、不停航、一体化、飞行区、候机楼、容量评估、整体提升、改

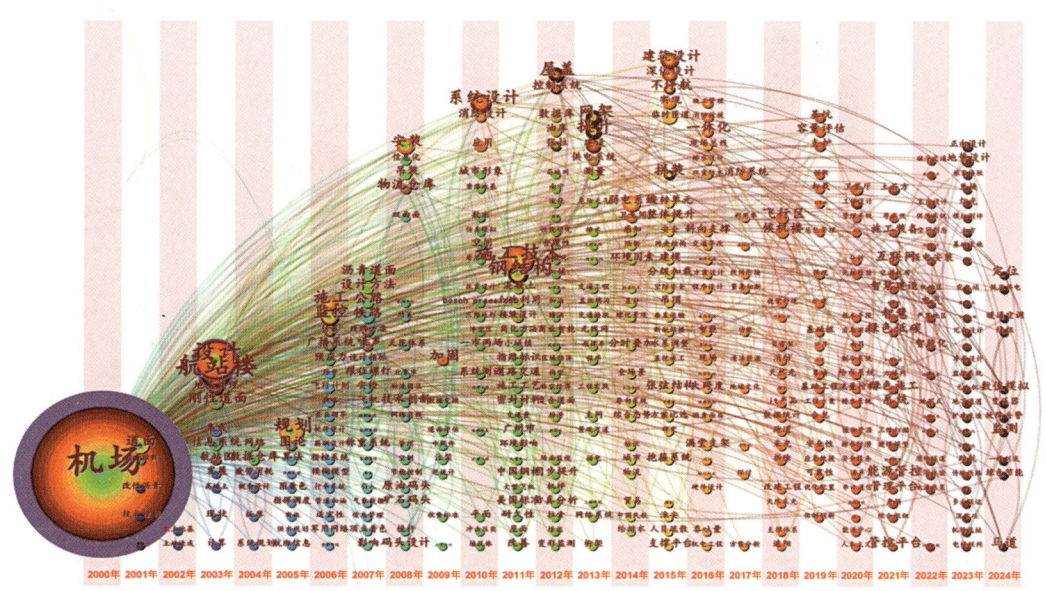

图 2-5　中文机场规划设计研究关键词聚类时区图

建工程等方面,表明了机场规划设计研究的重点转向了机场的改建扩建工程,并探索机场的整体提升和一体化发展。

3) 稳步推进期(2020 年至今)

随着机场改建扩建项目、整体提升的实现,相关研究更加深入并更富有针对性,研究成果的增速有所放缓。高频关键词逐渐转移到互联网、智慧建造、绿色低碳、能源管控、智能化、绿色节能、数值模拟等方面,与我国生态文明建设和绿色发展的背景相契合,并越来越强调运用互联网+大数据等手段探索机场的数字化转型。

如图 2-6 所示,英文文献呈现以下的演进历程。

1) 起始阶段(2005 年之前)

机场的规划设计问题在 2002 年后的关注度得到显著提升,高频关键词为 models,即集中在模型方面。

2) 发展阶段(2006 年至 2017 年)

随着研究的深入,如何提高运行效率、减少机场噪声、建造机场城市备受关注。高频关键词涉及 impact、aircraft noise、airport planning、airport city、airlines efficiency、algorithm 等。与起始阶段不同,发展阶段更加关注机场的运行效率、与周边环境的关系、打造机场城市等方面。

3) 成熟阶段(2018 年至今)

进入成熟阶段后,优化、可持续发展、服务质量等问题受到关注。高频关键词涉及 optimization、aircraft recovery problem、passengers、service quality 等。上述高频关键词与全球可持续发展的背景相契合,强调优化乘客体验、飞机回收利用问题。

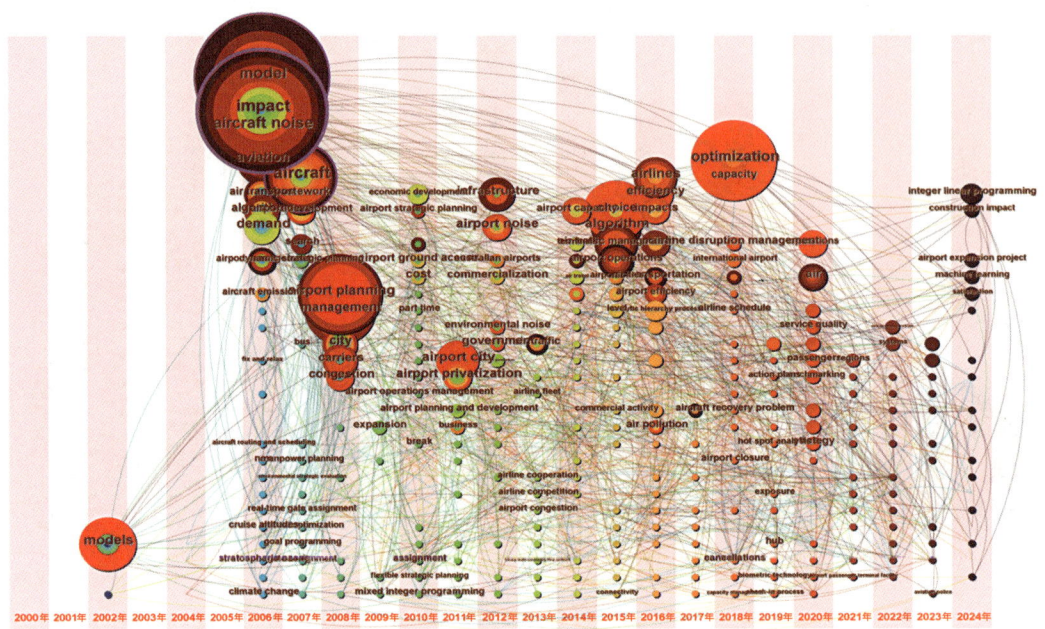

图 2-6　英文机场规划设计研究关键词聚类时区图

2.3　现有研究述评

结合国内外研究的进展,本书从重大工程规划设计、大型机场规划设计和大兴机场规划设计三个层次对现有文献进行了述评。

重大工程是一个复杂巨系统,合理的规划设计对后续成本与进度管理、运营管理具有重要的意义。目前关于重大工程规划设计的研究主要涉及规划设计的重要性(Flyvbjerg,2007)、规划设计中应遵循的理念(卢浩,等,2023)和应考虑的风险(Helmrich and Chester,2022)、规划设计管理措施(Giezen et al.,2015)等方面。

大型机场具有投资规模大、创新需求高、生命周期长和环境复杂等特征。对于大型机场规划设计,现有研究主要包括两个方面。第一,机场与周边关系规划设计,涉及综合交通(张国华,2011;钟靖和陈小鸿,2017)、临空经济区(赵楠琦,等,2022;蔡云楠,等,2017)、周边水系(张君伟,2020)和生态环境(王文良和王晓谋,2016)等方面;第二,机场自身规划设计,涉及航站区规划(薛宽利,2009)、飞行区规划(赵鸿铎,2019)、货运区规划(马晓,2021)、跑道构型(沈志远和胡莹莹,2020;李雄,等,2018;何庶,等,2021)和消防系统(赖振贵,等,2023;石永涛和李坤,2019)等方面。

大兴机场作为世界级航空枢纽引发了国内外研究的关注。作为重大工程的前端,规划设计是大兴机场价值曲线的顶端,对于施工和运营阶段具有深刻、长期的影响。

现有的大兴机场规划设计研究涉及航站区建筑设计(王晓群,2019;王亦知,2018)、海绵系统设计(Peng et al.,2021;赵莹,等,2023)和消防系统设计(韩维平,等,2019)、航站楼钢结构设计(朱忠义,等,2023;张爱林,等,2021)和机场跑道容量设计(王维和石燕丹,2021)等内容,尚缺乏对规划设计的全过程复盘,特别是缺乏对大兴机场规划设计与管理过程的系统性总结。

综上分析,虽然关于重大工程规划设计、大型机场规划设计和大兴机场规划设计均已经有了较为丰富的研究成果,但以建设者和研究者融合的视角对大兴机场规划设计与管理过程开展系统性的总结仍具有重要的价值。通过深入、全面的大兴机场规划设计与管理案例研究,可以为未来大型机场乃至其他重大工程的规划设计与管理提供一批可复制、可推广的经验。综合考虑大型机场的构成特征和规划设计要点,本书从机场选址、决策研究、机场规划、航站区设计、飞行区设计、配套工程设计等方面对大兴机场的规划设计过程进行了全面的梳理。围绕管理过程,本书以"总体管理理念(起点)—具体管理举措(过程)—落地管理成效(结果)"为主线,对管理组织、管理理念、管理机制和管理成效四个方面进行了系统论述。

第 3 章
规划设计管理组织

　　大兴机场规划设计管理组织系统为一个涵盖决策、管理和实施三个层面的完整体系,由三个主要部分组成:规划设计决策组织、规划设计管理组织和规划设计实施组织。其中,规划设计决策组织包括各级决策机构或决策平台,包括国家、地方政府、集团公司等,负责提供总体指导、统筹协调、决策支持与政策保障;规划设计管理组织是业主方的规划设计管理部门,主要由指挥部承担,负责具体的规划设计管理工作,沟通协调各方资源和力量;规划设计实施组织则由参与实际设计工作的各类规划设计单位构成,负责将决策和管理的要求转化为具体的规划设计成果。这三者相互配合、环环相扣,形成了一个系统性强、层次分明的组织架构,为大兴机场的规划设计和成功建设奠定了坚实的基础。

3.1 大兴机场规划设计决策组织

　　大兴机场的成功建设,是一个多层次、多部门紧密协作的典范,充分体现了各级政府及相关部门在规划设计管理上的决策、领导、统筹和协调的强大支持。为了确保规划设计工作的高效、高质量完成,大兴机场规划设计管理体系从中央到地方层层设立,形成了一个紧密协作、高效运作的组织架构,如图 3-1 所示。

　　大兴机场工程任务繁重且复杂,能够取得成功离不开党中央的坚强领导和习近平新时代中国特色社会主义思想的指引,以及各级政府和部委的大力支持和密切配合。大兴机场的建设体现了党中央、国务院、中央军委在顶层设计上的决策智慧和国家发改委等领导小组的规划设计决策作用。通过民航局、北京市、河北省及指挥部的"3+1"工作机制,跨部门、跨地域的规划设计协调问题得以有效解决,保障了项目顺利推进。各投资主体落实国家和民航局的政策和决策部署,确保规划设计方案的有效实施和施工现场的有序进行。指挥部则负责日常规划设计问题的决策与协调,确保设计方案的落实和施工现场的有序进行。

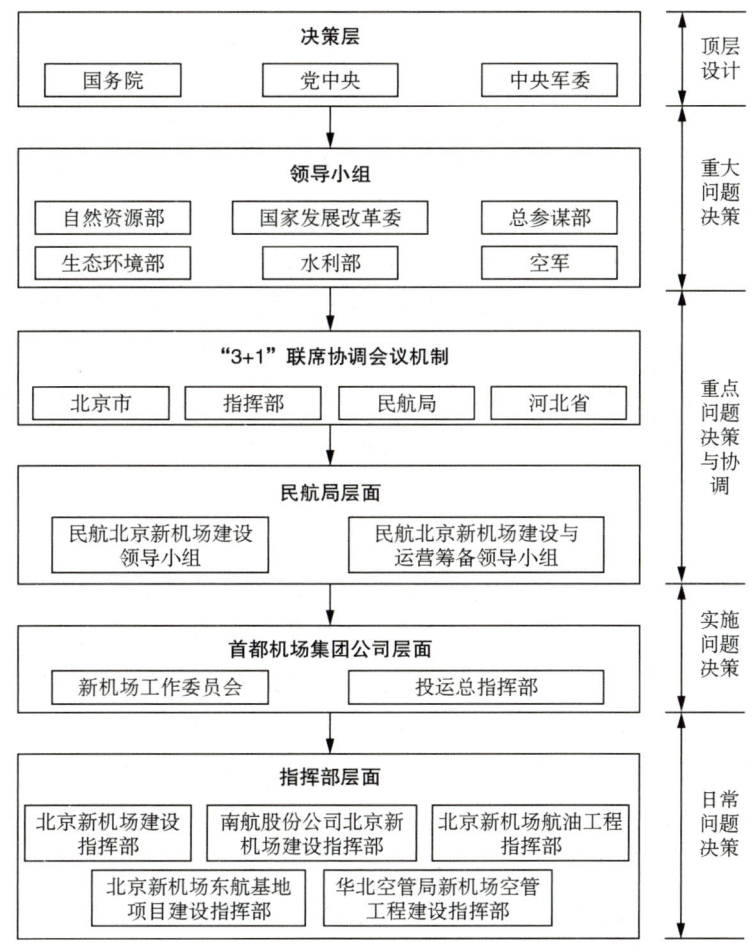

图 3-1 规划设计决策组织架构

3.1.1 顶层设计决策层面

顶层设计决策层是大兴机场工程的最高决策机构，由党中央、国务院和中央军委组成，负责整个项目的顶层设计和最终决策。2012 年 12 月 22 日，决策层联合批复了民航局、北京市和河北省共同提出的《关于建设北京新机场的请示》，正式批准了大兴机场的建设。这一层级的决策为大兴机场提供了最重要的政治保障和规划设计管理支持。国家的批复和决策，不仅确认了大兴机场建设的必要性和重要性，也明确了项目的时间节点和具体要求。这种高层次的决策机制，确保了大兴机场在规划设计过程中有着明确的方向和强大的政治后盾，奠定了项目成功的基础。

3.1.2 领导小组层面

北京新机场建设领导小组是大兴机场工程的重大问题决策机构，由国家发改委牵头，成员包括自然资源部、生态环境部、水利部、民航局、北京市和河北省人民政府，中央军委联合参谋部、空军等多部门、多地方政府及军方单位共同参与。领导小组的成立，旨在确保大兴机场建设过程中各项复杂问题能够得到有效解决和协调。其主要职责包括研究和审定大兴机场的总体规划和主要建设目标，协调和解决前期工作及建设过程中的重大规划设计问题，特别是跨部门、跨地域、跨行业的重点难点问题。

在前期工作阶段，领导小组处理征地拆迁、规划设计、环境保护等问题，并协调涉及军方设施迁建的相关事宜。建设过程中，领导小组重点解决综合交通规划、跨地域建设和运营管理、场外供油工程建设、航空公司入驻用地手续办理、机场工程资本金筹措等关键问题。通过定期召开会议和专项协调，领导小组确保各方紧密合作，克服困难，推动工程高效推进，最终实现了大兴机场的高质量、高效率建设。

3.1.3 "3＋1"联席协调会议机制

"3＋1"联席协调会议机制由民航局、北京市、河北省以及指挥部组成，是统筹和推进大兴机场规划设计管理的核心工作机制，主要负责重点规划设计问题的决策和协调。该机制定期召开工作协调会，视情况邀请其他有关单位参加，确保规划设计过程中的实际问题得到高效解决和推进。在北京新机场建设领导小组的领导下，"3＋1"机制具体实施各项规划设计工作，并对领导小组确定的事项进行督办和落实。对于在联席会议中无法解决的规划设计问题，及时上报国家层面的领导小组处理，从而确保问题得到快速解决和有效推进。

"3＋1"联席协调机制的建立，大大增强了各方在规划设计管理上的协调力度和沟通效率，为推动征地拆迁、项目报建、规划设计方案审批、场外能源设施保障、进出场道路运输保障等急迫问题的顺利解决奠定了坚实基础。民航局分别与北京市、河北省建立了规划设计沟通协调机制，各自成立了大兴机场建设领导小组及其办公室，负责区域内大兴机场外围配套设施的规划设计，包括土地环保、综合交通、水电气热等机场保障体系的设计和实施。

这一创新的跨地域规划设计和决策模式，实现了京冀两地对大兴机场的共建共管，为项目的成功实施提供了有力保障。通过"3＋1"联席协调机制，各方能够更加高效地进行规划设计管理，确保大兴机场项目按时、高质量地完成。

3.1.4 民航局层面

民航局在推进大兴机场规划设计管理过程中，发挥了重要的组织和协调作用。2013年9月23日，民航局成立了民航北京新机场建设领导小组及其办公室，主要负责落实国家和民航局关于大兴机场规划设计的各项政策和决策部署，提出审议事项和工作建议，并研究和审议推进大兴机场规划设计的相关政策措施和总体方案。该领导小组负责协调解决大兴机场及其配套的空管工程、供油工程以及航空基地工程中的重大规划设计问题,统筹推进与国家、军队相关部门和北京市、河北省的沟通和协调。领导小组办公室承担日常工作,组织制定推进大兴机场规划设计的政策措施和总体方案,协调大兴机场工程与外部配套工程的设计对接工作,并负责督促落实各项专项规划设计工作。

为确保大兴机场由建设阶段顺利过渡到运营阶段,民航局于 2018 年 3 月 5 日在"民航北京新机场建设领导小组"基础上成立了"民航北京新机场建设与运营筹备领导小组"。该领导小组在民航局领导下,全面组织和协调地方政府、相关部委及民航局各部门及局属单位,确保大兴机场如期投入运营。领导小组下设安全空防工作组、空管运输工作组和综合协调工作组,分别负责飞行安全、空防安全、空域规划、空管保障、航权航线和工程建设与运营筹备的规划设计协调工作。通过每次工作会议进行任务分解,形成任务分解表并落实各项工作。2018 年 8 月 28 日,领导小组宣布成立北京新机场民航专业工程行业验收、机场使用许可审查委员会及其执行委员会和北京新机场投运总指挥部及投运协调督导组,确保大兴机场民航工程验收及机场使用许可工作的顺利实施。通过这些组织的协调和监督,确保大兴机场按期投运,充分发挥其在规划设计及运营筹备中的主体责任和协调作用。

3.1.5 集团公司层面

在大兴机场建设过程中,集团公司作为项目法人,承担了关键的规划设计决策和组织协调角色。为加强对大兴机场规划设计的领导和统筹协调,集团公司于 2015 年 1 月 12 日成立了新机场工作委员会,并于 2018 年 11 月 21 日更名为北京大兴国际机场工作委员会。该委员会由集团公司各职能部门、指挥部、管理中心以及集团各专业公司组成,负责落实国家、民航局及集团公司关于大兴机场规划设计的重要政策和决策部署。委员会的职责包括审议大兴机场规划设计管理、筹资融资、招商运营等重大方案和事项,并具体实施这些决策,确保各项规划设计工作顺利推进。

为确保大兴机场顺利按期投运,民航局授权集团公司成立了北京大兴国际机场投运总指挥部,负责大兴机场的投运规划和实施决策。投运总指挥部由集团公司牵头,成员单位包括指挥部、中航油、东航、南航、中联航、民航华北空管局、北京海关和北京边防检查总站等。其主要职责是制定和实施大兴机场投运方案,组织各单位编制详细的投运工作方案,并定期检查落实情况。投运总指挥部还负责统筹各阶段的调试、测试和运行及应急演练工作,确保大兴机场的投运工作有序进行,并将各项规划设计内容顺利转化为实际运营成果。

3.1.6 指挥部层面

北京新机场建设指挥部及其他相关指挥部在大兴机场规划设计管理中,承担了重要的日常问题决策和具体协调职责。各指挥部通过建立联系沟通机制,包括全体联席会议和工作沟通例会,确保规划设计和工程建设工作的有序推进,避免矛盾和冲突的发生。五个主要指挥部包括：北京新机场建设指挥部、南航股份公司北京新机场建设指挥部、北京新机场东航基地项目建设指挥部、华北空管局新机场空管工程建设指挥部和北京新机场航油工程指挥部。这些指挥部积极听取各参会单位的意见和建议,收集并协调解决规划设计过程中遇到的困难和问题,必要时上报国家发改委和民航局寻求支持。

各指挥部之间建立了分层级工作协调机制,通过全体联席会议、工作沟通例会等形式,制定业务工作通讯录,确保各层级、各单位、各阶段的全面对接。在各工程项目的规划设计和建设过程中,各方提前统筹协调技术对接、施工顺序等,以确保项目建设工作顺利进行。指挥部并不直接进行施工管理,而是统筹管理红线内的航油工程、空管工程、航空基地工程等项目,协调各指挥部的工作,避免矛盾和冲突。例如,在2018年货运区规划设计中,面对地域广、施工单位多、界面复杂的情况,指挥部制定了施工用地管理办法,确保各施工单位在施工过程中互相理解、互相配合,保障工程按期完成。

大兴机场的成功建设,得益于从顶层设计到日常管理的多层级、高效的规划设计管理体系。各级政府和相关部门通过紧密协作和协调解决问题,确保了大兴机场规划设计过程中的每个环节都得到有效管理和推进,最终实现了工程的高质量、高效率完成。这一组织体系不仅为大兴机场的建设提供了坚实的保障,也为未来类似大型基础设施项目的规划设计管理提供了宝贵的经验和参考。

3.2 大兴机场规划设计管理组织

大兴机场的规划设计的管理组织是整个工程项目成功的关键支撑,是整个规划设计的决策、管理和实施组织体系中承上启下的关键环节。大兴机场的规划设计的管理组织主要是指挥部及为其提供管理服务的咨询顾问团队。为了确保项目的高效推进和各阶段工作的顺利进行,指挥部建立了完善的组织结构和职责分工体系。规划设计管理组织主要由指挥部领导层、规划设计部、工程部以及其他相关部门组成,每个层次、每个部门在项目管理中都承担着重要的职责和任务。通过细致的组织设计和明确的职责分工,指挥部能够有效统筹各项规划设计工作,确保项目各环节的高效运作和顺利推进。规划设计部是大兴机场规划设计管理的核心部门,负责总体规划、控制性详细规划及城市设计、方案设计、初步设计等阶段的规划设计管理工作。工程部在大兴机场的设计管理中也发挥着至关重要的作用,主要负责施工图设计和深化设计,以及施工阶段的设计变更管理等设计管理工作。指挥部其他部门也根据自身职能参与了规划设计阶段的各项论证与管理工作。

3.2.1 指挥部组织机构及职责

指挥部是一个高效运行的精简团队，承担着大兴机场工程的规划设计管理、协调与统筹任务，负责整个项目的目标设定、统筹规划、任务安排及审核把关。指挥部不仅是信息处理与中转中心，更是工程的"大脑中枢"，依靠不超过160人的团队，管理和运筹了整个大兴机场的规划设计工作。指挥部通过引入"外脑"来推进相关工作，确保高质高效地完成各项任务。

指挥部的组织设计以科学合理、职责清晰为原则，内部机构设置和人员编制强调"组织机构科学、岗位设置合理、职责分工清晰、人员精干到位"。

在实际运作中，指挥部采用了矩阵式组织结构模式，纵向为职能部门，横向为工程部门，通过二者的交叉配合，将专业职能与项目任务有机结合。为了避免纵向和横向工作部门指令矛盾对工作的影响，指挥部明确以横向指令为主，即当工程部门的横向指令和职能部门的纵向指令发生矛盾时，以工程部门的横向指令为主，由指挥长协调解决。

指挥部设立了包括财务部、计划合同部、招标采购部、行政办公室、协调保卫部、规划设计部、安全质量部、飞行区工程部、航站楼工程部、配套工程部、机电设备部、弱电信息部、审计监察部（纪检办公室）、党委办公室（工会办公室）在内的14个部门，如图3-2所示。

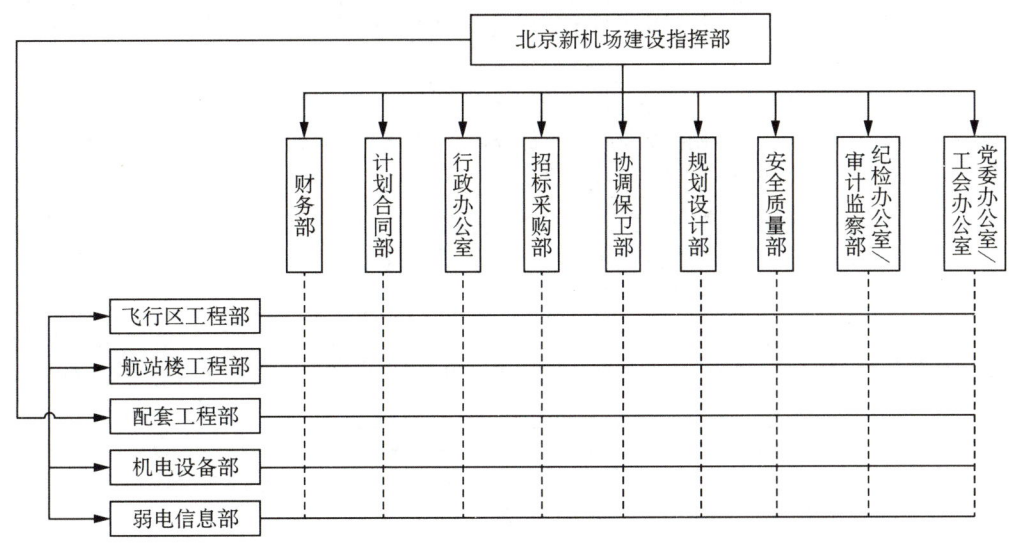

图3-2 指挥部组织机构图

各部门职责分工如表3-1所示。这种精细化的组织设计和明确的职责分工，确保了大兴机场规划设计过程中的高效管理和有序推进。

表 3-1　指挥部各部门基本职责

部门名称	主要职责
行政办公室	负责指挥部制度体系建设与管理,公文与档案管理,重要会议的组织协调,办公自动化系统管理,以及外事申报与公共关系接待工作
规划设计部	负责大兴机场工程的总体规划和控制性详细规划,技术管理及推广新技术,协调技术接口问题和设计变更,审查施工图和重大工程技术方案,组织技术交流和学术活动
计划合同部	制定计划和合同管理制度,编制工程项目进度和投资计划,负责合同的起草、审核与管理,监督合同履行,审核工程计量支付和结算
财务部	建立和监督财务管理制度,编制和执行工程资金计划,负责会计核算和财务管理,处理对外财税业务,审核合同支付和报销,管理固定资产,编制竣工财务决算,管理会计资料和档案
招标采购部	制定招标采购管理制度,拟定招标采购计划,审核招标代理机构资格,组织招标采购工作会议,审核招标文件,处理招标采购问题,收集和整理工程档案资料
安全质量部	组织实施安全生产和质量管理制度,监督施工单位安全措施落实,调查处理安全质量事故,检查重要材料和工程环节质量,参与工程验收,收集和整理相关档案资料
飞行区工程部	负责飞行区土方、道面、排水等施工管理,参与工程前期地质勘察和设计审查,编制工程招标文件技术部分,制定工程进度和质量目标,组织设备和材料检验,协调现场施工和管理
航站楼工程部	负责航站楼、高架桥、停车楼的施工管理,优化功能流程,参与前期地质勘察和设计审查,编制招标文件技术部分,制定进度和质量目标,组织设备和材料验收,协调现场施工和管理
配套工程部	负责综合交通、绿化景观、综合管线等配套设施施工管理,参与前期地质勘察和设计审查,编制招标文件技术部分,制定进度和质量目标,组织设备和材料验收,协调市政配套工程
机电设备部	负责供电、给排水、暖通空调、楼宇自控和消防监控、行李系统等设备的施工安装管理,参与前期地质勘察和设计审查,编制招标文件技术部分,制定进度和质量目标,组织设备和材料验收
弱电信息部	负责网络系统、弱电系统、信息系统、安防系统的施工安装管理,参与前期地质勘察和设计审查,编制招标文件技术部分,制定进度和质量目标,组织设备和材料验收
协调保卫部	负责土地征用和确权办理,协调征地拆迁和封围工作,办理项目报建手续,对外协调工作,施工区域安全保卫,解决施工区域违法和安全问题,收集和整理档案资料
审计监察部 （纪检办公室）	负责党风廉政建设和反腐倡廉教育与监督,落实党风廉政建设责任制,建立廉政监察制度,对招投标、材料采购和经济活动进行监察,监督"三重一大"问题的集体决策,处理廉政建设信访和投诉

续表

部门名称	主要职责
党委办公室（工会办公室）	负责贯彻上级党组织指示和决议,落实党委会、民主生活会等工作,组织创新争优活动,建立和完善基层党支部、工会等组织,管理劳动用工、招聘、薪酬绩效和员工培训,组织企业文化建设和宣传工作

3.2.2 指挥部设计管理要点

在大兴机场的规划设计管理中,指挥部充分发挥了其关键作用,通过卓越的协调和管理能力,确保了项目的顺利推进。以下是指挥部在项目管理中的五个主要要点。

1. 先行认识与理解项目

在设计单位介入项目之前,指挥部已经对项目开展了深入、长期的策划、筹划和研究工作,因此,相比设计单位对项目具有更深刻的认识和理解,确保了在项目启动阶段就对未来的发展方向和需求有明确的把握。这种先行的战略视角使指挥部能够预见并应对潜在问题,有效指导设计单位的工作。例如,在市场分析阶段,指挥部委托多家咨询机构开展高铁影响、市场需求和"一市两场"分析,得出了高铁与航空运输可以实现竞合关系、融合发展的结论。这一认识为项目的规划设计提供了坚实的基础,确保了大兴机场在发展战略上的前瞻性和适应性。

2. 规划设计目标的引领与协调

在规划设计过程中,指挥部不仅是执行者,更是目标的引领者。通过超强的协调能力,指挥部推动设计方案的不断优化,确保各要素之间的平衡。这种持续的汇报和修改循环,直至指挥部决策,使得方案在功能、美观和可持续性等方面达到了最佳状态。

3. 方案优化的系统引导

在方案优化过程中,指挥部特别注重方案的适用性、可行性、经济性和系统性。这种全面的优化策略涵盖了从技术细节到长期运营的各个方面,确保设计方案不仅满足当前需求,还能适应未来的发展。例如,在航站楼的设计优化中,指挥部与多家国内外知名设计和咨询机构合作,深入进行可行性研究。包括评估建筑材料的成本效益、维护易性以及能源效率,确保所采用的解决方案在经济上可行,并且系统性地融入未来的扩展和技术升级计划。

4. 多家设计成果的无缝整合

指挥部在整合多家设计单位成果方面展示了高效的管理能力,确保了不同设计成果的无缝对接和相互补充。通过细致的审查和调整,指挥部成功解决了设计过程中的遗漏和不一致,保证了项目设计的完整性和一致性。

5. 严格把控规划设计进度

在项目进度管理方面,指挥部表现出了严格的执行力和高效的进度控制。通过明确的进度指令和实时的监控系统,指挥部确保项目按照既定时间表稳步推进,及时调整偏离计划的活动,避免延期和资源浪费。指挥部建立的总进度综合管控平台,对大兴机场顺利完工和开航起到了重要保障作用。

这些管理要点展示了指挥部在大兴机场项目中的核心角色和高效策略,通过卓越的规划设计管理,确保了项目从启动到实施的每一步都按照高标准执行,最终实现了世界一流机场的建设目标。

3.2.3 规划设计部具体管理职责

大兴机场的规划设计工作主要由规划设计部负责牵头开展。该部门在整个工程建设过程中,秉承"规划引领、统筹全局"的理念,贯穿工程的全生命周期,起到了重要的指导和引领作用。规划设计部管理职责涵盖从工程前期到初步设计管理的各个方面,确保每个阶段的工作都得到全面的规划和有效的实施。以下是规划设计部的主要管理职责。

1. 规划设计管理

规划设计部负责委托项目前期咨询工作,包括预可研、可研和各类规划工作。同时,负责设计工作,涵盖初步设计和施工图设计。此外,规划设计部承担勘察测量工作,并参与项目的上报、审查和审批过程。为了确保工程按照设计要求高质量完成,规划设计部还积极参与工程的分部、分项、专业及竣工验收工作。

2. 技术管理

规划设计部制定了大兴机场工程的技术原则、技术标准和技术方案,确保技术管理的规范化。部门委托和组织各类专项技术研究工作,促进工程技术创新。同时,推广新技术、新工艺、新材料和新设备在工程中的应用。规划设计部还参与施工图审查、设计交底、技术答疑和现场技术指导工作,保障技术方案的准确实施。此外,审查机电设备系统方案、能源配套方案及重大工程技术方案,以确保工程技术的先进性和适用性。

3. 协调工作

规划设计部负责指挥部的对外技术协调工作,处理工程建设过程中遇到的重大技术接口问题。对于重大设计变更,部门进行论证和协调,确保设计变更的合理性和必要性。

4. 审查工作

在审查工作方面,规划设计部参与审查驻场单位建设项目的规划和施工方案,确保规划设计的一致性和科学性。部门还协助审查招标文件中的技术标书,确保其准确性和完整性。配合相关部门进行项目报建,审核各子项工程的施工组织设计技术文件。规划设计部还协助做好项目的对外宣传工作,提高项目的社会影响力。

5. 其他研究和整理工作

规划设计部协助进行大兴机场的投融资和经营管理模式研究,为项目的长远发展提供支持。同时,部门负责收集、整理和归档本部门的技术档案资料,确保技术文件的系统性和完整性,并最终移交这些资料,确保档案管理的规范化和持续性。

规划设计部在大兴机场建设中,通过科学的规划设计、严格的技术管理、有效的协调和审查工作,以及全面的研究和整理,为项目的顺利规划设计完成提供了坚实的保障。

3.2.4 工程部具体管理职责

在大兴机场建设中,工程部的职责也是至关重要的,涵盖了施工图的绘制、深化设计以及施工阶段的设计变更管理等设计管理工作。该部门通过参与项目的每一个阶段,确保了设计工作的效率和秩序,从而为整个机场的建设提供了坚实的技术和管理支持。

1. 前期参与

在项目的前期阶段,工程部积极参与整体规划设计,为施工图设计和深化设计奠定坚实基础。通过深入了解项目的整体规划和要求,工程部为后续的设计工作提供了必要的技术支持和专业建议,确保设计方案与实际施工需求相一致。这种协同工作方式保证了规划设计的科学性和可实施性,为项目的顺利推进打下了坚实基础。工程部还参与审查初勘、初设任务书,并对初勘报告和初步设计文件进行审查,确保初步设计的深度和质量,为后续的规划设计工作奠定了可靠基础。

2. 施工图设计管理

在施工图设计阶段,工程部负责组织和协调各专业设计团队,确保施工图的准确性和可行性。通过系统的审核流程,工程部不仅对施工图进行定期审查以确保其满足建设标准,还通过比较多种设计方案来确定最优解,确保设计的科学性和可实施性。施工图设计质量管理措施主要包括跟踪施工图设计、审核制度化,以及组织对施工图设计文件的审查,确保设计文件的深度和质量。此外,工程部还承担了审核施工图设计文件的责任,确保所有设计文件在交付施工前经过严格的质量控制和审查,符合总体建设目标和质量要求。工程部还负责在施工图设计完成后组织设计交底会,确保施工单位和监理单位对设计文件有充分的理解和准备。

3. 施工阶段设计管理

在施工阶段,工程部的职责不仅限于监督和管理施工进度,还包括处理施工过程中出现的设计变更。工程部与施工单位保持紧密沟通,及时响应现场实际情况的变化,对设计方案进行必要的调整和优化,确保施工进度和质量。在处理设计变更时,工程部会提出合理的变更建议,并编制相应的初步方案和估算造价。工程部会组织勘察设计，形成详细的变更文件，并监督变更的实施过程，确保变更后的设计能够准确无误地应用于实际施工中。通过这种有效的设计变更管理，工程部确保在施工过程中不出现设计缺陷和问题，确保项目按计划顺利推进。

工程部通过对前期准备、施工图设计管理和施工阶段设计管理的全方位把控，确保设计工作高效、有序进行，为项目的成功建设提供了坚实保障。

3.3 大兴机场规划设计实施组织

3.3.1 实施组织结构体系

作为规划设计工作"决策、管理、实施"三层次体系的基础，大兴机场规划设计实施组织由各参建的规划、设计单位构成。这些规划、设计单位大都是各自领域的专业领先单位，不乏各行业的"国字号"头部企业。这些规划、设计单位作为规划设计工作的"生产单位"，在指挥部的统筹管理下，积极履行企业主体责任，发挥主人翁精神，很好地保障了规划设计工作的质量、进度和投资控制目标，是"大国工匠精神"的重要载体。大兴机场的规划设计实施组织通过细化结构和明确职责，确保了规划设计工作在项目全生命周期内的高效开展，其实施组织结构如图3-3所示。

1. 规划与前期决策工作实施组织

大兴机场的前期工作由民航总院主导，确保项目从概念到实施的每一步都科学合理。民航总院负责制定选址、预可、可研、总体规划，并与北京建院共同协作完成控制性详细规划。此外，在支撑性研究方面，项目组还引入了多个专业机构，如国务院发展研究中心、德电（中国）等，这些机构为前期工作解决了多项支撑性工作项目，促进了大兴机场项目的顺利推进。

2. 工程设计实施组织

工程设计实施组织包括飞行区、航站区、工作区、货运区、轨道交通与公务机区等六大部分组织，每个部分都有其专门的设计团队。飞行区工程由民航总院主导，负责土方工程、地基处理工程及消防工程等关键设施的设计。航站区工程由北京建院与民航总院共同负责主体设计，并引入中元国际等单位参与制冷站设计等任务。工作区工程则由北京市政总院主导。此外，货运区工程设计由中元国际负责；轨道交通设计由铁三院、城建院、隧道院等单位负责；公务机区设计由中元国际负责。

3.3.2 主体设计协调

在大兴机场规划设计实施组织体系内部，采用了民航系统行之有效的"主体设计协调机制"，即由主体设计协调单位协助指挥部开展技术统筹、设计协调工作。在大兴

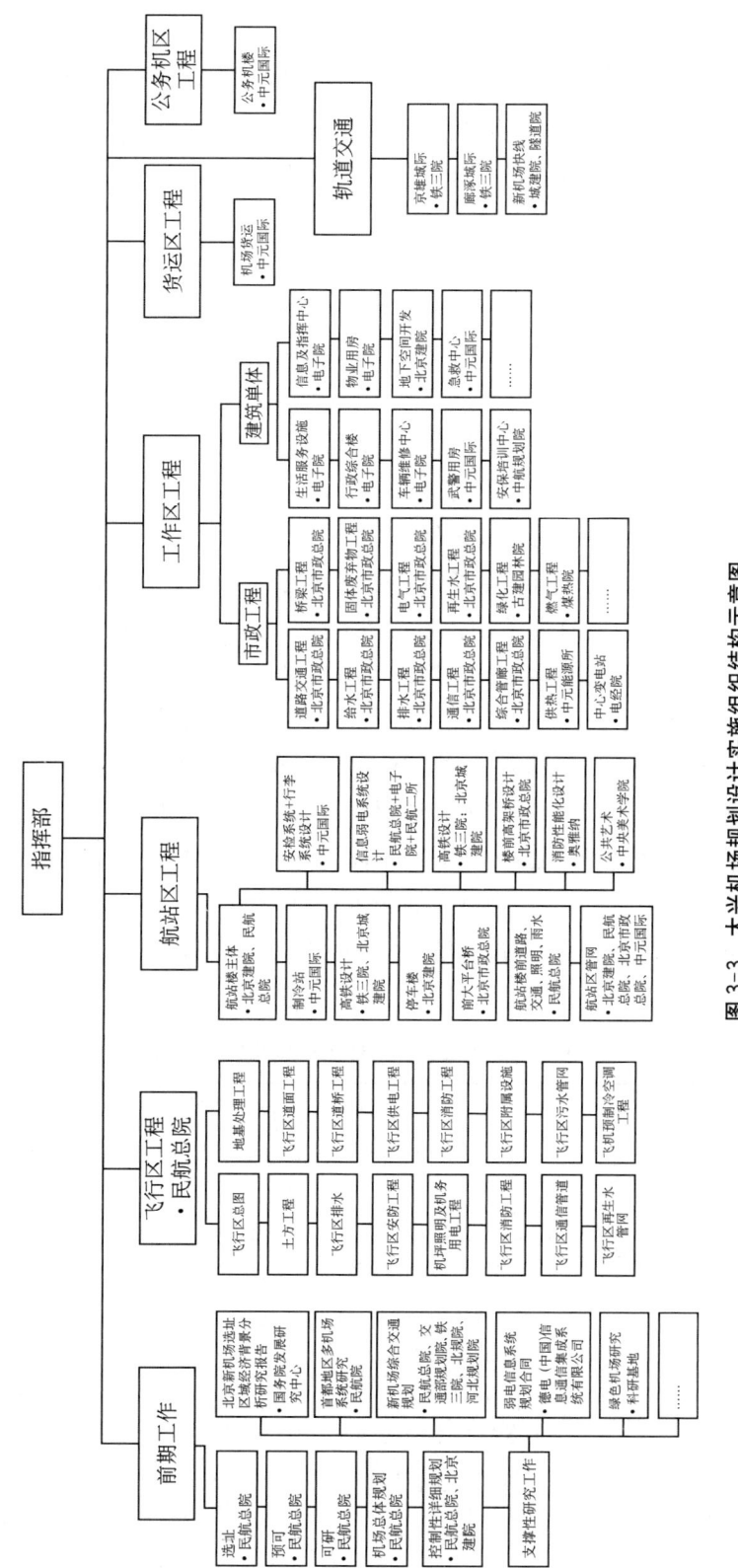

图 3-3 大兴机场规划设计实施组织结构示意图

机场的规划设计过程中，主体设计协调单位发挥了不可或缺的核心作用。主体设计协调单位不仅承担了主导责任，还通过牵头建立跨越组织边界的协调机制，成功解决了涉及多个设计团队和施工单位之间的复杂协调难题。协调机制的建立，使得各相关方能够高效沟通和合作，有效消除了潜在的技术障碍和管理瓶颈，确保了工程的顺利推进和高质量完成。

1. 主体设计协调工作内容

主体设计协调单位在技术接口的搭接、风险的识别与规避，以及设计与施工单位之间的无缝衔接方面起着重要作用。通过细致的技术审核和协调，主体设计协调单位确保了各子系统之间的完美匹配，最大程度地减少了设计错误和施工偏差的可能性，从而为大兴机场的规划设计提供了强有力的保障。首先，主体设计协调单位协助业主开展设计管理工作，搭建项目沟通与协调的平台，建立设计制度与规则，为各子项创建有效的沟通渠道，提供工作的基础条件。

在此基础上，主体设计协调单位进一步发挥参谋作用，合理建议项目的关键节点进度，并在设计过程中及时提示和预警潜在风险，帮助业主梳理下一步的工作要点。与此同时，主体设计协调单位通过识别设计盲区和清理设计"死角"，提供相关的技术咨询服务，有效减少了设计失误和偏差，进而降低了项目决策的风险。

当设计过程中出现各类偏差时，主体设计协调单位迅速协调解决，针对设计人员对项目的理解偏差进行有效修正，对项目规划条件的关键要点进行重点提示，并对项目批复文件中的疑问给予清晰的解答。此外，主体设计协调单位还实时动态汇总各方信息，及时发现并梳理潜在的冲突点，通过全面分析和协调提出切实可行的解决方案，并追踪问题的解决进度，直至所有问题彻底解决。为完成以上任务，主体设计协调单位的具体工作内容如表 3-2 所示。

表 3-2 主体设计协调单位具体工作内容

工作内容	具体解释
梳理设计界面与对接程序制定	确定各子项的物理边界和对接要求，确保各项设计之间的界面明确
理清设计接口与技术搭接要求	确定各子项之间的技术边界及技术搭接要求，复核规划条件，确认需求量、管线接口位置、设计容量、规格、标高等关键参数
工作进度协调	根据项目目标工期和设计周期，协调各相关原则，如优先原则，确保设计工作的按时推进
技术专题研讨与咨询论证	组织专题研讨、方案论证和解决方案讨论，涵盖评审程序之外的各项技术问题，确保设计方案的科学性和可行性
编制初设汇总说明与概算汇总	编制初步设计汇总说明、概算汇总及总概算，为初审单位和专家提供快速检索项目重要文本的工具，便于查询设计文本中的关键设计参数，并了解各子项目概算与可研批复的对比数据

续表

工作内容	具体解释
配合项目报规	结合地方建设程序要求,配合指挥部进行项目的报规程序,确保项目合规
配合变更程序制定	随着规划与方案的调整,或项目需求与现场条件的变化,制定合理的变更程序,确保项目顺利推进
总图定期更新	定期更新项目总图,包括规划条件、项目分布、外部配套接入位置等,确保项目图纸信息的及时准确
协助解决未曾预料的问题	通过规划设计解决项目中出现的未曾预料的问题,这是成本最低的解决方案,也是主体设计协调的重要工作内容
其他增值服务	提供如编制施工临时设施布置方案等其他增值服务,支持项目的全面实施

2. 主体设计成果及亮点

主体设计工作首先从深入理解业主的里程碑计划开始,在此基础上,将整体工作分解为具体的工作单元,并制订详细的节点计划。接下来,通过多轮次的协调,理清设计界面,确保各设计单位在不同阶段的顺利衔接。主体设计工作还包括明确设计界面的要素,如物理界面、技术接口、对接规划和进度对接等。此外,主体设计协调单位还根据指挥部的需求,提供其他技术服务,例如为不同的投资主体提出项目协调原则和建议,并针对相关专业方案提供反馈信息。

在工作成果方面,主体设计协调单位交付了多项有形成果,包括初步设计汇总说明、初步设计总概算、定期工作简报、重要专题汇报和总概算调整等文件。此外,主体设计协调单位还取得了其他重要成果,包括定期与不定期的设计例会、协调工作与汇报、各专业技术方案研讨会与论证会、各类设计方案问题和施工现场问题分析会,以及新技术应用研讨会等。

3. 案例:主体设计协调在全场设计中的应用

在全场设计的具体应用中,主体设计协调单位的工作亮点贯穿了全场设计的各个关键环节,确保了全场设计的顺利推进和高效实施。主体设计协调单位在搭建协调平台、实时更新建设总平面图与项目分布图、风险识别与调整、专题研究,以及合理规划施工临时设施布局等方面,发挥了重要的作用。

1)搭建主体设计协调平台

为了满足项目复杂的需求,主体设计协调单位按照指挥部的要求,建立了四个规划平台,包括总体规划平台、本期建设规划平台、控制性详细规划平台,以及专项规划平台(涵盖场内交通规划、公用配套设施规划、货运区规划等)。

同时,主体设计协调单位还架构了工作平台,旨在优化沟通与协调。该平台包括梳理和明确工作模块、项目构架图及模块界面,建立了覆盖投资主体、代建单位、设计、施工、监理等关联方的沟通平台。针对多家设计单位参与的项目,设计总包负责牵头,确保设计与施工的有序推进。主体设计协调单位确立了系统的例会制度,涵盖设计例会、指挥部设计例会、工程例会和监理例会等,保障了各环节的顺利衔接与信息共享。

2)实时更新建设总平面图与项目分布图

主体设计协调单位在项目实施过程中,及时更新本期建设总平面图与项目分布图,确保项目各部分在设计和施工过程中的实时同步,避免因信息滞后导致的施工偏差和设计调整。

3)风险识别与调整

主体设计协调单位在全场规划与设计过程中做了如下风险提示和调整建议:

(1)机场能源系统热力站位置调整,热力站的燃气烟囱避开了东跑道中心延长线,规避了排烟道烟气干扰航道的风险。

(2)通过西塔台视线遮蔽分析,甄别出飞行区部分管理用房的高度可能会对西塔台指挥员的通视略有影响,调整和优化了飞行区部分管理用房的建设位置。

(3)航站楼前轨道穿越段和浅层地下管线错综复杂。主体设计协调单位在设计初期提出该区域轨道隧道结构顶的覆土厚度的控制要求,并优化了楼前部分管线埋深的控制标高和部分设施的调整方案。

(4)因北指廊停车出入口标高限定,提出楼前道路控制标高的调整建议。

(5)全场土石的动态控制是民航机场建设过程较棘手的问题。由于不同的建设主体因批复程序滞后而产生了工期滞后的问题,相关设计单位提供的土方数据多次变化。

4)专题研究

在专题研究方面,主体设计协调单位将控规的规划引领作用贯穿于大兴机场项目建设全过程,结合指挥部的要求,分析工作区建设成本,为驻场单位分摊土地成本提供了合理依据。此外,在初步设计审查期间,主体设计协调单位再次优化了飞行区综合管廊平面方案,为后续的施工图设计奠定了坚实基础,并对机场陆侧区域综合管廊与空侧综合管廊的衔接及路由方案进行了优化,确保了各系统的无缝连接。

5)合理规划施工临时设施布局

为了避免施工临时设施布置与本期建设工程的冲突,主体设计协调单位结合控规和场内各功能区建设项目的安排,合理规划了施工临时设施的布局。通过这一规划,为临时道路、临时供水、临时排水、临时供电的管线和设施提供了建设条件,特别是为飞行区工程的22个标段、航站区工程的4个标段、市政配套工程的8个标段等的临时设施建设创造了有利条件,如图3-4所示。

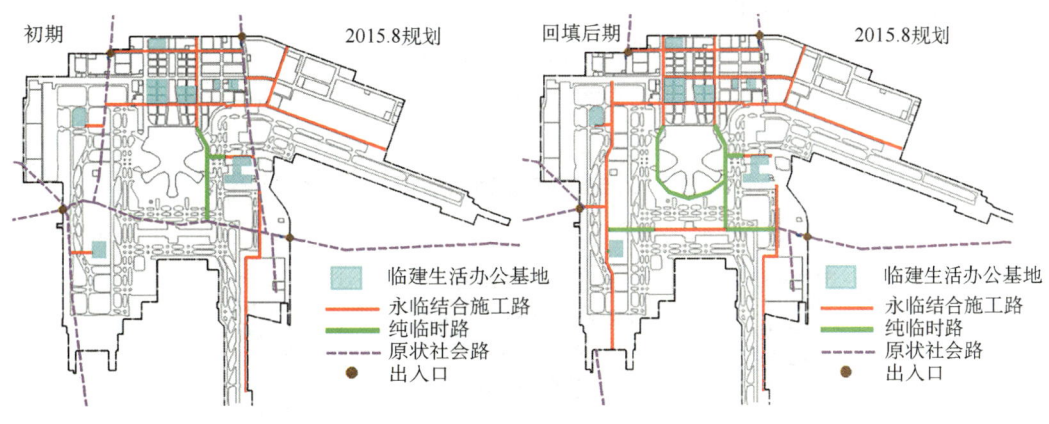

图 3-4 临路初期规划图

3.3.3 设计总包管理模式在航站区设计中的应用

大兴机场的航站区由主体航站楼、综合换乘中心、地下轨道车站、停车楼和综合服务楼等多个项目组成。在指挥部的统一组织下,航站区的设计由设计总包单位全面负责,统一组织各专业单位进行专项系统设计。轨道车站的主体布局、主体结构和旅客衔接等均由设计总包单位根据轨道需求进行统一设计。这种一体化的设计组织确保了各项目之间,特别是航站楼和轨道车站之间的功能与工程能够紧密衔接、协同推进,减少了航站区设计的外部接口数量,简化了内部协调环节,加快了整体设计进度。

航站楼及综合换乘中心规模庞大、系统复杂,是建筑设计中最为复杂的类型之一。在常规专业分工的基础上,设计总包单位组织并协调了包括市政道桥、轨道交通、旅客捷运、行李处理、信息弱电、绿色节能、消防性能化、屋面幕墙、大空间照明和声学等十多个专业设计或咨询团队。通过整合优质设计资源,设计总包单位确保了设计的专业水准,并通过清晰的设计界面和顺畅的协调机制,保障了整体设计的高效推进。

1. 组织模式

设计总承包的核心是对设计负总责。在一般建筑项目中,业主通常需面对多家设计单位,各单位只对其负责的设计范围负责,而业主需将这些设计成果拼装为最终的建筑设计,实现各项功能。而设计总承包则由一家设计单位牵头,将所有设计集成为完整的成果,确保建筑整体效果的协调一致。

大兴机场的设计涉及众多复杂的专项系统,每个系统都需由不同的专业团队设计。由于系统的高度复杂性,业主很难直接管理所有专业设计,且即使单一系统设计合理,整体系统的可行性也难以通过简单拼装实现。这就需要一个专业团队来整合各系统,为业主提供全面的设计解决方案。

北京建院与民航总院组成的联合体承担了航站区工程的设计总承包任务。在指挥部的组织下,整合各方设计资源搭建了协同设计平台,如图3-5所示。

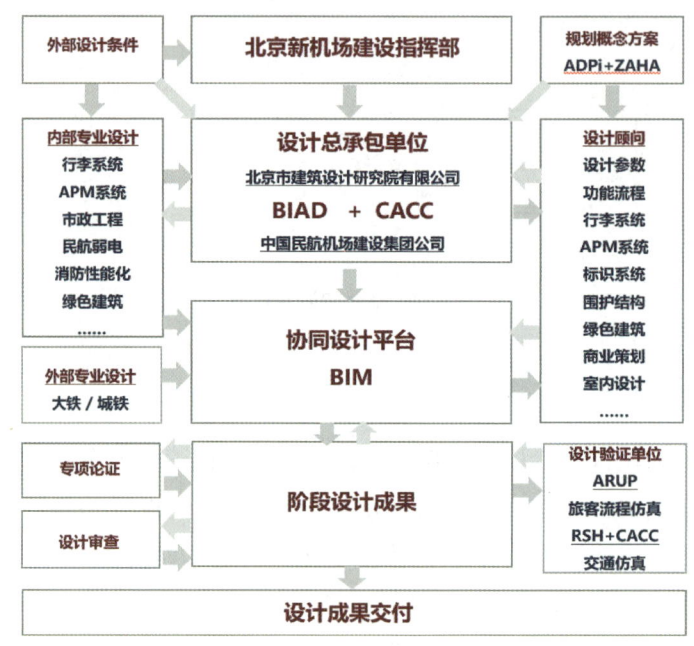

图3-5 设计总承包模式

2. 协同设计

大兴机场航站楼是一个复杂的超级工程,设计工作超越了常规建筑设计的范畴。北京建院与民航总院组成的设计总承包联合体,除了完成核心设计,还需协调各专业团队,整合外部设计资源,确保每个设计节点的成果完整,并指导施工。这种全面的协调与统筹,避免了多单位设计之间的分歧和低效,为高效施工奠定了基础。

联合体内部设计团队涵盖建筑、结构、给排水、暖通、电气等多个专业,成员超过150人,外部咨询与分包合作单位达三十余家,涵盖多项技术合作。为确保设计工作的有序高效,北京建院组建了由曾参与大型机场设计的核心管理团队,基于以往经验建立了适用于机场设计总包管理的协作平台和质量控制体系。

设计管理体系包括计划、合同、组织、进度和质量管理,其中,协同设计平台的搭建至关重要。协同设计就是多个专业共同完成一个整体系统,而非分解为单体建筑处理,如图3-6所示。通过系统化设计,每个系统和子系统由对应的专业团队设计,确保了一致性和专业性,从而实现整个建筑的高度统一和完整。

数字化设计使各系统可以通过文件相互参照,逐级整合为完整设计,实现协同工作。设计人员可以随时掌握自己的设计与整体的关系,设计负责人也能及时发现并解

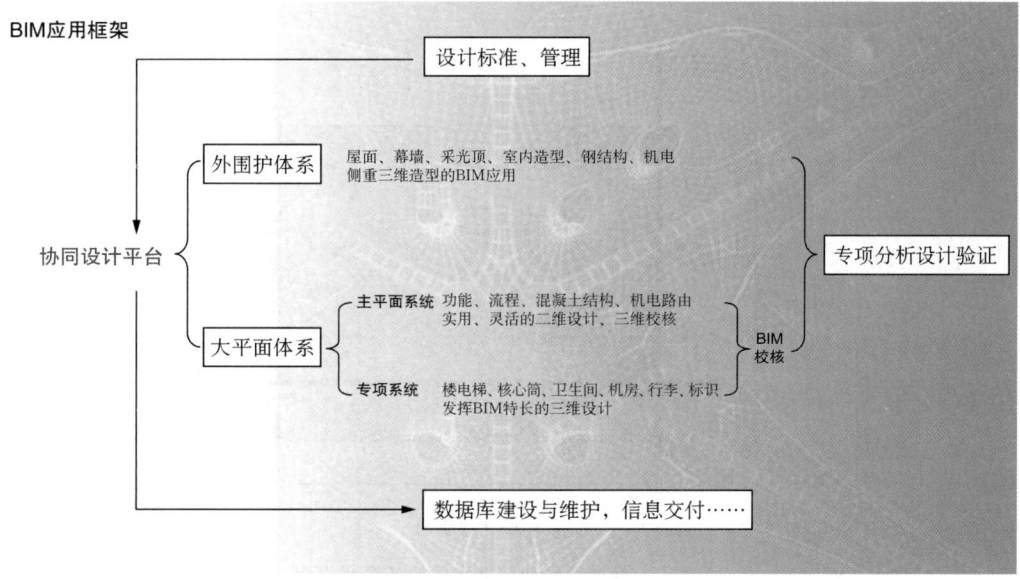

图 3-6 项目协同设计平台框架

决系统间的矛盾。在项目初期,设计团队制定了协同设计计划,搭建了协同设计平台,包括系统拆分、文件命名规则、图纸标准等,并持续维护至项目竣工。这一平台使设计团队在一年内完成了航站楼的主要设计工作,并在四年的施工配合中支持了项目的最终实现。

3. 建筑师负责制试点

建筑师负责制是建筑师对项目管到底。传统的工程管理模式中,建筑师只参与工程前期设计工作,如整体构思和设计图纸。完成规定的设计文件后,建筑师在工程中的任务就基本完成了。其他阶段的工作由业主、招采代理、施工单位、监理单位分别承担,形成了各方分段负责的项目运行模式。建筑师负责制模式下,建筑师承担工程各专业、各专项设计工作的统筹、协调、管理的职责,如图 3-7 所示。

对于大兴机场这样的大型复杂项目,传统各阶段割裂的运作方式必然会造成项目各个阶段的脱节,项目功能、效果、造价、工期的不确定,使得工程整体完成度效果不佳。作为建筑师,能在建设管理上为业主提供专业支持,解决问题更有针对性、高效性。因此,建筑师对工程建设一管到底的模式对于大型复杂工程来说是较佳管理模式。

在大兴机场项目中,设计团队全过程与指挥部紧密工作在一起,共同推进项目建设。以航站楼采光顶为例,建筑师在设计阶段即将采光顶系统、排水系统、室内吊顶系统、主体结构进行高度整合,提出对各项材料的技术规格要求,对符合设计与招采要求的样品进行封样确认,对专业子系统深化进行审核,对施工进行监督、验收。协助业主进行从估算到决算的全过程项目造价咨询。

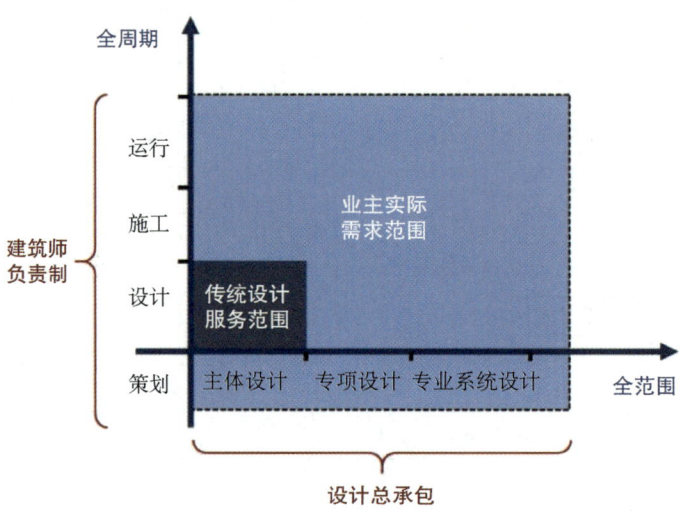

图 3-7　设计总承包模式下的建筑师负责制

　　建筑师负责制是建筑行业未来发展的方向。大兴机场项目设计建设时，国内工程建设领域对于建筑师负责制模式，从政策配套到实践方法尚在摸索，至今仍处在鼓励引导与局部试点的阶段。作为先行者在大兴机场设计中的成功实践于 2019 年 12 月受到住建部的通报表彰，有力地推动了国内建筑师负责制的发展进程。

第 4 章
规划设计管理理念

大兴机场建设肩负新时代中国民航高质量发展的使命,大兴机场建设者在工程的全生命周期中始终坚持和贯彻新发展理念,致力于打造新时代的标志性工程。大兴机场规划设计也深入贯彻"创新、协调、绿色、开放、共享"五大发展理念,通过五大新发展理念的深入应用构建了符合平安机场、绿色机场、智慧机场、人文机场建设要求的规划设计文件,实现了"引领世界机场建设,打造全球空港标杆"的总目标。

在规划设计管理方面,大兴机场主要应用了综合集成管理、建设运营一体化、价值交付、协同共创、迭代学习、创新发展、标杆示范与 4D 设计统筹等理念。

4.1 综合集成管理理念

钱学森把"既非整体论,也非还原论,而是整体论与还原论的辩证统一"的方法论称之为综合集成(钱学森,等,1990)。在重大工程领域,综合集成管理理念是一种专家体系合作以及专家体系与其他体系合作的研究方式与工作方式(李迁,等,2009;盛昭瀚,2009)。具体而言,是通过从定性综合集成到定性、定量相结合综合集成,再到从定性到定量综合集成三个步骤来实现的。这个过程不是截然分开的,而是循环往复、逐次逼近的(于景元,等,2005)。综合集成管理的关键要素包括整体性、动态性、复杂性和多学科集成。从整体性的角度来看,大兴机场的规划设计从整体系统出发,考虑了机场运营、交通枢纽、环境影响、经济效益等多方面因素。通过整体性管理,确保各部分的协调和统一,使得机场在未来能够高效运转并满足不断变化的需求。一方面构建了综合交通枢纽,将机场与铁路、公路、地铁等多种交通方式有机结合,提升了交通系统的整体效能;另一方面实现了功能布局优化,在规划中合理布局航站楼、停机坪、货运区等功能区,确保各区域之间的高效联动和协同工作。

从动态性的角度来看,大兴机场的建设过程中,项目团队采用了动态管理方法,实时监控和调整项目进度和资源配置,确保项目按时按质完成。不仅采用实时监控技术,利用先进的信息技术和项目管理软件,对工程进度、资源使用和风险进行实时监控和管理,还实时进行灵活调整,能够根据现场情况和外部环境的变化,调整建设计划和资源配置,确保项目顺利推进。

从复杂性的角度来看,大兴机场项目涉及环境复杂性、组织复杂性、技术复杂性和信息复杂性等多方面问题。通过综合集成管理,项目团队能够有效地处理这些复杂问题,实现多目标的优化。一方面实现了知识与信息的集成,项目团队集成了多个领域的知识和技术,形成了综合性的解决方案;另一方面实现了组织的集成,通过跨部门的紧密协作,协调各方利益和需求,确保各环节的无缝衔接和高效运作。

从多学科集成的角度来看,大兴机场的规划设计过程充分体现了多学科集成的理念。各学科专家紧密合作,共同解决项目中的技术难题,优化设计方案。不仅实现了建筑设计与环境保护并行,即:在建筑设计过程中,综合考虑环境保护要求,采用绿色建筑技术,降低对环境的影响,实现可持续发展;还实现了信息技术与智能化管理,利用大数据分析、人工智能等先进技术,实现机场的智能化管理,提高运营效率和服务质量。

在管理模式方面,大兴机场建立了一套涵盖"例会联席会议动态协调"的实施统筹机制。

(1) 机场设计实施的协同机制。建立创新的规划工作体系,以机场设计作为设计统筹纽带,串联法定图则、建筑设计、专项设计等多元设计工作,统筹多方实施中的刚性、弹性控制协调标准。依托指挥部和规划设计部的专业协同能力,分工处理各类实施问题,确保规划落地。指挥部能够较好掌握各设计单位的动态和目标,在设计资源整合过程中能够做到"无缝对接、相互综合、有补丁、无遗漏",将大兴机场系统连接为一个有机整体,能够有效防范不同专业之间局部结构"打架"情况的产生。

(2) 建设主体实施的协同机制。以建设主体单位之间的交叉界面为纽带,串联部门文件、设计规范、主体任务等多元交付价值,统筹多方实施中的交叉界面刚性、弹性控制协调标准。整体交付价值贯穿全过程,促进多主体价值互补。依托指挥部的价值规划能力,分工处理各类实施问题,促成建设主体协同。

(3) 动态设计协调机制。提供不断演进的动态设计协调。机场设计的高质量实现需要不断演进的设计实施探索,以规划设计单位长期伴随式开展机场设计服务的经验为基础,通过流程和制度的稳定方案,以及多层次详细规划设计的开放自主实现,确保设计的动态协调。

(4) 例会机制。采用"主体设计例会机制—指挥长联席会议机制"解决大兴机场与设计单位及航司之间的协调问题。在设计单位层面,建立主体设计例会机制,定期更新维护过程中发现的设计衔接问题及重大技术问题,确保协调和解决。每两周召开一次主体设计例会,共解决1 300余项问题。在航司层面,建立指挥长联席沟通会议机制,解决各主体工程之间的交叉界面问题,推动各项建设任务的协同推进。每月召开一次全体联席会议,共解决150余项问题。

(5) 设计管理标准。以空间控制规划总图为标准,结合跑道构型、航站区、信息系统、能源工程、绿色机场等多项规划,采用空地一体化仿真模拟,提供基于系统和具体要素的控制要求,形成强制性和指引性要素体系。机场规划设计团队关注整体公共系统的协同和空间形态管理,同时对不同规划系统的个性化表达和功能组织适当放宽,为规划设计师提供反馈机制和对话平台,允许适当地自由发挥和系统融合。

综合集成管理理念在大兴机场规划设计中的成功应用,充分展示了其在应对复杂系统和复杂问题中的强大优势。通过整体性、动态性、复杂性和多学科集成的管理方法,大兴机场不仅实现了高效的建设和运营管理,还为未来建设类似的大型项目提供了宝贵的经验和借鉴。

4.2 建设运营一体化理念

4.2.1 建设运营一体化理念的背景

机场建设运营一体化理念是集团公司在大兴机场创新应用的一种综合管理模式,旨在将机场建设项目的设计、施工和运营过程紧密结合,由后阶段参与方向前阶段参与方提出需求,并持续跟进需求的动态变化,以不断促进前阶段参与方优化项目的效率、质量和成本控制,实现前阶段参与方全景式螺旋式改进优化实施。这种理念强调从机场项目的早期阶段就将所有相关方(包括管理团队、设计团队、施工团队和运营团队)整合到一个协作的团队中,以实现最佳的项目成果(陈金仓,2014)。

在我国以往的机场项目建设中,建设团队和运营团队通常是分割开的。建设团队专注于设计、采购与施工,往往忽视了从运营角度审视建设要求和标准;运营团队在建设阶段的参与有限,难以全面了解建设细节并根据实际需求调整相关指标。这种分离导致新建机场在启用时常需进行升级改造,同时运营团队也需要较长的磨合期来熟悉机场功能。指挥部在总结建设运营一体化的教训时指出"运营团队接手后,往往需要大力改造,造成资金和时间的浪费;而无法改造的部分则会带来使用不便和流程不畅"。因此,大兴机场如何在建设初期实现建设团队与运营团队的高效一体化协作,成为关键问题。为了解决这一问题,大兴机场的建设在组织架构上实现建设和运营人员的同步配备。同时,建设过程中邀请中外专家举办大兴机场运营流程优化研讨会,通过对每一项设计、每一道工序、每一件设施的审视和检验,力求实现"一次把事情做对"

的目标,努力达成"零缺陷"的工作标准。

4.2.2 建设运营一体化理念的应用

大兴机场拥有规模宏大、设施领先的航站楼综合体,在集团公司推动落实下,其规划和设计过程中充分体现了建设运营一体化理念。这种理念的实施不仅优化了项目的整体效能,还确保了建筑的可持续性和运营效率。

1. 早期整合方面

早期整合是建设运营一体化理念的核心,通过将所有关键参与方(包括机场集团、设计团队、施工团队和运营团队)从项目启动阶段开始整合,确保项目目标、需求和资源的统一性。运营人员能够针对建设需求,提出参数、设计流程;建设人员能够针对运行实际,了解功能、持续改进。建设、运营团队能够相互弥补各自不足,降低信息不对称性所带来的浪费,通过持续沟通实现全景式螺旋式持续优化,减少了建设和运营脱钩导致的内部消耗,确保建设与运营相互衔接、深度契合,为大兴机场按期高效投入使用打下坚实的基础。大兴机场的规划设计阶段采用了多方参与的原则,设计团队与承包商及运营团队紧密合作,进行全方位的需求对接。项目初期,举办了多次联合研讨会,所有参与方共同讨论设计方案,确保设计不仅符合业主需求,还考虑到施工的可行性和后期运营的实际需求。例如,针对机场的地面交通系统,设计团队在早期阶段就与交通规划专家合作,优化了道路布局和交通流线,减少了未来运营中的瓶颈问题。而在需求分析与整合过程中,大兴机场通过运营团队的早期介入,设计方案能够更好地适应未来运营需求。例如,设计中考虑了未来旅客流量的增长,提前预留了扩展空间和设施,以应对可能的运营扩展需求。

2. 全生命周期管理方面

全生命周期管理涵盖了项目的每一个阶段,从设计、施工到运营维护,确保了项目的高效管理和建筑的可持续性。在设计优化与施工可行性方面,大兴机场的设计过程采用了建筑信息模型(BIM)技术,通过虚拟建模来优化设计方案,识别设计中的潜在问题,并在施工前进行调整。例如,BIM技术帮助解决了航站楼内复杂的管线布置问题,确保了施工的顺利进行。在施工阶段的协调与控制方面,大兴机场的施工阶段建立了综合项目管理平台,实现对工程进度、成本和质量的实时监控。通过详细的施工计划和风险评估,减少了施工延误和质量问题。例如,针对复杂的结构施工,项目团队提前制定了详细的施工方案和应急预案,确保建设按计划进行。在运营维护的长效管理方面,机场建设完成后,运营团队继续参与日常运营和维护,利用运营反馈优化维护策略。通过建立智能化的设施管理系统,实现对设备和设施的实时监控和维护,提升了运营效率。例如,采用智能化的机电设备监控系统,及时发现和解决设备故障,减少了运营中的停机时间。

3. 协作与共享方面

建设运营一体化理念强调各方之间的协作和信息共享，确保项目的高效推进和资源的最优配置。建设机构和运营管理机构关键岗位双跨，主要领导同时担任建设机构总指挥和运营管理机构总经理，确保了建设运营始终保持同心同向、一个声音、一致行动。在信息管理平台上，大兴机场项目建立了统一的信息管理平台，实现各方的信息共享和实时更新。项目团队使用该平台进行设计文件、建设进度、变更记录等信息的管理，减少了信息滞后和沟通障碍。平台还支持实时数据分析，帮助决策者做出及时调整。在跨部门协作上，特别是在设计和施工过程中，项目团队通过定期的协作会议和工作组，解决了设计和施工中的技术难题。例如，针对机场的安全系统设计，设计师与安全专家进行了多次讨论和协作，确保了设计方案的安全性和可靠性。

4. 风险与收益共享方面

在建设运营一体化模式下，所有参与方共同承担项目的风险和收益。这种机制促进了各方的协同合作，减少了潜在的冲突和分歧。在风险管理机制上，大兴机场项目通过建立详细的风险管理机制，使项目团队能够提前识别和评估潜在的风险，并制定相应的应对措施。例如，针对建设过程中可能出现的地质问题，项目团队进行了详细的地质勘探和风险评估，并制定了应急预案。在收益分配机制上，大兴机场根据项目的实际成果，所有参与方按照预先约定的收益分配机制共享项目收益。这种机制激励各方提高工作效率和质量，确保项目的成功实施。

5. 持续改进与反馈方面

大兴机场项目注重持续地反馈和改进，以优化项目的实施效果和运营效率。在项目评估与反馈上，大兴机场在项目建设和运营过程中，定期进行项目评估，分析实施效果和运营绩效。项目团队通过收集运营数据和用户反馈，识别改进点，及时调整管理策略。例如，针对旅客流量高峰期的运营挑战，项目团队进行了优化调整，提高了机场的服务能力。在改进机制上，大兴机场项目建立了反馈机制，收集运营人员和用户的意见建议，进行系统的分析和改进。通过这种机制，不断优化机场的运营和服务流程，提高旅客的整体体验。

4.2.3 建设运营一体化理念的应用效果

结合大兴机场规划设计中的建设运营一体化理念的优势与应用实例来看，在集团公司的推动下，在大兴机场的规划和设计过程中，建设运营一体化理念的应用显著提升了项目的整体效能和长期运营质量。

首先，在运营效能方面，建设运营一体化理念通过全生命周期管理，确保了设计方案的长期可行性和维护便捷性。在集团公司的规划下，大兴机场在设计阶段就充分考虑了未来的运营需求，采纳了智能化设施管理系统，以提高能源使用效率和降低运营成本。该系统能够实时监控机场内的设施状态,自动调整运行状态,从而有效提升了运营效能。

其次,集团公司通过建设运营一体化理念建立详细的风险管理机制,加强了项目的风险控制。大兴机场项目中,项目团队进行了全面的地质勘探,并制定了应急预案,成功应对了施工过程中潜在的地质风险。这种风险共担机制不仅减少了不确定性,还确保了项目的顺利推进。

最后,建设运营一体化理念还显著提升了项目质量。大兴机场通过建立完善的质量控制体系,对施工过程进行实时监控和质量检测,确保每个环节符合高标准的设计要求。

综上所述,建设运营一体化理念在大兴机场的规划设计和建设过程中展现了其强大的优势。通过优化资源配置、提高建设效率、提升运营效能、增强风险管理和提升项目质量,项目团队不仅成功完成了这一大型工程,也为建设类似的大型基础设施项目提供了宝贵的经验和示范。

4.3 价值交付理念

4.3.1 价值交付理念的背景

根据《项目管理知识体系指南》第七版(The PMBOK ® Guide — Seventh Edition)(简称PMBOK7.0)的规定,价值交付是旨在建立、维持和(或)使组织得到发展的一系列战略业务活动。项目组合、项目集、项目、产品和运营都可以成为组织价值交付的一部分。价值交付理念(Value Delivery)或价值创造理念(Value Creation)是指在项目管理和企业运营中,通过有效的战略、资源配置和执行来实现和传递客户所需的价值。项目管理大师哈罗德·科兹纳博士提出,项目管理2.0是以交付价值为导向的管理理念,"项目管理2.0,将会为行业带来一次颠覆性的创新。"同济大学丁士昭教授将此诠释为:①交付价值是衡量工程项目是否成功的标准;②项目管理2.0是价值驱动型的项目管理;③项目管理2.0最终的目标是效益目标;④项目经理的责任将会被重新界定。

这个理念强调在整个价值链中,从产品或服务的设计、开发、生产到最终交付给客户的每一个环节,都要专注于满足客户的需求和期望,同时最大化企业的效益。这一理念扭转了以往建设生产质量合格产品的传统建设交付思想,改而转交全过程满足客户需求的具有完全使用价值的产品,具有跨时代的意义。

4.3.2 价值交付理念的应用

大兴机场从航站楼方案设计到整个工程建设运营的组织和管理,都致力于"引领世界机场建设,打造全球空港标杆"。融合国际理念,并结合自身需求进行自主创新;将现代科技、中国文化、人文关怀等,融入设计之初、建设之中。在建设中,把机场的核心功能与服务支持、招商、城市交通、首都国际机场等的连接纳入通盘考虑。其规划设计和建设过程充分体现了价值交付理念(价值创造理念)的应用。该理念不仅注重项目的最终成果,更强调在整个项目生命周期中持续创造和交付价值,确保项目对所有利益相关者产生积极的影响。

1. 用户为中心方面

大兴机场的规划设计始终以用户需求为导向,力求为旅客、航空公司和其他利益相关者提供最佳的使用体验。既注重旅客体验优化,通过合理布局航站楼,缩短旅客步行距离,提供便捷的转机服务,提升旅客的出行体验。提供智能化服务,如人脸识别自助值机、自助行李托运、智能导航等,为旅客提供更加便捷和高效的服务。重视航空公司效率提升,为航空公司提供高效的地面服务设施和运营支持,提升航班周转效率和准点率。通过优化机场运行流程和地面支持,减少飞机停场时间,提高航空公司的运营效益。例如,大兴机场一次性建成 4 条跑道,指挥部组织进行了大量运行仿真模拟,根据 200 多种空侧运行组合,最终选择了"三纵一横"的全向跑道构型。4 条跑道围绕航站楼建设,可以缩短飞机起飞、降落的滑行距离,让旅客实现最短时间的滑行等待,大大节约了旅客的时间成本。

大兴机场的商业区域总面积达到 5.5 万 m^2,涵盖了零售、餐饮、航旅、便利及娱乐、贵宾嘉宾区和广告等多种业态。这种广泛的业态划分旨在满足不同旅客的需求,并提升整体商业环境的多样性与舒适度。目前,机场内已经招商的铺位数量达到 290 余家,这些商铺包括了众多知名品牌和服务,显著提升了机场的商业吸引力。

2. 商业资源规划方面

大兴机场积极贯彻"人文机场"的建设理念,聚焦于旅客需求与消费趋势的变化。机场大幅提升了餐饮、休闲和娱乐等业态的资源占比,致力于构建一个轻松愉悦的购物和休闲环境。这种布局不仅丰富了旅客的选择,也提升了他们的整体体验。

为践行民航局及集团公司提出的"同城同质同价"要求,机场内的商业设施和服务全面实施了对标管理。这意味着,所有商业区的产品及服务质量都与本地对标店保持一致或优于对标店,确保了旅客能够获得稳定且高质量的服务体验。

商业区的绩效指标也表现出色。大兴机场的旅客满意度维持在 85%～90% 之间,反映了高效的服务和良好的购物环境被旅客高度认可。在机场商业消费方面,每位旅客在大兴机场的有税零售消费为 31.4 元。免税商品方面,大兴机场的每位旅客消费达到 169.5 元。在餐饮消费上,大兴机场的每位旅客花费 11.0 元。这些数据表明,大兴机场在多个消费类别中均呈现良好的消费水平,反映出其在商业运营方面的成功与吸引力。从全过程价值创造的角度来看,价值交付理念强调在项目的每个阶段都创造和交付价值,从规划设计到施工建设,再到运营管理,各环节无缝衔接,共同实现项目的整体价值最大化。在创新设计方面,设计阶段通过创新的设计理念和技术,优化航站楼的功能布局和空间利用,提高设施的使用效率。例如,采用大跨度屋顶结构和自然采光设计,提升航站楼的空间感和舒适度。

3. 持续改进与优化方面

在大兴机场的建设和运营过程中,持续收集反馈信息,并进行不断地优化和改进,以适应变化的需求和环境。一方面进行实时监控与调整,通过先进的信息技术对机场的运营情况进行实时监控,及时发现问题并进行调整,确保机场高效运转。例如,利用物联网技术实时监测设备状态,预防故障,提升设备维护效率。另一方面坚持持续创新,根据旅客和航空公司的反馈,不断引入新的技术和服务,提高机场的服务水平和运营效率。例如,定期更新和升级智能化设施和服务,确保机场始终处于技术前沿。

4. 利益相关者共赢方面

价值交付理念关注项目对所有利益相关者的积极影响,确保各方在项目中实现共赢。在社会效益上,大兴机场的建设带动了周边地区的经济发展,创造了大量就业机会,提升了区域的整体发展水平。机场还通过提供优质的公共交通连接,改善了周边居民的出行条件。在环境保护上,在规划设计和建设过程中,注重环境保护和资源节约,采用绿色建筑技术,减少对环境的负面影响,实现可持续发展。例如,机场的设计中大量使用可再生能源和环保材料,降低碳足迹。

5. 全生命周期管理方面

大兴机场的规划设计不仅关注建设阶段的价值交付,更注重整个项目生命周期的管理,通过全生命周期的视角实现价值最大化。在长期运营上,规划设计阶段充分考虑运营维护的需求,确保设施在使用寿命内能够高效、低成本地运行。例如,设计时考虑到设施的可维护性,方便后期的维修和升级。在可持续发展上,采用可持续发展理念,确保机场在未来的运营中能够持续创造价值,满足社会和环境的要求。例如,通过节能减排措施,实现机场运营的环境友好性。

4.3.3 价值交付理念的应用效果

大兴机场项目的价值交付优势囊括了优化资源利用、降低成本、提高质量和提升效率的作用。首先,大兴机场项目通过早期整合和协作,优化资源的配置和使用,提高项目的整体效率。例如,在项目初期就整合设计、施工和运营团队,确保各方在资源使用上的一致性和高效性。其次,大兴机场项目通过减少设计变更和施工冲突,降低项目成本。例如,通过应用BIM技术,提前发现和解决潜在问题,避免返工和成本增加。同时,大兴机场项目通过全生命周期管理,确保设计、施工和运营的高质量标准。例如,在设计阶段就考虑到未来的运营需求,确保设施的长期高效运行。最后,大兴机场项目通过持续的反馈和改进,提高项目实施和运营的效率。例如,通过实时监控和智能化管理,提升机场的运营效率和服务水平。

大兴机场充分应用价值交付理念的实例有:①智能化设施。通过智能化设施和信息技术,提升机场的运营效率和服务水平。例如,智能导航系统帮助旅客快速找到登机口,自助值机和行李处理系统减少排队时间。②绿色建筑技术。在机场建设中采用绿色建筑技术,降低能耗和碳排放,实现环保和节能目标。例如,利用太阳能和风能发电,减少对传统能源的依赖。③多样化服务。提供多样化的服务设施,如购物、餐饮、休闲娱乐等,满足旅客多方面的需求,提升整体出行体验。例如,设立高端购物区和美食广场,为旅客提供更多选择和便利。

在大兴机场的规划设计中,价值交付理念贯穿始终,通过以用户为中心的设计、全过程的价值创造、持续的改进优化以及利益相关者的共赢,实现了项目的高质量、高效益和可持续发展。这种理念不仅确保了项目的成功实施,还为未来类似项目提供了宝贵的经验和借鉴。通过应用智能化设施、绿色建筑技术和多样化服务,大兴机场不仅满足了当下的需求,也为未来的发展奠定了坚实的基础。

4.4 协同共创理念

4.4.1 协同共创理念的背景

协同共创理念(Collaborative Innovation)或"集中力量办大事"是指在重大基础设计项目(如大兴机场等)组织管理和项目实施过程中,基于新型举国体制的制度优势,通过整合各种资源、协调不同部门和团队,以实现共同的目标和解决复杂的问题。这一理念强调集体智慧和协作精神,认为通过不同角色和领域的协同合作,可以更高效地完成任务,达到单独行动无法实现的效果(即"1+1>2"的效果)。

4.4.2 协同共创理念的应用

大兴机场规划设计和建设过程中充分体现了协同共创理念,也就是"集中力量办大事"的核心思想。这一理念强调多方合作、资源整合、目标一致,通过集体的智慧和力量,实现重大项目的成功实施。

1. 多方协作方面

大兴机场项目集结了多个政府部门、设计单位、施工企业、运营管理团队以及科研机构的力量。这种多方协作不仅促进了资源的有效利用,更确保了项目各个环节的高效衔接推进。在政府支持上,中央和地方政府在政策、资金和资源配置上提供了强有力的支持,确保项目顺利推进。例如,北京市政府和河北省政府在项目启动之初,就通过协调和合作,确保了土地征用、资金筹措等关键问题的解决。在专业团队上,集合了国内外顶尖的建筑设计师、工程师和管理专家,形成了一支高效的专业团队,确保项目设计和施工的高质量。例如,以法国巴黎机场工程有限公司(ADPi)的设计方案为基础,中国建筑工程总公司负责施工管理,这种国际与国内团队的合作,确保了项目既具有国际视野,又融入了本土的专业知识和经验。在跨部门协作上,涉及民航局、环保局、交通局等多个部门,通过定期协调会议和信息共享机制,确保各部门在政策和执行层面的协调一致。例如,民航局与环保局共同制定了机场噪声控制和污染防治方案,确保了环保目标的达成。

2. 资源整合方面

大兴机场的建设过程中,通过整合各方资源,最大化地提升了资源利用效率,降低了项目成本,缩短了建设周期。在技术资源上,大兴机场集成了最新的建筑技术、信息技术和环保技术,如BIM技术在设计和施工中的应用,提高了设计精度和施工效率。通过BIM技术,实现了设计方案的三维可视化,大大减少了设计变更和施工冲突。在人力资源上,汇聚了各方专业人才,通过团队合作和知识共享,充分发挥各自的专业特长和经验。在资金资源上,通过多渠道筹措资金,确保项目资金链的稳定。例如,通过政府拨款、银行贷款、企业投资等多种方式筹集建设资金,有效保障了项目的顺利推进。

3. 目标一致方面

在项目初期,各方就明确了共同的目标,即建设一个高效、现代化、环保的大型国际机场。通过明确目标,确保了各方在项目实施过程中的方向一致,合作顺畅。在设计目标上,以打造世界级航空枢纽为目标,在设计上追求功能性与美观性的完美结合。例如,航站楼采用了放射性指廊设计,优化了旅客的出行动线,提高了乘客的便捷性。在施工目标上,确保施工质量和安全,按时按质完成建设任务,为未来的高效运营打下坚实基础。例如,施工过程中严格按照国际质量管理标准进行,每一个施工环节都经过严格的质量检测和控制。在运营目标上,通过精细化管理和智能化运营,提升机场的服务水平和运营效率。例如,机场配备了先进的智能化管理系统,实现了对航班、旅客、行李等各方面的实时监控和管理,提升了整体运营效率。

4. 集体智慧方面

大兴机场的规划设计过程充分体现了集体智慧的力量。各方通过集体讨论、头脑风暴和专家咨询,共同解决项目中的复杂问题,优化设计方案和建设计划。关于方案优化方面,大兴机场项目通过多轮设计评审和专家论证,不断优化和完善设计方案,确保最佳的功能布局和运营效率。例如,在设计方案确定之前,项目团队进行了多次国际专家论证会,吸收了来自全球的先进设计理念和经验。又如,环境专家与建筑师合作,设计了高效的排水系统和生态景观,确保机场在保持美观的同时,能够应对各种气候条件。在多方参与中,通过与政府、企业、高校和科研机构的合作,整合各方资源和技术,实现了多方参与和共同创新。

4.4.3 协同共创理念的应用效果

大兴机场充分应用协同共创理念的实例有:①联合设计团队。由国内外多家顶尖设计公司组成联合设计团队,集思广益,共同制定最优设计方案。例如,法国巴黎机场工程公司(ADPi)和英国扎哈·哈迪德建筑事务所(ZAHA)协同优化概念方案,最终由北京建院与民航总院合作,融合国际视野与本土经验,完成实施方案和工程设计。②跨部门协调。各政府部门密切合作,从政策支持、资金保障到审批流程,为项目顺利推进提供全方位支持。例如,在机场轨道交通的规划建设中,民航部门与地方政府紧密合作,确保了大兴机场线与机场的无缝连接。③全生命周期管理。从项目规划、设计、施工到运营,采用全生命周期管理理念,确保各阶段的无缝衔接和整体优化。例如,机场筹建期间即考虑人才储备问题,在项目的建设期就考虑运营人才的储备和建设人才的后续使用问题,制定了"在建设的初期,建设人才为主体,运营人才为补充;在建设进入后期、接续运营筹备阶段,运营人才逐渐担任主角,建设人才逐步调整到其他岗位"的人才管理模式。

从优势上来看,第一,提高效率。通过多方协作和资源整合,提高了项目的整体效率,缩短了建设周期。例如,项目在五年内顺利完工,创造了大型国际机场建设的新纪录。第二,优化资源利用。集中了各方资源和力量,最大化地提升了资源利用效率,降低了项目成本。例如,通过 BIM 技术的应用,大大减少了设计变更和施工冲突,节省了大量时间和成本。第三,提升质量。通过集体智慧和专业团队的合作,确保了项目的高质量标准,实现了设计、施工和运营的高效结合。例如,在规划设计过程中严格按照高标准执行,确保了整体设计产品的高质量。第四,增强创新性。通过多方的智慧和技术共享,促进了创新技术的应用和推广。例如,机场采用了先进的绿色建筑技术和智能化管理系统,不仅提升了机场的运营效率,也提高了环境友好性。第五,提升服务水平。通过全生命周期管理和智能化运营系统,提升了机场的服务水平和旅客体验。例如,机场采用了智能化行李处理系统和人脸识别技术,提高了旅客的出行效率和安全性。

大兴机场规划设计中的协同共创理念充分体现了"集中力量办大事"的优势。通过多方协作、资源整合、目标一致和集体智慧,实现了高效的规划设计和施工管理。

4.5 迭代学习理念

4.5.1 迭代学习理念的背景

迭代学习理念(Iterative Learning)或动态能力理论(Dynamic Capabilities

Theory)由 David Teece 等人提出,是指组织在快速变化和高度不确定的环境中,通过不断学习、适应和创新,持续提高自身能力和竞争力。这一理念强调组织需要具备动态的调整和进化能力,以应对外部环境的变化和内部发展的需求。

迭代学习理念的关键要素包括:①持续学习。组织成员需要不断学习新知识、新技能,提升自身能力,以适应环境的变化和组织的发展需求。②灵活适应。组织需要具备灵活应变的能力,能够快速响应市场变化和客户需求,调整战略和运营模式。③创新能力。通过不断地创新,开发新产品、新服务或改进现有流程,保持市场竞争力。④反馈机制。建立有效的反馈机制,通过不断地反馈和反思,识别问题和改进机会,推动组织的持续改进。⑤资源重配置。动态调整和优化资源配置,确保资源能够高效地支持组织战略目标的实现。

4.5.2 迭代学习理念的应用

一方面,通过对迭代学习在大兴机场中的应用分析发现,大兴机场的规划设计和建设是一个复杂且庞大的系统工程,在大兴机场的规划设计和建设过程中,迭代学习理念贯穿始终,通过不断反馈和改进,确保项目的高效推进和优化。

1. 识别机会和威胁方面

大兴机场项目可以分为环境分析和需求调整两部分。其中,环境分析上,项目团队在早期阶段对航空市场需求、技术发展趋势、环境保护要求等进行深入分析,识别出机场建设中的关键机会和潜在威胁。例如,识别出未来几年航空客流量的增长趋势,以及智能化机场管理技术的快速发展。而在需求调整上,随着项目的推进,持续监测外部环境的变化,如政策法规、市场需求的调整,及时调整项目计划和设计方案。例如,根据最新的环保法规和技术标准,调整机场的环保设施设计,确保项目的合规性和可持续性。

2. 捕捉机会方面

分为技术创新和资源整合两部分。在技术创新上,利用最新的建筑技术和管理方法,如 BIM 技术、智能化管理系统,提升项目的设计和施工效率。例如,通过 BIM 技术,优化了航站楼的结构设计,提高了施工精度和效率,减少了材料浪费。在资源整合上,通过整合国内外的专家资源和技术力量,形成跨学科、跨部门的协作团队,提高项目的整体效能。例如,引入国际顶尖的设计团队和管理咨询公司,为项目提供专业的设计和管理建议,确保项目的国际化标准和高品质。

3. 重新配置资源方面

分为灵活调整和实时监控两部分。在灵活调整上,大兴机场在项目实施过程中,根据实际情况灵活调整资源配置,优化人力、物力和财力的使用,确保项目的顺利推进。例如,在设计过程中,根据实际进度和工程条件,灵活调整设计团队的配置,提高设计效率和质量。在实时监控上，利用先进的项目管理工具和技术，对项目进度、成本、质量进行实时监控和调整，及时解决出现的问题。

另一方面，通过迭代学习与反馈机制的分析，大兴机场的建设过程中，通过不断地反馈和迭代，形成了高效的学习和改进机制。

（1）持续改进方面

分为阶段性评估和优化设计两部分。在阶段性评估方面，大兴机场在项目的不同阶段进行评估，收集反馈信息，分析项目的进展和效果，总结经验和教训，为后续工作提供参考。例如，在每个建设阶段结束后，进行详细的评估和总结，识别出成功的经验和需要改进的问题，为下一阶段的工作提供指导。而在优化设计上，根据评估结果和实际需求，优化设计方案和施工计划，提高项目的适应性和灵活性。

（2）闭环反馈方面

分为信息共享和快速响应两部分。在信息共享上，建立信息共享平台，各参与方及时分享项目的进展、问题和解决方案，促进全团队的协同工作。例如，通过项目管理系统，各参与方可以实时共享和获取项目的最新信息，提高协作效率和决策准确性。在快速响应上，对项目中出现的问题和变化，快速做出响应和调整，确保项目的高效推进。

4.5.3　迭代学习理念的应用效果

在航站楼的设计过程中，项目团队通过反复地仿真和测试，不断完善设计方案，优化旅客的流线设计，提升空间利用率。在环保方面，项目团队根据最新的环保标准和技术，通过不断地调整和优化，实现了大兴机场的绿色建筑目标，减少了能源消耗和碳排放。在运营准备阶段，通过多次模拟航班运行和旅客流动情况，优化了安检、行李处理、航班调度等关键流程，提高了运营效率和旅客体验。

综上，迭代学习理念和动态能力理论在大兴机场规划设计中的成功应用，充分展示了其在应对复杂系统和不确定环境中的强大优势。通过持续的学习、适应和改进，大兴机场不仅实现了高效的设计和建设，还为未来建设类似项目提供了宝贵的经验和借鉴。这一管理理念和理论，为大型基础设施项目的规划和实施，提供了科学的方法和实践指导。大兴机场项目的成功经验，进一步验证了迭代学习和动态能力在现代工程管理中的重要性和实用性。

4.6　创新发展理念

4.6.1　创新发展理念的背景

创新发展理念（Innovation-Driven Development）或创新驱动理念（Innovation-

Driven Strategy)是指通过不断推动技术、产品、服务和管理模式的创新,提升企业或组织的核心竞争力,实现可持续发展。这一理念强调创新是发展的核心动力,是应对市场变化和竞争压力的关键手段。

4.6.2 创新发展理念的应用

大兴机场作为一个现代化的超级工程,其规划设计和建设过程充分体现了创新发展理念(创新驱动理念)的应用。通过引入最新的科技和管理理念,大兴机场在设计、建设和运营中展现了创新驱动的核心价值。以下从智能化设计、协同创新和持续改进三个方面深入阐述大兴机场如何践行创新发展理念。

1. 智能化设计方面

大兴机场智能化设计理念贯穿始终,通过应用先进的技术手段,大大提升了设计效率和精确度。在BIM技术的应用上,大兴机场采用了BIM技术。这种技术使得设计、施工和运营的数字化管理成为可能。通过BIM模型,各个环节的信息高度集成,设计师和工程师可以在虚拟环境中进行详细的设计和测试,确保每一个细节的准确性和可施工性。这不仅提高了设计效率,还减少了施工中的变更和返工,大大节约了时间和成本。在智能分析与优化上,在设计阶段,利用大数据分析和优化算法,对旅客流量、物流运输、航班调度等进行模拟和优化。基于首都机场既有数据,通过对大量数据的分析,设计团队预测不同情景下的需求和挑战,从而制定最优的设计方案。这种基于数据驱动的设计方法,确保了机场在未来能够高效运转,并能够灵活应对不断变化的需求。

2. 协同创新方面

从协同创新角度来看,大兴机场业主方始终是贯穿创新过程的核心和主线,通过业主方对规划设计单位及相关科研单位、生产单位等协同组织,实现设计创新目标。具体而言,大兴机场的设计始终秉承开放自主的态度,项目业主方具有重要的综合素质,这种综合素质体现在:①大兴机场业主方对项目的理解和认识要领先于规划设计单位。一方面,大兴机场业主方从2004年进行预可研工作开始到2014年场址获批组织进行了大量的研究和论证工作,尝试了大量的方案,作为主要负责团队亲身参与了大兴机场规划设计过程。另一方面,大兴机场业主方对项目本身信息的掌握更加全面,其对项目规划设计的把控是从建设与运营的全局来理解,这些都是规划设计团队所不具备的。②在自身拥有大量专业规划设计人员的基础上,完成项目规划设计任务。即大兴机场的业主方始终明确知道自己想要什么,且了解如何通过规划和设计实现自己的目标,在与规划设计单位对接过程中能够以规划、设计语言准确地表达需求。

因此,大兴机场业主方建构了以自主为核心,多元设计理念融合的新型协同创新设计方式。例如,2011年航站楼方案设计向全球招标,成为世界建筑领域该年度的重大事件。共有21家单位参与竞标,后经多维度考量,法国巴黎机场工程公司(ADPi)

采取五指廊的航站楼与综合交通枢纽无缝对接的概念设计方案脱颖而出,成为我们今天看到的这座航站楼的雏形。后续,在民航局的主导下,组建了国内优化设计团队,吸取各方案精华,最终由北京建院和民航总院联合体完成方案设计,为世界机场建设贡献了我们的中国方案和智慧。整个设计和优化过程秉承最大化实现业主需求的原则,协同各家设计团队的优势共创优秀设计方案,增强了原方案的适用性、可行性、经济性、系统性,部分扭转了设计招标过程中各投标方之间的完全竞争关系,转化为一种业主主导下协同并竞争的关系。

3. 持续改进方面

大兴机场在建设和运营过程中,强调持续地创新和改进,不断提升项目的质量和效益。在反馈机制上,建立了完善的反馈机制,收集各方的意见和建议,及时进行调整和改进。例如,在深化设计阶段,民航总院、北京建院、北京市政总院、中元国际等设计单位在规划设计过程中,基于汇报、修改、再汇报、再修改,反复迭代优化,直至指挥部决策的路径,保证了设计单位与业主方无死角有效及时沟通,能够按照业主方的最新指示完成设计工作,保证了业主方对设计交付的满意度。在前瞻性研究上,持续关注行业前沿技术和发展趋势,开展前瞻性研究,为机场的长期发展提供技术支持和保障。例如,在规划设计阶段,指挥部专门成立课题小组,依托自身或委托专门机构,陆续开展了绿色机场研究、航站楼建筑方案优化研究、除冰坪设计、航站楼钢结构系统研究、航站楼建造关键技术研究、自动化强夯系统研究、站坪塔台设计专项研究等工作,其中绿色机场研究又分为绿色建设指标研究、绿色机场评价方法研究、绿色施工指南研究等,不断深化业主方对大兴机场建设的认识和理解。

4.6.3 创新发展理念的应用效果

应用创新发展理念的优势包括:①提升效率。通过智能化技术的应用,提高了设计、施工和运营的效率,减少了时间和成本。大兴机场的建设和运营得到了大幅提速和优化。②改善体验。创新服务和管理模式,显著提升了旅客的出行体验和满意度。旅客在大兴机场可以享受到便捷、高效的出行服务。③环保节能。应用绿色建筑技术和可再生能源,降低了对环境的影响,实现了可持续发展。大兴机场成为了绿色建筑和可持续发展的典范。④增强竞争力。通过持续的创新和改进,提升了机场的整体竞争力和运营效益。大兴机场不仅在国内外赢得了广泛的赞誉,也成为其他机场学习和借鉴的榜样。

大兴机场在规划设计和建设过程中,全面贯彻了创新发展理念,通过智能化设计、协同创新和持续改进,实现了机场的高效、便捷和可持续发展。这不仅为大兴机场的成功运营奠定了坚实基础,也为其他大型基础设施项目提供了宝贵的经验和借鉴。大兴机场的实践表明,创新驱动是实现高质量发展的关键,通过持续的技术创新和管理创新，可以有效应对复杂项目的挑战，推动项目的成功实施和长期运营。

4.7 标杆示范理念

4.7.1 标杆示范理念的背景

标杆示范理念（Benchmarking）是指通过与行业内外的最佳实践进行比较和学习，提升自身绩效和竞争力。这一理念强调通过不断分析和借鉴标杆企业的成功经验，找到自身的改进和创新方向，从而实现卓越的管理和运营。

4.7.2 标杆示范理念的应用

大兴机场规划设计和建设过程不仅体现了高度的创新和效率，还树立了行业标杆。通过标杆示范理念，项目团队能够对比和学习其他优秀项目的最佳实践，优化自身项目的规划和实施，以实现最优的项目成果。标杆示范理念的关键要素包括对标分析、持续改进、创新学习、绩效衡量和最佳实践推广。

1. 对标分析方面

对标分析是标杆示范理念的基础，通过系统地识别和分析其他优秀项目或组织的最佳实践，找出差距和改进的方向。大兴机场在规划设计阶段，通过对标全球领先的机场项目，吸取其成功经验，制定出科学合理的设计方案。对标分析包括全球对标和技术引进，在全球对标方面，大兴机场对新加坡樟宜机场、迪拜国际机场、伦敦希思罗机场和香港国际机场等进行了深入的对标分析，研究其在功能设计、运营管理和环保措施方面的最佳实践；在技术引进方面，通过对标分析，引进了全球先进的智能化设施和绿色环保技术，如自助值机、智能安检、行李自动处理系统和节能建筑材料等，提升了机场的整体水平。

2. 持续改进方面

持续改进是标杆示范理念的重要组成部分，通过不断地反馈和优化，提高项目的质量和效率。在大兴机场的建设和运营过程中，持续改进的理念贯穿始终，确保项目的各个环节都能达到最优效果。持续改进包括反馈机制和动态调整两部分，在反馈机制上，建立了完善的反馈机制，通过定期评估和监测，收集各方意见和建议，及时调整和优化设计方案和建设流程。

3. 创新学习方面

创新学习是标杆示范理念的核心，通过不断学习和引进新技术、新方法，实现项目的创新和突破。大兴机场在规划设计中，注重从全球范围内学习先进经验，并结合自身特点进行创新。创新学习包括独特设计和智能管理两部分，在独特设计上，大兴机场的凤凰造型设计，不仅具有视觉冲击力，还优化了空间布局和功能配置，成为全球机场设计的典范；在智能管理上，引进和应用了大数据分析、人工智能等先进技术，实现了机场的智能化管理，提高了运营效率和服务质量。

4．绩效衡量方面

绩效衡量是标杆示范理念的保障，通过科学的绩效衡量方法，评估项目的实施效果和运营绩效，确保各项指标达到预期目标。大兴机场在规划设计和建设过程中，建立了严格的绩效衡量体系。绩效衡量包括关键绩效指标（KPI）和数据驱动两部分，在KPI上，制定了包括工程进度、质量控制、成本管理、环境影响和旅客满意度等在内的关键绩效指标，定期评估和分析项目的实施效果；在数据驱动上，通过大数据分析和信息化管理，实时监控项目的进展和运营情况，确保各项指标达到或超过预期。

5．最佳实践推广方面

最佳实践推广是标杆示范理念的延伸，通过推广和应用最佳实践，提升行业整体水平。大兴机场在规划设计和建设过程中，积累了丰富的经验和最佳实践，并积极向行业内外推广。最佳实践推广包括行业交流和标准制定两部分，在行业交流上，通过与国内外同行的交流和合作，分享大兴机场的最佳实践和成功经验，推动行业的发展和进步；在标准制定上，在机场设计和建设标准方面，基于自身经验和全球最佳实践，参与制定和完善相关标准，提升行业规范化水平。

4.7.3 标杆示范理念的应用效果

大兴机场在规划设计过程中，通过标杆示范理念，对全球范围内的顶尖机场项目进行了深入的研究和对比，汲取其成功经验，并结合自身特点进行创新和优化，实现了独特的优势和卓越表现，树立了新的行业标杆。首先是航站楼设计实现了建筑造型和功能的完美结合，成为全球大型枢纽机场设计的经典案例；其次是高效的交通枢纽，通过综合集成多种交通方式，实现了高效的地面交通衔接，成为全球交通枢纽的标杆。最后是卓越的服务体验，大兴机场通过智能化设施和优质服务，提供了卓越的旅客体验，树立了新一代国际机场服务标准。

4.8 4D 设计统筹理念

4D 设计理念是指在各项设计方案集成时，不仅要考虑在三维空间的科学性，还要考虑项目陆续上马时间维度上差异存在的科学性（王陈远，等，2022）。大兴机场项目群涵盖的项目类型繁多，涉及的专业面极广，需要协调的利益相关者众多。在进度实现过程中，由于各项目、各专业可研审批、规划设计不同步，因此在保证大兴机场主体工程四期内容大体顺序搭接的条件下，许多工作存在"逆向交叉协作"，即前序工作未完成的情况下，必须假设前序工作完成效果后进行本工序工作的规划设计乃至施工，而待到前序工作规划设计过程中，又与现有工作产生了矛盾、重复或交叠，甚至进而产生界面冲突等问题。例如，机场航站楼可研获批时间较早，但此时机场高铁站可研仍未获得批准，航站楼规划设计时需要假设位于其地下的机场高铁站与高铁区间等的设计参数的情境下进行，而在机场高铁批复完成后规划设计实施过程中与航站楼规划设计初始假设在交接面产生了一定偏差，此时航站楼规划设计方需要与高铁规划设计方反复沟通协同解决交接面管理的问题等。这些问题往往是重大工程中的共性问题，在大兴机场项目上通过"4D设计统筹"得到了很好的解决。

大兴机场在规划设计阶段就已经考虑到未来可能出现的"4D设计统筹"问题，主要通过各规划设计单位协同开展工作并严格规划设计进度管控来实现4D设计统筹。首先，识别哪些规划设计可能存在"项目群逆向交叉协作"问题，并将需要协同配合的各项规划设计工作落实分工，明确提资和配合的职责以及时间节点；其次，将"4D设计统筹"嵌入规划设计进度规划的范畴，通过两周一次的"主体设计例会机制"将规划设计交接面问题放到例会中，每两周讨论一次，通过项目多主体治理，共同解决问题；再次，实施"督导+月报"机制，各建设主体对各项任务实施内部半月督导，每月26日至30日管控计划编制组收集各单位实际进度信息，次月5日管控计划编制组印发《进度跟踪与管控月度报告》，督促各规划设计单位落实上次会议要求的事项，避免各规划设计单位之间相互"扯皮"、执行过程中"两张皮"等现象的发生。

第 5 章
规划设计管理机制

管理组织、管理理念和管理机制是工程管理系统中的三个核心要素。管理组织是指组织内部的架构和分工,包括层级结构、部门设置、职责分配等。有效的管理组织能够确保信息流通顺畅,决策迅速执行,同时促进团队协作。管理理念是组织领导者和成员共同认同的价值观和行为准则,它影响着组织文化和团队的行为模式。

管理机制则是实现管理理念和组织目标的具体方法和工具,包括决策机制、激励机制、运作机制、监督机制等。管理机制的设计需要考虑如何激发组织成员的积极性,如何提高工作效率,以及如何确保组织目标的实现。

大兴机场规划设计管理中运用了决策机制、统筹机制、协调机制、迭代优化机制、评审论证机制、综合管控机制、跨边界、平台化的开放自主设计资源组织机制。

5.1 规划设计决策机制

5.1.1 重大工程决策的全局性思维与复杂性管理

重大工程建设全局性的核心决策问题,例如工程规划论证、工程整体方案等,具有战略性和整体性意义。它们在宏观层面上要明确且准确回答工程要不要建、能不能建、如何建、风险有多大、有没有和能不能破解"卡脖子"技术等重大问题。因此,相比于一般工程决策,重大工程决策问题的特征表现为具有极大的复杂性,既包括要素、结构之间关联形成的复杂性,也包括整体性衍生的复杂性以及复杂性和整体性相互耦合涌现出来的复杂整体性(陈军,2024)。重大工程的决策机制是在决策全过程中协调各要素相互关系的一种运转方式,从而使各元素在一定的结构约束下相互促进、制约,并且发挥作用(盛昭瀚,等,2022)。重大工程规划设计的决策机制是通过系统的方法和程序,对项目的规划设计进行科学的决策和管理。这一机制旨在确保项目在技术、经济、环境和社会等方面的可行性和合理性,从而实现项目的预期目标和效益。

5.1.2 规划设计的系统整合与决策创新

在传统的机场规划设计中,机场内部和外部以及各专业之间通常较为独立,只关注自身范围内的工程规划与建设。这种方式容易导致重复投资、规划重叠,甚至相互矛盾,从而无法实现整体效益的最大化。作为一项复杂的系统工程,大兴机场采用了复杂系统分解与集成的方法,从更高视角出发,避免了上述问题(乐云,等,2022)。为了实现这一目标,大兴机场设定了从有效分解以及对比、迭代、逼近、收敛的决策技术路线,如图 5-1 所示。此外,大兴机场决策过程综合集成了中央决策层、领导小组、"3+1"联席协调会、民航局、集团公司以及指挥部层面的意见,有效降低了决策问题的非结构化与不确定性。通过发挥智能优势和集成优势,使整个规划设计过程更加系统化和前瞻化。

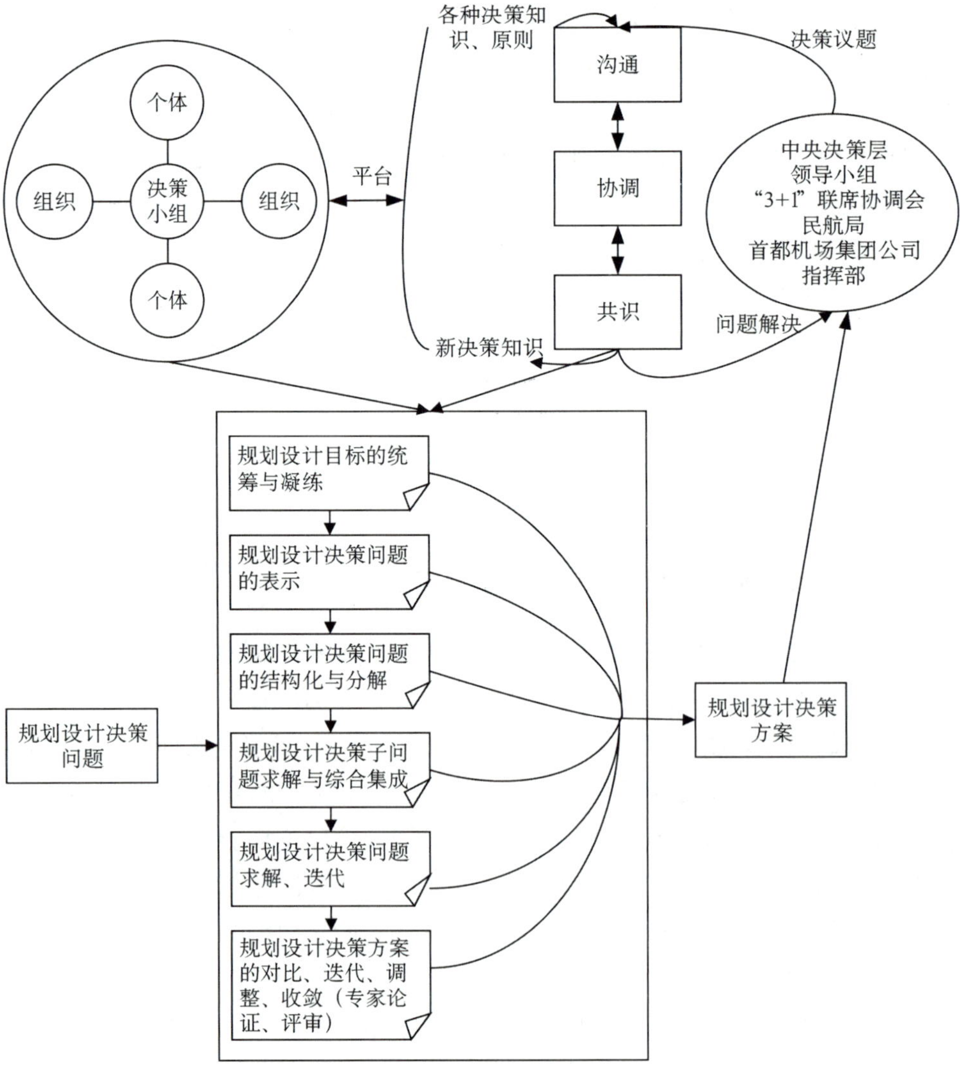

图 5-1　规划设计决策机制

在规划设计决策过程中,由个体与组织共同组成的决策支持小组,利用各种决策知识与原则,通过沟通、协调并达成目标初步共识,并进一步进行问题的结构化与分解、求解、集成与迭代、调整、收敛,形成决策方案,上报给决策机构进行决策与评价。决策过程中或决策后可能针对细节问题再整合各方观点与知识进一步沟通、协调。此过程可以循环往复,迭代上升,直至形成各方均满意的决策方案。

大兴机场的预可研(立项)报告和可研报告工作作为一项复杂系统任务,从2009年启动以来,通过将复杂问题降解、求解、整合及集成的思路,征求、吸收及归纳国家、省市、行业及专家意见,最终在2014年11月22日,可研报告获得国家发展和改革委员会批复,具体的决策过程,详见本书第8章。

5.2 规划设计统筹机制

统筹机制是指在复杂系统或项目的管理过程中,通过系统化、综合性的方法,协调各相关方的资源、计划和行动,以实现整体最优化的目标。统筹机制强调跨部门、跨区域的协同合作,确保资源配置合理、决策过程透明、执行高效,从而提升项目管理的效率和效果(乐云,等,2023)。统筹机制强调从总体战略规划出发,逐级细化至具体实施方案,同时保持各层级之间的信息畅通与反馈循环,以确保整个规划设计过程的高效性、一致性和可持续性。这种机制通常包括信息共享、联合决策和问题解决等方面,旨在最大限度地减少冲突和重复劳动,促进各项工作的顺利推进。

5.2.1 "3+1"联席协调会议的组织模式

大兴机场工程项目众多,根据可研报告,共包括30个大项和120余个子项。项目涉及的利益主体也非常多,仅政府机构就涵盖了不同层级、不同省份和不同职能的部门。驻场单位则包括联检单位、航空公司、航油公司及其他专业公司等20余家。为此,从中央到地方各级政府建立了一个紧密协作、高效运作的组织架构,详见本书第3章的3.1节。

为了统筹和推进大兴机场的建设工作,民航局、北京市、河北省以及指挥部组成了"3+1"联席会议协调机制,其组成详见图5-2,指挥部在建设统筹中起到承上启下的枢纽作用,规划设计工作也包含在其中。

"3+1"联席会议在大兴机场领导小组的领导下,承担着具体实施和推进机场建设各项工作的任务。

"3+1"联席会议遵循"求真务实不推诿,努力高效不落空"的工作原则,具体为以下表现。

(1) 务实求真:每次会议都尽可能确定一些事项,取得一些进展,解决实际问题。

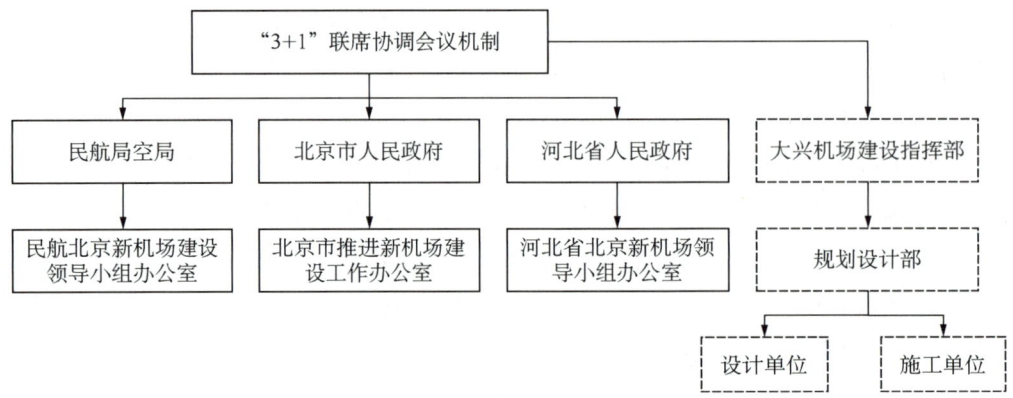

图 5-2 "3+1"联席协调会议机制组成

（2）高效推进：不断推进各项工作，确保工程建设的顺利进行。

（3）及时上报：在联席会议机制内无法解决的问题，尽快上报国家层面的领导小组解决。

大兴机场建设地跨北京、河北两地，项目的顺利推进离不开两地政府的协调配合。"3+1"联席会议机制的设立，为项目提供了重要的统筹平台。联席会议定期召开，由民航局、北京市、河北省以及指挥部参加，必要时邀请其他相关单位参加。会议主要针对大兴机场建设工作中的重点、难点问题进行讨论与协调，通过会议协调，切实推进工程的进展。

5.2.2 "3+1"联席协调会议的统筹方式

在不同的管理层面，指挥部建立了不同的统筹机制，其中最具代表性的如下。

1. 指挥部设计例会机制

指挥部设计例会由指挥部主导，邀请各主要设计单位、专业团队和相关利益方参加。指挥部设计例会根据设计阶段不同召开的频率不一致，具体如下。

设计高峰阶段周例会：沟通设计阶段各类问题和解决路径。

设计后期服务阶段例会：项目全面开工后或已完成 80% 的项目优化设计，例会频率视指挥部意见调整。

2. 指挥长联席会议机制

为了加强各业主单位的统筹协调，大兴机场会同空管、东航、南航、航油等建设主体单位，建立了指挥长联席沟通会议机制。

指挥长联席沟通会议机制主要是解决各主体工程之间的交叉界面问题，组织各主体工程的设计单位、施工单位、监理单位等全面协同，推进各项建设任务。以召开全体联席会议、工作沟通例会等形式，建立业务工作通讯录，开展各个层级、各个单位、各个阶段的全方位对接。全体联席会议每个月召开 1 次，据统计，指挥长联席会议共召开

18次会议,研究解决150余项问题。

自"3+1"联席会议机制启动以来,共召开了12次会议,统筹解决了包括天堂河改道、跨地域建设、公众参与等诸多事项,部分内容如表5-1所示。

表5-1　12次"3+1"联席协调会议研究部分主要事项

会议次数	时间	研究事项
1	2013年7月11日	联席会议工作机制;联席会议工作原则;临空经济区规划和建设;民航局领导大兴机场领导小组办公室等
2	2013年8月1日	土地预审;白家务水源地处置;高压线迁改;防洪与天堂河改道;环评公众参与;噪声搬迁;跨地域建设等
3	2013年10月30日	噪声防控;征地拆迁;用地预审;洪水影响评价;天堂河改道;高压线迁改;白家务水源地处置;城市航站楼建设;跨地域建设管理;综合交通规划;航空运量规模;口岸建设等
4	2014年1月21日	噪声防控;用地预审;防洪水利;跨地域建设管理;综合交通方案等
……	……	……
9	2015年7月15日	轨道交通建设;建设用地;跨地域管理;人防工程;场外电源、场外排水;航空基地进驻;新能源利用等
10	2015年12月31日	工程投资;投资分摊;联合审批等
11	2016年2月25日	综合交通路网建设;轨道交通建设;生活保障基地建设;南苑新机场建设;航空公司基地建设;建设用地指标;场外供油工程等
12	2017年10月23日	跨地域项目建设;征地拆迁费用;建筑材料供应;税费;跨地域运营管理机制;民航生活基地等

3. 专题会议机制

专题会议是一种针对特定主题或问题的会议形式,旨在深入探讨并解决相关事务。与常规会议不同,专题会议通常会汇聚该领域的专家和关键决策者,以确保讨论的专业性和针对性。例如,为明确大兴机场绿色建设的目标和实施路径,大兴机场组织了"北京新机场绿色建设国际研讨会",邀请了国内外知名专家对绿色建设进行专题讨论,并委托专业机构启动了绿色机场的主体研究工作。

5.3　规划设计协调机制

5.3.1　规划设计协调机制的理念

协调机制是指在多方参与的系统或项目管理中,通过系统化的方法和工具,建立跨部门、跨专业的协作平台,协调各参与方的活动和资源,以确保目标的一致性和行动的协调性(苍永宏,2017)。协调机制注重不同部门或组织之间的信息共享、沟通合作和冲突解决，旨在减少因利益或目标不一致引起的摩擦，提高整体运行效率（梁茹，等，2015）。这种机制通过定期会议、联合审查和协同决策等方式，整合各方面的需求与资源，避免重复投资和相互矛盾，最终实现规划的整体效益最大化和可持续发展。

大兴机场配套工程项目多专业交叉、协调工作量大，市政设施分属不同建设主体和设计单位，虽然在设计阶段各建设主体对设计文件进行过对接，随着工程的推进仍有必要建立主体设计协调工作机制，由一家或几家设计单位进行主体设计协调工作以保证工程的整体性，同时保障工程实施、运行的协调性。主体设计协调工作包括市政工程系统与外部的衔接、多专业设计统筹协调、施工协助组织等工作，协助业主单位从设计的角度统筹多专业的施工组织与运行保障工作，保证工程安全、有序、高效地实施与运行。

5.3.2 规划设计协调机制的应用

根据指挥部工作安排，组织主体设计协调单位民航总院和北京市政总院等多家主要设计协调单位，针对以下事项进行统筹协调。

1. 配套工程道路与外部的衔接

配套工程道路交通系统与外部的衔接主要包括：道路系统（高速公路系统、城市道路系统）、公共交通系统（高铁、城际铁路、城市轨道系统和城市地面公交系统），具体为工作区道路交通系统与外部大兴机场高速公路、新航城地面道路（永兴河北路、磁大路）、新航城地面公交系统等衔接工作，涵盖交通系统衔接、平面位置、断面及高程的顺接以及各项工程工期的协调等。

2. 市政附属工程与外部的衔接

市政附属工程系统与外部的衔接主要包括：供水、污水处理、再生水回用、供电、通信、供气、综合管廊和固体废弃物处置等系统的衔接工作。其中，重点开展大兴机场外部供水、供电、供气、大兴机场高速公路综合管廊工程的设计及工期安排等协调统筹工作，实现与大兴机场外围各专业公司市政工程的全面对接，保证外部市政管网对大兴机场的服务功能，进而保障大兴机场能源供给安全。

3. 轨道交通的协调配合

配套工程区范围内共涉及京霸铁路、大兴机场快轨、R4线、预留线及廊涿城际铁路五条轨道交通线路，五条轨道交通线路与工作区东西向多条道路及市政管线廊道相交。为保障各项工程顺利推进，五条轨道交通线路必须同期开工，并且要求先期完成影响主干道路及市政管线廊道贯通的段落开展工作区轨道交通协调配合工作，全程参与轨道交通协调配合会议，与轨道交通各设计单位全面对接，保障轨道交通与工作区其他专业工程的顺利推进。

4. 配套工程区竖向及道路红线范围土方协调

根据飞行区及航站区已确定竖向,结合工作区防洪排水要求,开展工作区整体竖向设计工作,并采用数学模型模拟工作区积水风险;同步开展工作区道路红线范围内的土方量核算工作,为大兴机场全场土方平衡工作提供必要的基础数据支撑。

5. 多专业设计的统筹协调

随着大兴机场工作区工程的推进,多专业的设计协调工作凸显必要,以保证多家设计能形成一张完整的总图(在工作区范围),避免多专业设计界面及接口产生矛盾,保障各设计单位专业设计质量。

6. 施工组织协助

按照大兴机场总体工期要求,2017年形成一个建设高峰期,多家单位均参与到建设中。因此,需要主体设计单位协助指挥部从设计的角度统筹众多专业的施工组织,保证工程安全、有序、高效地实施。

5.4 规划设计迭代优化机制

5.4.1 基于螺旋式上升的迭代优化思想

"迭代"是一种重复性反馈过程,旨在逐步接近或达到预期目标或结果。每次重复这个过程被称为一次"迭代",每次迭代的结果会被用作下一次迭代的起点。传统的瀑布式开发模式包括调研、规划、开发、测试、补漏和推广等步骤,而迭代开发则将这一完整过程分解为多个短周期的小循环。每次迭代都会经过用户检验、经验总结和认知提升,从而极大地降低了创新的整体试错成本,更加精准地捕捉用户需求。通过这种方法,迭代开发能够更灵活地应对变化,持续优化产品,最终实现更高质量和更具竞争力的结果。

迭代优化机制基于反馈和持续改进的方法,通过循环往复地评估、调整和改进,使方案逐步趋于完善,适用于复杂问题的求解。

5.4.2 规划设计迭代优化机制的应用

大兴机场作为大型创新性工程,坚持以问题为导向,以迭代学习为方法,不断解决大兴机场前期选址、决策研究、总体规划、工程设计中面临的实际困难,使得大兴机场实现了基于迭代学习的创新发展,从而走在新时代的最前列,其迭代过程如图 5-3 所示。

航站楼方案设计极其复杂,为了确保最终方案的最优化,大兴机场设计方案采用了迭代优化的方式,经过了"先买断方案,再进行融合设计"的过程。在这一过程中,设

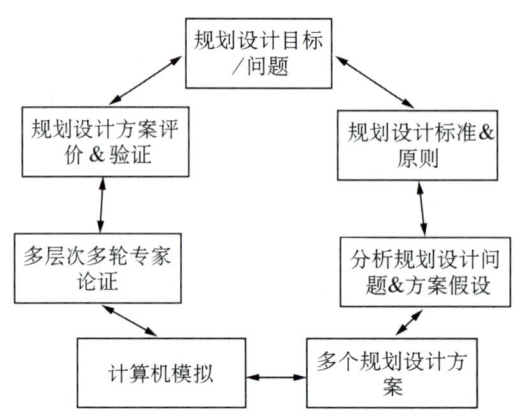

图 5-3　规划设计复杂问题迭代优化思路示意图

计工作分为多个阶段,持续进行优化和改进。

2011 年 4 月 28 日,大兴机场航站楼设计方案面向全球招标,共有 21 家国内外设计单位报名。2011 年 7 月 27 日,在北京市建设工程交易中心进行了资格预审,最终择优确定了 7 家设计单位进入后续投标阶段。基于这 7 家的投标方案,指挥部按照领导小组的要求,对所有应征方案进行了深入分析,提出了针对性的问题,并与各设计团队进行了多轮沟通与讨论。在自愿的前提下,6 家单位参与了第一次优化,最终筛选出 3 家进入第二阶段。在第二阶段的优化中,1 家单位选择放弃再优化的机会。尽管多轮优化有所进展,概念方案仍难以确定。指挥部决定将 ADPi 和 ZAHA 两个团队合并,组成一个联合团队,以推进方案的进一步优化。这一策略促成了不同理念和文化背景的团队之间的碰撞与融合,展现了团队间的协作与竞争。有关航站楼方案设计迭代优化的详细过程,见本书第 10 章。

5.5　规划设计评审论证机制

5.5.1　规划设计评审论证机制的核心要素

评审论证机制是一种系统化的评价与验证过程,广泛应用于项目管理、学术研究、工程设计等领域,其目的是通过系统化的评估和验证,确保项目或方案的科学性、准确性和可行性。评审论证机制通常包括以下几个核心要素。

(1) 系统化评估:评审论证机制通过预定的标准和程序,对项目或方案的各个方面进行全面和系统的评估。这种评估不仅涵盖技术和科学方法的准确性,还涉及项目的可行性、经济性和潜在风险。

(2) 多方参与:该机制通常邀请来自不同领域和专业背景的专家、学者和相关利益方参与评审,确保评审结果的全面性和客观性。多方参与能够提供多样化的观点和专业知识,提高评审的深度和广度。

(3) 反馈与改进:评审论证机制不仅关注当前项目或研究的评价,还提供具体的反馈意见和改进建议。通过反馈环节,项目团队可以了解其不足之处,并在后续工作中进行针对性的改进和优化。

(4) 决策支持:通过系统化的评审和论证,评审结果为决策者提供了重要的依据和支持。评审论证机制能够有效降低决策的不确定性,提升决策的科学性和合理性。

(5) 质量保障:评审论证机制通过严格的评估和验证程序,确保项目或研究的质量符合预定标准和要求。它在很大程度上能够发现和纠正潜在的问题和缺陷,确保项目的高质量完成。

5.5.2 规划设计评审论证机制的应用

大兴机场历经了长期的反复研究和论证,通过大量的调查研究、支撑性专项研究、课题研究,多方沟通协调、广泛征求意见,夯实基础、扎实工作,最终作出科学的决策。为了能够充分发挥规划设计对于整个工程的筹划、把控和统筹,相比于传统的机场建设指挥部,大兴机场规划设计管理团队在组建之初,就吸纳了众多来自设计院的人员,这些人员都具有丰富的机场规划设计经验,对于规划设计工作有着充分的理解。在大兴机场规划设计方案研究论证过程中,设计人员、建设人员及运营人员积极探讨,每个人都能够站在国家利益的角度、站在旅客利益的角度、站在对方的角度,而不是自己的角度思考问题,这种方式有效地避免分歧,达成共识。针对某些复杂的问题,指挥部会举行专题会进行讨论和研究,在各方充分表达观点后,形成最终意见。

大兴机场的总体规划工作自 2010 年 5 月指挥部正式成立之前就已经开始,直至 2016 年 2 月整体方案最终尘埃落定,中间经历了 5 年多的研究、决策、评审与反复论证。例如,2011 年 6 月,指挥部召开了总体规划(第一阶段报告)编制工作汇报会,专家组、民航各有关部门、驻场单位等参加了会议,对总体规划的主要成果给予了充分肯定。会议总结了专家咨询意见,为准确把握中长期规划及建设思路提供了重要保障。总体规划工作的详细情况见本书第 9 章。

5.6 规划设计综合管控机制

规划设计综合管控机制是一种集成多维度监控与管理的系统性方法,旨在确保规划设计过程的整体协调与高效运作。综合管控机制包括风险评估、进度控制、资源配置、质量监督等多方面,通过定期审核和反馈机制,及时识别并解决潜在问题,确保各项规划目标的有序推进和最终实现(姜凯文,等,2021)。

大兴机场作为大型复杂系统工程,其规划设计综合管控基于项目建设目标以及指挥部管理理念，编制综合管控计划，建立管控机制，进行跟踪控制，确保项目目标及规划设计目标实现的工作活动及其过程。大兴机场在综合管控方法论的指导下，在综合管控组织策略、计划编制以及执行控制三方面作出适应性优化和创新，形成了综合管控模式（图5-4），为规划设计目标的实现作出了有力保障。

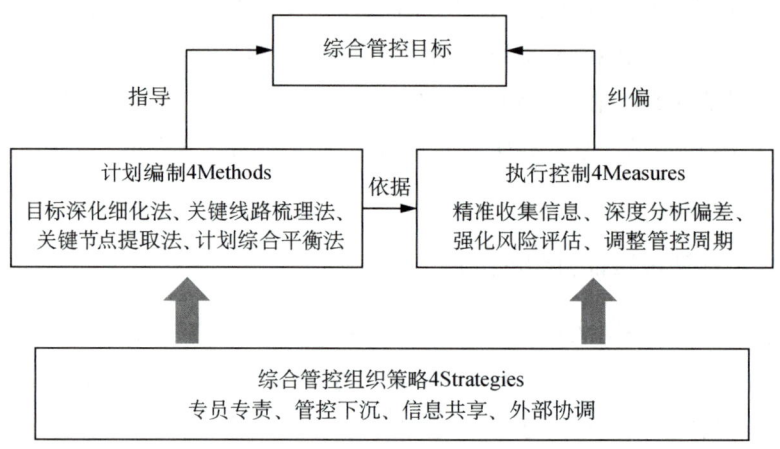

图5-4　大兴机场规划设计综合管控模式图

综合管控组织策略包含专员专责、管控下沉、信息共享及外部协调。专员专责指管控方和执行方的各层级工作参与单位和部门均委派进度专员，专职负责规划设计综合管控工作的信息沟通与协调。通过明晰责任并建立专门的信息流通渠道，提高工作效率和协调性。管控下沉指管控工作组直接对规划设计总包及分包单位的项目经理，收集并核实进度数据。这种策略大大提高管控效率，确保进度信息的准确性和及时性。利用互联网技术创建一个涵盖所有参与主体关键成员的信息共享平台，实现进度信息的透明化和全局化。外部协调作为综合管控工作顺利开展的顶层支持机制，外部协调机制指管控组织通过协调外部相关政府和行业部门，解决重大矛盾事项（陈建国，等，2021）。

计划编制方法包含目标深化细化法、关键线路梳理法、关键节点提取法及计划综合平衡法。目标深化细化法将宏观目标逐步细化和具体化，确保其在实施过程中具有可操作性和可测量性。关键线路梳理是在目标深化细化的基础上，按照工程区域和专业对路线进行更细化的梳理，为关键节点提取提供基础。关键节点提取法是识别并提取规划设计工作中位于关键线路上的重要里程碑事件，这些节点是确保大兴机场规划设计目标及总目标实现的重点控制点。计划综合平衡强调在项目各个阶段进行全方位的综合平衡，以应对复杂环境中的各种不确定性和变动，最大限度地提高项目的成功率。

执行控制措施包括精准收集信息、深度分析偏差、强化风险评估、调整管控周期。精准收集信息是开展控制的基础，通过现场查验、收集各单位的总结报告等方式对信息进行核验,确保数据的准确性和可靠性。偏差是实际完成情况与计划完成情况之间的差异,是规划设计执行管控工作的关键信息。通过深度分析偏差,识别问题所在,并制定相应的改进措施。风险评估是根据当前实际情况存在的问题,预测对目标实现产生影响的因素及其发生概率、影响、对策等进行评价和分析。管控周期需要根据目标及实际情况,对管控周期进行针对性调整,确保管控措施能够有效指导实践,及时应对项目中的变化和挑战。

5.7 跨边界、平台化的开放自主设计机制

跨边界、平台化的开放自主设计机制是一种以协同创新和资源共享为核心的设计方法,该方法旨在吸收与整合不同专业、不同国家与不同文化下的技术、知识和经验,结合自身特点和发展要求,形成具有标杆性与引领性的设计方案。该方法强调跨国合作与信息共享,利用国际上先进的设计理念和实践经验,结合本地需求和条件,以实现设计效果的最大化。通过开放自主设计,项目能够在更广泛的资源库中寻求最佳解决方案,提高设计的科学性和前瞻性,同时促进全球技术和知识的融合与创新。

大兴机场航站楼是一个综合且复杂的工程,其设计工作已经超出常规建筑设计范畴,需要大量不同专业与不同领域的设计团队协同配合,共同完成。在大兴机场的设计中,由北京建院和民航总院所组成的联合体是航站区工程的设计总承包单位。两家单位在大型航站楼设计领域拥有丰厚经验,在首都机场 T3 航站楼等重大工程中协同合作。在指挥部的组织下,设计联合体整合各方设计资源,搭建了协同设计平台,完成了整个航站区的设计工作。据不完全统计,大兴机场的设计整合了全球 50 多家顶级设计单位的设计成果,协调全球上千人的设计师参与大兴机场的设计工作。作为设计总承包单位,设计联合体统筹每一个节点的设计成果,完整地提交给建设单位,进一步地指导施工,避免了多单位设计之间的分歧和低效,保证了设计成果的逻辑性和连贯性,为高效施工奠定了基础。

第 6 章
规划设计管理成效

6.1 规划设计目标实现情况

基于系统化和科学化的规划设计,大兴机场工程实现了全生命周期效益最大化,涵盖了综合效益的各个方面。通过精细化的设计和严格的施工管理,项目完工后实现了国际先进水平的质量标准。在投资方面,大兴机场严格控制在批复的预算范围内,确保了资金的高效利用和项目的经济性。在进度方面,大兴机场的规划设计工作高效且有序地推进,为项目建设运营提供了基础。

1. 品质维度

大兴机场工程质量优良,一次验收合格率达到100%,机场功能达到国际先进水平,被国外媒体誉为"世界新七大奇迹之首"。大兴机场工程获得了包括鲁班奖、詹天佑土木工程大奖、国家优质工程奖金奖、中国钢结构金奖年度工程杰出大奖等一系列我国土木工程领域的质量奖,彰显了工程的优异品质。

2. 投资维度

按照统筹规划、分段实施、滚动发展的原则,投资控制在批复范围内,通过增加资本金比例、加快国拨资金到位速度、优化和延后商业贷款等方式,节省工程投资。机场、东航、南航、航油均将各自工程一次规划,分期建设。机场将专用设备及特种车辆由一次性投资调整为按需按年投资。吸引社会资本,将机场旅客过夜用房、货运代理仓库、航空配餐设施进行社会化运作。

3. 进度维度

前期工作快。指挥部组织各规划设计单位提前研究、超前谋划、通力配合相关前期工作部门开展工作。通过各单位的共同努力,3个月完成环评稳评公众参与,协调北京与河北,调研超1 000 km²内的590个村庄(廊坊316个、大兴174个)、学校和企事业单位,高效实施2次公参工作。大兴机场环评报告作为国家生态建设领域成果,入选了新中国70周年大型成就展;1年完成征地拆迁,协调北京、河北顺利完成全场拆迁工作,拆迁范围达到2 700 hm^2,涉及34个村、23 423人;34天实现开工建设,协调国家发改委、北京市、河北省等各方面,精密倒排各项工作时间节点,压茬推进,可研审批流转、飞行区工程初步设计评审、先行用地批复等并联开展。

并行设计加快进度。大兴机场设计工作分为规划方案征集、概念方案设计、方案设计、地质勘察、初步设计、施工图设计等。在此基础上,初步设计工作又可降解为完成初步设计、初步设计上报、组织初步设计评审、取得初步设计批复等。大兴机场规划设计管理团队创新工作思路,采用"分批设计"的模式,先后分四批编制报送飞行区、航站区、工作区市政交通、公务机区、货运区等工程的初步设计,为工程的建设实施赢得了宝贵的时间。

6.2 规划设计创优创新成效

创新是大兴机场规划设计工作创优的动力源泉。大兴机场规划设计过程中,开展了包括国家科技支撑计划项目、民航科技创新项目、北京市科技计划实施方案项目在内的一系列创新课题研究,创新创优成果显著。

在创新方面,以大兴机场规划设计及管理相关工作为基础,编制行业标准和规范性文件12部;出版学术作品共15部,其中专著7部、优秀论文集1部、研究报告2部、管理创新案例5个;获得专利、软件著作权20项。以上述创新成果为支撑,据不完全统计,项目累计获得国家及省部级科技进步类奖项14项,如表6-1所示。

表6-1 大兴机场获得的科技进步类创新奖项一览表

序号	奖项名称	获奖项目	授奖单位
1	民航科技进步奖一等奖	机场飞行区工程数字化施工和质量监控关键技术研究	中国航空运输协会
2	民航科技进步奖一等奖	绿色机场规划设计、建造及评价关键技术研究	中国航空运输协会
3	民航科技进步奖二等奖	超大型机场工程投资管控的模式创新与关键技术研究	中国航空运输协会
4	北京市科学技术进步奖特等奖	北京大兴国际机场航站楼建造关键技术研究与应用	北京市人民政府
5	华夏建设科学技术奖二等奖	北京新机场陆侧交通设施设计优化及示范应用	华夏建设科学技术奖励委员会
6	华夏建设科学技术奖三等奖	北京大兴国际机场海绵系统构建关键技术及示范	华夏建设科学技术奖励委员会

续表

序号	奖项名称	获奖项目	授奖单位
7	中国交通运输协会科技进步奖特等奖	北京大兴国际机场跑道道基防灾关键技术及应用	中国交通运输协会
8	中国交通运输协会科技进步奖一等奖	北京大兴国际机场综合交通枢纽工程进度动态总控关键技术及应用	中国交通运输协会
9	中国交通运输协会科技进步奖二等奖	绿色机场标准体系和性能提升关键技术研究及工程应用	中国交通运输协会
10	中国交通运输协会科技进步奖二等奖	复杂建养环境下大型机场跑道道基变形主动控制关键技术	中国交通运输协会
11	工程建设科学技术进步奖特等奖	超大平面航站楼工程建造关键技术研究与应用	中国施工企业管理协会
12	工程建设科学技术进步奖	新型机场登机桥轻量化舒适性设计与施工技术	中国施工企业管理协会
13	中国钢结构协会科学技术特等奖	北京大兴国际机场航站楼结构设计与指廊施工关键技术	中国钢结构协会
14	北京水利学会科学技术奖一等奖	北京大兴国际机场水系统建设关键技术研究与示范	北京水利学会

在创优方面,大兴机场规划设计及其管理工作为工程屡创优质工程奖项奠定基础。指挥部组织建设的大兴机场主体工程(及其各子项目)累计获得国家级及省部级以上优质工程奖项数十项(次),本书选取其中具有代表性的7项优质工程奖如表6-2所示。指挥部也因其优异的项目创新、创优和管理绩效,被国际项目管理协会(IPMA)评为2020年度全球卓越项目管理大奖(金奖)团队。

表6-2 大兴机场获得的代表性优质工程类奖项一览表

序号	奖项名称	获奖项目	授奖单位
1	中国建设工程鲁班奖(国家优质工程)	北京新机场工程(航站楼及换乘中心、停车楼)	中华人民共和国住房和城乡建设部、中国建筑业协会
2	中国土木工程詹天佑奖	北京新机场工程(航站楼及换乘中心、停车楼)	中国土木工程学会
3	国家优质工程奖(金奖)	北京新机场工程(航站楼及换乘中心、停车楼)	中国施工企业管理协会
4	国家优质工程奖(金奖)	大兴机场飞行区工程	中国施工企业管理协会
5	全国绿色建筑创新奖(一等奖)	大兴机场旅客航站楼及停车楼工程	中华人民共和国住房和城乡建设部

续表

序号	奖项名称	获奖项目	授奖单位
6	"杰出结构奖"（2023年）	北京大兴国际机场航站楼工程	国际桥梁与结构工程协会（IABSE）
7	中国钢结构金奖杰出工程大奖	北京新机场旅客航站楼及综合换乘中心、停车楼及综合服务楼钢结构工程	中国建筑金属结构协会

6.3 运营成效

优秀的规划设计是高质量运营的基础，它为项目的每个阶段奠定了坚实的基础。通过科学合理的规划，资源得以优化配置，潜在风险能够提前识别并有效规避，从而确保项目的顺利实施。精心设计的规划不仅能够明确项目的目标和方向，还能够协调各方的需求和利益，促进团队的高效合作。在此基础上，运营环节能够更加顺畅地展开，资源利用率和工作效率显著提升，最终实现高品质的运营。

6.3.1 安全生产平稳有序

（1）严守机场安全底线。创新安全工作理念，在换季转场和新冠肺炎疫情的双重压力下，持续深化安全管理体系、航空安保管理体系建设；提升安全管理效能，建立健全风险管控长效机制，持续开展安全监察，防患治理成效显著；安全态势平稳可控，先后获得民航局颁发的2022年度民航重大运输保障工作先进集体、2023年度"平安民航"建设工作成绩突出集体、全国民航2023年"安全生产月"活动先进单位等荣誉称号。

（2）持续优化运行效率。大兴机场聚焦旅客关注出行效率的核心诉求，截至2023年年底，大兴机场累计开通航线215条，通达航点194个，累计入场运营航司59个，累计完成航班起降约76万架次，旅客吞吐量9 397万人次，货邮吞吐量约64万 t。2023年全年航班始发正常率90.33%、放行正常率91.11%、起飞正常率87.71%，其中起飞正常率在全国23家时刻协调机场中排名第二；综合航班靠桥率为85.87%，其中11月份靠桥率最高达92.41%。

（3）致力提升服务品质。在航旅纵横民航服务满意度调查中，大兴机场总体得分在旅客吞吐量千万级以上的机场中排名第一，29项指标满意度成绩为千万级以上机场最高值；继2021至2022连续两年蝉联第一后，2023年大兴机场以服务质量评价排名第一的成绩再次获1 000万以上量级服务质量优秀机场奖。2023年度，大兴机场还获得了国际机场协会（ACI）颁发的2023年亚太地区2 500万～4 000万吞吐量最佳机场、亚太地区最洁净机场等荣誉称号，ACI 整体满意度连续四年保持 5 分。

6.3.2 经营管理成效显著

（1）经营效益持续提升。在航空业务方面，着力打造"天上一张网"的枢纽布局，大力拓展国内华东、中南等优质航线。截至 2023 年年底，大兴机场航班时刻总量每天达 966 个，通航 22 个国家的 176 个客运航点，其中国内航点 139 个，港澳台地区航点 2 个、国际航点 35 个。在非航业务方面，从国际风尚到国潮名品，从百年老店到网红文创，300 余个国内外知名品牌星列其间，品牌更新率高达 75%，机场商业收获众多好评。此外，大兴机场着力提升空间文化品位，建设 20 余处人文景观及公共艺术设施，打造"国宝之窗"，举办新年音乐会等文化演出，上线"发现兴世界"机场特色游览产品。

（2）管理理念持续优化。完成经营管理、安全管理、运行管理、党建工作四大类核心制度的编制；践行"共建、共治、共享"的治理理念，打造与航空公司、驻场单位及监管机构的"机场命运共同体"，探索机场治理模式的新阶段——超越组织边界管理 2.0 版。民航、铁路、公路、联检单位、地方政府在内的共 43 家单位在机场运控中心（AOC）深度融合，实现指挥协调扁平化、应急管理常态化、委员会平台席位化。

6.3.3 畅通民航，架起沟通之桥

大兴机场投运之初，就带动了中国民航历史上涉及范围最大、协调单位最多、实施效果最好的空域调整：新增航路航线里程约 4 700 km，调整航线走向 4 000 多条，占全国城市走向的三分之一，涉及航班 5 300 余架次，新增航路点 100 余个，北京地区航空资源得以有效释放，使得我国 60 多个机场、10 家国内航空公司以及 266 家国外航空公司无法开通至首都机场航线的问题得以解决，为全国各地特别是老少边穷地区通过航线航班加强与首都的联系和往来创造了条件。

"一市两场"的布局释放了大量国际航班时刻，为我国国际航权谈判赢得更大的战略空间，使"两场"大幅提升国际航班比例成为可能。大兴机场积极开通国际航线航班，与更多国家实现互联互通，推动共建"一带一路"。国际市场已经开通波兰、文莱、马尔代夫、泰国、尼泊尔、越南、马来西亚等航线。中转市场以东北亚地理中心优势为依托，提升东北亚、东南亚、南亚的覆盖度。

2019 年 10 月 27 日，大兴机场开航仅 33 天后首次换季转场。2021 年 3 月底，东航和南航完成了全部航班转场工作，大兴机场的旅客量份额达到了北京全部进出港旅客量的 40% 以上。自 2023 年 1 月 17 日国际及地区航线复航以来，大兴机场国际及地区旅客量超过 270 万人次，新迎来 16 家外国航空公司入驻，恢复 30 余条国际及地区航线。2024 年夏秋航季换季以来，大兴机场陆续迎来多家航司，新开沙特阿拉伯利雅得、韩国济州、俄罗斯叶卡捷琳堡等国际航线，加密北京至澳门、阿姆斯特丹及莫

科等国际航班。

大兴机场加快推进直通北京中心城区、覆盖京津冀区域的"地上一张网"建设，形成"五纵两横"的综合交通骨干网络，融合高铁、城市轨道、高速公路等多种交通形式，拉近了京津冀腹地旅客与大兴机场之间的距离。在大兴机场，通过铁路跨线运输，两小时内地面交通圈可以覆盖京津冀地区主要城市，为京津冀协同发展提供重要的基础设施保障。其中，地铁从草桥站到大兴机场仅需 19 min；京雄城际从北京西站到大兴机场最快仅需 28 min，从大兴机场到雄安站最快仅需 19 min。

为了更好地发挥联通国际国内的桥梁作用，大兴机场构建了一个以机场为中心，集铁路、公路等多种交通方式于一体的综合交通体系。未来，大兴机场将继续发挥综合交通枢纽的使命，架起国内外的沟通之桥。

第二篇

规 划 篇

大兴机场从机场选址、决策研究到总体规划阶段及后续的控制性规划工作，是一项庞大复杂的系统工作，涉及范围广，需要考虑到机场战略定位、市场需求、利益平衡、空域资源、土地资源、地理环境、综合交通、机场环保等方方面面的因素。

　　规划研究始终秉承科学合理性、全面统筹兼顾、协调推进机场建设，为机场确定规模和发展方向、实现机场综合功能的重要部署和具体安排，对统筹机场发展和项目建设具有重要的指导作用，是机场建设与安全运行的重要依据和手段。

　　历经了长期的反复研究和论证，规划者通过大量的调查研究、支撑性专项研究、课题研究，多方沟通协调、广泛征求意见，夯实基础、扎实工作，最终作出科学的决策。

　　本篇将从机场选址、决策研究、机场规划三个方面阐述大兴机场的规划相关内容。

第 7 章
机场选址

7.1 机场选址综述

7.1.1 机场选址概况

进入 21 世纪,京津冀一体化发展纳入国家发展战略,以首都北京为核心、以天津和河北为直接辐射带的京津冀区域的经济社会呈现出跳跃式的发展态势,已成为中国经济发展的新引擎,由此带动大量的人流、物流、资金流及信息流在此聚集,对航空运输的需求与日俱增。首都地区原有北京首都机场虽经多轮扩建增容,但仅几年就进入运行饱和状态,原有设施的供给能力无法满足北京地区市场中远期航空运输市场需求,新机场的选址问题具有紧迫性。

回顾过往选址工作,本次(2006 年)选址已经是北京新机场的第四轮选址,而最早一轮是从 1993 年时开始的(表 7-1)。

表 7-1 北京新机场历次选址

选址时间	选址目的	意向性场址	场址目标规模
1993 年	配合北京市城市总体规划进行的场址预留	张家湾场址和庞各庄场址	参考首都机场现状
2002 年	配合首都机场三期扩建进行对比分析	河北廊坊地区的旧州、曹家务、河西营和天津武清的太子务四个备选场址	远距双跑道机场
2004 年	配合北京市规委《北京城市总体规划(修编)》工作	河北廊坊永清的河西务、河北固安的西小屯和北赵各庄、大兴的南各庄	3 条跑道以上的超大型机场
2006 年	北京第二机场	南各庄场址为首选场址	年旅客吞吐量 8 000 万人次考虑

7.1.2 机场选址推进历程

1. 1993年选址,配合城市规划的场址预留

此次选址是配合北京市城市总体规划进行的场址预留。同年首都机场旅客吞吐量首次突破1 000万人次。新机场的选址工作参考了首都机场的现状条件,选出了张家湾场址和庞各庄场址作为规划预留(图7-1)。

图7-1 1993年选址位置示意图

2. 2002年选址,配合首都机场三期扩建进行对比分析

配合首都机场扩建,民航局组织进行了北京新机场的选址工作。以空域优先、空地结合的选址原则,机场规模应具备两条远距跑道,为此选出了河北廊坊地区的旧州、曹家务、河西营和天津武清的太子务四个备选场址,并推荐廊坊市西偏北的旧州为首选场址。同年首都机场旅客吞吐量2 715.97万人次,以第26位的排名首次跻身国际机场协会(Airports Council International,ACI)评选的世界前30位最繁忙机场行列。

本轮选址的前提已不同于1993年,经过论证,确定先扩建首都机场,以满足奥运会保障需求,并着眼长远发展需求,持续开展北京新机场选址工作。

3. 2004年选址,配合新一轮城市规划的场址预留

为配合北京市规委《北京城市总体规划(修编)》工作,2004年又开始了北京新机场的选址工作。本轮选址是以首都机场3条跑道(甚至4条跑道),新建机场同为超大型机场(3条以上跑道)为前提进行工作的。首都机场与北京新机场的关系是两个大型机场(或超大型机场)的关系,这与2002年的选址条件发生很大变化。本轮选出了北京东南方向河北廊坊永清的河西务、北京正南方向河北固安的西小屯和北赵各庄、北京大兴的南各庄(有条件)等四个备选场址。在上述四场址中推荐北京大兴南各庄和河北固安西小屯两场址,作为北京市城市规划修编工作中北京新机场的预留场址。

4. 2006年启动选址,最终确定南各庄场址为首选场址

2006年,民航局根据规划正式启动了北京新机场选址工作,要求"兼顾京津冀三地的经济发展",满足首都地区的民用航空运输需求。

国家发改委确定了选址原则:

(1) 按照年旅客量8 000万人次选址北京市的第二机场。

(2) 满足北京地区航空运输需求。

(3) 符合全国机场布局规划。

(4) 坚持资源节约和环境友好。

(5) 加快发展综合运输体系。

2008年11月,召开北京新机场选址专家论证会。经综合比选,推荐北京大兴南各庄场址为北京新机场首选场址(图7-2)。会议明确下阶段需要进一步开展的场址方案优化、新机场分工定位、构建区域综合交通体系、明确项目法人等问题的研究。之后,选址单位进一步确定大兴南各庄场址作为北京新机场推荐场址,并报请国务院批准。

图7-2 本轮选址位置示意图

7.2 初步定位研究

7.2.1 面临的问题与挑战

国内第一个具有"一市两场"的城市是上海。上海位于长三角的龙头位置,"两场"有明确的分工定位。北京的"一市两场"在京津冀协同发展的大背景下又将如何定位与分工呢?这是北京新机场选址工作面临的第一个挑战。

7.2.2 解决问题思路

北京新机场建设,必须统筹区域经济协调发展,有利于促进地方经济发展和就业增长,有利于促进综合交通运输体系完善,有利于增强北京对环渤海地区乃至全国经济的带动和辐射作用,有利于区域要素空间布局的优化,区域经济体系的完善,同步完善首都机场国际枢纽功能,通过北京新机场实现北京地区的运量增长。

新机场与首都机场要布局均衡,避免在东南方向上与首都机场出现"市场遮蔽效应",以有利于新机场建成初期的市场培育。同时考虑到北京西侧、北侧山区的限制,南部方向是新机场场址的理想选择。新机场建成后主要服务北京中部、南部、西部、东南部地区(亦庄新城)及河北的廊坊、保定、石家庄、沧州等地区,对首都和京津冀区域国际竞争力的提升和首都"现代化国际大都市"战略目标的实现起着重要作用。

北京新机场选址在空域优先的前提下,着眼于都市圈区域协调发展,借鉴了国内外多机场系统的发展经验,这对国内后续"一市两场"的打造及都市圈民航运输系统的构建都提供了更多视角、更高层级的经验。

7.2.3 定位研究要点

随着京津冀区域社会经济的发展,航空市场需求日益增大,对新机场的功能定位需求不断变化,且规模越来越大,空地协调复杂度、选址落位难度成倍增加。因此科学、合理地确定"一市两场"下的功能定位、运量分配是选址的重点。

通过对航空市场的分析预测,借鉴国内外经验,按照北京"一市多场"的总体发展目标,对各机场的功能定位做初步展望:

(1) 北京首都机场和北京新机场均定位于"综合性超大型机场",长远看两个机场同等重要,两个机场相对独立运行,配合各自的基地航空公司构筑中枢航线网络,《全国民用机场布局规划》要求近期重点培育首都机场为国际枢纽机场。

(2) 放眼未来,北京首都机场将率先进入世界机场旅客量排名前列,国际航线运量比例不断提高,货运业务配合客运发展,成为我国最重要的门户机场,作为首都地区的首要机场。

（3）北京新机场承载着北京地区航空运输量不断增长的长远需求，将与首都机场分工协作，全面覆盖北京市场。

综合分析后，北京新机场选址规模应按年旅客吞吐量 8 000 万人次以上枢纽机场考虑，需建设 3~4 条跑道。

7.3 市场需求分析

7.3.1 面临的问题与挑战

在"一市两场"的市场格局下，确定新机场航空业务量是非常重要和困难的。北京地区航空运输市场需求的分析和预测，应当不局限于北京，而是拓展到周边地区。然而，这样会涉及包括研究范围的界定、预测总量在不同城市的分配等一些难题，预测过程的复杂性会影响预测结果的可靠性。

7.3.2 解决问题的方法与措施

规划单位将整个北京地区的航空运输市场作为一个整体进行研究。首先通过对北京地区航空业务量的历史发展数据进行统计分析，探索北京地区民航运输需求的发展变化规律，使用计量经济法、趋势外推法和综合分析判断法等不同预测方法，预测北京地区航空市场合理发展趋势下的航空客、货运输需求。其次，参考相关论述和研究，定量分析高铁对民航业务量的冲击，提出北京地区航空运输需求预测的推荐值。再次，结合首都机场增容潜力，分析周边地区机场分流的可能性及北京新机场建成后集聚效应增强对周边地区航空旅客的吸引，考虑市场培育期，综合分析确定北京新机场近期、远期航空业务总量预测。最后，参考首都机场运营特征分析，并考虑北京新机场与首都机场可能的运营特征差异，对北京新机场规划参数和设施需求进行预测，最终确定机场总体规划相关参数。

同时，集团公司委托多家咨询机构分别开展高铁影响、市场需求、"一市两场"分析，认为高铁与航空运输是竞合关系，可以实现融合发展，具有发展基础；北京地区航空运输市场能够支撑两个亿级机场，市场有需求；集团公司统管两大机场，能够提供有效组织保障，管理有优势。

7.3.3 需求分析要点

1. 北京地区航空业务量预测

1）研究范围

因为首都机场的旅客组成已含有一定比例的北京周边地区客源，新机场需求预测研究应以北京地区为主，并拓展到北京周边地区。

2）北京地区航空客运需求预测

综合多种预测方法，结合北京地区航空客运市场发展态势，确定北京地区航空客运需求预测的推荐值，如表7-2所示。

表7-2　北京地区航空客运需求预测推荐值一览表

年份	推荐旅客运输需求（万人次）	年均增长率
2013 年	＞8 817	—
2020 年	16 000	8.9%
2025 年	20 000	4.6%
2030 年	23 000	2.8%
2035 年	24 500	1.3%
2040 年	25 500	0.8%
2045 年	26 500	0.8%

2. 高铁对民航的影响及北京地区航空需求量预测

预测研究认为，随着高铁网络规划的实施和我国经济的发展，高铁对北京地区民航客运需求的冲击将会先期逐步增大，后期逐渐缩小。

参考其他研究成果，推荐2025年高铁冲击份额按10%考虑，2030年增大到13%，之后有所回落，预计2040年以后将下降到8%左右。

根据对北京地区航空运输需求的初步预测，以及两种情景下高铁冲击份额的判断，提出考虑高铁影响后北京地区航空运输需求的低值、中值及高值，如表7-3所示。

表7-3　考虑高铁冲击的北京地区航空客运需求预测（万人次）

年份	航空客运需求					
	低值	增长率	推荐值	增长率	参考高值	增长率
2015 年	10 500	6.7%	10 700	7.1%	11 300	8.2%
2020 年	14 400	6.5%	14 700	6.6%	16 000	7.2%
2025 年	17 600	4.1%	18 000	4.1%	20 000	4.6%
2030 年	19 500	2.1%	20 000	2.1%	23 000	2.8%
2035 年	20 600	1.1%	21 800	1.7%	24 500	1.3%
2040 年	21 400	0.8%	23 500	1.5%	25 500	0.8%
2045 年	22 300	0.8%	24 500	0.8%	26 500	0.8%

国家《中长期铁路网规划》的发展目标中强调了主要繁忙干线实现客货分线，整个规划中提到的高速铁路和专线也主要是针对客运，因此，认为高铁的建设投运对航空

货运需求基本没有影响,如表 7-4 所示。

表 7-4 北京地区航空运输需求预测

航空客运需求 (万人次)	年均增长率	航空货运需求 (万 t)	年均增长率
>8 817	—	188	—
14 700	7.6%	360	9.7%
18 000	4.1%	440	4.1%
20 000	2.1%	500	2.6%
21 800	1.7%	560	2.3%
23 500	1.5%	600	1.4%
24 500	0.8%	630	1.0%

3．北京新机场运量规模的分析

1）客运吞吐量

机场规划目标年与政府五年规划的年份一致,且一般为工程投产后的 5~8 年。考虑到机场建设的一般周期,北京新机场近期规划目标年选用 2025 年,远期 2045 年。

根据北京地区航空运输需求预测,2025 年北京地区民航年旅客运输需求将达到 1.8 亿人次,在周边机场分流能力有限且有很大不确定性的条件下,如考虑首都机场容量 1 亿人次左右,北京新机场需承担大约 8 000 万人次左右。

借鉴上海浦东机场和美国芝加哥奥黑尔机场初期运行情况,新机场投入运营后需要一定的市场培育期。在新机场市场培育期,机场运量会小于旅客运输需求。结合同步开展的可研评估意见,近期规划旅客吞吐量 7 200 万人次,飞行区 4 条跑道一次建成,航站楼分阶段建成,先期满足 4 500 人次的旅客吞吐量。在北京新机场总体规划评审中确定远期暂按旅客年吞吐量 1 亿人次左右规划终端规模。

2）货邮吞吐量

根据北京地区航空货运需求预测结论,展望首都机场货邮吞吐量发展,结合可研评估意见,确定北京新机场近期 2025 年货邮吞吐量为 200 万 t,远期货邮预测吞吐量为 400 万 t。

7.4 场址论证

7.4.1 本轮选址的重点、难点

1．空域条件复杂

北京新机场选址工作是一项复杂的系统工程,涉及的面很广,各种因素应统筹考

虑，其中空域条件对于选址至关重要，重点如下：

（1）空域应满足多跑道大型机场的运行。

（2）避开北京市空中飞行禁区。

（3）避开北京市西北地区地形对机场运行的影响。

（4）减轻机场噪声对附近环境的影响。

（5）跑道方向的选择与气象条件相符。

（6）避开现有民航机场空域。

（7）空域研究中参数的确定。

在空域优先的前提下，北京新机场的最佳选址方向应是北京南部地区。北京首都机场、天津滨海机场和北京新机场的空间布局呈"品"字结构，三大机场运行空域之间的矛盾和影响最小，空中运行条件最优，空域容量可以最大化。同时三大机场区位关系相对合理，有利于均衡地服务整个区域及新机场建成初期的市场培育。

2. 地跨北京、河北两地

北京新机场项目面临一系列跨地域、跨部门的复杂问题，在前期协调中，国家各有关部门、京冀两地政府都给予了大力支持，自上而下建立了多层面的沟通协调机制，取得了一定成效。建议围绕新机场和临空经济区规划、建设、运营的全过程，着力加强顶层设计，创新体制机制，建立协调联动的政府管治模式，为区域重大合作项目的实施探索一条新路。

在京津冀之间，发展状态存在很大落差，北京的功能过于集中、过于全面，"大城市病"显现，面临巨大的人口、资源和环境压力。区域一体化首先就要在更大区域内统筹协调、合理疏散北京城市功能，但疏散功能谈何容易，除了政策，还应具备合适的契机。恰逢此时，北京新机场作为一个体量庞大、牵动广泛、着眼长远的项目，五年之内将在京冀之间拔地而起，这必将对区域统筹规划起到强大的助推作用，为北京南城、廊坊、保定城乡空间的优化调整指引方向。

新机场不仅是对外交通设施，更是"航空经济"的核心。新机场启用将展开这样一幅图景，巨大的人流、物流、信息流在此交汇，昔日的乡村僻壤一夕变身国际门户，总部办公、货运物流、航空维修、商贸会展、旅游休闲等多种产业集聚周边，村镇社会将经历迅猛的城市化过程。在京津冀推进产业对接协作，形成区域间产业合理分布和上下游联动机制的进程中，京冀两地应在临空经济区开发中把握机遇、分工协作，做强产业集群、延展产业链条，发挥带动和示范作用，为区域协调发展和转变增长模式打造新的"增长极"。

3. 洪泛区周边水系复杂

为了满足空域运行条件，同时尽可能地靠近北京主城区，南各庄场址落位于区域下游流域低洼区，南有永定河，北有新天堂河，分别为国家一级河流以及北京市重要的防洪河道、大兴区重要的排涝河道。新机场场址占压永定河泄洪区，将对永定河洪水调度方案产生直接影响。新天堂河河道横穿新机场场址，并在场内横跨北京、河北省界，新机场建成后将增加排水径流，对下游河北带来影响。

周边水系对新机场建设方案十分重要，决定了机场排水体系框架，需统筹考虑场外防洪、河道改线及场内排水方案，并跨区域、跨流域解决相关问题。

7.4.2 场址优化

1. 场址优化范围

本次场址优化是在南各庄场址的基础上进行的。由于铁路的分割，京九铁路和京山铁路围合的区域发展相对缓慢，机场在此范围内设置，可将机场对周围的噪声等不利影响控制在较低水平，同时通过机场建设大力带动此区域临空产业的发展。由于西北部山区，新机场不宜越过京九铁路向西发展。选址区域如果向北将靠近北京市区，将与城市禁区产生矛盾，同时机场噪声影响也将对北京南部区域特别是大兴新城带来不利影响。东侧空域主要受到首都机场空域的影响，为了避免新机场与首都机场出现不可协调的空域矛盾，场址优化以礼贤镇作为东侧范围。优化场址范围的南侧为永定河和廊涿高速，在此区域范围内北京与河北界线大致与永定河中心线重合，此段河中心线距离天安门约 50 km，从永定河、距北京主城区距离等诸多方面考虑，场区范围不宜越过永定河向南。

2. 场址优化方向

本轮场址优化提出了南优化方案、中优化方案、北优化方案三个方案，其位置由永定河北岸逐渐向北移动，距离北京市中心越来越靠近，其中心到天安门的距离分别是 46 km、41 km、36 km。随着场址的向北推移，用地灵活性降低，地面各种影响因素增加，跑道构型受限，但基本还可以通过技术手段解决。空域条件也随着场址的向北推移随之变差。从各个方面分析比较，南优化方案不但满足预测容量的需求，对各种地面设施以及空域的影响均较小，推荐南优化方案的场址位置和跑道构型作为北京新机场的场址及跑道构型。

3. 场址结论

经过优化后，北京新机场场址位于永定河北岸，场址地跨河北、北京两地，在北京市大兴区榆垡镇、礼贤镇和河北省廊坊市广阳区之间。

7.5 选址特色及亮点

7.5.1 多机场系统的梳理、研究开启了国内对机场群研究先河

北京新机场远期规模按照年旅客量 1 亿人次进行控制，这在中国民航机场选址历

史上是首次。

在本次选址之初，民航局领导就提出要充分借鉴国内外"一市多场"的发展经验。在 2006 年 12 月 20 日的民航局新机场选址领导小组第五次会议上，明确提出将"首都地区多机场系统规划"作为北京新机场选址工作的研究专题之一。

北京新机场选址工作适逢京津冀三地谋求区域统筹协调发展的关键阶段，同时上海"一市两场"的功能定位调整过程、长三角地区机场布局的发展、珠三角地区机场资源共享、优势互补等经验也为北京"一市两场"、京津冀多机场系统的规模、管理、发展等方面研究提供了宝贵的经验。通过多轮次选址工作的不断探索，在如何满足区域宏观发展要求的思路上逐渐明朗起来。本次选址打破既有行政区划的观念桎梏，将多个城市、多座机场纳入整体考虑，立足于区域一体化的视角，统筹京津冀区域社会经济发展对航空运输业的要求，以北京新机场选址和建设为契机，逐步构建一个功能协调、布局均衡、服务高效、市场发达的大都会地区多机场系统。

7.5.2 多领域、多角度、多层次精细选址研究，支撑科学决策

北京新机场的选址工作是一项复杂的系统工程，需要从多领域、多角度、多层次进行精细选址。2008 年 3 月 4 日，国家发改委在北京召开了北京新机场选址工作第一次会议，确定了由国家发改委牵头成立北京新机场选址工作协调小组，并确定新机场选址原则：

（1）满足北京地区航空运输需求的原则。
（2）符合全国机场布局规划的原则。
（3）坚持资源节约和环境友好的原则。
（4）加快发展综合运输体系的原则。

北京新机场选址工作协调小组确定了多个专题研究报告。具体如下：
（1）《北京新机场选址——区域经济背景分析研究报告》。
（2）《北京新机场选址——首都地区多机场系统研究报告》。
（3）《北京新机场选址——空域研究报告》。
（4）《北京新机场选址——绿色机场选址研究报告》。
（5）《北京新机场场址配套设施和综合交通研究报告》。
（6）《北京新机场南各庄场址配套设施和综合交通研究报告》。
（7）《北京新机场彭村场址配套设施和综合交通研究报告》。

在综合上述多项研究成果的基础上，分析汇总重点、要点，形成《北京新机场选址报告》，体现了选址工作的多领域、多角度、多层次和精细化。

7.5.3 可持续发展理念引导，为绿色机场奠定基础

北京新机场构思建设之初，即以国际先进的机场建设理念为先导，在选址阶段即

前瞻性地组织开展了"绿色选址专题研究",经多个场址反复比较,最终选择了距主客源地较近、空域环境和外部配套条件较好、区位优势明显的南各庄场址。本场址地面开阔,无大型建筑设施,可以最大限度节约资源,同时能实现环境适航与环境友好的良好平衡,并为京津冀协同发展、"一带一路"建设、雄安新区建设等贡献力量,既实现了绿色选址的要求,又为绿色机场的设计和建设奠定了坚实基础。

7.5.4　新机场选址再添动力,重塑京津冀地区协调发展版图

新机场坐落在京津冀区域的中心,作为首都又一个超大型国际航空综合交通枢纽,北京新机场将辐射北京、雄安新区、天津等京津冀核心区,进一步推进京津冀协同发展的交通一体化,完善京津冀都市圈路网系统。

定位于"国际航空枢纽"的大兴机场,是京津冀协同发展的重要切入点,将促进疏解北京非首都功能,助力雄安建设科技发展新高地,联程联运辐射环渤海、长三角、珠三角,乃至全国、全世界。以大兴机场为支点,京津冀地区协同发展的版图将优化重塑。

第8章
决策研究

8.1 机场建设程序

机场项目前期阶段主要包括策划、决策研究和规划阶段。策划阶段包括机场布局规划和机场选址阶段;决策研究阶段包括预可研和可研;规划阶段主要包括总体规划、控制性详细规划和专项规划。需要说明的是,大兴机场策划、决策研究和规划工作并不具有严格的前后时间顺序,而是搭接、交叉开展的,三方面研究的成果也互为支撑。

在预可研、可研阶段,针对重点、难点和敏感问题进行更加深入细致的研究,开展了多项专题研究,为机场的决策研究起到重要支撑作用。

8.1.1 预可行性研究的工作概况

1. 研究任务

预可研报告是项目立项批复程序中的重要技术性文件之一,预可研要充分论证项目建设的必要性与可行性,它是机场建设项目前期投资决策阶段的成果,是根据国民经济的发展、国家和地方中长期规划、产业政策、国内外市场以及京津冀的经济社会及交通的发展情况,提出的机场新建的框架性总体建设方案,为项目立项提供依据。受指挥部的委托,民航总院承担了预可研编制工作。

2. 工作过程

为统筹协调和高效推进项目前期研究工作,由国家发改委主导成立民航局和地方政府参与的领导小组,集团公司作为北京大兴机场建设项目的法人单位组织编制项目预可研报告。报告编制完成后,由民航局与北京市政府联合上报国家决策机构审批。

2010年11月,民航总院完成了《北京新机场预可行性研究报告》(第一版),提交指挥部及集团公司各有关单位讨论,征求意见,并于2011年3月,完成了《北京新机场预可行性研究报告》(第二版)。

2011年3月27日至31日,指挥部委托中国国际咨询公司(简称"中咨公司")在北京召开了"北京新机场预可研报告专家论证会"。根据专家论证会意见和建议,指挥部委托中咨公司、中国民航科学技术研究院分别独立开展"北京新机场航空运输市场需求研究";委托国家发改委综合交通运输所开展"北京新机场综合交通规划研究",同时指挥部与预可研编制单位研讨主跑道间距调整方案和远期规划容量等。在此基础上,完善了《北京新机场预可行性研究报告》(报审稿)。

2012年2月,《北京新机场预可行性研究报告》由民航局、北京市、河北省联合上报国家审批,由中咨公司进行项目评估,最终于2012年12月22日获得国家批复。

8.1.2 可行性研究的工作概况

1. 研究目的

机场建设工程项目的可行性研究是保障投资决策科学化必要程序中的重要技术性文件之一,此过程要运用多学科方法综合论证机场建设工程项目在技术上是否可行,在财务上是否能盈利,并开展环境影响、社会效益及工程抗风险能力等方面的分析和评价,为投资决策提供科学依据。可研报告还能为项目融资、作者签约、工程设计等提供依据,是机场建设工程项目前期投资决策阶段研究的成果性报告,为下一步项目初步设计奠定基础。

2. 工作过程

2012年8月,指挥部召开了大兴机场可研报告编制工作启动会。各专业技术人员在指挥部的大力协助下,对未来大兴机场各驻场单位、北京市、河北省相关部门进行了走访和大量的调研,取得了大量第一手资料,并会同指挥部各相关技术部门,对航空业务量预测数据进行进一步的梳理、分析,最终确定设计参数,为可研报告编制工作的顺利开展奠定了基础。

2013年4月,编制单位提交了《北京新机场可行性研究报告》(2013.5版)。指挥部经集团公司报告上报民航局,由民航局报国家发改委,经过三轮咨询论证会,最终于2014年11月22日获得批复。在可研报告上报与咨询论证过程中,同步完成了涉及空域规划及飞行程序设计、征地拆迁、外围配套设施、外部综合交通规划、场址防洪排涝、水资源保护、环评、能评、稳评等专项评估工作,为项目可研报告的顺利报批打下坚实基础。

8.1.3 同步开展多项专业研究

在前期研究过程中,为了协调好机场与北京、京津冀地区及周边环境的关系,为了实现"引领世界机场建设、打造全球空港标杆"的建设目标,指挥部审时度势,精心谋划,结合大兴机场建设的特点、难点,开展了夯实市场需求分析、空域终端区规划、综合交通规划等系列研究。

开展的研究工作主要包括:民航局会同国家发改委、自然资源部、生态环境部、水利部分别开展了项目节能评估、社会稳定风险评估、土环境影响评价、洪水影响评价等工作;会同北京市、河北省明确了天堂河改道、白家务水源地迁建、安固500 kV高压线迁改、永潘天然气管道迁移等拆改方案,以及场外市政配套建设方案,为项目实施创造了必要条件。具体的研究工作清单详见附录二。

这些研究工作除对预可研、可研起到支撑性作用以外,还很好地指导了机场和外围环境的适应和衔接工作。下面就综合交通、智慧机场、绿色机场、全场雨水系统等方面做重点介绍。

8.2 综合交通规划研究

大兴机场自2019年9月25日通航以来,迅速成为"网红"打卡景点,深受旅客和民众喜爱,这是得益于机场在规划、设计、运营等多方面的优化创新,为旅客提供了高水平、高品质的出行体验。而高效便捷的综合交通系统是其中一个重要亮点,特别是与多层次、多线路的轨道交通实现高度整合、紧密衔接,并结合出行流线为旅客提供便利的多点值机,成为大兴机场脱颖而出的名片。

大兴机场的综合交通规划成果在今天仍保持着充分的先进性,而这样良好的示范效应是来之不易的。这是从行业主管部门、项目建设管理单位到各专业领域的规划、设计、咨询机构,各方通力协作,对方案不断调整优化的成果。综合交通规划研究既要考虑规划方案的前瞻性,又要适应外部条件的持续变化,在高水平服务和经济适用间寻求平衡。综合交通规划研究的工作过程如图8-1所示。

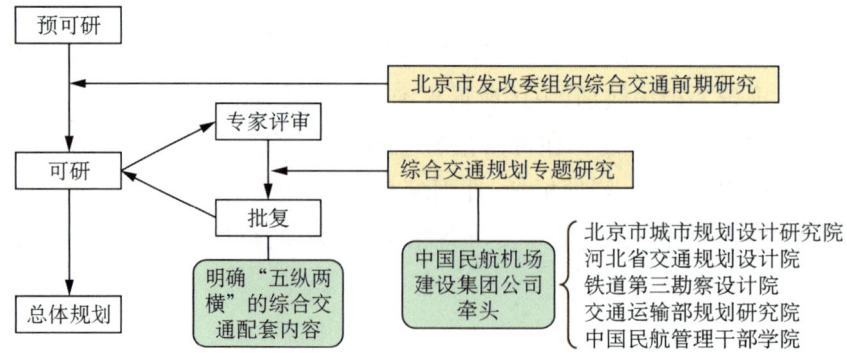

图8-1 综合交通研究流程图

8.2.1 综合交通系统规划

与首都机场相比,大兴机场远离北京市核心航空市场,在陆侧交通接驳方面处于明显劣势。如果不能通过高效便捷的陆侧交通系统与旅客紧密衔接,大兴机场的发展潜力将被显著抑制。为此,前期研究就明确了综合交通系统规划的目标为"构建以大容量公共交通为主导的可持续发展模式,建立多交通方式整合协调并具有强大区域辐射能力的陆侧综合交通体系"。综合交通系统是大兴机场区别于其他枢纽机场的最大特色,也将是其成败的关键。

在大兴机场选址立项时期,为落实国家发改委要求,北京市发展改革委委托多家单位进行了"北京市综合交通枢纽规划若干重大问题"等十个专题研究,多家行业领先的规划咨询单位分别承担了相应工作,多角度研究为北京大兴机场综合交通系统规划打好基础。

在可研报告开展过程中,按照国家发改委要求,民航总院牵头,组织北京市城市规划设计研究院、河北省交通规划设计院、铁道第三勘察设计院、交通运输部规划研究院、中国民航管理干部学院为技术支持单位,开展了系统的大兴机场综合交通规划研究工作。该研究有力地支撑了可研报告批复,形成以"五纵两横"为代表的综合交通配套设施规划,将公路、城市轨道交通、高速铁路、城际铁路等多种交通方式整合,形成具有强大区域辐射能力的地面综合交通体系,并持续指导后续的建设过程。

2014年11月22日,《国家发展改革委关于北京新机场工程可行性研究报告的批复》中,要求在后续阶段,统筹建设北京新机场连接北京市中心的快速轨道,北京至霸州铁路,大广高速北京六环至黄垡桥段(扩建)、京台高速北京五环至市界段、北京城区经新机场至霸州高速公路,以及机场北线高速公路和廊坊经新机场至涿州城际铁路等"五纵两横"综合交通主干网(图8-2),与北京新城机场同步建设,从而明确了机场范围内交通基础设施的建设方案,为工程建设的加快推进奠定了基础。

大兴机场的综合交通系统以"五纵两横"主干网络为核心进行打造,涵盖高铁城际、城市轨道、高快速路、等级道路等多个层面。

1. "五纵两横"构成网络核心

本期"五纵两横"中的一条纵线京雄城际和一条横线廊涿城际构成了机场城际铁路的十字形主干,并通过城际铁路联络线、津保铁路等线路的衔接沟通,与北京铁路枢纽和京津冀城际铁路网融为一体,进一步借助高铁干线网辐射四方。城际铁路网与航空网密切结合,打造全向衔接的空铁联运网络。

第二条纵线是轨道大兴机场线。由机场向北延伸,穿越北京市中心城的核心区域。作为机场专用的轨道交通快线,其设计速度高达160 km/h,开行大站快车,并在市内设置城市航站楼,以尽量缩短大兴机场与北京市中心城的时空距离。再加上预留

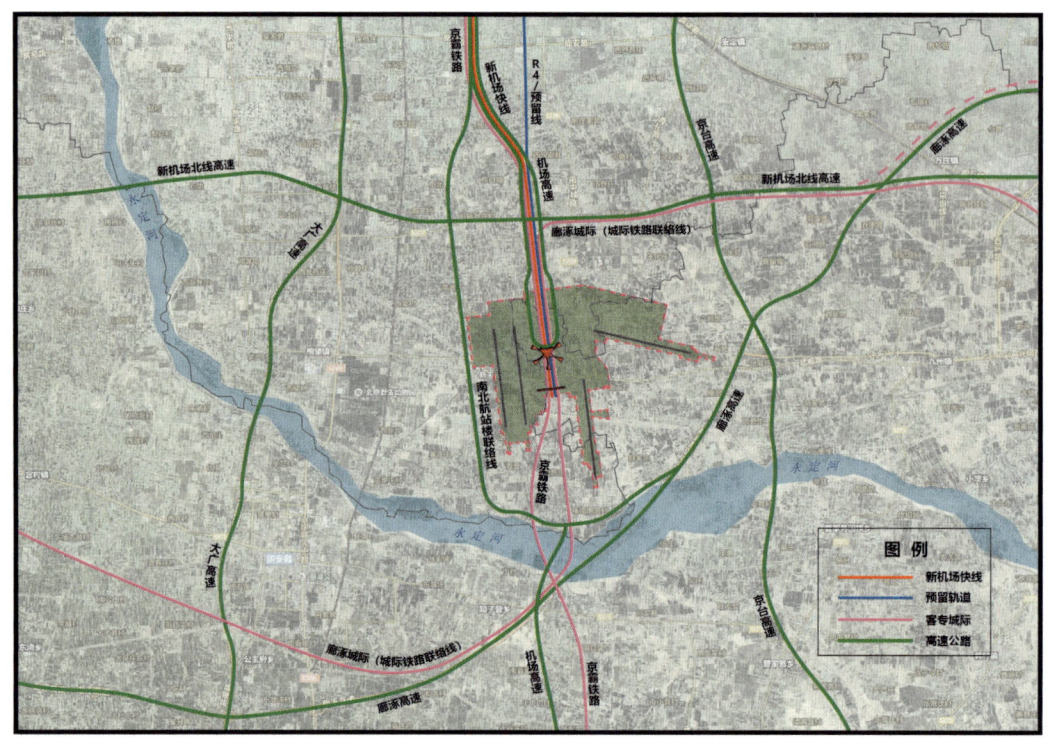

图 8-2 大兴机场综合交通规划图

的城市轨道快线 R4 和远景预留线,形成高低搭配,配置丰富的城市轨道网,服务主要客源地北京,满足旅客的出行需求。

剩余三纵一横为围绕大兴机场的四条高速公路,包括大兴机场高速、京台高速、大广高速和机场北线高速。它们与原有的廊涿高速一起构成机场周边的高速公路集疏运网络,形成"环+放射"的格局,便于各个方向的旅客与南北两航站区之间的匹配,尽量减少绕行。

2. 铁路系统规划引领空铁联运

高速铁路网是当前我国铁路建设的重点发展方向。将高铁、城际与航空相结合,可以承担支线航班的功能,与航空方式结合形成复合出行链,为大兴机场收集中远距离的旅客,扩大机场辐射范围。同时也可以更好地强化机场的长程航线网络,提高机场的整体运转效率。

在机场本期工程阶段建设北京—大兴机场铁路,未来作为京霸铁路的一段。线路规划由北向南从机场穿过,在大兴机场北航站楼设一站。同时规划在霸州衔接津保城际铁路(双方向),向西可在保定连通京广客专,向东在天津西站连通津秦城际铁路。利用该路段可开行丰台站—大兴机场的小编组列车。

同时,建设廊坊—大兴机场—涿州城际铁路,未来向东延伸至香河、三河,向西连通规划中的京石城际铁路。近期在机场北航站楼设站,远期在机场南航站区设站。

此外,近期规划城际铁路联络线(原 S6 线),在大兴机场范围内与廊涿城际共线,可连接首都机场和大兴机场。

3. 城市轨道规划服务核心腹地

大兴机场与北京市之间的轨道交通规划方案主要依托于北京市城市轨道交通线网规划,建立中心城、各新城、交通枢纽与大兴机场之间便捷的轨道交通联系,远期共考虑三条线路,其中大兴机场线为"五纵两横"主干网络中的轨道交通快线,其余均为远景预留线。

大兴机场线与大兴机场同步建成,实现对中心城西部、北部的市场覆盖。线路全长 41.4 km,共设草桥、大兴新城、大兴机场 3 座车站,并设置城市航站楼。

规划 R4 线北端起点为顺义站,经过 CBD(北京中心商务区)、北京站、北京南站,向南至大兴机场,在南、北航站楼各设一站。实现北京东部商务区、铁路交通枢纽与大兴机场的连接,实现对中心城南部、东部的覆盖。未来还可实现首都机场和大兴机场的接驳。

此外另考虑一条预留线。北京市提出在大兴机场北航站楼预留一条城市轨道的接入条件,其路由及功能待定。河北廊坊市提出在北航站楼预留一条廊坊城市轨道的接入条件。鉴于地下空间条件的限制,规划将二者合并考虑。

4. 双环集散、全向辐射的骨干道路通道规划

主要道路通道共规划四条线路,均为"五纵两横"中的高速公路,包括大兴机场高速公路(北京经大兴机场至霸州)、京台高速、大广高速和大兴机场北线高速。

1) 大兴机场高速公路(北京经大兴机场至霸州)

大兴机场高速北段:向北配备一条专用高速公路连接大兴机场与北京中心城区,高速路北端起点为南二环,经南三、四、五、六环后,通往大兴机场北航站区。高速公路与环路的交叉采用部分互通的衔接方式,屏蔽二环至四环间的借道交通,适当兼顾五环外沿线土地开发。规划时考虑保障大兴机场高速公路的专用性,使高速通道的服务水平与大兴机场的要求相匹配。

大兴机场高速南段:根据河北省的相关规划,在大兴机场南侧跨越永定河建设专用高速连接霸州方向。南端起点为保津高速,沿途连通密涿高速和唐廊高速,规划衔接大兴机场南航站区。

大兴机场高速中段:是南北两段高速的联络线,线位在大兴机场与南苑新机场之间,服务于北侧、南侧来的旅客车辆分别去往南、北航站区。

中段与南段的规划方案后来演变为京德高速。

2) 京台高速

大兴机场东侧规划有京台高速,是国家公路网规划中的一条首都放射线高速公

路。北京段与大兴机场本期工程同步建设,与既有的河北段贯通。同时也成为大兴机场向北衔接北京市的主要进出通道之一。路线起于南四环,断面为双向8车道,最高设计时速达到120 km,与四环、五环、六环都实现互通。

3) 大广高速扩宽

大兴机场西侧现有大广高速,是国家公路网规划中的一条南北纵线高速公路。随着大兴机场及新航城的规划建设,京开高速作为南部地区重要的对外放射线,也是大兴机场的主要通道。改造后可改善大广高速的拥堵状况,提高道路通行能力及服务水平。作为大兴机场及新航城与中心城区联系的主要通道之一,将加强中心城与大兴机场、新航城及各组团的交通联系。

4) 大兴机场北线高速

根据大兴机场综合交通骨干网规划,大兴机场北线高速东起廊坊市,西至京港澳高速。随大兴机场工程同步建设东段,依次连接京台高速、大兴机场高速北段及大广高速,实现完全互通,归集各条进出京的联系通道衔接机场。

上述几条高速公路在大兴机场周边形成双环集散、全向辐射的路网格局,把机场与北京市环路、大广高速、京台高速、密涿高速等融为一体,形成各个方向旅客进出大兴机场的高速通道(图8-3,表8-1)。

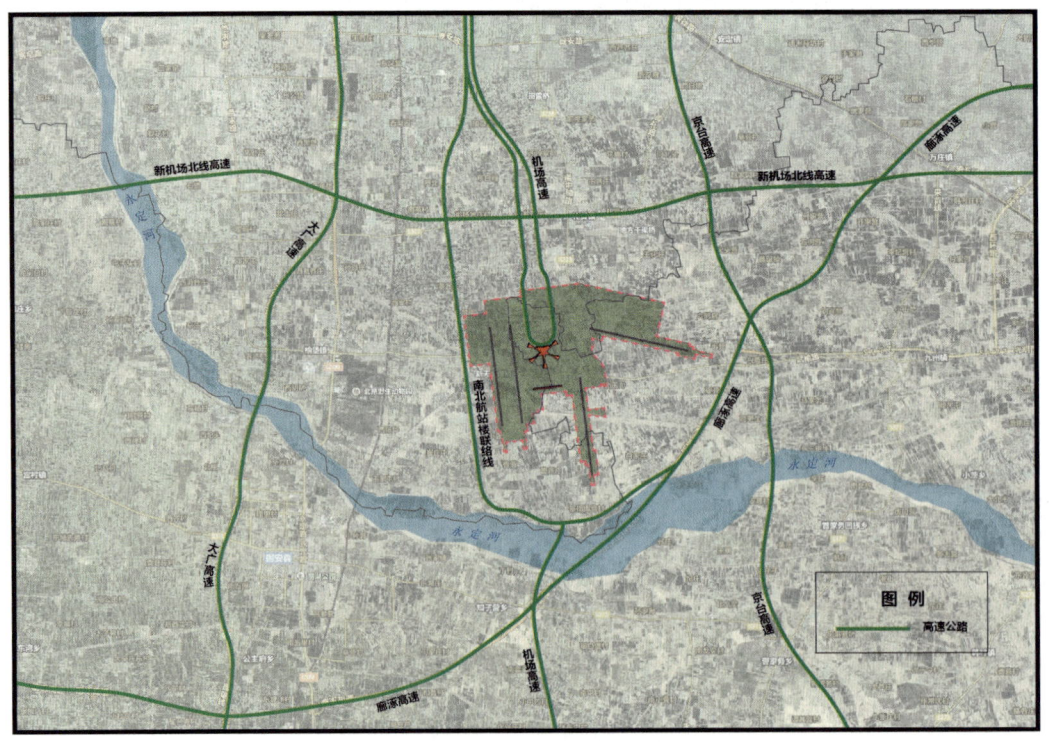

图8-3 大兴机场主要道路通道规划图

表 8-1　大兴机场周边等级道路规划

道路名称	说明
大礼路	规划的大礼路位于机场北侧,向西连接涿州市区,向东连接廊坊万庄镇,这两个区域都是河北省围绕北京大兴机场规划的临空经济开发区的重点
京九铁路西侧路	北接大兴市区,沿着京九铁路西侧通道由北向南
团河路	团河路从大兴城区东侧经过,向南从大兴机场与南苑新机场之间穿过,向南与环场公路相接,是大兴区及大兴临空经济开发区另外一条接入大兴机场的通道
磁大路	磁大路从南五环开始,大体沿中轴路向南,将魏善庄、礼贤镇等大兴机场周边的几个重要区域连接在一起,并让这些区域可以快速、便捷地接入大兴机场货运区
青礼路	青礼路北起大兴区青云店镇,向南经过安定镇和礼贤镇后分为两条路,一条路接入大兴机场货运区,另一条路继续向南与机场东部、南部的环场公路相接
环场公路	环场公路、大礼路、京九铁路西侧路共同组成一个闭合的环,成为大兴机场外围交通的另外一个循环系统,增加了各个方向来的货物去往目的地的灵活性
九州连接线	经廊坊外环线接至大兴机场货运区、工作区主干道,提供廊坊与大兴机场衔接的便捷通道,满足廊坊市与机场的交通发展需求

5．功能复合、高可达性的等级路网规划

除客运交通外,大兴机场的货运也带来大量的地面货物运输需求。同时,随着大兴机场的发展,机场周边区域必然会产生大量的航空相关产业的发展。另外,大量的机场工作人员将在周边区域安家落户,每天来往机场的巨大通勤交通会对周边的路网造成巨大的压力。考虑时间、经济等方面的因素,以上这三部分的交通需求大多会利用周边的干道公路来解决(图 8-4)。因此,有必要对周边的干道公路做详细和周密的规划。

6．客货分流、全面覆盖的机场道路交通组织

1）客运交通组织

北京方向的客流可以直接通过大兴机场高速北段,或由大广高速、京台高速经大兴机场北线高速汇入大兴机场高速北段,抵达北航站楼车道边;去往南航站区的旅客可以通过大兴机场高速中段(即京德高速),抵达南航站区。

廊坊、香河方向的旅客可以由大兴机场北线高速经大兴机场高速北段抵达北航站区。

保定方向来的客流则可以由京港澳高速或者京开高速,经大兴机场北线高速去往北航站区;去往南航站区的旅客则可以由密涿高速直接经大兴机场高速南段进入南航站区。

天津方向的旅客可以通过京台高速经机场北线高速进入北航站区,由京台高速经唐廊高速、大兴机场高速南段可以进入机场南航站区。

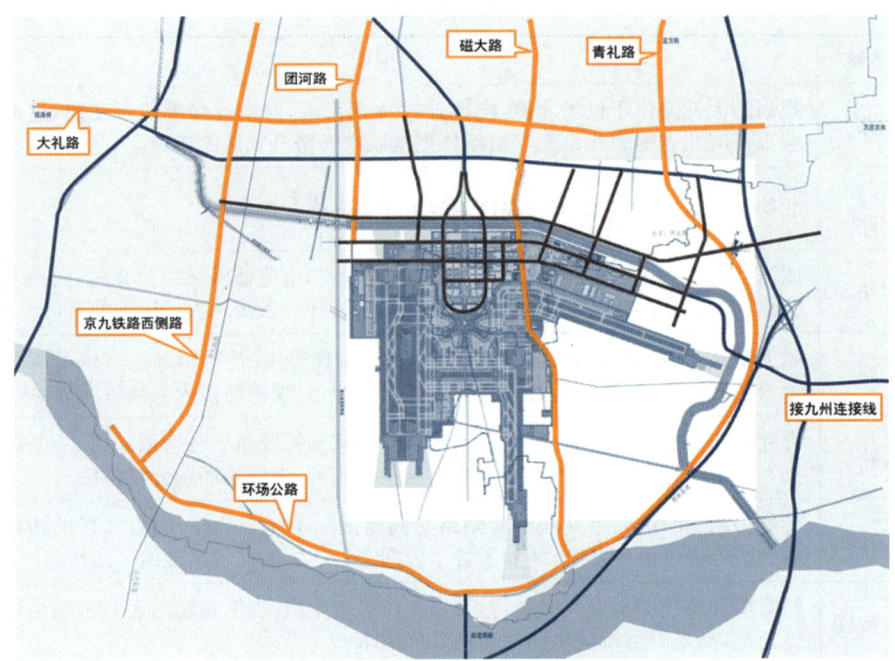

图 8-4 大兴机场其他等级路网规划图

唐山方向的旅客可以由唐廊高速经大兴机场高速南段进入南航站区；或者经京台高速、大兴机场北线高速进入北航站区。

2）货运交通组织

货运区集中布置于工作区东侧，货运区内部通过内部道路系统相互连接，对外则通过西侧的磁大路、北侧的青礼路、东侧的九州连接线、105 国道四条主要通道接入周边主干道路网，再从主干道路通过国道及高速公路进一步通向北京市区及河北周边城市，从而实现道路的客货分离。

7. 综合交通体系与时俱进，持续完善

在大兴机场及综合交通体系建设过程中，京津冀协同发展战略的提出、雄安新区和北京城市副中心的设立等外部条件的重大变化也使集疏运网络规划的各个方面发生了较大改变，机场综合交通体系随之进一步优化。

1）铁路系统规划

原规划中，大兴机场引入两条铁路，形成"十"字形结构。南北向京霸铁路为北京经大兴机场至霸州，可通过津保铁路接天津和京广客专，并在远期成为京九客专的一部分；东西向廊涿城际为廊坊经大兴机场至涿州，远期可衔接城际客运环线。

随着雄安新区规划的明确，京津冀城际铁路网迎来大幅调整。根据 2019 年年底获批的《京津冀核心区铁路枢纽总图规划》，跟大兴机场密切相关的轨道交通有京雄城际、津兴城际和城际铁路联络线。京霸铁路南端改到雄安新区，成为京雄城际。京九客专(现称京港台高铁)的正线也在大兴机场西侧重新规划。城际铁路联络线则沟通区域内多条线路,大大提升了大兴机场向各个方向的铁路辐射能力。1 h 内直达周边天津、雄安、保定、通州副中心、涿州、廊坊、首都机场等节点。

预计到 2025 年,可基本形成全向辐射的高铁城际线网(图 8-5),空铁联运 3 h 辐射范围可远达沈阳、秦皇岛、潍坊、聊城、邯郸、太原。综合交通体系不仅将服务大兴机场,更加强了京津冀区域基础设施的互联互通和合作共享,将推动京津冀机场成长为世界级机场群。

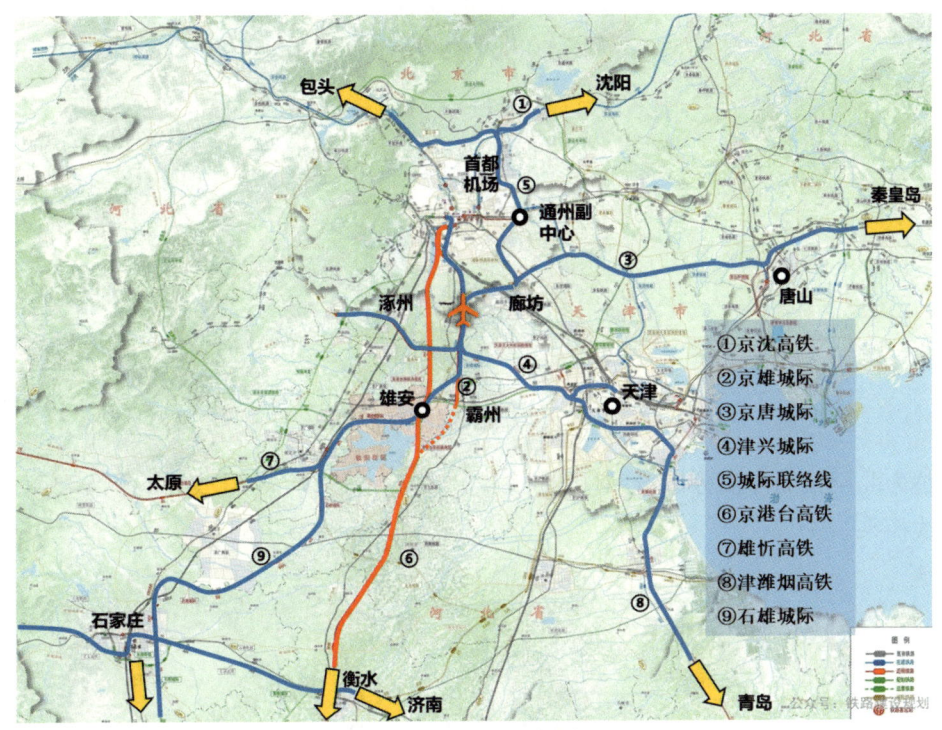

图 8-5　铁路系统规划图

2) 城市轨道规划

城市轨道主要服务于大兴机场与北京市的联系。根据原有规划,大兴机场线穿越城市核心区至 10 号线牡丹园站,并与城市快线 M19 共线位,兼顾快速直达和与轨网的衔接集散。远期规划 R4 和 S6 提高对城市东部的覆盖水平,分别串联市内多个重要的交通枢纽和外围新城。二者在南五环外并线后,与大兴机场线共廊道接入机场。

在规划实施过程中,大兴机场线一期建设了草桥以南段以及草桥城市航站楼,现已投入使用,所承担的旅客交通份额已超过 30%,效益显著。19 号线一期已开通运营,可在草桥站换乘大兴机场线,后续将继续北延(图 8-6)。

机场线北段方案则进行了重大调整。原规划由草桥北延至金融街和牡丹园设站,

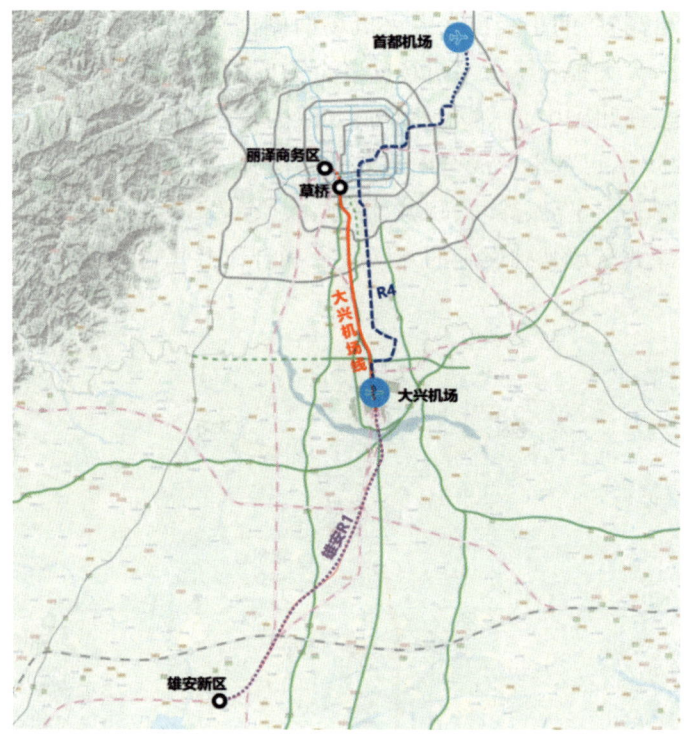

图 8-6　大兴机场城市轨道规划图

现调整为北延至丽泽商务区设站（图 8-7），实现与 14 号线、11 号线、16 号线和丽金线的五线换乘。

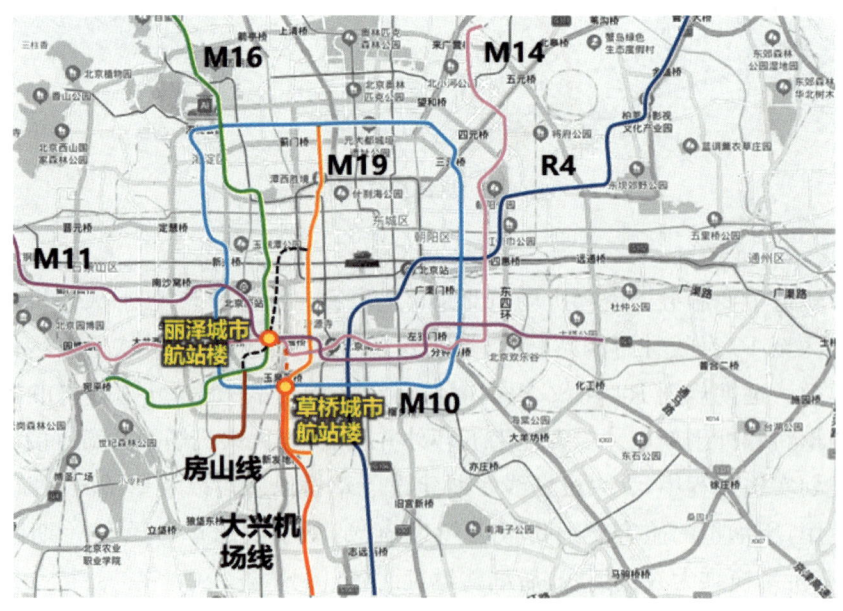

图 8-7　大兴机场城市轨道换乘规划图

原规划 S6 的相应功能已由城际铁路联络线承担，而 R4 的具体线位和建设时序仍在持续论证。作为规划的城市地铁快线之一，R4 线将实现中心城区多个核心区域与两大机场、三大火车站的直连。

此外，雄安新区的横空出世也对机场集疏运交通结构带来了显著调整。为加强二者的紧密衔接，在雄安新区与大兴机场间规划轨道快线，即雄安 R1 线，并实现与大兴机场线的直接衔接，贯通运行。

通过城际铁路、轨道快线和普线地铁，大兴机场与首都机场能够实现多方式、多通道的"两场"联络渠道，促进"一市两场"双枢纽建设。

3）道路网规划

大兴机场周边原规划的"一横三纵一斜"高速公路网现已成型，形成高速公路外环（图 8-8）。此外结合雄安新区与北京的联系需求，在机场西侧新规划的京雄高速也已通车，成为雄安新区来往大兴机场的重要通道。

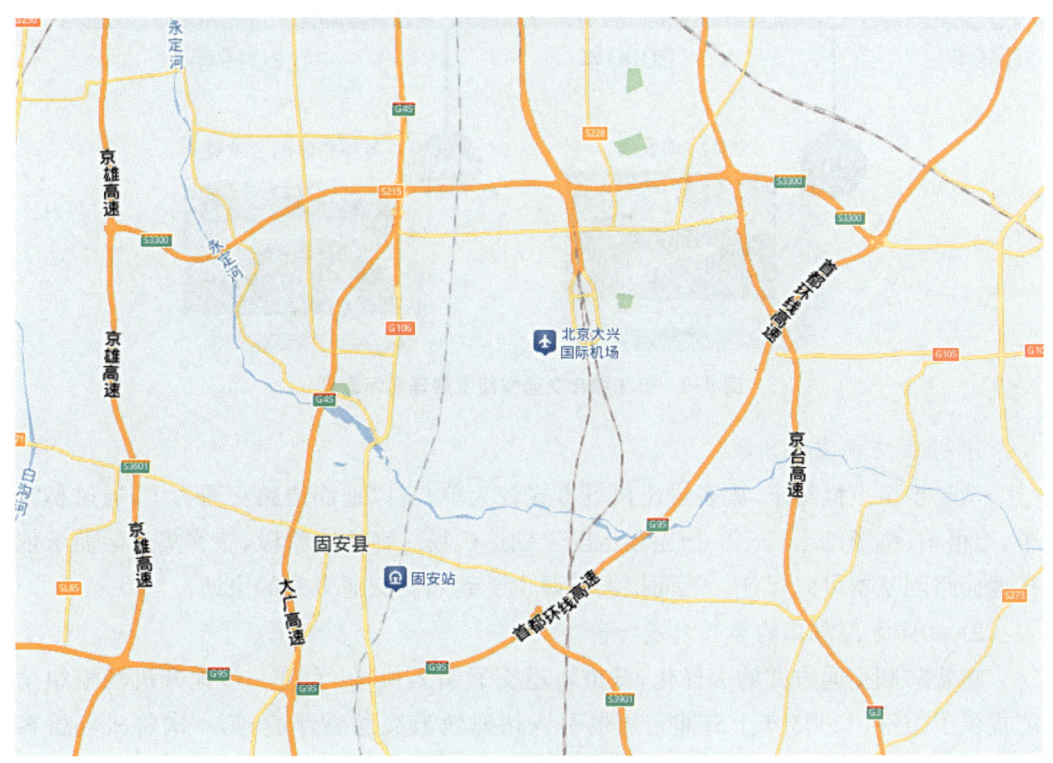

图 8-8 道路网规划图

8.2.2 综合交通枢纽规划

1. 枢纽规划理念的进化

改革开放 30 多年来，民航业作为社会经济发展中的重要战略产业，业务量稳步增长,增幅显著。

与此同时,我国各种交通运输方式快速发展,综合交通运输体系不断完善。"十二五"时期,高速铁路营业里程、高速公路通车里程、城市轨道交通运营里程均位居世界第一,交通运输基础设施网络初步形成。

在综合交通运输的大背景下,民航机场逐步向大型机场综合交通枢纽转化。从陆侧集疏运体系的发展过程来看,我国大型机场综合交通枢纽经历了几个阶段(图8-9)。

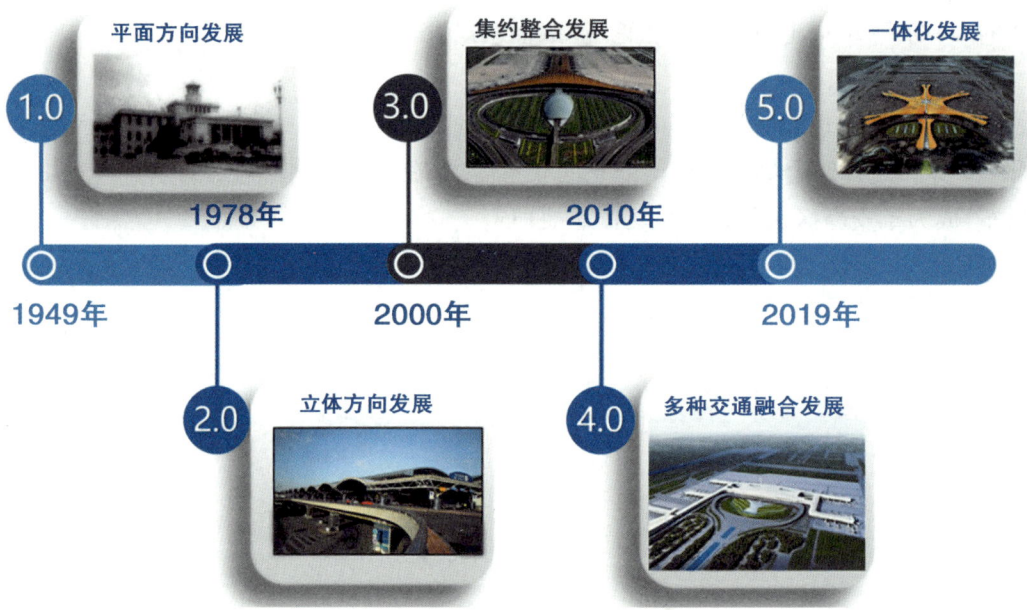

图8-9 机场综合交通枢纽发展理念示意图

1)平面方向发展阶段

从起步至上世纪末,旅客进出机场方式较为单一,以地面道路交通为主,通过私家车、出租车、机场巴士、公交、长途客运巴士到达机场。在这一阶段,旅客集疏运需求依托地面路网基本可以保证。然而机场客源也受到陆侧交通方式的束缚。

2)立体方向与集约整合发展阶段

随着陆侧交通方式的多样化,城市轨道交通引入机场,为进一步提升机场枢纽功能提供了条件。2003年上海浦东机场引入快速轨道交通磁浮线,第一次将机场旅客的陆侧交通方式扩展到轨道交通,开启综合化发展之路。

3)多种交通融合与一体化发展阶段

近年来,陆侧交通设施在场内布置的集约化程度不断提高,交通中心的概念得到强化。在我国综合交通快速发展的大背景下,城市轨道、高铁、城际铁路等多种制式轨道交通共同服务机场的情况越来越普遍,并且往往集成多种其他交通服务设施,形成机场内的综合交通中心。

随着客观条件的变化，机场交通中心经历了由简单到复杂的发展过程。由初级的步行通道、摆渡车衔接，到高铁站、地铁站与机场航站楼平面相邻，再到将各个交通方式集约化，规划建设一体化交通中心。其承载的理念不断进化，对旅客的服务水平也越来越高。

一体化的交通中心有助于多种交通方式的集成，但各方式与航站楼之间的交互也必须通过交通中心来中转。大兴机场在综合交通中心的方案规划中提出创新理念，弱化了对形式上的交通中心建筑单体的追求，而是直接以航站楼为核心，充分利用其陆侧各界面，集成多种陆侧交通形式，实现各交通方式与航站楼的直接衔接，共同形成一个有机联系的空地一体化综合交通枢纽（图8-10）。

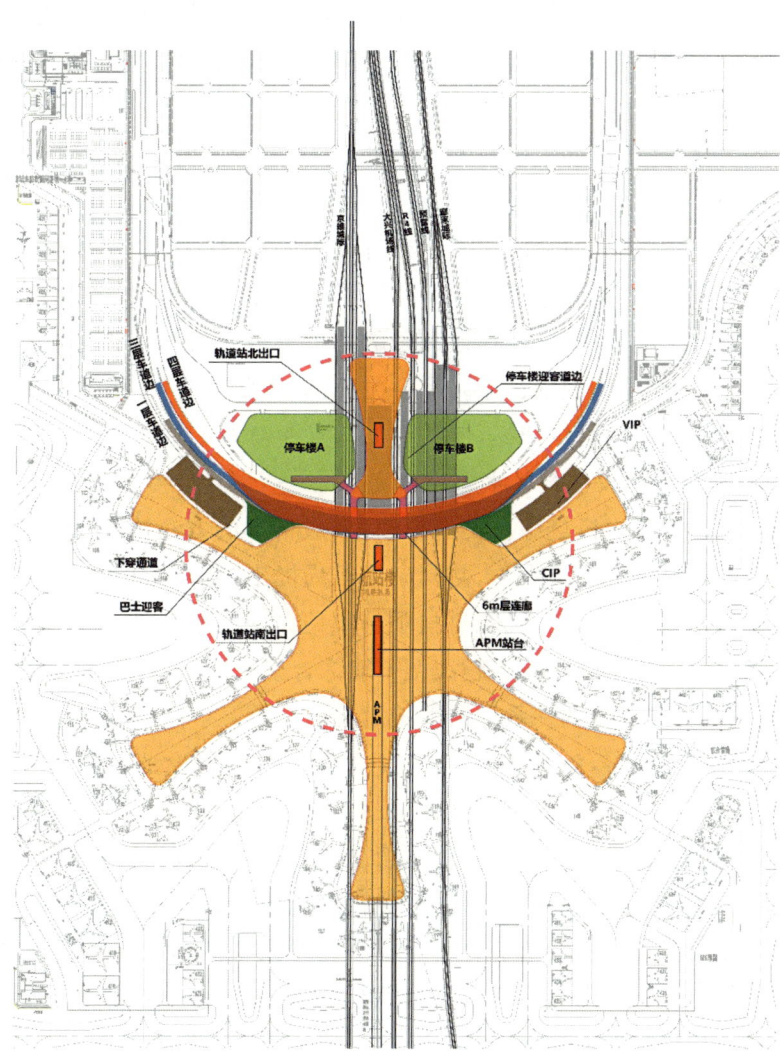

图8-10 大兴机场综合交通枢纽平面示意图

大兴机场综合交通枢纽规划以各条轨道线路为重点,从航站楼正下方南北贯穿。地下轨道车站与航站楼一体化设计,在275 m的面宽内共布置了五条轨道线路的8台16线,旅客可以通过公共换乘大厅内的大容量直梯和扶梯直接提升至航站楼的出港大厅,并且可以在换乘大厅内直接办理值机和安检,实现了真正意义的"零距离换乘",实现了我国大型机场综合体规划的又一次创新跨越。

2. 调研首都机场,把握现实需求

要形成一个符合实际、满足需求的综合交通系统,必须对交通系统的运行本质有深入、准确的了解,包括定性和定量两方面。大兴机场是从零开始新建的机场,没有任何历史运行数据可供参考,这是规划工作中的一个难点。但另一方面,作为"一市两场"的新机场,大兴机场与运行多年的首都国际机场在主要客源地上高度重叠,旅客的出行特征具有很好的稳定性和延续性。因此首都机场为综合交通系统的规划研究提供了绝佳的调研条件。

规划开始之初,基于首都机场开展了多种形式、多轮次的调研。包括获取首都机场日常运行的统计数据,与首都机场运行管理部门进行座谈,在多种交通方式中开展交通调查,对航空旅客进行问卷调查等。在首都机场股份公司的大力支持下,调研取得了丰富的一手资料,有力支撑了规划研究的深入分析。一方面对首都机场交通系统目前存在的问题有了准确认识,并且在调研的基础上进行市场分析,制定大兴机场综合交通发展战略,进而明确规划目标。另一方面,数千份调查问卷的结果统计也为交通分析中多项参数的取值提供依据,使其更加扎实准确。

3. 开展枢纽规划建设关键技术课题研究

为了更好地建设大兴机场综合交通枢纽,形成科学的方法论指导,从2012年起,指挥部即联合民航总院和同济大学,共同向民航局提出"北京新机场智能型综合交通枢纽建设关键技术研究与应用"民航科技项目申请。课题依托大兴机场建设工程,瞄准将大兴机场打造成为世界一流的超大型智能综合交通枢纽的目标,攻克大型综合交通枢纽规划、设计与建造中的一系列共性关键技术难题。

按照民航局统一部署,该课题在2014年3月通过开题论证评审,2014年4月签订《民航科技项目任务合同书》。课题研究按照"以机场为主体的大型区域综合交通枢纽战略规划技术""超大型机场综合交通枢纽总体布局关键技术""综合交通枢纽信息与智能化诱导技术""面向旅客的换乘区智能化设施建设技术""与超大机场协调的轨道交通布局规划与设计技术"和"综合交通枢纽建设关键技术在北京新机场的集成与应用"六个子课题分别开展,先后完成了现状与需求调研、技术方案设计、示范应用调研、关键技术研究、成果功能测试、示范应用、总结评估七个阶段工作,并取得了较为满意的成果。

课题已于2020年11月12日通过了结题评审,也在研究过程中同步支撑了大兴机场综合交通枢纽的规划建设,在交通需求预测、轨道交通布局规划、枢纽总体布局和评价等方面进行了应用。在全面支撑和保障大兴机场工程建设顺利实施的基础上,通过形成若干创新技术成果,编制超大型机场综合交通系统规划设计导则,建设智能型综合交通枢纽示范基地,培育以重大工程建设为依托的"国家卓越工程师",培养产学研新模式等形式,为我国超大型机场建设提供科学的规划设计方法及技术参考依据,进而推动行业和国家的科技进步,增强社会和经济效益。

4. 枢纽内交通设施布局

大兴机场航站楼综合交通枢纽高度集成。高铁、城铁、地铁等轨道交通线南北贯穿机场,在航站楼地下设站,形成总面积达 143 万 m^2 的综合交通枢纽。枢纽交通设施主要由机场航站楼、车道边、综合交通中心以及配套停车设施四部分组成。

1) 航站楼

大兴机场航站楼为集中式主楼,主要设地上四层(局部五层),地下二层(图 8-11)。四层是国际和国内出发层,直接连接国际、国内出发车道边;三层是国内出发层,直接连接国内快捷出发车道边;二层是国内出发到达混流层及国际到达层,并通过中央通道与停车楼、交通中心直接连接;一层具备国际到达功能,直接衔接地面到达车道边。地下一层可直接与交通中心地下一层相连,具备国内出发功能,还设置了 APM 站台连接卫星厅。地下二层为城市轨道与城际铁路站台层。

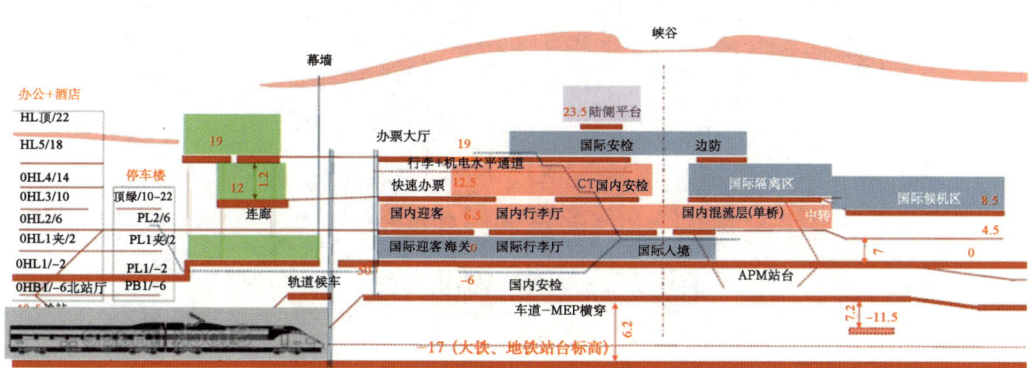

图 8-11 大兴机场综合交通枢纽剖面示意图

2) 车道边

车道边是实现旅客从陆侧交通与机场航站楼换乘的直接界面。为适配超大规模的航站楼,克服主楼正立面布置出发车道边长度不足的困难,大兴机场创新性地设计了双层出发车道边高架桥(图 8-12),分别与航站楼流程对接,服务机场大巴、出租车、小汽车等陆侧地面交通临时落客,解决陆侧交通压力。二层为连通航站楼与综合交通中心的旅客步行连廊。一层为到达车道边,主要服务机场大巴、出租车、小汽车等方式的迎客功能。

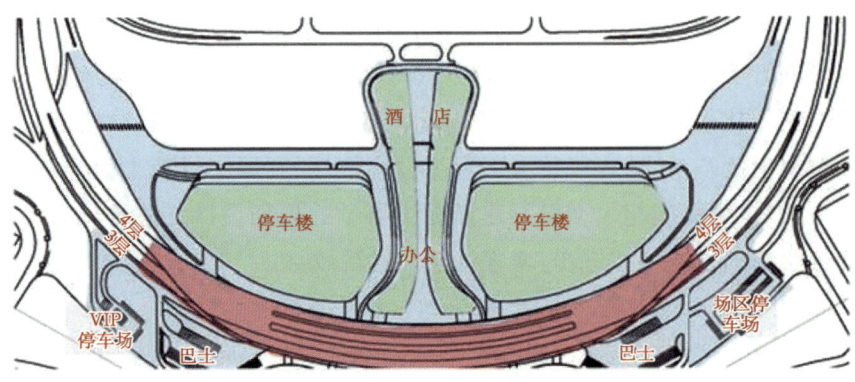

图 8-12　大兴机场车道边示意图

3) 综合交通中心

综合交通中心位于航站楼北侧,建筑规模 8 万 m^2,实现轨道交通、铁路、道路交通与北航站楼的换乘功能。轨道交通线路(共 8 台 16 线)接入交通中心地下二层,南北穿越航站楼,在航站楼下设站。经过机场交通中心的轨道线路自西向东依次为京霸铁路(现京雄城际)、大兴机场线、R4 线、预留线以及廊涿城际(现城际铁路联络线)(图 8-13)。旅客可以通过站厅内的大容量扶梯直接提升至航站楼的出港大厅,实现了真正意义的"零距离换乘"。

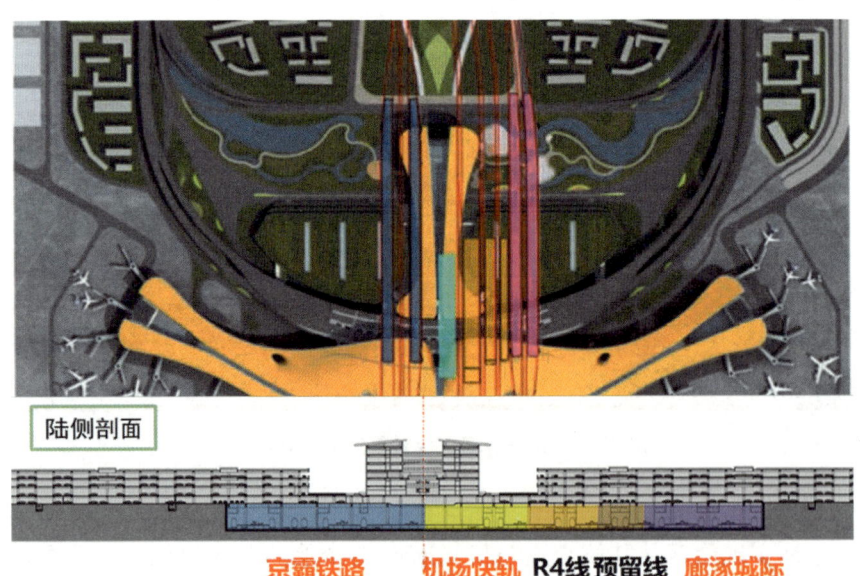

图 8-13　大兴机场轨道交通示意图

4) 停车设施

在大兴机场枢纽中考虑各类停车设施相关的交通流线,对其进行统筹规划,在航站区和工作区内进行布局,形成了"多点多级"的停车设施系统,同时实现巴士的"场站分离",兼顾经济性与效率。

停车设施包括停车楼和停车场两种形式。停车楼位于航站楼北侧,被综合服务楼分为东西对称的两个单元。东西单元可通过地面和地下车道形成一个整体。停车楼总建筑面积为 25 万 m^2,主要为社会车辆和网约车使用。停车场用于机场大巴、出租车、省际巴士等陆侧交通服务,共有 5 处,分别为航站楼前停车场 2 处、近端停车场、远端停车场和内部交通场站(图 8-14)。

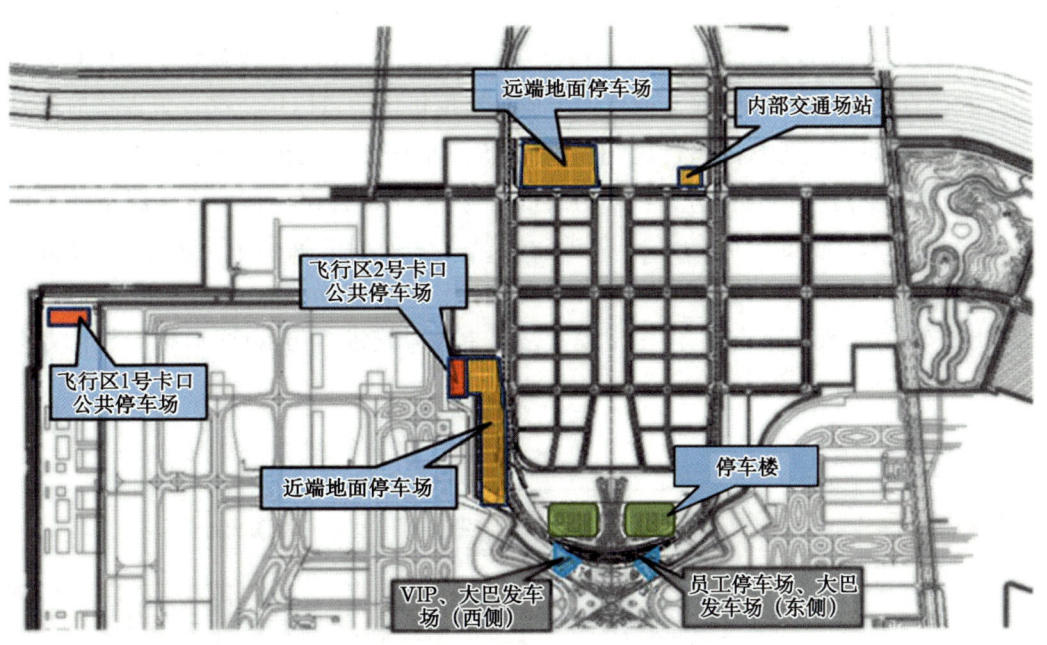

图 8-14　大兴机场停车设施布局示意图

大兴机场综合交通枢纽不局限于"交通中心"这样一个建筑实体,而是由航站楼、停车楼、停车场、轨道、车道边、人行通道、捷运等系统有机连接形成的综合体系,是多个实体组合而成的一个抽象概念,各种交通设施以航站楼为核心,共同构成机场交通枢纽。航空旅客与其他交通工具的换乘区域控制在了约 500 m 宽,100 m 进深的范围内,实现了"无缝衔接",保证综合交通枢纽体系能够高效便捷地运行。

在这一布局模式下,各交通方式高度集成,为旅客出行带来巨大便利,但从工程建设和运行管理的角度看,难度显著提高。通过多方沟通协调,最终明确大兴机场线、R4 线及远期预留线和廊涿城际(现城际铁路联络线)将大兴机场红线范围内的轨道交通设施全部交给指挥部代建。京霸铁路(现京雄城际)则将大兴机场航站区投影范围内的铁路工程基坑、工程桩、主体结构交由指挥部代建,其他区域由铁路指挥部自行建设。

5. 利用仿真技术进行方案验证

理顺陆侧交通流线,提高道路交通设施的集散能力,是大兴机场顺利运转的必要条件。微观交通仿真是研究复杂交通问题的重要工具,尤其是当一个系统过于复杂,无法用简单抽象的数学模型描述时,其作用就更为突出。

大兴机场在航站区交通方案研究中,采用了交通仿真 VISSIM 软件,模拟机场陆侧交通设施在高峰小时的运行情况,发现潜在交通堵点,优化改进设计方案。主要研究内容包括连接航站楼的机场外围道路运行状况、出发层车道边运行状况、优化车道分组及车道设置、到达层道路运行状况、停车楼收费口闸机设置优化分析、停车楼内部的初步仿真评估等。为保证仿真结果的可信度,于 2015 年 3 月 17 日至 18 日组织了 61 名工作人员,对首都机场 3 号航站楼进行了实地调查,获取了多项参数用于建模。

在仿真研究中,机场陆侧交通量的生成是根据机场的目标年工况设置虚拟航班时刻表,分析各种交通方式的出行比例和路线,推算地面交通的出行强度。根据规划设计方案建模,通过 VISSIM 仿真软件的模拟运行,可获得各路段在特定工况下的平均车速、交通密度、通过车流量等多个指标。参考由美国交通研究委员会编写出版(TRB,2010)的 *Airport Curbside and Terminal Area Roadway Operations*,对进场路、出发车道边、到达车道边、停车楼收费站等主要设施进行仿真评价,指导设计方案优化(图 8-15)。

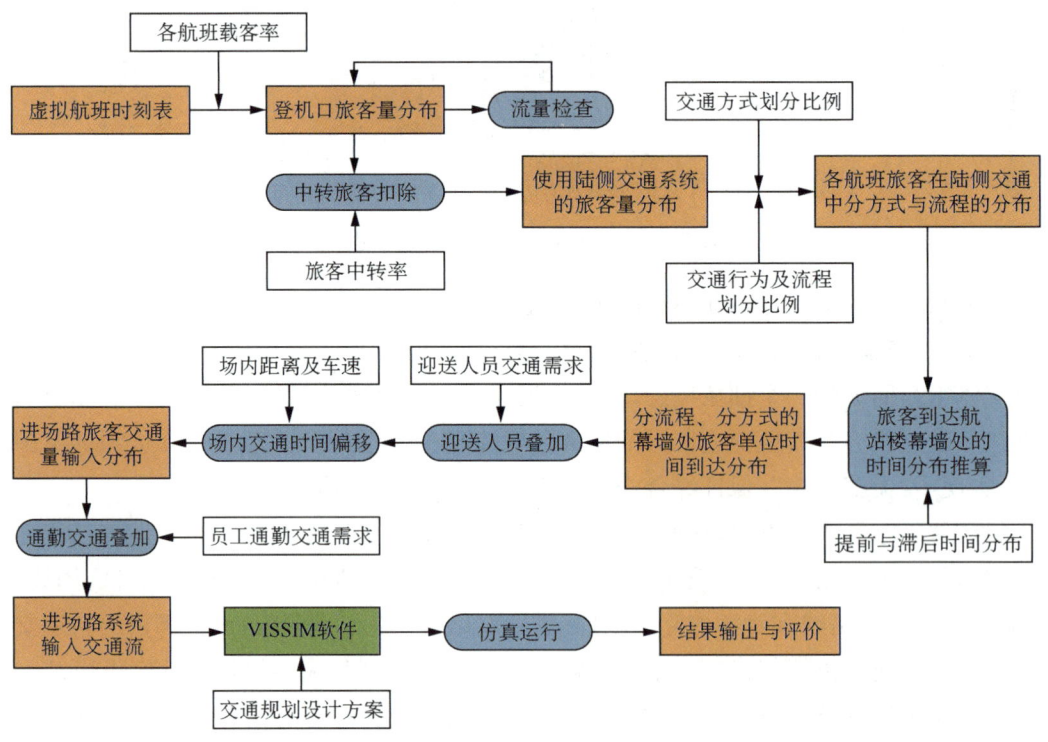

图 8-15　仿真工作流程示意图

根据仿真研究,原有的初步规划设计方案在进场路横断面、双出发层车道边方案、到达层行车流线组织、停车楼进出闸机数量、主流线交织强度等方面得到了有针对性的优化。

8.3 智慧机场规划研究

大兴机场坚持以科技创新为动力，驱动运营、服务、安全和管理的业务创新，保持自身持续、快速、高质量发展，引领了民航业智慧建设的发展。大兴机场智慧化研究工作是由机场信息化入手，经过机场发展战略评估、精细化业务调研、技术路线选型及工程实施分解的全过程，实现智慧机场 Airport3.0 建设目标。

8.3.1 信息系统规划

在2012年信息系统专项规划阶段，指挥部就明确提出以实现AirPort3.0智慧机场为建设目标。指挥部将机场构建为一个与多单位等利益共同体、多方协同运行统一管理的平台，以提升机场的运行效率、服务品质以及安全保障水平为导向，形成完整的机场服务价值链。从以集成系统为核心的传统信息化系统，转向多业务支撑平台智慧协同，实现全业务、全要素、全流程的数字化，打造国际领先的智慧机场。这不仅仅是大兴机场信息化迈出的坚实步伐，也是交通强国民航新篇章战略的具体实践。随着建设工程的逐步推进，备受关注的大兴机场必将担负建设智慧机场的使命，在"树立新理念、开拓新格局、营造新秩序、构建新系统、创建新环境"的引领下进行开拓实践。

1．规划目标

1）支撑大兴机场建设目标

将大兴机场的建设目标确定为"引领中国机场建设，打造全球空港标杆"。信息系统是实现上述目标的重要技术手段，规划围绕大兴机场高起点、高标准的建设目标来规划未来的机场运行、安全管理、服务提升、经营管理方面的相关系统，为大兴机场运行主体、航空公司、驻场单位提供全球领先的弱电信息系统支撑平台。

2）支撑集团公司信息发展愿景

集团公司信息发展愿景确定为"打造世界级智慧型企业，创建国际领先智能机场"。集团公司已经通过若干年的努力构建了国内一流的生产系统和管理系统，规划围绕满足智慧型企业和智能机场的发展诉求，结合国际趋势规划相应的生产运行系统和管理支持系统，同时对"一市两场"的信息弱电系统规划方案进行深入分析和研究。

3）完成"方向确认、做什么、怎么做"的规划内容

"方向确认"：即确认大兴机场的运行业务模式。

"做什么"：即借鉴国际机场发展趋势，规划构建信息弱电系统技术体系，为后期设计工作提供蓝本和依据。

"怎么做"：即分析如何有序构建信息弱电系统技术体系。

结合工程目标、远期蓝图目标进行针对性地分析和规划，回答本期工程"采用何种运行业务模式、做什么系统、如何构建系统"，远期蓝图目标"如何进一步优化运行业务模式、新增或补充哪些系统、如何构建系统"的问题。另外，规划从投资收益角度对系统建设模式、投资规模、收益方案等进行分析和论证。

2. Airport 3.0理念的提出

在规划阶段，对机场的运行模式发展进行了梳理并划分为三个类型阶段。

（1）Airport1.0基本型机场

是民航业初期阶段的机场形态。在此阶段，机场扮演业主的角色，为飞机起降、旅客进出港提供必要、安全的基础设施保障，为旅客提供最为基本的服务，包括值机、登机、行李提取和商业等服务，并为航空公司、特许经营单位和租户提供经营活动场所。此阶段，信息技术未被使用，或只被应用在少量业务中，实现基本的旅客服务和信息发布功能。

（2）Airport 2.0敏捷型机场

是民航业发展到各方谋求更多协作和共赢阶段的机场形态。机场运行的各主要参与者之间着眼于提升各自的业务能力，并进行一定程度的协同，但主要局限于核心运行程序上、并主要是非实时的协作。敏捷意味着各方致力于提升自身的运行管理能力，能够敏捷地处理各自职责范围内的事务。此阶段，信息技术已经开始扮演重要角色，机场生态圈中的主要参与者之间能够实现与生产运行相关的主要信息的传递。

（3）Airport 3.0智慧型机场

是民航业对未来机场智慧化运行下机场形态的定义。在此阶段，机场运行各方广泛应用各种新兴技术，全面实现实时的信息交互、广泛的协同决策以及流程整合。此阶段，信息技术将发挥举足轻重的作用，机场生态圈中的所有参与者之间能够实现信息实时共享，以及基于此的广泛协同决策，信息系统将具备强大的分析和预测能力，为运行各方提供高效准确的决策支持。

为应对未来机场运行中的各种挑战，进一步增进运行过程中参与各方间的协作，以提升机场运行效率，优化机场资源利益率，同时充分关注生态保护的可持续发展计划，大兴机场提出Airport 3.0运行模式作为未来的发展目标。

Airport 3.0智慧型机场需要提供统一协同平台，实现在驻场单位之间有效的可视化信息交流，提高运营效率。同时协助监控空侧和陆侧服务水平，实时发现作业或旅客堵塞点和异常情况并快速应对。通过统一可视化场景感知仪表盘，提供机场运营绩效报告和机场服务水平监控。Airport 3.0运行概念的愿景是实现机场整个运行模型的转变，从基于单个事件的和个体计划的航班操作模式转变为基于服务水平协议的协同机场计划模式。因此,Airport3.0运行概念可以被理解为通过共同商定的机场运营计划及已定义的核心机场业务指标来协调和控制机场的运作。

Airport 3.0运行概念,其基本原则是为参与机场运营的利益相关各方创造一个环境,帮助参与各方维持一个动态的联合的规划,即机场联合运作计划,因此在各方商定的基础上可调整的动态目标为努力方向,以期获得完整的协调决策收益(一般是机场运营效率提高;通过更强大的时间表,准时、更好地利用机场资源等)。其特点在于提供了跨度更长的前瞻性,参与各方不再是被动地等待事件发生再提供对策,而是主动地采取措施去预防事件的发生。

Airport 3.0运行概念,其本质是在信息系统的辅助下实现智慧型机场的运行模式。主要由以下五项核心理念组成:

(1) 实现机场空侧、陆侧的所有参与方之间的协同运行。

(2) 集成多个辅助系统,并考虑陆侧流程的因素,高精度地计算和预估协同决策管理过程中涉及的各里程碑。

(3) 针对各参与方用户部署专用的 Airport 3.0 界面,提供前瞻性的预测手段和未来 24 h 的运行计划,以确保对未来事件的预知能力。

(4) 基于机场运行计划(Airport Operation Plan, AOP)及机场核心绩效指标 KPI,对未来 24 h 的机场运行(包括陆侧流程)进行全局性的计划和掌控。

(5) 充分利用辅助系统先进的功能特性,在进行协同机场计划的过程中为各参与方提供决策支持。

3. 规划创新

1) 引入 CEP 概念支撑复杂事件处理

CEP(Complex Events Processing)复杂事件处理是一种构建事件驱动的信息系统的新兴技术。它处理多个通常具有不同类型并且来自不同事件源的事件。

事件之间的关系包括因果关系、成员关系和时间序列关系等。这些事件关系以及时间窗口限制被用于确定哪些事件具有意义。基于复杂事件处理的系统查找业务事件数据中的模式,并帮助在应用中实现操作业务智能。复杂事件处理的核心思想是将查询条件进行存储和索引,让实时事件流经过这些查询条件,检测这些事件是否触发相应的查询条件。这样就不需要每当新的事件发生时去计算建立索引,从而大大缩短了事件处理时间。

在航空业中,越来越需要匹配有若干个事件源引起的事件模式,如登机信息事件、旅客活动、行李移动事件和航班状态事件。

在无 CEP 的情况下,各业务板块的系统只侧重本领域内的事件分析及行动方案制定,并不能形成真正意义上的跨部门之间的协同。有 CEP 后,事件分析将更侧重多事件之间的相互影响效应,比如同时发生航班延误与公共交通故障时对旅客引导的影响及需要进行的服务保障,与单从航班延误一种事件下分析得出的服务保障方案会有所不同。

这些事件过去在自己的业务领域内被独立地处理。而在面向协同运行的新的机场运行管理模式下,事件之间的关联关系,事件发生的先后时序等都会对最终的协同方案产生不同的影响。

CEP并非一个特定的产品,而是一种理念、方法、技术。复杂事件处理机制的建立是一个不断进化、不断完善的过程。构建可支撑大规模复杂事件处理的规则引擎及场景模型往往需要伴随机场业务的发展而逐步完善。在CEP的起步阶段,过度强调事件的复杂性往往使机场陷入庞大的事件云而无法理清规则、场景的组成方式,甚至使CEP成为空中楼阁。实现复杂事件处理较为有效的方法是:首先引入事件处理机制,对特定业务领域的一定量的事件进行多事件分析,建立好事件识别、事件分析、事件处理及行动建议的框架流程,随后伴随业务的演进与经验的积累,逐步丰富、强化规则集和场景集的覆盖范围及多事件处理的复杂度,使CEP不断地强化和完善。

2)支撑协同运行的多层系统架构

在整合架构的规划中,基于Airport3.0理念,将协同运行和主动服务在架构中给予体现,在机场运行、旅客服务、空侧运行管理、综合交通、建筑设施、货运管理、安全安防领域,规划了面向协同及主动服务的应用平台。平台与相关领域内的专业系统相互配合,专业系统对每个范畴的具体业务执行和管理给予信息的支撑,平台则弥补专业系统之间的灰色地带,增强各专业系统之间的信息共享和功能协同,整合数据及业务服务,通过预测决策分析手段增强事前分析能力,实现主动服务。

规划反映协同运行的平台及系统主要包括:

(1) A-CDM。建立机场、空管、航空公司和地服的协同决策机制,通过对各领域关键时间点的掌握和计算分析,提高航班在机场的运行周转效率。

(2) 旅客关怀平台。以旅客服务为核心,整合其他领域与旅客服务相关的信息,在平台上实现对旅客相关信息、服务执行信息及状态的管理,对影响旅客对机场服务体验的环境、设施情况状态进行管理,对环境、设施、服务执行所进行的管理保障活动的执行情况进行管理。通过对与旅客相关的各类信息的实时采集、分析和处理,来帮助旅客服务相关的部门制定准确的服务行动方案,主动根据旅客当前的情况提供针对性的配套服务,提升旅客在机场的体验,提高旅客服务水平,增强旅客服务相关部门之间的协同工作。

(3) 空侧运行平台。以航空器运行保障为核心,将航空器保障相关的各类服务信息、设备设施状态、运行时间信息及人员及组织的行动方案进行综合管理,给予航空器运行态势提供主动的保障,实现空侧的协同运行和主动服务。

(4) 综合交通管理平台。整合机场毗邻的各类交通主体的运行信息,增强各交通主体之间的信息共享及业务联动，总体提高以机场为核心的综合交通运行的效率。

（5）建筑、能源设施平台。将机场园区内的运行保障进行综合管理，整合楼宇自动化、能源供应及能效能耗的评估，提升园区内的环境质量，提升园区硬件服务水平以及能源的高效利用。在机场园区的管理相关的业务部门之间实现充分的信息共享和业务协同。

（6）安防平台。将机场运行的安全和安防相关的应用进行有效整合，建立各安防部门及设施设备之间的协同，提升机场总体安防水平。

（7）货运信息交互平台。建立货主、海关、仓库、机场、物流之间的信息共享和协同，为机场的货物运输提供一个反映货物运输全价值链的信息反馈渠道。使货运相关的各业务主体之间形成更紧密的业务衔接，提高货运的总体效率。

3）反映机场总体运行的全景视图 BMAP

针对机场总体运行的信息化支撑，规划设计了反映机场总体运行全貌的全景图 BMAP。将航班运行保障、旅客服务关怀、园区环境保障、综合交通运输以及保障人员资源的管理纳入一个全面的信息平台上，通过图表、KPI、CCTV 实时图像、音视频通信、动态地图等手段，向机场运行管理人员实时地反映机场当前的运行态势，并通过预测分析和场景模拟，向管理人员反映未来可能发生的运行风险和状况，协助管理人员及时主动地制定行动方案，处理已发生的特殊时间、预防可能的风险，高效率地调配各类保障人员和资源，实时反馈并进一步提升运行效率。

4）基于预测的动态资源分配

本次规划的核心资源分配系统 RMS 突破传统以航班计划为驱动的资源分配模式，对资源使用情况进行实时分析，并结合未来的运行情况预测，对资源进行更精确地分配调整，提高资源的利用效率。

4．规划成果

根据对"两场"关系、大兴机场运作模式以及信息弱电系统组成的总体分析，规划了覆盖大兴机场全物理区域全业务领域的信息弱电系统，按照十个业务技术域外加两个体系展开。

1）机场协同运行类系统

以航班信息、资源信息、作业保障信息管理与发布为特征，支撑航班运行、地服运行、利益相关各方协作等相关的业务运作。

2）旅客及候机楼相关系统

以简化商务、改善旅客服务体验为特征，支撑旅客及航站楼内服务保障运作。

3）行李相关系统

以降低行李处理出错率、提高行李处理流程效率为特征，支撑行李处理和跟踪等相关业务运作。

4）空侧运行相关系统

以确保机场空侧安全和高效运行为特征，支撑机场空侧的日常运作和特殊天气运行保障。

5）陆侧交通相关系统

以优化陆侧交通监控与管理、停车场管理为特征，支撑机场陆侧与空侧的信息沟通和联动、及陆侧交通日常业务运作。

6）建筑、能源、设施相关系统

以联动的楼宇自动化、能源、设备设施管理及周边环境保护为特征，支撑建筑、能源、设备设施保障部分和周边环境监管的运作。

7）安全与安防相关系统

以确保机场安全运行为特征，支撑安防保障部分的运作。

8）货运相关系统

以满足货运、物流园区业务运作要求为特征，支撑货运业务生产保障运作。

9）商业经营类系统

以提升非航业务收入、增值业务开发为特征，支撑商业管理的运作；以面向管理层实时掌握机场状态、基于数据分析的决策为特征，支撑日常经营管理和决策类的商业智能应用。

10）基础设施类系统

以为弱电信息系统提供基础链路、支撑平台为特征。

11）IT服务管理体系

以企业IT管理发展策略，客户对IT运维的要求以及对终端用户的服务策略为目标，确定IT运维体系的组织架构、管理模式和服务目标，并对IT服务管理流程和实施计划进行规划。

12）信息安全管理体系

以提高机场信息安全水平、降低信息安全威胁为特征，支撑机场相关信息系统的信息安全管理运作。

8.3.2 信息系统设计

2014年启动的信息系统设计在支撑机场基本业务的基础上，以"智慧机场"和"互联网+机场"的理念作为主导思想，深入梳理了大兴机场运行的业务流程和数据流程，进行了多项创新以满足机场业务发展需要，提升机场运行效率、服务质量、安全能力、管理水平、营业收入。

1. 设计创新

1）国内机场首次全面应用云计算技术，搭建机场运行的大平台

大兴机场全面采用云计算技术，为机场所有信息系统搭建了共享的基础运行平台，提升系统部署、管理的灵活性，增强系统可靠性，提升服务器和存储等资源的利用效率，节能降耗，也是实现绿色机场的重要举措。云计算平台具备扩展能力，同时可为驻场单位提供高可靠的、随需定制的系统运行托管服务。

2）应用大数据技术，搭建智能数据分析平台

构建智能数据仓库，利用大数据分析等手段，预测运行态势，联动复杂事件处理规则，为机场快速决策和精细化管理提供重要手段，实现机场智慧式管理和运行，构建智慧型机场。

3）构建数据服务总线，强化系统集成能力，实现数据共享和业务协同

通过数据服务总线，使系统集成能力得到增强，机场所有系统之间以及机场与外部单位系统之间可以实现更规范的、更全面的数据交换与共享。这使得各方协同更加紧密，各个系统的作用得以全面发挥，运行效率和智能化水平得以大幅提升。

4）搭建机场地理信息系统，提供开放的地图服务，实现运行管理可视化

搭建机场地理信息系统，将全机场的电子地图和航站楼、地下管网的三维模型开放地提供给其他系统使用，使得安全管理、航站楼管理、设备设施管理、飞行区运行管理、地下管网管理等全部实现可视化管理，旅客也可以更方便直观地得到各类信息、实现多种服务需求。

5）构建旅客服务及运行平台，借助互联网提升服务质量和旅客体验水平

构建旅客服务及运行平台，为机场提供旅客服务质量的监测手段，注重旅客体验，让旅客享受门到门的快捷出行体验。整合旅客服务信息，以"互联网＋机场"理念为指导，充分利用互联网平台为旅客提供及时全面的信息、方便快捷的服务。

6）构建综合交通平台，充分发挥机场综合交通的枢纽作用

大兴机场属于国家京津冀一体化战略中的重要工程，而交通一体化是京津冀一体化战略推进的重要举措。通过构建综合交通平台，将机场的高铁、地铁、大巴、出租车、公路交通、机场停车场等各类交通信息与机场的航班信息整合处理、统一发布，使各交通方式信息共享更加通畅，协调指挥更加智能，旅客换乘更加便捷，充分发挥机场综合交通枢纽的作用。

7）构建能源环境平台，建设绿色机场，推进生态文明建设

构建能源管理系统，全面掌握能源生产与消耗数据，支持能源的精细化管理，通过能耗分析制定节能措施；构建环境管理系统，对水质、空气质量、噪声、除冰液排放等进行监测和分析，对环境质量问题进行预警，制定环保措施并监控执行，提升环境质量，建设绿色机场，推进生态文明建设。

8) 构建商业平台,提升商业资源的价值,提升非航收入

构建商业平台,对机场零售、餐饮、广告等多种商业业态进行全面管理,应用大数据技术进行收益分析,更精准地掌握商业资源的多维价值分布,为精细化管理、个性化营销以及开展电子商务提供支持,提升非航收入。

2. 设计方案

北京大兴机场信息弱电系统设计立足于全机场业务的需要,基于"互联网+机场""智慧机场"的理念,按照国家京津冀一体化战略的要求,应用云计算、大数据、互联网等技术,设计了支撑机场各项业务的系统。结合大兴机场全域、全流程、全要素业务需求,采用"平台+系统","平台即服务"的先进思想和原则。按感知层、基础设施层、基础平台层、应用平台层、业务应用层的概念,构建出大兴机场七大能力、九大业务、两体系的架构蓝图,共包括建设 9 大应用平台、6 大基础平台、4 大基础设施及下属的 68 个系统,形成了具备向 Airport 3.0 拓展的信息系统技术架构(图 8-16),实现了对机场全区域、全业务领域的信息化覆盖和支撑。

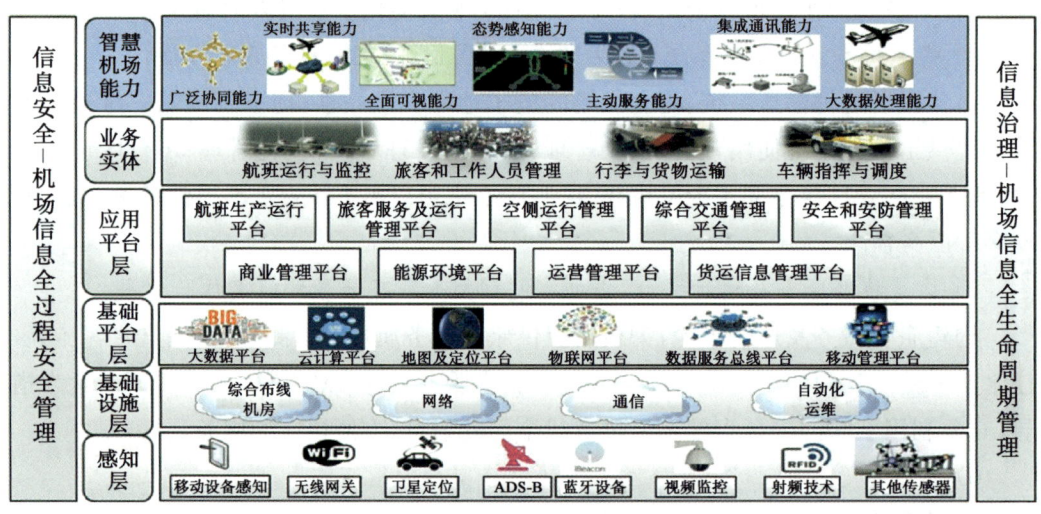

图 8-16 大兴机场信息系统建设架构图

1) 感知层

感知层负责采集、传递数据,是智慧机场面向机场主体的智能化单元。随着物联网的普及与互联网的广泛应用,"感知端"所产生的海量"数据"正与信息化时代所产生的大量数据汇合,成为智能化时代的数据新油井。既包括面向业务的物联网传感器、新型网络前端、智能显示器等各种新型智能终端。

2) 基础设施层

基础设施层包括综合布线系统、时钟系统、弱电桥架及管路系统、UPS 及弱电配电系统、机房工程、有线电视系统、公共广播系统、计算机网络、数字无线通信系统、统

一通信平台等。作为机场的信息通信基础设施，为信息系统不间断运行提供坚实的承载基础。运用机场以太网、融合通信等技术构建有线+无线的新一代融合通信网络，实现机场全域网络连接、信息互联互通。随着网络基础设施走向软件化、虚拟化，"云网融合"将催使网络按需被快速灵活搭建，并最终实现人、物、信息全面链接和多种方式的沟通协作。

3）基础平台层

基础平台层包括大数据平台、云计算平台、地图及定位平台、物联网平台、数据服务总线平台及移动管理平台。

通过机场大数据平台，以业务流为驱动，打通航班、旅客、货邮、综合安防等多个业务体系的全流程数据，建立统一的数据标准和数据治理体系，并在此基础上进行挖掘、分析和综合数据可视化展现，支撑机场数据资产的运营，最终实现一套可持续"让机场数据用起来"的机制，让数据服务于生产、服务于管理、服务于多元化服务。

地图及定位平台是智慧机场建设过程中的基础能力平台，主要包括 GIS+BIM 平台、定位位置，为各业务系统/平台提供基础功能支撑，最终实现全场一张图的应用。

数据服务总线平台实现机场内部系统之间、内部系统与外部单位之间的数据服务、消息交换，允许各类不同的业务系统以统一标准的方式进行数据交互，按松耦合的方式组合各类服务，快速支撑新的业务功能或业务流程。

4）应用平台层

应用平台层主要为9大应用平台，包括航班生产运行平台、旅客服务及运行平台、空侧运行管理平台、综合交通管理平台、安全和安防管理平台、商业管理平台、能源环境平台、运营管理平台以及货运管理平台。

应用层是各专业领域进行实际事务处理的具体操作信息系统应用层，大兴机场信息化建设采用"平台+系统"的设计理念，以航班生产运行、旅客服务运行平台、空侧运行管理、综合交通管理、安全和安防、商业管理平台、能源环境、运营管理以及货运管理为核心的机场业务应用建设思路，并结合业务应用系统建设模式，构建支撑机场的整个业务运行体系。业务应用层实现业务领域运营所需的数据采集、传输、存储、处理、使用的支撑层。机场的业务应用既要继续完善各业务领域内的应用系统建设，又要对每个业务领域的应用及其信息资源进行整合，实现各领域的一体化集成平台建设；同时实现各业务领域应用之间的信息交互和流程间的无缝对接，形成协同联动。加强各个业务领域应用同数据中心的数据交互，相互促进信息共享，消除信息孤岛，共同提高机场整体运作效率。

5）业务应用层

通过PC、手持终端、手机、网站等交互方式，实现员工/基础管理者、航司/驻场单位、合作伙伴和消费者的各类业务访问或应用体验。

6）信息安全体系

结合国家有关标准规范，根据各信息系统的安全等级，进行信息安全体系的建设，包括物理安全、网络安全、服务器安全、应用安全、数据安全等，实现机场信息化建设的立体化安全。

7）信息治理体系

通过建立统一的机场全生命周期管理体系，为机场整体信息化的稳定、可靠运行提供一体化的支撑。

8.3.3 智慧机场实现

大兴机场的智慧机场建设全面贯彻落实国家和民航战略要求，引领了民航业协同发展新趋势，开启了智慧机场建设的新篇章，坚持以科技创新为动力，秉持建设运行一体化的创新建设模式，驱动运营、服务、安全和管理的业务创新，保持自身持续、快速、高质量发展，致力于"树立新理念、开拓新格局、营造新秩序、构建新系统、创建新环境"，引领了国际民航业智慧化建设的新潮流。作为智慧机场核心支撑的信息系统开创了行业先河，为航司、旅客、业界带来全新体验。

1. 运输即达，畅享机场的服务新体验

本期大兴机场提供了机场的官网、手机 App、微信小程序等多渠道的移动服务，查交通、寻美食、逛商铺等功能的 App 一应俱全，航站楼的情况随时可以掌握，航站楼通过蓝牙、Wi-Fi 等技术实现高精度的定位，为旅客提供楼内的导航服务。除了线上的移动服务以外，旅客可以在大兴机场使用自助的综合服务终端查询各种资讯，可以与机器人进行交互。大兴机场积极利用人脸识别技术，积极探索旅客的全流程无纸化在值机、安检、登机等流程中实现人脸识别信息和旅客航班信息的全面匹配。

2. 智慧商业，打造机场商圈新坐标

从服务的角度出发，大兴机场实践"互联网＋"商业模式，建设融合机场餐饮、零售、航旅等多业态的机场综合网上商城，旅客在家可享受在线下单、到店提取的机场购物体验，从航站楼内可以体验网上下单、全场送达的美食服务体验。从管理的角度出发打造智慧商户示范店，通过部分店铺安装人脸识别摄像机、近脸的统计摄像头、视频监控等智慧感知设备，实现对商户的数字化管理，对旅客进店、消费等行为进行有效识别和采集，建立旅客特征库，为精准化营销提供有力支撑。

3. 平台级协同，形成机场服务价值链

从以下四个方面实现了平台级的协同，一是围绕机场航班保障全流程，开展了多方协同动态优化调整机场资源；二是应用大数据和复杂事件处理技术，预测运行态势，支持快速智慧决策；三是建设统一的、开放性的数据和服务总线，机场可对各单位提供灵活的数据接口，各方共同梳理关键业务流程，实现全方位数据共享和协同工作，打造高效运行的协同智慧平台;四是融合多种通讯技术构建统一通信平台、运行协调管理平台,实现各单位的联动协同。

4. 无缝衔接,实现机场智慧交通出行

大兴机场有一个很大的特点,除了机场运用的所有的交通功能以外,还把轨道交通高铁、地铁都引进航站楼的地下室,在综合交通怎么把这些系统信息集成在一起,一方面为管理者、决策者提供信息支撑,同时为用户旅客出行提供信息服务,让他们很快选择到自己想选择的方式出行。

5. 应用云计算大数据,打造机场智慧中枢

机场的生产运行数据具备庞杂却有序的特点,运用云计算平台技术,建设大兴机场数据枢纽,通过企业服务总线连接了空管、航空公司等单位的70多个系统,通过建设开放共赢的信息平台,让数据真正流动起来。为充分利用数据资源,专项建设智能数据中心,整合机场内的40余个系统的业务数据,通过数据整合、分析,实现运行、服务、安全管理等业务领域的状态监测及趋势预测等功能。

6. 地图+定位——"可视化"机场的基础

首先通过统一的电子地图和千余个专业图层以及它们的自由组合,大兴机场实现了全场的"一张图"的资源可视化管理,航站楼内提供两维、三维模型的联动展示,整体机场区域内地图结合卫星影像提供全面的可视化支撑;其次把地图作为一个服务提供给驻场的所有单位,每个单位可以在这个地图服务的基础之上再架构它的应用。最后在地图服务的基础之上搭建了高精度的综合定位平台,可以同时展示车辆、航空器的位置信息,实时地反映机场整体运行态势。

7. 统一的安全运行管理

以统一安全管理、统一安全事件、统一报警管理、统一视频监控为目标,最终实现对机场安全事件、报警、信息及监察的统一管理。一台终端实现全场监控可视,一个标准确保安全技术有效,一个核心协助智能分析决策。多措并举通过人员刷脸通行、航站楼前车辆限时停车、飞行区作业车辆实时定位等手段,从人员、行李、车辆等方面进行空防安全管控。

8. 与绿色同行,构建"森林中的机场"

在建设过程中把能源和绿色、环境通过信息化的手段助力环境保护,通过空气质量监测站、噪声监测系统等设备采集数据和其他环保相关指标,并与航班数据相关联,全盘掌握机场的环境和噪声污染状况,预测环境风险趋势。并且以后会把污水和垃圾处理的一些信息全部纳入监管平台里面中,同时也会根据航空器滑行的路线推算出整个碳排放的数据。

大兴机场自立项之日起,就被赋予了树立行业典范和标杆的使命。规划阶Airport3.0建设理念的提出,以及建设阶段对规划理念、设计方案、建设实施方案一

以贯之的管理和控制,使得大兴机场的智慧化发展在行业内达到了一个新高度,成为了行业智慧机场建设发展的风向标,引领了行业智慧机场发展的潮流。

大兴机场开航时实现并超越了 Airport2.0 的建设目标,并在某些业务领域达到了 Airport3.0 的水平。开航后,大兴机场坚持科技创新驱动,在现有基础上继续进行了优化提升、完善基础架构、吸纳新兴技术、补足适应业务发展和变化的敏态信息化应用。下一步,将通过稳定运行和创新研发两手抓,研究行业内外新技术、新理念,落实智慧机场在信息基础设施建设、数据治理及信息安全方面的保障方案,推动智慧机场建设的组织保障体系建设,向全面实现 Airport 3.0 甚至更高的目标前进。

8.4 绿色机场规划研究

8.4.1 绿色机场规划

作为一项复杂艰巨的系统工程,绿色机场涉及机场全方位和全过程,需要各参建单位的共同参与,需要各个阶段的有效衔接,必须要早谋划早部署,并且按照计划坚定不移分步推进。大兴机场建设之初,在对当时国内外应对气候变化及民航行业绿色发展的总体形势进行深入而细致的研究的基础上,全面开展绿色机场建设的谋划。

2011 年 5 月,指挥部组织召开大兴机场绿色建设国际研讨会,会议主题确定为"把脉世界绿色建设潮流,推动大兴机场绿色建设"。

2011 年 8 月,大兴机场启动北京新机场绿色机场主体研究。大兴机场委托绿色机场咨询专业团队开展绿色机场建设主体研究(图 8-17),服务期限从机场启动前期工作到运行后一年,覆盖大兴机场绿色建设全过程,从而为将绿色机场理念全过程、全方位、全领域落实到大兴机场创造条件。

2011 年 10 月,指挥部成立绿色机场建设领导小组,形成了集领导层、协调策划层、执行层于一体的绿色建设组织机构。

2011 年 12 月,指挥部召开绿色建设第一次领导小组会议,审议通过《北京新机场绿色建设纲要》《北京新机场绿色建设框架体系》。

2012 年 12 月,指挥部召开绿色建设领导小组第二次领导小组会议,审议通过《北京新机场绿色建设指标体系》《北京新机场飞行区工程绿色专项设计研究报告》。

2014 年 1 月,指挥部召开绿色建设领导小组第三次会议专题会议,审议通过《北京新机场总体规划绿色专项任务书》《北京新机场航站区绿色专项设计任务书》。

2015 年 6 月,组织有关专家对航站楼绿色节能重点初步设计进行了符合性评审。

2016 年 2 月,指挥部召开绿色建设领导小组第四次专题会议,审议通过《北京新

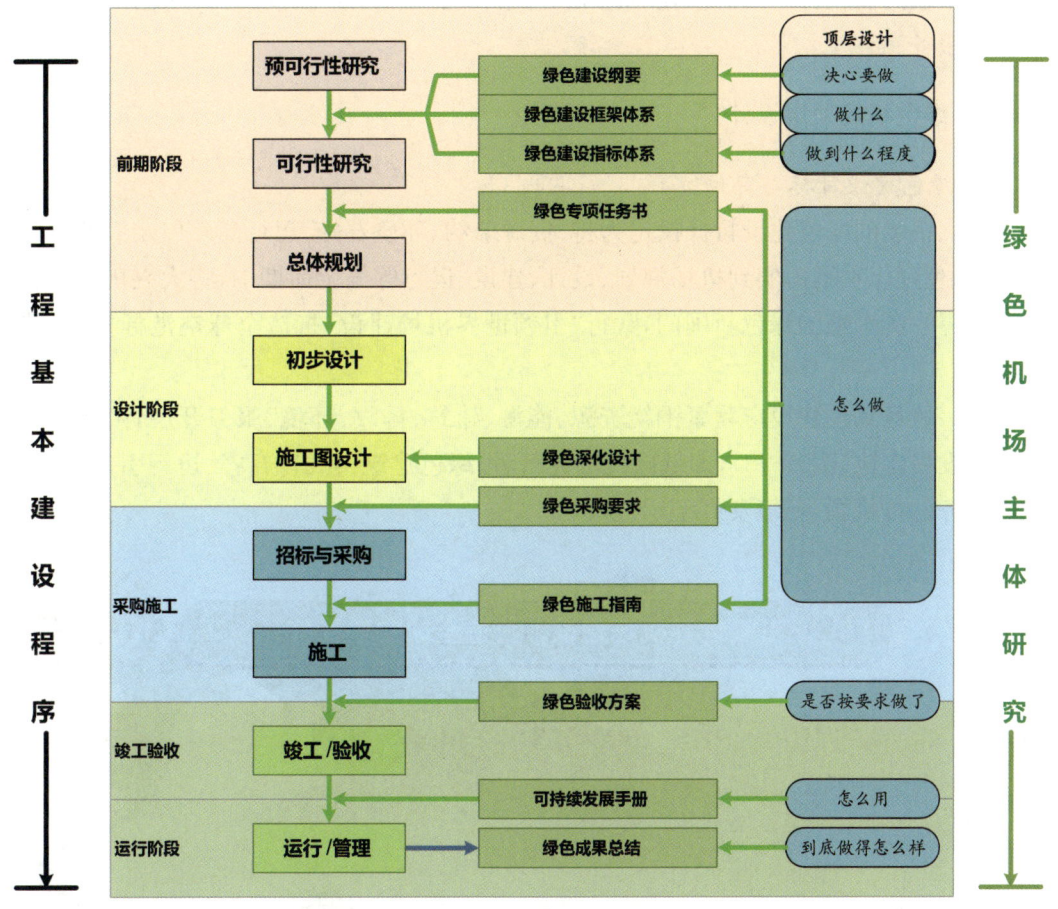

图 8-17 绿色机场主体研究

机场控制性详规绿色专项设计任务书》《北京新机场公用配套工程绿色专项设计任务书》《北京新机场飞行区工程绿色施工指南》。

2017 年 6 月,指挥部发布《货运区工程绿色专项设计任务书》《生产辅助及办公设施工程绿色专项设计任务书》《公务机楼工程绿色专项设计任务书》。

为了将绿色专项设计要求落实到施工中,大兴机场在绿色专项设计的基础上开展了绿色深化设计与采购。为开展全场绿色施工,指挥部专门成立了环境保护领导小组及工作组,从管理机制入手,先后出台了一系列措施与办法,严格实施各项环保措施与方案。机场竣工后,为了验证绿色建设成果,大兴机场依据《绿色专项验收方案与细则》,开展了绿色建设专项验收。机场投用后,大兴机场绿色发展的重点从绿色建设转变为绿色运行。

2021 年 3 月,指挥部召开绿色建设领导小组第七次专题会议,审议通过《北京大兴国际机场绿色建设总结报告》《北京大兴国际机场可持续发展手册》《北京大兴国际机场绿色运行调研报告》。同意北京新机场绿色机场主体研究项目结题。绿色机场建设领导小组圆满收官。同意依托绿色机场重点实验室开展科研攻关和绿色机场建设与运行服务。

8.4.2 绿色机场顶层设计

1. 绿色建设目标与定位

大兴机场的绿色建设目标设定为将"资源节约、环境友好、运行高效以及人性化服务"等绿色理念贯彻落实到机场规划、设计、建设、运行等全生命期中,将大兴机场打造成为世界一流水准的绿色新国门,践行"引领世界机场建设、打造全球空港标杆"的建设要求。

大兴机场绿色建设应紧紧围绕资源、能源、建筑、排放、环境、服务开展,由此引申出五个发展定位(图8-18),即低碳机场先行者、绿色建筑实践者、高效运行引领者、人性化服务标杆机场、环境友好型示范机场。

图8-18 大兴机场绿色建设目标与定位

1)低碳机场先行者

指以减少温室气体排放为目标,构筑低能耗、低污染为基础的机场体系。具体来说,通过提高机场能源系统效率、加大可再生能源替代与清洁能源利用、智慧能源管理等措施,减少温室气体排放,实现机场发展与环境保护双赢。

2)绿色建筑实践者

指开展人与自然相和谐的绿色建筑规划,场内所有建筑均满足绿色建筑星级要求。具体来说,充分利用区域环境、自然条件和先进适宜的建筑技术,全面推进绿色建筑建设,系统提升航站楼等主体建筑的绿色品质和性能,最大限度地节约资源,控制和减少对自然环境的影响,为公众提供健康、舒适和高效的使用空间与环境。

3）高效运行引领者

指以机场可持续发展为目标，构筑规范运行、高品质、高效率的机场体系。具体来说，规划设计充分考虑运行需要，通过布局、配置以及流程优化等手段，全面保障地面运输和航空运输顺畅衔接，提高机场运行效率，为旅客提供高效、优质服务。

4）人性化服务标杆机场

指秉承以人为本理念，构建以优质服务与人文关怀为核心的机场服务体系。具体来说，通过对旅客、员工及机场用户给予人文关怀，提供优质服务，有效提高服务满意度与用户满意度，树立人性化服务机场品牌，实现提升机场效益的终极目标。

5）环境友好型示范机场

指以协同发展、共赢共荣为目标，以环境承载力为基础，以遵循自然规律为准则，构建人与自然、发展与环境、建设与保护、经济增长与社会进步相协调的机场体系。具体来说，以环境承载力为基础，聚焦环境治理和优化，采取多种措施降低污染产生量、实现污染无害化，最终降低机场对生态环境系统的不利影响，实现与区域环境的协同相容，为公众提供舒适、环保的航空旅行环境和安全、高效的生产运行环境。

2．绿色建设总体思路

高标准、高起点、高水平建设绿色机场需要科学、全面的思想作为指引。大兴机场以对标世界一流机场，引领世界绿色机场建设，打造特色鲜明的高效、优质、绿色新国门为目标，确立了秉承资源节约、环境友好、运行高效以及人性化服务的理念，紧密结合工程建设与运行管理的需要，全面贯彻落实到机场的全生命期的总体建设思路。

1）统筹兼顾，重点突出，坚定目标指标引领

绿色建设是系统性工程，大兴机场从全范围、全方位、全过程三个角度统筹考虑，协调推进，也以重点建设项目的建设实施带动整个项目的绿色设计和建设水平，如绿色交通、绿色航站楼、能源系统建设等。并通过开展国内外典型机场绿色建设与实践调研，确立绿色建设指标体系，通过指标系统化设计及先进性指标值的设计引导大兴机场绿色建设的全面开展和绿色机场亮点建设。

2）围绕工程基本建设程序，把握绿色关键环节

绿色建设不是另起炉灶的建设，而是以绿色理念重新审视机场工程建设和运行全过程，并推动绿色理念与机场工程相融合。在大兴机场绿色建设全生命期持续推进过程中，绿色建设集中关注基本建设程序各环节的起点，在规划、设计、采购施工、运行等环节开始之前，就以指导性文件的形式，将该环节所需要开展的绿色专项工作以及需要达到绿色指标要求进行明确，以确保各基本建设程序推进过程中每一个重点阶段都提前考虑了绿色因素，并且绿色理念与上一个阶段能够持续进行。

3）建立绿色建设管理机制，提供坚强组织保障

绿色机场建设不是一个顺其自然的结果，而是需要从上至下、各个层面参建单位

和人员统一思想和认识，并实施统筹协调、周密策划，将新理念、新技术早期嵌入工程实施和运行中，经过精心设计、精致施工和精细管理，才能较好地实现。由大兴机场主导开展绿色机场建设是一项全新的尝试，需要强大意志的推进。参建单位对于如何具体开展绿色建设并没有经验，大兴机场建立一套有效的绿色建设组织机构和工作机制，并确保执行有力，使绿色建设的各关键环节能够顺畅衔接，使参建各方能够相互支持，并有效发挥各自优势，共同推动大兴机场绿色建设工作。

4）强化绿色建设联合攻关，发挥科技支撑力量

为了满足高标准、高水平、高质量打造绿色机场的总体要求，大兴机场需要联合创新力量，开展全方位的科技创新。其一，在工程实践中开展规划方法创新和关键技术创新，集中力量解决机场规划建设中的难点问题，形成具有示范性、推广性的规划设计和建设成果；其二，以机场工程建设项目为依托，联合申请国家、行业科研课题，并将课题成果示范应用在大兴机场中，打造示范工程；其三，以推动行业绿色机场发展为己任，申请承担行业标准编制任务，将大兴机场绿色建设过程中的成果和经验总结提炼成标准后进行推广。

3. 绿色建设范围与内容

大兴机场对各功能区绿色建设范围及绿色建设主要内容进行了明确。

1）总图工程

机场总图绿色建设范围包括总平面布置、道路和停车场、绿化、围界、综合管廊以及大门及标志等工程，涉及机场设施和土地利用、全场的平面与竖向设计、场内道路系统、管网系统、公用设施布局等。

绿色建设主要内容主要包括：总平面布置及优化、生态与景观规划、道路照明规划等。

2）航站区工程

航站区的绿色建设范围包括：航站楼、楼前陆侧交通系统及其配套系统等功能建（构）筑物等。

绿色建设主要内容为绿色建筑设计与建设，流程布局规划设计，自助值机、自助托运行李等自助服务设施，GPU应用，景观设计，垃圾固体垃圾收集、分类与处理等。

3）飞行区工程

飞行区的绿色建设范围包括：道面工程、排水工程、飞行区附属设施工程、飞行区道桥工程、助航灯光站坪照明及机务用电工程、飞行区安防工程（不含周界安防报警系统）、飞行区供电工程、机坪油水分离系统、飞行区交通管理系统、飞行区消防工程。

绿色建设主要内容包括：跑道构型与设计优化、多跑道独立运行规划等布局规划，滑行道系统设计优化，跑、滑系统编码与引导系统总体规划，空侧地面交通运行优化，噪声影响控制，油污分离，雨洪调蓄，助航灯光与照明节能，GPU应用规划，除冰液回

收与处理,空侧清洁能源车应用等。

4) 货运区工程

货运区绿色建设范围主要包括:货物处理站房、营业业务楼、公用系统设备间(含开闭所、交配电站、冷冻机房、消防泵站、消防安全控制中心、楼宇控制中心)、危险品库、设备维修站、熏蒸室等。

绿色建设主要内容包括:设施布局与流程规划,货运系统规划,模块化包装等。

5) 航食区工程

航食中心绿色建设范围主要包括配餐楼、锅炉房、洗车房等建筑物及其配套设施等。

绿色建设主要内容包括:航食区设施布局与流程规划,油污分离,通风和空调优化设计,太阳能等可再生能用利用等。

6) 生产辅助及行政生活办公区

机场生产辅助及行政生活办公区绿色建设范围主要包括:机场当局行政办公楼、信息中心大楼、外场指挥中心、机场二级公司行政生活用房、机场公安用房、海关、边防、联检大楼、武警用房、保安用房、安检用房、行政生活及旅客服务中心、旅客过夜用房、生活服务中心、职工餐厅、轮班宿舍等。

绿色建设主要内容包括:建筑布局设计优化,绿色建筑设计,绿色屋顶、立体绿化,雨水收集、处理与回用,可再生能源利用等。

7) 公用配套工程

机场公用设施绿色建设范围主要包括:机场道路、供电、给水、排水、污废物排放、供冷、供热及供气等工程,相关配套设备设施包括冷热源供应中心、锅炉房、配电间、制冷站等。

绿色建设主要内容包括:各场站位置选择与优化,道路与管网系统设计与优化,能源设施布局规划,能源系统结构,太阳能、地热能等可再生能源利用,能源输配系统效率,能源设备计量、监测与控制,水资源综合利用与排放等。

此外,大兴机场考虑了驻场单位的工程建设,提出了绿色建设的要求(图 8-19、图 8-20),由驻场单位自行具体落实,包括空管工程、供油工程和机务维修工程等。

4. 绿色建设实施路径

指挥部制定了绿色理念紧密围绕工程基本建设程序逐层落实的实施路径,并重点把控 7 个关键环节(图 8-21)。一是绿色规划,开展系统规划研究,将成果落实到规划文件中;二是绿色设计,本环节为绿色理念贯彻的核心,在顶层设计研究成果指导下,按照各功能区建设特点编制绿色专项设计任务书,作为设计单位的依据,以保证相关研究成果落实到设计文件中;三是绿色深化设计,在设计图纸的基础上,进一步细化图纸和施工工艺,由设计单位和施工单位联合落实;四是绿色采购与施工,将绿色采购和绿色施工要求分别落实到采购和施工中;五是验收与总结,开展绿色专项验收,敦促各参建单位

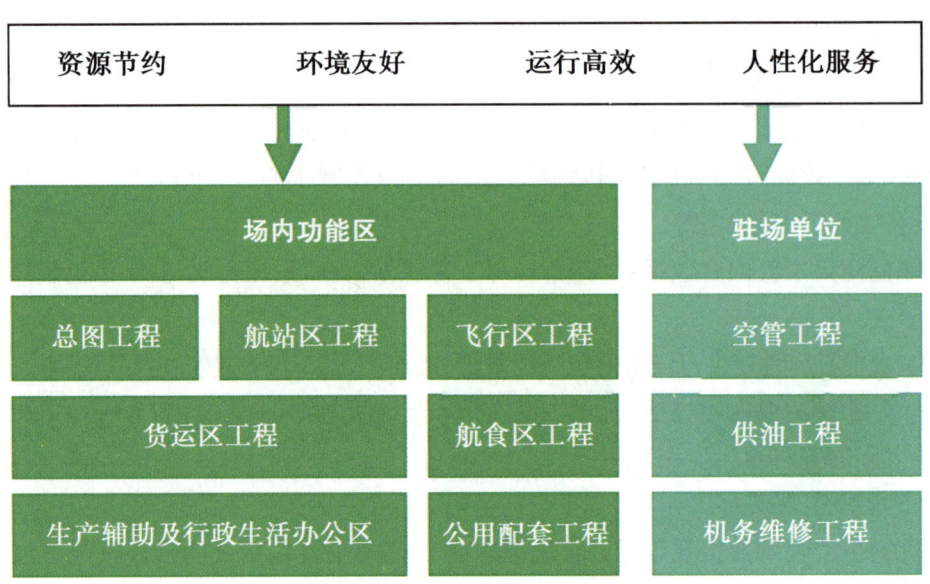

图 8-19 大兴机场绿色建设范围与内容

图 8-20 指挥部关于推进绿色机场建设的函

做好绿色建设成果总结报告的提交并进行总结提升;六是计量与验证,机场运行一年内开展计量与验证工作,验证绿色机场理念贯彻落实的实际运行结果是否与预期相符;七是绿色运行,建立良性的运行机制,发挥绿色建设成果效益,并实现可持续改进。

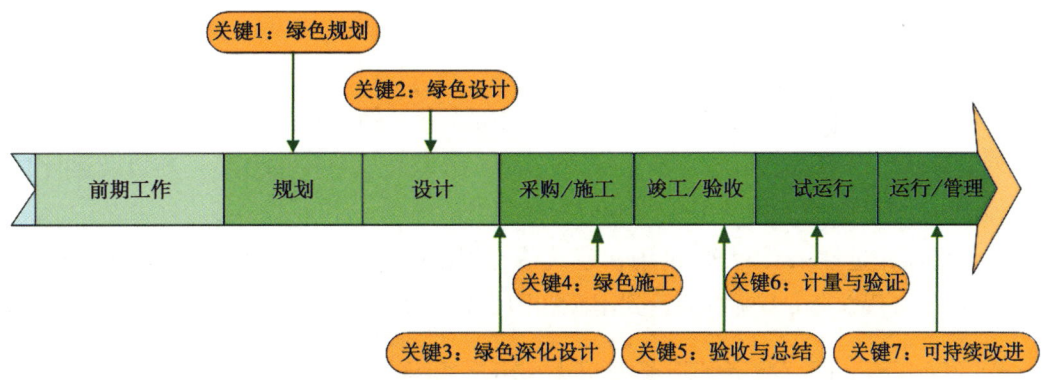

图 8-21 大兴机场绿色建设关键环节

5. 绿色机场指标体系

绿色建设指标体系是大兴机场绿色建设的重要抓手,关系着绿色建设的成果和水平。根据绿色机场基本内涵和绿色建设总目标要求,结合国内外行业技术发展趋势和机场实际,大兴机场将绿色机场建设目标分解形成一套具有代表性、先进性、可操作性的指标体系。

在对国内外绿色、生态建筑评价体系和绿色、可持续发展机场评价体系进行借鉴总结基础上,按照系统性、可操作性、可比性、动态性和先进性的原则,结合绿色机场"资源节约、环境友好、运行高效和人性化服务"的基本内涵,以及大兴机场"低碳机场先行者、绿色建筑实践者、高效运行引领者、人性化服务标杆机场、环境友好型示范机场"的五个基本定位,大兴机场绿色建设指标框架体系分为三级,其中一级指标 4 项、二级指标 12 项,三级指标 54 项(图 8-22)。

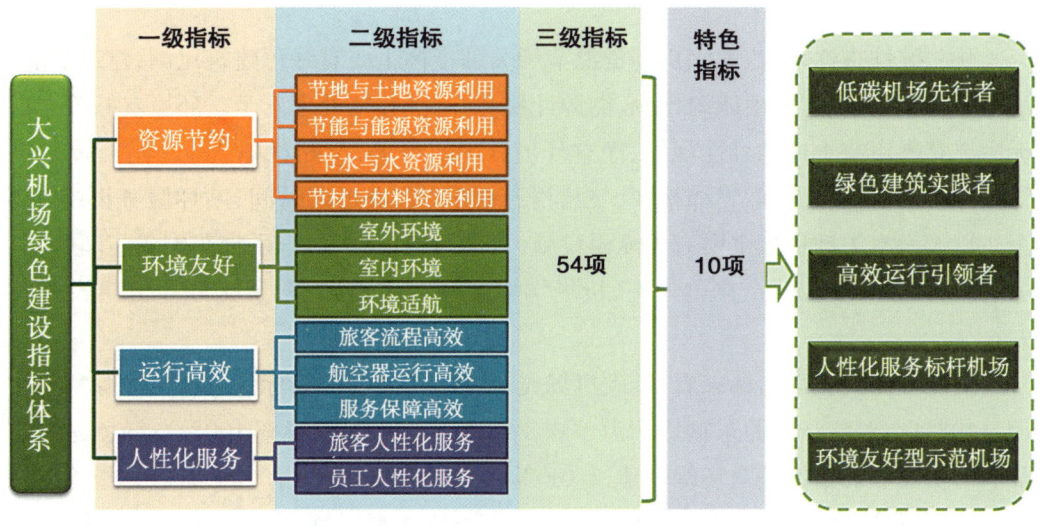

图 8-22 大兴机场绿色建设指标框架体系

从指标量化程度来看，三级指标中可量化的指标数共计 40 项，不可量化指标共计 14 项。指标总体可量化比例约为 75%。

从指标属性来看，资源节约和环境友好中的室外环境和室内环境均为绿色建筑、绿色生态城区等均已使用的通用指标，共计 29 项；环境友好中的环境适航以及运行高效、人性化服务等均为机场工程的专用指标，共计 25 项。

从指标先进性来看，大兴机场在建筑节能、噪声与土地相容性规划、最短中转时间、自助服务设施等 21 项指标达到国际和国内先进水平（图 8-23）。

序号	一级指标	二级指标	三级指标	序号	一级指标	二级指标	三级指标
1	资源节约	节地与土地资源利用	功能布局	35	运行高效	旅客流程高效	旅客流程：旅客步行距离、旅客值机时间、旅客安检时间、最短中转时间、行李提取等待时间
2			地下空间利用				
3		节能与能源资源利用	绿色建筑比例				
4			建筑节能				
5			可再生能源利用率				
6			清洁能源车辆比例				
7			用能分项计量	36			引导系统
8			碳减排放	37			无缝接驳
9		节水与水资源利用	单位旅客日生活用水量	38		航空器服务高效	地面滑行时间
10			非传统水源利用率	39			航班延误时间
11			节水器具普及率	40			站坪服务设施配置
12			管网漏失率	41		服务保障高效	站坪运行保障能力
13			地表水水质指标	42			货站功能能力
14			雨水收集与回渗	43	人性化服务	旅客人性化服务	无障碍设施普及率
15			污水处理与排放	44			近机位与带登机桥的远机位比例
16		节材与材料资源利用	本地化建筑材料	45			自助服务设施
17			可循环建设材料使用率	46			行李手推车配备
18			高强度、高性能钢用量比例	47			互联网服务设施
19			建筑装修一体化设计	48			商业服务设施
20			建筑物拆除时材料的总回收率	49			停车设施设备
21	环境友好	室外环境	眩光控制	50			社会车辆加油、充电设施
22			热岛强度	51		员工人性化服务	机场场内交通站点覆盖率
23			室外风环境	52			员工服务设施
24			生态环境保障率	53			员工职业健康设施
25			垃圾分类与无害化处理	54			区域公共设施覆盖率
26		室内环境	室内声环境				
27			室内光环境				
28			室内热环境				
29			室内空气质量品质				
30		环境适航	噪声与土地相容性规划				
31			净空环境				
32			电磁环境				
33			鸟情控制				
34			GPU与PCA配置率				

先进性指标

图 8-23 大兴机场绿色建设指标体系

从关键性指标来看，大兴机场资源节约关键指标主要有绿色建筑比例、建筑节能、清洁能源车比例、可再生能源比例、能源计量、除冰液收集处理 6 个。环境友好关键指标主要有噪声与土地相容性规划、净空环境、GPU 与 PCA 配置率 3 个。运行高效关键指标主要有旅客流程、无缝接驳、飞机滑行时间、航班延误时间、站坪服务设施共 5 个。以人为本关键指标主要有无障碍设施、自助服务设施、行李手推车配备、互联网服务设施、社会车辆加油及充电设施、机场场内交通站点覆盖率、员工职业健康设施共 7 个。

从五大定位表征指标来看，低碳机场先行者的主要表征指标是可再生能源利用比例≥10%；空侧清洁能源车辆比例为 100%；GPU 与 PCA 配置率 100%。绿色建筑实践者的主要表征指标是全场绿色建筑 100%；用能二级分项计量 100%，航站楼等重要建筑三级分项计量。高效运行引领者的主要表征指标是无延误飞机地面滑行时间 12 min，国内转国内 MCT 30 min，国内转国际 MCT 60 min，国际转国内 MCT

60 min，国际转国际 45 min，首件行李到达时间≤13 min。人性化服务标杆机场的主要表征指标是旅客步行距离≤600 m，无障碍设施普及率 100%，机场办公区内公共交通及场内交通 500 m 服务半径站点覆盖率≥95%。环境友好型示范机场的主要表征指标是机场年径流总量控制率 85%，航空器除冰液收集、处理率 100%。

6. 绿色机场组织保障

大兴机场在开展绿色实践之初就充分认识到高效的组织管理是绿色建设目标顺利实现的重要保障，在开展顶层设计和实践过程中高度重视绿色建设组织管理模式的创新，通过建立组织机构、建设工作机制、强化全过程管理等全方位提升绿色建设组织管理能力，形成了一套科学的绿色建设管控方法，在绿色建设的过程中发挥了重要的推进和保障作用。

大兴机场绿色建设领导小组作为绿色建设的领导层，组长由指挥部总指挥亲自担任，带头督导指导绿色建设工作，副组长由常务副指挥长与总工程师担任，成员涵盖指挥部相关主要领导。

大兴机场绿色建设领导小组下设工作组，作为绿色建设的协调策划层，组长由总工程师担任，副组长由指挥部领导与规划设计部总经理担任，成员涵盖指挥部各部门主要领导，明确将规划设计部作为工作组日常办事机构（图 8-24）。

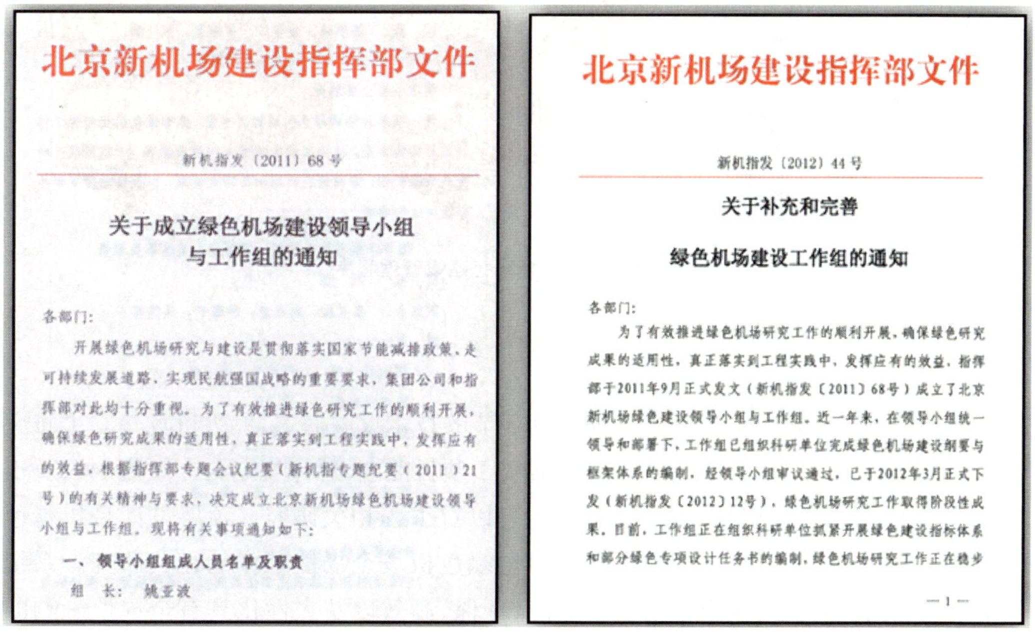

北京新机场建设指挥部文件

新机指发〔2011〕68号

关于成立绿色机场建设领导小组
与工作组的通知

各部门：

开展绿色机场研究与建设是贯彻落实国家节能减排政策、走可持续发展道路、实现民航强国战略的重要要求，集团公司和指挥部对此均十分重视。为了有效推进绿色研究工作的顺利开展，确保绿色研究成果的适用性，真正落实到工程实践中，发挥应有的效益，根据指挥部专题会议纪要（新机指专题纪要〔2011〕21号）的有关精神与要求，决定成立北京新机场绿色机场建设领导小组与工作组，现将有关事项通知如下：

一、领导小组组成人员名单及职责

组　长：姚亚波

北京新机场建设指挥部文件

新机指发〔2012〕44号

关于补充和完善
绿色机场建设工作组的通知

各部门：

为了有效推进绿色机场研究工作的顺利开展，确保绿色研究成果的适用性，真正落实到工程实践中，发挥应有的效益，指挥部于2011年9月正式发文（新机指发〔2011〕68号）成立了北京新机场绿色建设领导小组与工作组。近一年来，在领导小组统一领导和部署下，工作组已组织科研单位完成绿色机场建设纲要与框架体系的编制，经领导小组审议通过，已于2012年3月正式下发（新机指发〔2012〕12号），绿色机场研究工作取得阶段性成果。目前，工作组正在组织科研单位抓紧开展绿色建设指标体系和部分绿色专项设计任务书的编制，绿色机场研究工作正在稳步

— 1 —

图 8-24　大兴机场绿色建设领导小组与工作组成立通知

大兴机场绿色建设的执行层由各工程部门负责项目组织实施，参与单位负责子项目的实施。主要参与单位包括研究单位、设计单位、工程总承包单位、监理单位、运营

单位和驻场单位等。

同时，大兴机场秉承"统一管理，共同实施"的工作原则，建立沟通机制、审议机制和科研管理制度等促进绿色建设力量发挥应有效力，促进绿色建设工作的协同增效。对外，建立了良好的沟通和内外联动机制，在建设过程中不断加强与政府的沟通与协调，在综合交通、噪声、净空、鸟防等多个方面达成了与城市、周边环境的和谐统筹发展。对内，在绿色建设组织机构的框架下，建立了集任务管理、过程监控、决策支持和统筹指挥于一体的绿色建设工作平台，构建了沟通反馈机制与平台，实现了数据共享、资料共享、项目进展共享以及成果共享，为各部门和参与单位高效优质地完成绿色建设工作提供了平台保障。

经过大兴机场绿色建设领导小组与工作组多次召开会议研究和决策，最终将工程建设基本程序与绿色建设相融合，建立了一套指导—复核—优化—确认的绿色建设实施与管理程序（图8-25），编制并印发一系列绿色机场研究成果，并开展多次复核评价工作，推进绿色理念在机场全生命期、全场、全方位贯彻落实。

图8-25 大兴机场绿色建设管理程序

7．绿色机场科技支撑

1）研究体系建设

面对机场绿色建设中工程难点和关键环节的技术攻关需求，大兴机场建立了研究体系，并将研究体系分为3个层次，分别落实于项目前期、总体规划与专项规划以及工程设计与实践中，即顶层设计、系统规划研究以及工程相关研究。顶层设计是指绿色机场体系理论、实施步骤、实施重点以及指导绿色机场全局性工作的相关研究。系统规划研究是指针对机场建设中对机场节能、环保、高效以及人性化具有全局性影响的重要系统全场规划的相关研究。工程相关研究是指与具体的项目直接相关，是可直接指导设计、解决工程中实际问题的相关研究。

2）工程专项研究

大兴机场紧密围绕"切合工程实践、指导工程建设、落实建设理念"的思路，根据绿色规划、设计、建造等方面的需要,组织科研院所、合作企业开展了绿色选址、能源整体规划等全局性绿色专题研究,空地一体化运行仿真、BIM技术运用等绿色机场规划设计专题研究,机场道面自融雪技术、飞行区数字化施工技术等绿色机场建造技术专题研究。

3)重大科研攻关

大兴机场依托重大科研攻关项目,将诸多绿色理论与技术创新成果应用于机场建设之中,推动了绿色的高质量建设。大兴机场与知名院校、科研院所合作承担了"十二五"国家科技支撑计划项目——"绿色机场规划设计、建造及评价关键技术研究"、民航科技创新引导重大专项——"绿色机场评价与健康标准体系研究""基于长寿命运行的机场水泥道面现代化建设成套技术研究""自融雪机场加热道面建造工艺与配套装置关键技术研究""北京新机场智能型综合交通枢纽关键技术研究与应用""飞机除冰废水处理及除冰液再生系统研究"、北京市科委重大课题——"北京新机场大平面航站楼建造关键技术研究与应用""北京新机场陆侧交通设施设计参数研究与示范""北京新机场陆侧交通标识系统设计与示范"、集团公司课题——"北京新机场'海绵机场'构建研究""大兴机场能源中心烟气余热利用技术研究与应用""高耐久高抗裂水泥混凝土机场道面新材料关键技术研究"等数项多层次的科研课题攻关。

4)标准研究

大兴机场结合理论与实践经验形成了多项行业标准和规范性文件,有力地推动了机场行业的绿色发展。大兴机场先后主编或参编《绿色航站楼标准》《绿色机场规划导则》《民用机场绿色施工指南》等首批绿色建设标准以及《民用机场航站楼绿色性能调研测试报告》,三项标准规范先后于2017年2月、2018年1月正式发布实施,实现了大兴机场建设管理经验在行业范围的推广应用,发挥了重要的引领示范作用。其中主编的行业标准《绿色航站楼标准》是首个正式发布的绿色机场行业标准,填补了行业空白,将对指导和促进我国民用机场航站楼绿色建设发挥重要的推进作用。被民航局推荐入围我国住房城乡建设部正在编制的《中国工程建设标准使用指南》,成为向"一带一路"国家推荐的十部民航工程建设标准之一,同时受国际民航组织关注,充分发挥了引领示范和标杆作用。

5)重点实验室平台建设

作为未来机场的基本特征和重要发展方向之一,绿色机场的理论、标准体系和指标体系等方面还不完善,关键核心技术还有待突破提升,距离指导和支撑绿色机场实践尚有一定差距,大兴机场具有作为绿色建设和运行的足尺实验研究平台的基础优势,为此,2020年9月,指挥部在现有研究平台、人才团队等基础上集合行业内外优势资源共建了集团公司绿色机场重点实验室。2022年1月,绿色机场实验室通过民航局组织的评审,升级认定为"民航绿色机场重点实验室",成为行业技术创新平台。根据服务国家、行业发展，以及支撑机场绿色建设与运行的需要，实验室重点聚焦四个研究方向：绿色机场规划设计理论方法与技术标准研究、绿色机场生态建设与环境治理关键技术研究、航站区和飞行区绿色建设关键技术、绿色运营保障关键技术。

8.4.3 绿色机场应用示范

大兴机场自选址起始终秉承绿色理念，从全过程建设和全要素提质两大方面统筹兼顾、协调推进绿色机场建设。2018年12月，大兴机场获颁"北京市绿色生态示范区"称号，标志着大兴机场绿色建设整体达到了北京市领先水平，并成为民航首个绿色生态示范区。通过开展绿色建设，大兴机场形成了一系列的绿色成果示范：

在低碳机场先行者方面，其一，根据可再生能源比例大于10%的建设要求，大兴机场在地源热泵、太阳能光伏、太阳能热水、污水源热泵等方面充分利用可再生能源，实际利用比例超过15%，尤其是大型耦合式地源热泵系统关键技术及工程化应用成为全球最大的浅层地源热泵集中供能项目；同时，根据为提供旅客保障服务的机位配置GPU与PCA。站坪近机位和设置登机桥的远机位，GPU与PCA配置率100%的要求，为此，大兴机场全面推广GPU替代APU，设置了95个地井式地面专用空调系统，满足全部近机位400 Hz电源需要；建设126个配电亭，满足全部远机位和维修机位的400 Hz电源需求；其二，根据新能源通用车辆比例力争100%，新能源特种车辆比例力争20%，因此，大兴机场积极推广新能源利用，空侧清洁能源车比例实际将达66%以上，高于国内外主要机场配置水平。

在绿色建筑实践者方面，根据机场区域内所有建筑必须满足北京市绿色建筑设计标准，绿色建筑比例为100%，其中旅客航站楼及综合换乘中心、核心区所有建筑、办公建筑、商业建筑、居住类建筑、医院建筑、教育建筑等七类建筑均为三星级。目前全场70%以上的建筑可达到三星级标准，20%左右达到二星级，全场绿色建筑二星级以上比例占比90%以上，且大兴机场航站楼是国内首个绿色三星、节能建筑AAA级双认证航站楼。

在高效运行引领者方面，根据无延误飞机地面滑行时间12 min；到2025年，飞机滑行时间达到世界同等级机场先进水平，机场原因航班延误时间<20 min的要求，大兴机场通过开展空域仿真模拟、地面运行仿真模拟、站坪运行仿真、航站楼前交通仿真、航站楼内流程仿真、室内环境仿真模拟等，通过综合比选和优化设计，建设了国内首创带有侧向跑道的全向跑道构型。同时，根据旅客利用各种交通方式从中心城区抵达机场的最短时间<30 min，建立立体交通枢纽，实现航空、地铁、公交等多种交通方式的无缝接驳，大兴机场全力推动立体交通枢纽建设，促进航站楼、停车楼、轨道交通、车道边及配套服务设施等各系统有机连接，形成了高效便捷的综合交通枢纽体系。高铁、城际、快轨等多种轨道交通南北穿越航站楼，旅客可以通过站厅内的大

容量扶梯直接提升至航站楼的出港大厅，实现了真正意义的机场与高铁、城际、地铁"零距离换乘"。

在旅客高效流程方面。根据旅客流程运行高效指标，如航站楼最远登机桥步行距离600 m。95%的国内旅客乘机手续排队及办理时间<10 min；95%的国际旅客乘机手续排队及办理时间<20 min；100%的旅客使用自助值机设备的排队等候时间<8 min。95%的旅客安全检查排队等候时间<8 min。旅客边防检查手续平均办理时间<45 s；100%的旅客出入境海关通关时间<3 min；100%的旅客出入境检验检疫通过时间<1 min（需进一步检查的除外）。国内转国内MCT 30 min，国内转国际MCT 60 min，国际转国内MCT 60 min，国际转国际45 min。首件行李不超过飞机放置轮挡后13 min内到达。大兴机场通过不断优化航站楼构型和流程，相关要求均已落实，树立了全新标杆。

在人性化服务标杆机场方面，根据机场建设的无障碍设施普及率为100%，全面满足2022年冬奥会和残奥会关于无障碍和人性化设施的要求。建筑入口和主要公共活动空间设计符合《民用机场旅客航站区无障碍设施设备配置》（MH/T 5107—2009）和《城市道路和建筑物无障碍设计规范》（JGJ 50—2001）的要求。大兴机场在国家残联的指导下，成立了无障碍专家委员会，从停车、通道、服务、登机、标识等8个系统针对行动不便、听障、视障3类人群开展了专项设计，现已完成无障碍设施设计通则，将在大兴机场应用示范，全面满足2022年冬残奥会要求，打造无障碍设施样板。

在环境友好型示范机场方面，根据因地制宜制定水资源保护与利用规划，构建完善有效的雨水收集与系统等目标。目前，大兴机场通过对全场水资源收集、处理、回用等统一规划，构建了高效合理的复合生态水系统，通过"渗、滞、蓄、净、用、排"等方法实现机场年径流总量控制率85%的建设目标；同时，为减少除冰液污染对水环境的影响，根据除冰液回收率100%，目前，大兴机场全部采用集中除冰，设置16个除冰机坪及配套除冰液回收设施，同时采用飞行区除冰液处理及再生及技术，能够对除冰液使用后产生的除冰废水中有用成分进行分离回收，未来作为京津冀地区除冰液回收处理的中心，满足大兴机场、首都、天津、石家庄机场除冰液的处理需要。2020年9月，大兴机场启动竣工环保自主验收，并于9月30日完成生态环境部全国建设项目竣工环境保护验收信息系统备案，成为全国首个在开航1年完成整体竣工环保自主验收的大型枢纽机场。

此外，大兴机场施工工地多次获得各类"绿色文明施工"称号（图8-26）。工作区道桥及管网工程3标段因扬尘治理良好，受到北京市住建委通报表扬。场内多个标段先后获评为"北京市绿色安全样板工地""住建部绿色施工科技示范工程""全国建筑业绿色施工示范工程""国家AAA级安全文明标准化工地"。

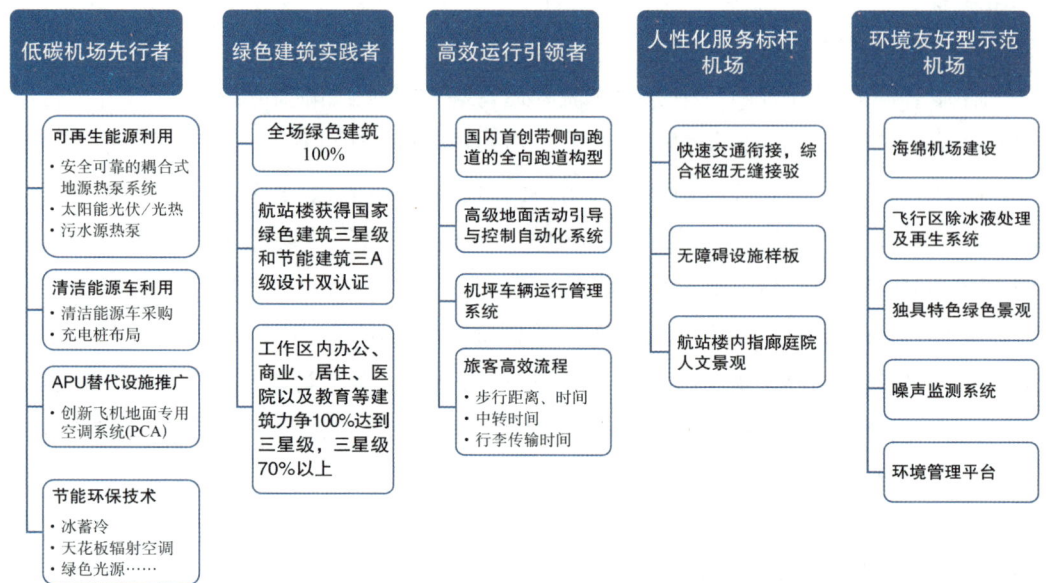

图 8-26　大兴机场绿色建设应用示范

8.5　全场雨水系统规划研究

8.5.1　外部水系影响研究

大兴机场场址所在区域主要河流包括永定河及新天堂河,机场远期规划用地红线距离永定河北岸最近处仅 200 m 余,机场建设将占压永定河部分洪泛区及约 4 km 的新天堂河河道。为保证机场的防洪排涝安全,必须在建设前期就对机场建设与周边水系的相互影响进行系统的规划研究,制定安全可靠的全场雨水排水系统建设方案及周边水系影响补偿方案。关于机场建设与周边水系相互影响的规划研究,对于确保机场建设规划合理可行有着重要的意义。

1. 周边水系背景

新机场场址区域多年平均降水量 596 mm,年际变化幅度大,年内分配极不均匀,年内 80% 的降水主要集中在汛期 6 月至 9 月。新机场场址及周边主要有两条河流:一条为永定河,是国家一级河流以及北京市重要的防洪河道,紧邻场址南侧;另一条为新天堂河,是大兴区重要的排涝河道,在廊坊市南寺垡村汇入永定河。

永定河是海河水系的重要河系,也是全国四大重点防洪河流之一,由海河委员会管辖,其防洪调度方案由国家防汛抗旱总指挥部负责,其洪水调度直接影响首都北京、天津市和河北省广大地区以及京广、京山、京九铁路等重要交通设施的防洪安全。而新机场场址占压永定河泄洪区,将对永定河洪水调度方案产生直接影响。

新天堂河是北京重要的排涝河道,全长约 27 km,河道横穿大兴机场场址,并在场内横跨北京、河北省界。根据北京、河北省市协议,新天堂河北京段至河北段的下泄流量为 120 m³/s,大兴机场建设后,将增加大量雨水径流,其排水方案规划需重点关注该协议限制。

2. 机场建设与周边水系的相互影响分析

机场建设与周边水系的相互影响关系主要包括机场对周边水系的影响以及由于周边水系的限制而对机场建设方案产生的影响,全面识别并科学合理地处理这些影响是确定机场排水体系建设方案的先决条件和规划基础,能否全面识别这些影响因素,对于合理构建机场排水体系至关重要。

通过对新机场场址周边水系情况进行分析,新机场的建设对于周边水环境系统的主要影响包括场址占压永定河泛区、占压现状新天堂河河道以及产生的大量新增的雨水径流。为配合机场场址落地,需调整场址所在区域的防洪规划及穿越场址区域的河道规划,对接机场排水出口位置和外排流量限制。因此,新机场的建设对两条河流都有很大的影响,同时反过来也可以说,两条河流对于机场的建设方案的影响也是非常关键的,决定了机场排水体系的框架。

1) 占压永定河泛区,重点评估洪水影响程度

永定河泛区地处河北省廊坊市、永清县、北京市大兴区和天津市北辰区、武清区接壤处(图 8-27),南北宽 6~7 km(最宽处 16 km)、东西长 67 km,总面积 460 km²,设计蓄洪水位 16.5 m 时,蓄水量 4 亿 m³。大兴机场建设将占压永定河泛区一分区,占压面积约为 3 km²。

图 8-27　机场场址与永定河泛区位置关系图

永定河属于海河委员会管辖,是一条跨省干流,泛区的设置和运行调度关系到

首都的安全,其调度方案需经国务院审批通过方可施行,未经许可,严禁一切影响泛区使用的建设。大兴机场预可研报告编制之初,恰逢上一版《永定河洪水调度方案》修编刚刚审批通过,大兴机场的预可研报告编制,亟须确定对于永定河洪水的影响评价。

鉴于此,指挥部立即启动了关于大兴机场的洪水影响评价报告编制工作,委托中水北方勘测设计研究院会同国家防办、海委防办、北京市水务局、天津市水务局、河北省水利厅、廊坊市水务局、海委科技咨询中心、北京市水利规划设计研究院、民航总院等单位对大兴机场的涉洪问题进行研究。

经过研究,大兴机场所占泛区一分区位于永定河泛区西北部,当永定河来水超过 $2\,000\ m^3/s$ 时,被占用区域就将启用。由于泛区采用自下而上的使用原则,大兴机场占用的一分区为最后使用的分区,占用将使泛区滞蓄水量减少 834 万 m^3,占泛区总滞蓄量约 2.1%。同时,机场占用泛区一分区后,将使其他泛区水位壅高,对永定河行洪有一定影响。但由于大兴机场占用泛区的面积比例较小,按照相关分析结果,对河势稳定基本不产生影响。为将对永定河排水行洪的影响降到可接受范围之内,大兴机场建设需控制机场排水强度,机场排水流量不能大于 $30\ m^3/s$,且需建设约至少 250 万 m^3 蓄滞设施,同时需要利用新龙河东张务湿地进行分洪作为占用泛区一分区的补偿。另一方面,由于场址建设将破坏新北堤,且场址位于地势低洼区域,因此永定河洪水将由于堤防的破坏而进入场址漫溢,为保证机场防洪安全,应对的措施主要为按照一级堤防标准加高加固北小垡、天堂河更生闸至北小垡段右堤及封堵寺堡辛庄口门等。

2)截断现状河道,重点评估河道改线方案

大兴机场场址大部分处于新天堂河流域,并且占压河道下游约 4 km 的河段,大兴机场建设将影响大兴南部区域的排涝,新天堂河河道自西向东横穿大兴机场用地,河道横穿场址既不利于机场的运行安全,也不利于河道的日常维护,因此需要对其进行改道。改道涉及上下游水利条件、土地征用以及与现状设施的协调等,情况比较复杂。预可研报告编制之初,指挥部即委托北京市水利规划设计研究院着手进行新天堂河的改道研究。

根据机场周边情况,初步确定了三种改道方案,分别为西线、南线和北线方案(图 8-28)。三种方案各有优缺点,西线方案为经机场西侧向南排水至永定河,该方案可以挡住西侧通过京九铁路涵洞漫溢的洪水,但由于末端地势标高较低,需要建设泵站,日常运行费用较高,并且还需要在永定河堤坝开口,审批难度较大;南线方案为绕机场西侧南侧排至现状河道,该方案会出现多堤并行、两河夹堤的情况,另外由于改道位置须在机场远期用地以南,而远期建设方案尚未定型,因此路由确定存在一定难度;北线方案为绕机场北侧及东侧排至现状河道,该方案水利条件是最好的,但河道与机场交通交叉较多。

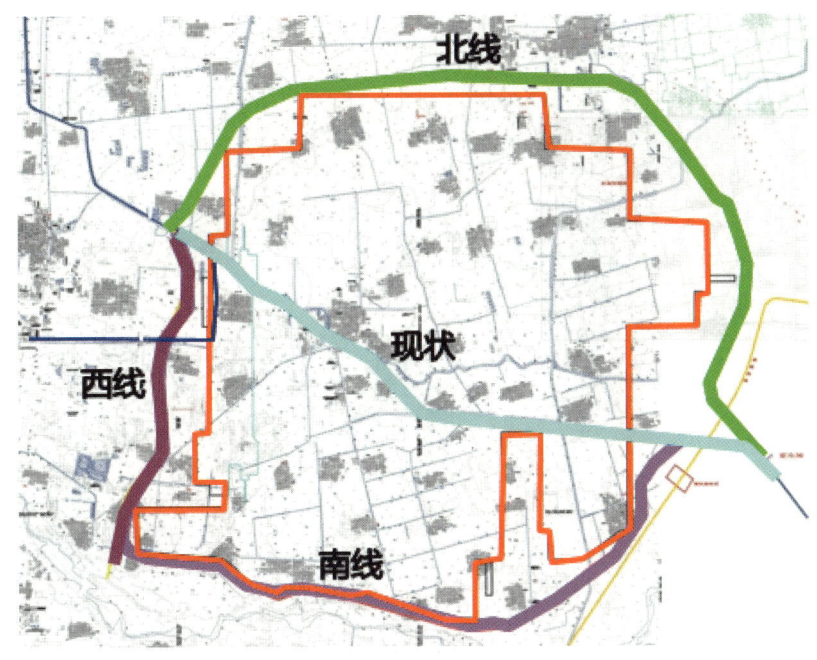

图 8-28 永兴河与机场位置关系图

结合区域规划、机场场址位置及地形地势,本着"少占地、易施工、水流畅"的原则,水利部门经多方案对比分析,最终采用北线方案,即新河道在京九铁路桥上游与孙各庄闸下游河道衔接,绕场址北侧、东侧红线东行,在廊涿高速公路桥上游与现状河道衔接,改道后的新天堂河命名为永兴河(图 8-29)。永兴河一般堤防按 20 年一遇洪水设防,为 4 级堤防,同时,为保证机场防洪安全,右岸堤防按 100 年一遇洪水设防,为 1 级堤防。

此外,新天堂河改道前水质类别为劣 V 类,水量较小,部分河段已断流,污染严重。永兴河改道后,为配合新城规划,适当考虑城市变化影响,大兴区水务局对永兴河水环境实施提升工程,工程实施后,可有效改善永兴河水环境情况,恢复河道两岸景观功能,可通过良好的生态环境造福群众。

3) 雨水外排限制严格、重点评估出口设置

大兴机场地势西北高、东南低,全场地势整体平缓,排水坡降较大。通过机场周边水系分布及场内地势情况可知,机场排水可以考虑向南直接排入永定河,或者向东排入新天堂河。

由于永定河历史上水土流失严重,河水混浊,泥沙淤积,日久形成地上河,其河床地势较机场地势高,技术上,机场排水无法通过重力流的形式直接排至永定河,只能采用强排的方式才能将雨水入河;行政上,由于永定河左堤(机场侧堤防)是保证北京城

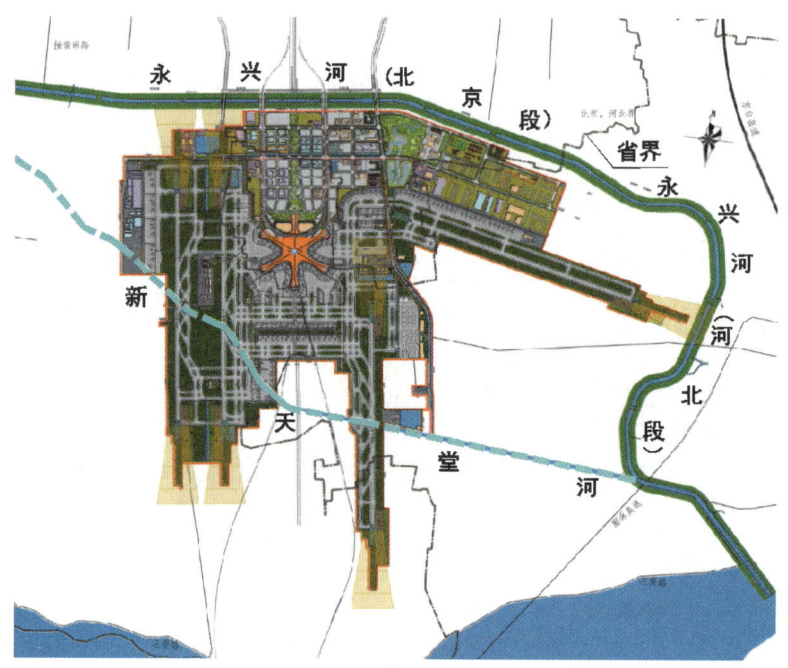

图 8-29　永兴河与机场位置关系图

区不受洪水淹没的重要堤防,在永定河新增排水口需要报水利部海河水利委员会审批;而永兴河(改道后的新天堂河)为永定河的支流,机场排水对其影响较小,开口风险也较小,且河底标高在一定情况下可以满足自排需求,因此综合考虑节能、排水安全、防洪安全、审批程序等方面的因素,确定将永兴河作为机场的排水出口,机场排水进入永兴河后,经下游更生闸最终排至永定河。

另外,根据省市协议,永兴河京、冀分界处的协议过境流量为 120 m^3/s。由于现分界处河道流量已达 120 m^3/s,在永兴河北京段无法再接纳新增的大兴机场雨水,因此,大兴机场雨水出口只能设于永兴河的河北段。

同时,由于新天堂河改道,原有老河道下游未被占压的河段即不具备原排涝功能,但由于该段河道的土地性质仍属于水利设施用地,无法作为建设用地,将可能面临废弃。而该段河道正好位于机场东南角和永兴河之间,既可以作为机场的排水通道将机场与永兴河相连,又可以对河道扩挖清淤使其作为机场的调蓄设施。经过与水利主管部门沟通协商,同意在权属不变的情况下,将该段河道作为机场的排水通道和调蓄设施进行使用,由机场进行平时维护管理。

经过对全场地势、省界协议、滞蓄容积、改道规划、废弃水利设施利旧等因素综合考虑,机场排水出口位置(图 8-30)定于现状新天堂河及永兴河交汇点处,机场排水通过现状新天堂河老河道,排至永兴河。经洪水影响评价分析确定,当永兴河和永定河排水流量达到设计标准时,大兴机场允许外排流量为 30 m^3/s。同时,由于机场全场排水只有一个出口,为保证机场排水安全,经与北京市规委、北京市水务局、大兴区水务局沟通协商后,在机场北部永兴河北京段设一处备用出口,当永兴河排水流量未达 120 m³/s 时,可按照水利部门调度要求待机排放。

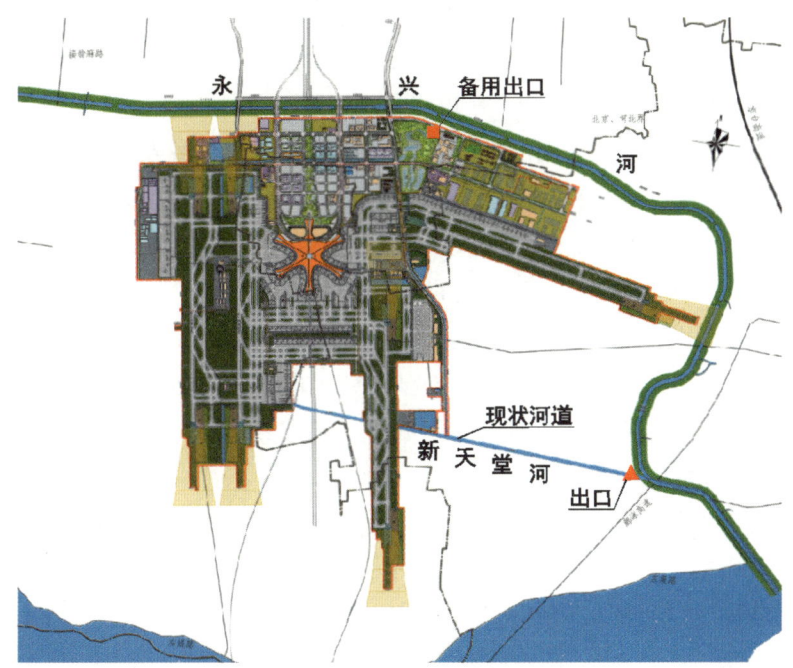

图 8-30　机场排水出口位置示意图

3．外部水系与规划的关系

大兴机场的建设与周边水系的影响,需要全面分析,准确识别,并有计划有组织地协调指挥部各管理部门、各设计研究单位、各级行政主管部门之间的协作。对于这些影响的把控,属于战略层面的管理,决定了整个机场雨水系统的全局方案,决定了系统的水平和高度,是整个系统得到各方认可和支持的前提。

8.5.2　场内全场雨水系统规划研究

场内全场雨水系统规划设计是机场基础设施建设的重要组成部分,它直接关系到机场的安全运行保障能力,在规划设计中,存在着体系布局、资源利用、环境保护、极端天气应对等一系列的问题和挑战,准确识别并解决这些问题对项目有重要意义。

1．相关政策背景

1) 海绵城市理念,助力"四型机场"建设

2014 年 10 月,住房和城乡建设部《海绵城市建设技术指南——低影响开发雨水系统构建(试行)》发布;2015 年 10 月,《国务院办公厅关于推进海绵城市建设的指导意见》发布,各有关方面积极贯彻新型城镇化和水安全战略有关要求,有序推进海绵城

市建设，在防治城市内涝、保障城市生态安全等方面取得了积极成效。大兴机场的建设已经提升至国家发展的战略高度，因此大兴机场的建设必须执行高标准和严要求，要将创新、协调、绿色、开放、共享等理念贯彻到大兴机场规划、设计、建设及运营管理的全过程，将大兴机场建设成为绿色、生态、智慧的国际航空枢纽。

2）绿色机场定位，形成建设策略共识

民航局在2007年首次提出了"绿色机场"概念，并先后出台了《民航节能减排"十三五"规划》《绿色机场规划导则》等法规文件，充分体现了绿色发展理念在民航建设体系中的地位。大兴机场作为我国经济发展的新的动力源，绿色生态建设势在必行。全场雨水排水系统，作为重要的环境相关类项目，更是要把资源节约、环境友好、生态保护、科技创新、人文关怀等融入规划、建设和运营的全过程。

2011年5月，指挥部在清华大学组织召开北京新机场绿色建设国际研讨会。此次会议围绕北京新机场绿色建设初步研究成果，吸取国内外各界专家关于绿色机场的理念和建设举措，达成绿色机场建设实施策略的基本共识。

2. 系统建设内部关键问题识别

如果说机场外部排水条件的确定是整个排水体系构建的先决条件，那么针对雨水排水的需求对内部地势、总平面规划、排水安全、绿色环保等方面系统内部关键问题进行识别分析并确定解决方案则是机场排水体系构建的基础。

1）地势平缓，提升排水、减小埋深

机场所在区域地势较平缓，场址跨度较大，因此，雨水系统坡降相应较大，管渠埋层较深，为减小管渠建设投资，需要在管渠适当位置设置雨水提升泵站，将雨水提升后排放。

2）汇水面大，分区串接、以线带面

大兴机场本期占地面积约27 km^2。针对机场雨水汇水面积大的这个特点，势必需要对全场汇水区域进行分区规划。同时，由于大兴机场仅设有一处排水出口，针对这个限制条件，为承接排出各分区的雨水，需要设置位于各分区的交界处、可以串接所有分区，将雨水转输至排水出口的带状排水设施。

3）系统复杂，内涝模拟、模型校核

机场雨水系统是保证机场安全运行的重要保障，大兴机场雨水系统汇水面积大，雨水系统运行状态复杂，需要进行内涝校核。传统的计算方法不足以准确描述系统内涝校核时的状态，需要采用模型的方法对雨水系统进行内涝校核。传统的计算方法对应系统工程设计，模型模拟的方法对应系统内涝校核，不同的设计方法，对应不同的目的，设计结果相互反馈、相互印证，保证机场的排水安全。

4）合理利用水资源，应用海绵理念、体现绿色环保

北京是水资源严重短缺的城市，为合理利用水资源，把大兴机场建成"绿色机场"

是工程的目标之一。雨水系统方面,则力求体现"海绵"的设计理念。即针对机场建设的特点,在保证机场排涝安全的原则下,通过渗、滞、蓄、净、用、排等多种技术手段,实现有利于提高机场防涝能力、有利于降低开发影响、有利于削减径流污染、有利于提高雨水资源化利用率、有利于改善区域微气候微环境的建设目标。在此需求下,指挥部委托相关设计单位进行了海绵机场的专项研究,对全场各个地块提出了海绵设施的建设要求,指挥部据此对各设计单位提出了雨水系统的设计要求,并协调指挥部内部各部门对建设要求进行落实,保证了机场绿色环保目标的实现。

5)提升运管水平,建设智慧平台、实现智慧管理

随着城市公用设施智慧化技术的高速发展和进程的加快,作为机场公用设施的重要组成部分,雨水系统也需要体现智慧化管理的理念。

为实现场内雨水系统智慧管理的目的,场内设置雨水管理中心,主要功能包括机场泵站、闸门监控、水文水质监测、视频监视等。通过在设计阶段对机场水系各组成部分统一的管理及自动化的建设,能够在机场投运后,有效提高水资源利用率,降低运行人员的工作强度,同时增强机场水系防汛减灾的综合能力,为机场水系的安全运行、合理调度提供强大的后备保障。

6)污水"零外排",生态景观水系、消纳盈余中水

大兴机场场内设有污水处理厂,将产生的污水全部按照中水标准进行处理回用,实现污水"零外排"。但根据水量平衡,处理后的中水用于浇洒、绿化以及冲厕等用途后仍有较多盈余。

另一方面,由于北京雨季主要集中在6~9月份,其他时间降雨量较小,对于贯穿场内的排水明渠而言,在非雨季期间,底部裸露,在一定程度上会表现出突兀、不够自然的效果。

一边是持续产生的盈余中水无处可去,一边是因气候原因造成设施使用效率低下,综合二者的特点,考虑将盈余中水引入明渠,将明渠升级为集蓄存、净化、景观、入渗、排水、休闲等多功能于一体的"生态景观水系"。生态景观水系既可解决场内盈余中水的出处问题,又能为机场提供一个自然的亲水活动场所,使水的视觉和实用功能得到充分利用和展现。

3. 全场雨水系统体系的构建

通过对外部、内部影响因素及需求的识别,对于机场排水系统的设计要求已经基本明确,可以说排水体系的构建其实已经有了基本的框架轮廓,只需要结合之前针对外部、内部问题的分析,结合项目具体情况进行系统主要节点的设计即可。

1)设置二级排水系统

根据外部、内部影响因素分析,大兴机场雨水排水采用二级排水系统(图8-31),设置一级调蓄水池及泵站、二级泵站及排水明渠。机场各区域雨水经雨水管(排水沟)

收集后排至各区域内部的一级调蓄水池，经一级调蓄水池蓄水削峰后由一级泵站提升或自流进入排水明渠。雨水经由排水明渠二次调蓄并转输至明渠末端后由二级泵站提升或自流排至场外永兴河。

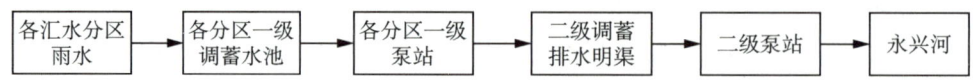

图 8-31　机场二级雨水排水系统示意图

根据全场雨水排水系统设置原则，经过分析比较，本期在大兴机场用地范围内依据中间低南北高、西高东低的地势特点，将机场用地分为南北两大区域，南部区域主要是飞行区，划分为一个分区，北部区域按照功能区划、主干路网划分为 6 个分区，全场共设有 7 个排水分区，分别为 N1~N6 及 S1 分区。

同时，以西跑道北侧为起点设置排水明渠，明渠沿主干道路向东延伸至侧向跑道西部、现状磁大路附近即向南转弯，并沿本期红线向南至现状新天堂河河道，通过现状新天堂河河道延伸至改道后的永兴河。

各分区雨水经各自的调蓄水池对雨水进行蓄水削峰后自流或强排至排水明渠，经排水明渠、现状新天堂河河道最终排至永兴河（N6 分区由于距离明渠较近，采取就近排放的方式，无须设提升泵站）。

在进行与明渠有关的土地利用规划时，为充分利用近水的优越性，在将明渠升级为生态景观水系的同时，还考虑在排水明渠转弯处的一块楔形用地上将明渠扩展为景观湖（图 8-32），周边设置公园，为旅客、工作人员和周边群众提供一个开放的公共空间，在展示机场文明风貌、改善区域微环境的同时还可提升周边用地的商业价值。

2)"海绵"相关技术措施

（1）场内采取多种措施减小雨水外排径流，最大限度回补地下水，主要措施包括：场内排水管、渠、池等设施最大限度考虑透水入渗措施，人行道、非机动车通行的硬质地面、广场等采用透水地面，小区内设下凹绿地等。

（2）场内各区域共设有约 250 万 m^3 的调蓄设施，充分滞蓄场内雨水，减小外部水系排水压力，保障机场排涝安全。

（3）在机场空侧土面区植草，部分土面区设置有下凹绿地，可截留跑道上初期雨水中的污染物，同时滞蓄雨水。

（4）在雨水调蓄设施内植草，可进一步截留污染物，同时蓄存并下渗收集的雨水。

（5）在维修机坪区域设有油水分离设施，含油雨水经隔油装置处理后方可排至场内排水系统，减小初期含油雨水对于场外水体的污染。

（6）建筑物屋顶使用环保型材料，不得有有毒、有害物质析出。屋面雨水以集中入渗为主，收集回用为辅。雨水通过建筑周边的透水铺装及绿地入渗；回用方式为将

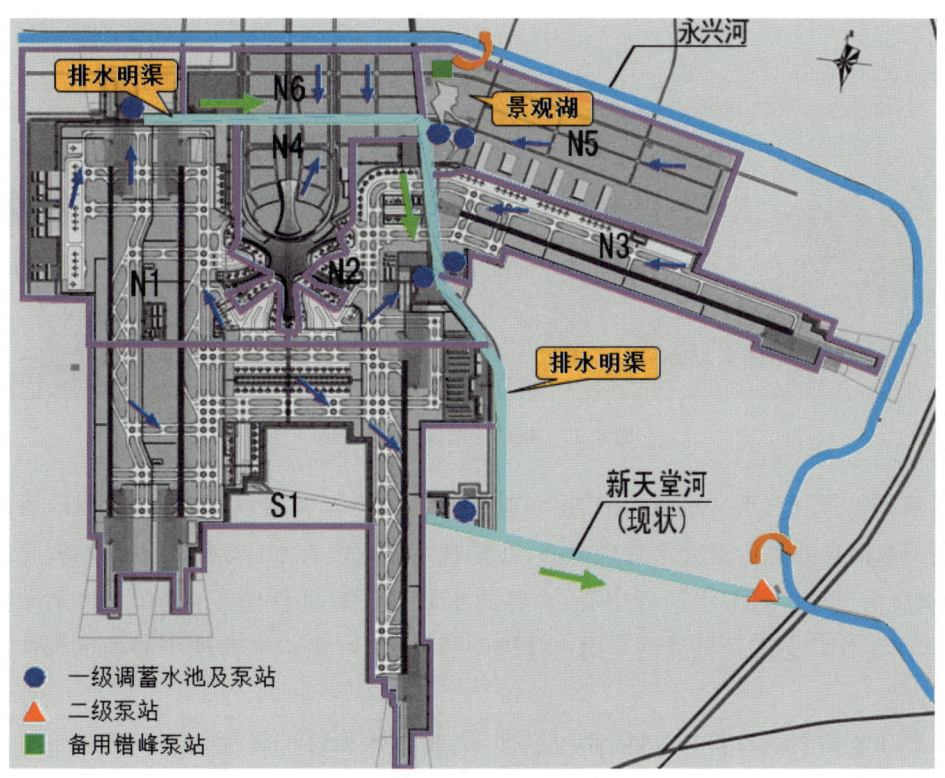

图 8-32 机场雨水系统平面布置图

初期弃流后,中、后期雨水储存于地埋式储水模块或水池,用于补充水系水源或用于绿地灌溉。

3) 生态景观水系设置

将排水明渠设置为融合汇水、传输、净化、入渗、调蓄外排等多功能于一体的生态景观水系,其边岸、边坡、表潜湿地区、水系底面、水表面等各有其生态功能,可形成较大规模的功能生态区。

生态功能的实现,一方面是对排入的各类来水以组合生态方式进行处理直至形成优质水体;另一方面,水系的生态构成本身亦可有效提升周围的环境品质。生态区的构成主要包括:生态边岸——对来水绿化截污,生态护坡——绿化、固土、截污、生态净化,潜流湿地区——可进行再生水的深度处理,表流湿地区——可进行再生水的深度处理和水系水质维护,潜水生态区——主要进行水系水质的维护与改良。

平时通过场内盈余再生水补水及景观湖末端的溢流堰控制、保证水系内蓄存有一定规模的水量,同时为保证水系内水体质量,还设有太阳能光伏提水及风能提水循环系统,实现循环净化的效果(图 8-33)。

4) 雨水管理平台设置

为实现场内雨水系统智慧管理的目的,场内设置雨水管理中心,主要功能包括机

图 8-33　机场生态景观水系实景

场泵站、闸门监控、水文水质监测、视频监视等。在飞行区内设有多处雨量计，可即时收集雨水信息并上传至雨水管理中心；在景观水系内设有水位、水质监控设备，可将水位、水质情况上传至雨水管理中心；在各雨水泵站设有远程监控系统，可将泵站内液位、水泵工作状态等信息反馈至雨水管理中心，同时可在雨水管理中心内远程控制水泵启停。

自动监控系统具备开放性、高可靠性、高兼容性和可扩展性特点。机场水系的统一管理及自动化建设，能够有效提高水资源利用率，降低运行人员的工作强度，同时也提高了机场水系防汛减灾的综合能力，为机场水系的安全运行、合理调度提供强大的后备保障。

4. 场内雨水体系规划管理

对于场内雨水体系规划，地势因素决定了机场设置"多级排水"的系统设计方向；平面布局决定了机场雨水体系"多区一带"的体系形式；雨水系统的规模决定了系统相辅相成的计算方法；绿色环保的要求决定了机场雨水体系"海绵"的内涵；与时俱进的市政设施智慧化管理需求决定了机场雨水体系"智慧"的特点；污水"零排放"和雨水调蓄设施使用效率低的特点促成了机场雨水体系"生态"的属性。对于机场内部主要影响因素的识别，在很大程度上决定了雨水系统的具体设计方案，工作前期对于影响因素识别得越全面，方案设计才能越符合项目的实际需求，才能最大限度展现系统的科学性和先进性。

回首整个设计过程，大兴新机场的全场雨水系统从规划之初，就力争践行指挥部提出的"引领全国机场建设，打造全球空港标杆"的理念，争取实现"全项目周期的绿色机场的建设"的要求。为了实现上述建设要求，全场雨水系统的规划在多个专题研究和相关专业、部门的支持下，最终确定了"分区分级＋源头滞蓄减排＋过程绿色管控＋末端生态调蓄＋智慧管理"的削峰减排、控制点面污染及与生态有机结合的多目标方案,从而打造安全、绿色、智慧、人文的雨水系统。项目建成后,全场雨水系统也因其在保障机场运行安全、绿色环保、智慧管控、生态人文等方面的突出表现,受到业界的普遍关注和高度评价,其规划设计管理思路对其他大中型机场的雨水系统建设具有重要的借鉴意义。

第 9 章
机场规划

运输机场是支撑民航生产运行、高质量发展必不可少的基础设施,机场规划建设水平决定了机场安全运行、服务保障乃至参与国际、国内航空竞争的实力基础。纵观世界级枢纽机场,无不高度重视机场总体规划对设施建设、运营服务的影响作用,投入大量人力、物力和时间开展相关研究编制工作。

机场规划涉及机场全生命周期各个环节的管理工作,不仅具有前瞻性、周期性等特点,还在配置空间资源、统筹分期建设及滚动发展、衔接国土空间规划、协调地区发展等方面发挥着重要作用。

大兴机场场址远离主城区,其规模为国内新机场建设之冠。解决好建设方案、交通衔接、空域问题、地方协调等多个关键性问题,都需要机场总体规划作为引领和指导。

大兴机场地跨北京、河北两地,为落实机场总体规划,确保机场建设的有序性和合理性、提高机场运营效率和管理水平,大兴机场编制了控制性详细规划,对统筹京、冀两地区域发展和建设,落实机场陆侧各类建设项目的位置、规模起到关键性作用。

同时,一些专项性规划也同步开展,并经研究评审后体现在总体规划当中,如跑道构型、航站区规划概念设计、空地一体化仿真、综合交通等专项规划,都很好地支撑了大兴机场的设计、建设。

9.1 总体规划综述

9.1.1 总体规划概况

1. 规划原则

大兴机场总体规划遵循以下八条原则:

(1)立足于京津冀区域一体化融合发展,服务北京建设"世界城市"的目标,遵循机场定位及发展战略,满足北京地区航空运输业持续发展的需要。

(2) 落实"交通强国民航新篇章"战略,结合机场场址条件,规划建设资源节约、环境友好、以人为本的"绿色机场"。

(3) 与区域综合交通体系相融合,快速直达北京中心城区,辐射天津、廊坊、保定等客源地,打造以大兴机场为中心的一体化综合交通枢纽,促进多式联运,构建大容量公共交通为主导的地面交通集疏运模式,有效衔接区域内其他大型机场。

(4) 按照军民航"一址两场"统一规划布局、统一建设标准、联合管制指挥的要求,实现军民航融合发展,为大兴机场的长远发展留有余地。

(5) 统筹考虑大兴机场和临空经济区的规划布局,实现机场内外的产业对接,以大兴机场落地为契机,发挥"航空经济"对产业集聚、大城市疏散功能、区域转型发展的推动作用,充分利用及开发土地资源。

(6) 对机场和周边地区进行合理的规划引导和控制,减少飞机噪声的不利影响,促进可持续发展。

(7) "统一规划、分期建设、功能分区为主、行政区划为辅",各设施系统布局合理、容量平衡,近期规划切实可行,远期规划有前瞻性,近期、远期妥善衔接。

(8) 提升机场运营效率和服务水平,保障飞行安全。

2. 规划要点概述

大兴机场近期规划(目标年2025年)满足年旅客吞吐量7 200万人次、货邮吞吐量200万t、飞机起降63万架次的使用需求,近期规划用地面积2 830 hm²(本期建设用地2 698 hm²)。远期规划按满足年旅客吞吐量1亿人次、货邮吞吐量400万t、飞机起降88万架次的使用需求做好规划控制,远期用地总规模由民航局、北京市、河北省三方共同商定。

1) 飞行区规划

近期规划建设4条跑道。西一、西二和北一跑道长3 800 m,东一跑道长3 400 m。东一跑道、西一跑道和北一跑道为F类,西二跑道为E类,跑滑、滑滑间距均按F类规划。东一跑道距西一跑道2 380 m,东跑道北端相对于西一跑道北端向南错开2 100 m。西一跑道距西二跑道760 m,端头取齐。北一跑道西端距离东一跑道北延长线垂直距离600 m,此垂线交点距东一跑道北端1 600 m。

在近期4条跑道的基础上,远期规划建设东二和北二跑道。东二跑道长3 400 m、宽45 m,与东一跑道平行,端头取齐,间距1 525 m;北二跑道长3 200 m、宽45 m,位于北一跑道南侧,与北一跑道平行,间距760 m,西端向东错开400 m。

2) 航站区规划

近期在北航站区规划建设T1航站楼及卫星厅,满足年旅客量7 200万人次的使用需求,近期站坪机位总数268个,其中T1航站楼近机位78个(含12个组合机位)、卫星厅近机位 45 个,远机位及缓压机位共 145 个。机场旅客量超出 7 200 万人次后,规划建设南航站区,远期站坪机位总数 400 个。

3) 空中交通管制设施规划

近期在北工作区规划建设空管业务小区,建设业务及保障用房 7 万 m^2,并相应配置航管、监视、通信、导航、气象和飞行服务系统等空管设施设备。在东、西区分别建设 1 座塔台,东区塔台位于北一跑道南端东一跑道东侧,限高 80 m;西区塔台位于 T1 航站楼西二指廊南侧,限高 75 m。结合机坪布局和管制模式,近期规划建设机坪管制室。远期根据业务量增长的需要,采用相关新技术,增加相应的空管设施设备。

4) 货运区规划

近期建设北货运区,满足年货邮吞吐量 200 万 t 的使用需求,位于北一跑道北侧,规划用地 241 hm^2。远期扩建北货运区、新增南货运区,满足年货邮吞吐量 400 万 t 的使用需求。

5) 机务维修区规划

机务维修区位于西二跑道与南北高速联络线之间,包含航空公司飞机维修基地及第三方机务维修设施,近期规划用地 103 hm^2,远期预留向南扩展的空间。

6) 消防及救援设施规划

大兴机场消防保障等级为十级。近期规划建设 4 座消防站,根据消防保障等级配备相应的消防器材及设备。远期规划新增 2 座消防站,按相关标准配置、完善相关设施设备。

近期在航站楼外公共区规划建设急救中心和机场医院,在航站楼内建设 5 处急救室、空侧建设 2 处急救站、卫星厅建设 2 处急救站、飞行区消防站内建设 3 处急救站。远期规划按相关标准配置完善。

7) 航空配餐设施规划

近期在北工作区规划航食配餐设施,紧邻西一跑道北端飞行区围界,建筑面积 15.5 万 m^2。远期在南工作区规划建设航空配餐设施。

8) 供油设施规划

近期按照年加油量 400 万 t 规划,场外规划建设津京第二输油管道,场内在机场北侧工作区规划建设第一油库,机场东北侧货运区与中心航站区之间及西侧机务维修区与中心航站区之间各建设 1 座航空加油站,近期规划建设汽车加油(加气)站 6 座。远期按照年加油量 720 万 t 规划,在机场南工作区规划建设第二油库,增加 1 座航空加油站,加油(加气)站 2 座。

9) 公用设施规划

近期规划建设供水站、雨水泵站、雨水管理中心、污水处理厂、航空污水处理站、中心变电站、制冷站、锅炉房等公用配套设施,在大兴机场空、陆侧各设置垃圾转运站一座。远期在南工作区规划建设相应公用配套设施。

10）工作区规划

近期规划工作区位于北航站楼北侧，规划建设旅客过夜、航空配餐、信息指挥、行政办公、安防、口岸、生产辅助、配套生活服务等各类设施（图9-1）。远期在南航站区南侧规划建设机场南工作区，满足机场及驻场单位远期发展需求（图9-2）。

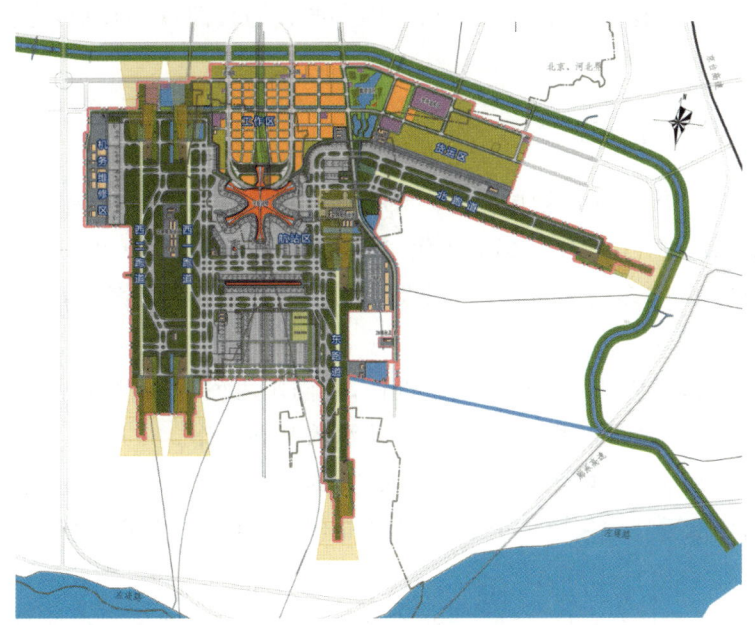

图 9-1　近期规划总平面图

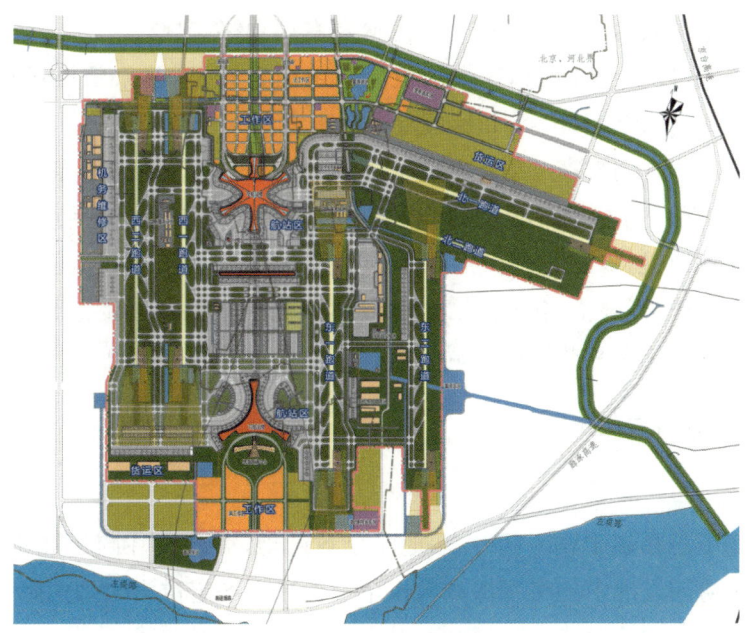

图 9-2　远期规划总平面图

11）综合交通规划

本期工程与大兴机场同步建设京霸铁路（现京雄城际）、廊涿城际铁路（现城际铁路联络线）和轨道交通大兴机场线，近期规划 S6 城际铁路联络线连接首都机场和大兴机场，远期规划 R4 城市轨道线以及北京/河北预留线。

本期工程与大兴机场同步建设大兴机场高速、京台高速北京段、大兴机场北线高速，扩建大广高速，同步推进衔接大兴机场内外的普通公路规划建设，完善路网结构，满足大兴机场地面交通运输要求。

9.1.2 总体规划推进历程

从 2008 年开始，总体规划单位与大兴机场项目一并启动了机场规划相关研究工作，配合新机场选址（2008 年）、场址优化（2009 年）、工程预可研（2010～2011 年）各阶段的工作，通过多轮、多层次的研究工作提出切实可行的规划方案，满足不同阶段的工作深度及要求。

2010 年 8 月，完成了总体规划概念设计，并向国家发改委、民航局有关司局分别做了汇报，按照各级领导的指示精神，进一步深入开展工作。

为了配合《北京新机场预可行性研究报告》的编制工作，并为航站楼方案征集拟定规划条件，指挥部委托规划单位于 2011 年年初组织编制了《北京新机场总体规划（第一阶段报告）》。

2014 年 4 月 2 日至 3 日，民航局机场司和民航工程咨询公司在北京共同组织召开了大兴机场总体规划预评审会，形成了《北京新机场总体规划预评审会专家组预评审意见》，确定了大兴机场远期暂按 1 亿人次左右规划终端规模。

2015 年 3 月 17 日至 19 日，民航局机场司组织召开了《北京新机场总体规划（报审稿）（2015 年版）》专家评审会，并形成专家评审意见。

大兴机场总体规划贯穿工程前期研究工作全过程，从选址前期专题研究、选址落地、场址优化、工程立项、可研等均以机场总体规划研究为依据，为后续开展的大兴机场控制性详细规划、初步设计、施工图设计奠定了基础。为了推进大兴机场总体规划各项前期研究工作，开展了多个专项研究（具体详见附录二），并汇总形成若干阶段性报告，最终于 2016 年 2 月获得民航局、北京市、河北省的联合批复。

9.1.3 总体规划特点和思路

1）统领性

大兴机场坐落在京津冀区域中心，地跨京冀两地，其建设在疏解北京非首都功能和推动京津冀协同发展中的将发挥重大作用。大兴机场定位为大型国际枢纽机场，与首都机场按照"双枢纽"模式，独立运营，共同满足区域航空市场的发展需求。大兴机场未来承担的任务多样而艰巨,其总体规划编制需要统领全局,从多角度多层次出发,加强前瞻性思考、全局性谋划、战略性布局,以高标准高质量完成编制工作,为大兴机场建设提供规划保障和科学指引。

2）前瞻性

机场总体规划是机场可持续发展的法定空间蓝图,是机场近、远期建设的基本依据。大兴机场无论在民航运行系统内还是京津冀都市圈内都承担了特殊而又极其重要的作用,其总体规划不仅要与民航发展规划、全国民用运输机场布局规划、机场战略规划等发展目标相匹配,还要从区域带动发展的角度,在交通方式与结构、用地衔接与兼容性、综合利用各种资源、预留发展空间、规划的可操作性等方面充分发挥其前瞻性和包容性。

为保障大兴机场整体高效运行,可随市场动态调整发展定位,灵活开展多项航空产业,各项设施的规模、布局及用地都需要遵循"统一规划、分期建设、功能分区为主、行政区划为辅"的原则,各设施系统布局合理、容量平衡,近期规划切实可行,远期规划有前瞻性,近期、远期妥善衔接。

3）功能性

大兴机场建设工程规划是复杂的系统性工程,飞行区、航站区、工作区等子系统都有自身功能特征,而机场整体不是各系统的累加,而是非线性耦合作用的集成,主要设施包括跑道、滑行道、航站楼、机坪、货运设施、机务维修设施、空管设施、目视助航设施、供油设施、应急救援设施、安全保卫设施、生产保障设施、综合交通设施和公用设施等。这要求大兴机场总体规划在编制过程中充分研究各功能的近远期规模、用地需求及合理布局,同时要从安全高效、系统整体最佳的角度,协调统筹好各功能之间的位置关系、合理衔接、有序发展。

不仅要应用系统的思想,而且要深入研究机场系统规律,提升整体性思维意识,增强规划的开放性、动态性,加强构建规划网络性,使机场总体规划高效实现,提升机场工程的效益及效率。

4）可持续性

依照"综合性超大型机场"的战略定位,在满足机场长远发展的前提下,大兴机场总体规划中充分考虑节能、环保等方面的要求,并编制了《大兴机场环境保护规划》及《大兴机场节能规划》,从噪声相容性计划、环境保护设施计划、建筑节能、土地节约集约使用、减少对市政设施需求等方面分析论述,并在机场控制性详细规划中提出对应的建设指标要求,从而实现机场整体可持续发展。

9.2 大兴机场定位

大兴机场的建设使北京迈入"一市双枢纽"的行列,首都机场和大兴机场"两场"如何定位分工,如何实现协同发展,成为当时大兴机场定位的主要问题与挑战。北京"一市两场"分工定位问题涉及诸多复杂因素,在国家有关部门的统筹下,开展了多方面的论证和协调工作。

9.2.1 机场定位研究过程

1) 三种定位方案

与机场预可研工作同步,法国巴黎机场管理公司(ADPm)接受委托编制了《北京机场系统研究》报告。该报告通过对世界主要大都会地区机场系统形成机理和管理模式的剖析,结合北京航空市场的特点和发展趋势,对北京两大机场的分工提出了三种概念方案:双枢纽方案、专业化方案、市场驱动方案,综合各方案优点,研究初定为政府引导、市场驱动的双枢纽方案。

2) 政府引导、市场驱动的双枢纽方案的初定

2012年9月,中咨公司在对《预可研报告》的评估意见中提出,《预可研报告》借鉴国内外"一市多场"机场体系的运行经验和相关机构的研究成果,结合我国国情和本项目的实际,将首都机场和大兴机场均定位为"综合性超大型机场",两机场相对独立运营,配合各自的基地航空公司构筑中枢航线网络;提出了北京新、老机场实施"政府引导、市场驱动的双枢纽"的功能定位方案。

参照《国务院关于促进民航业发展的若干意见》和《中国民用航空发展第十二个五年规划》,结合首都地区机场建设和民航运输需求发展趋势,大兴机场与首都机场均为辐射全球的大型国际航空枢纽,共同承担国际国内航空运输业务。

3) 大兴机场定位的明确

总体规划阶段总结前一阶段各方的共识,简要概括为:北京"一市两场"均为综合性超大型国际机场,相对独立运行,长远看同等重要。按照立项批复,大兴机场的机场性质为大型国际枢纽机场。

通过对北京航空市场的预测分析,综合前期工作成果和评估专家意见,对大兴机场的发展战略做了初步展望:

(1) 鼓励骨干航空公司整体搬迁到大兴机场,吸引各航空公司加大运力投入、拓展航线网络、加密航班频次,有效疏散在首都机场不断积聚的航空市场需求,加快大兴机场的市场培育过程。

(2) 大力开拓远程国际航线,强化国家门户机场的功能,稳步推进国内—国际中转业务,为长远发展打好基础。

(3) 以旅客体验为中心,建设运营一体化,节约资源,保护环境,控制成本。

(4) 构建高效便捷、内外联动、分工协作、信息共享的交通集疏运体系,对一体化综合交通枢纽进行统筹建设和管理,实现不同交通方式与旅客流程的顺畅衔接,提升

地面交通服务的满意度。

（5）积极开发低成本航空、航空货运物流链、公务机基地等业务，与首都机场分工协作，全面满足北京航空市场的多元化需求。

（6）集约/节约用地，高密度开发。

（7）严控土地，特许经营，实现收益最大化。

（8）服务北京、对接津冀，协助推动临空经济区持续发展。

9.2.2 "两场"定位和相互关系

大兴机场定位为大型国际枢纽机场，为北京航空枢纽增强了国际竞争力，为大型网络型航空公司逐步成长为世界级超级承运人创造了条件，拓展了中国民航发展空间，进一步加快交通强国民航新篇章建设进程。

以"并驾齐驱、独立运营、适度竞争、优势互补"的方针为指导，首都机场和大兴机场"两场"在同一目标下实现差异发展，打造双轮驱动标杆。

一是并驾齐驱。两大机场相互配合，在总量、品质和贡献上两大枢纽均实现突破，打造前所未有的两个大型国际枢纽并存的局面。二是独立运营。两个机场在业务运作上相互独立，"两场"的旅客不鼓励进行互转。三是适度竞争。在某些特定的市场及客群上存在一定的竞争，如国际旅客。四是优势互补。在客户、航线、品质和贡献上进行分工和差异化，弥补单一枢纽的劣势，提升综合竞争力。

9.3 跑道构型演变

跑道构型是否科学合理直接影响飞行区用地、跑道系统容量、跑道运行方式、机场运行效率和噪声环境等方面。大兴机场跑道构型的确定是一个复杂而漫长的过程，面临诸多问题和挑战，历经多轮次的调整和优化，结合各方面的需求条件，最终形成了目前的跑道构型。

9.3.1 面临的问题与挑战

1）禁飞区

大兴机场位于北京南部，其东北方向有首都国际机场，东南方向有天津滨海机场。为避免对其他机场航线产生影响，大兴机场跑道与首都机场跑道方向保持一致为宜。北京城区北侧和西侧有山，三环内有空中禁飞区，大兴机场航班越往北飞限制越多、空间越小，向北起飞后需快速转向。

2）空域条件

首都机场出发向南方向飞行的航班需要在既定飞行距离内达到飞行高度，从大兴机场出发的航班为避开这一高度的空域就需要降低飞行高度,并且持续压低飞行高度,这就会导致飞机发动机低效运行。

3) 噪声影响

机场噪声是一个世界性的问题,噪声影响对机场及周边地区是长期存在的。大兴机场周边村镇主要包括庞各庄、榆垡、礼贤、魏善庄、安定五个镇所辖的若干自然村,东边约 26 km 为廊坊市。在进行跑道构型规划时,如何尽量减轻噪声影响也是需特别关注的问题之一。

4) 跑道容量

跑道方案还需要考虑未来大兴机场和既有首都机场均达到年旅客吞吐量 1 亿人次以上时的使用需求,飞机跑道系统的设计方案直接关系飞机起降效率。

面临以上问题,什么样的跑道构型更高效？机场规划建设团队和华北空管局共同研究了世界上一些机场跑道构型演变的过程(包括交叉跑道)、各方面的需求条件,采用"空地一体化"的全过程运行仿真技术,从空域、地面、环境影响、运行效率等方面综合比选、优化设计,在国内创新性提出带有侧向跑道的全向跑道构型。本期规划 4 条跑道,其中 3 条跑道与首都机场保持完全平行,1 条跑道方向为东南,即"三纵一横"。"三纵一横"的跑道从开始设计成 90°夹角,但是这种角度的方案带来的问题是,从大兴机场起飞的飞机可能直接指向廊坊市市中心,存在一定的噪声影响。所以设计团队经过比较、优化,指挥部通过与空中管理部门及相关咨询机构合作,进行一体化仿真模拟,再结合首都机场以及天津机场飞机起降的监测数据,对大兴机场航道不同偏转角度带来的综合飞行效率进行测算；同时,通过模拟飞机在跑道、机位上的运行效率,以验证其是否能够满足设计要求。测试结果是,侧向跑道偏转 20°的时候,跑道指向和飞机航迹会从永定河的蓄水洪区穿过,蓄水洪区人口稀少,不会对居民带来影响。"三纵一横"的跑道方案最终成型。这样,飞机起飞以后不用压低高度,直接很快达到航线。这种跑道设计方案在不增加投资规模的基础上,反而降低了机场整体运营成本,这种高效且能带来效益的跑道构型方式在国内是首创性采用。

9.3.2 跑道构型研究过程

自启动选址以来,随着客观条件的变化和研究工作的不断推进,大兴机场的跑道构型进行了多轮次的调整和优化。

跑道构型随着各个阶段机场设计目标的不同而变化,同时结合各个阶段相应的仿真模拟不断对构型进行优化,整个构型的调整优化经历了以下 9 个中间过程(图 9-3、图 9-4):

(1) 选址阶段跑道构型(5 条跑道)。

(2) 场址优化阶段跑道构型(6 条跑道)。

(3)《北京新机场总体规划概念设计》阶段跑道构型(8条跑道)。

(4)场址东移跑道构型(8条跑道)。

(5)仿真优化跑道构型(9条跑道)。

(6)预可研总平面规划方案优化阶段跑道构型(7条跑道)。

(7)上报预可研跑道构型。

(8)根据领导小组会议和民航局意见调整跑道构型。

(9)根据《北京新机场总体规划预评审会专家组预评审意见》调整跑道构型。

跑道条数的变化以及构型的调整不但与各阶段规划目标相关,同时也与各种条件的变化以及规划设计的深入、空中和地面仿真工作的深度介入等密切相关。

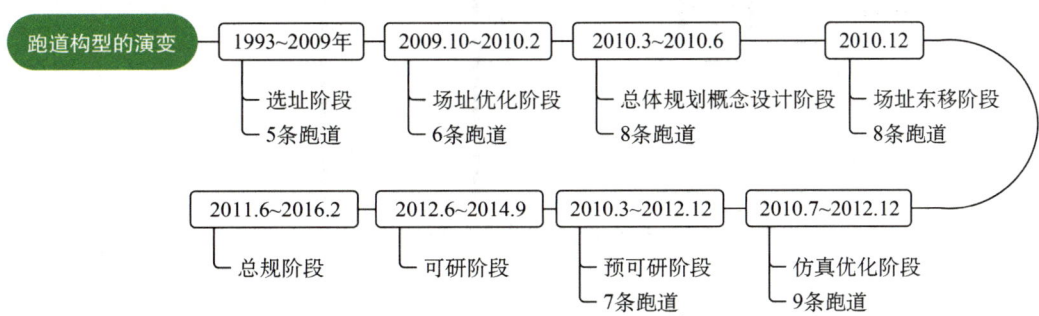

图9-3 跑道构型的演变历程

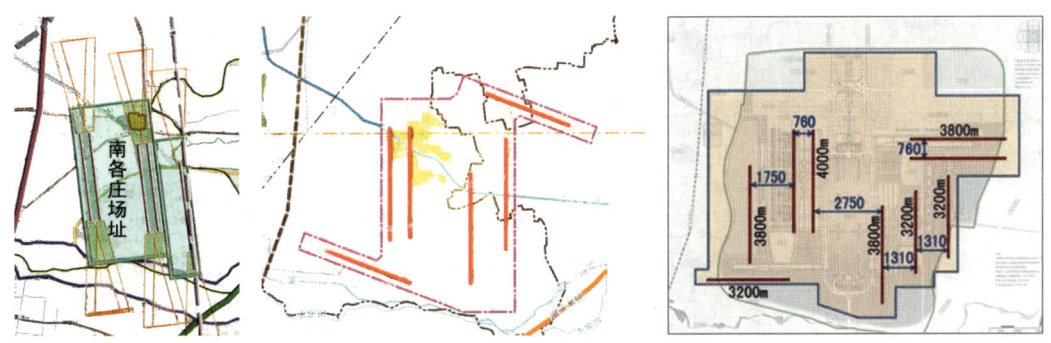

图9-4 选址阶段、场址优化阶段、仿真优化阶段跑道构型

为了验证大兴机场跑道构型的实际容量,指挥部开展了"北京新机场及终端区规划模拟仿真研究""北京新机场地面运行模拟仿真研究",按照规划目标年的航班时刻表,对飞机的空地运行进行计算机模拟仿真,从而评估跑道构型的运行效率,识别制约机场容量的瓶颈,指导跑道构型方案的改进。

经过反复研究,《北京新机场预可研报告》提出了"全向型"跑道构型方案,建议近期建设"三纵一横"4条跑道。《关于北京新机场(预可研报告)的咨询评估报告》中提出了对跑道构型方案进行调整和优化的建议。

按照预可研评估报告的要求,结合场址周边的地形地物,《北京新机场可研报告》的跑道构型方案对跑道方位、主跑道间距等作了相应的调整(图 9-5)。

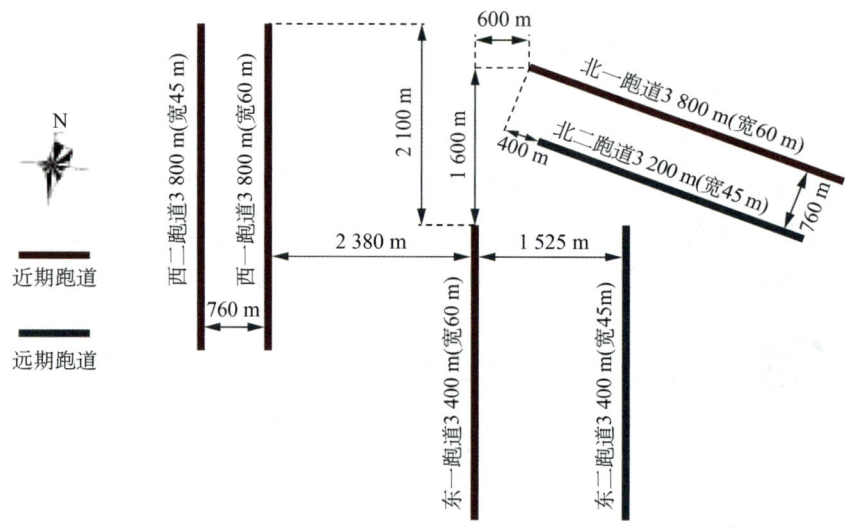

图 9-5　总规阶段跑道构型

9.3.3　亮点与创新点

1. 国内首个侧向跑道的设置

侧向跑道设置有以下五方面的优势:

(1) 有利于最大限度利用空域——在大兴机场空域环境下,分流往各方向起飞离场的航班,更多地避免因离场航线相同而必须保持相应放行间隔,从而降低离港延误,是运行效率较优的选择。

(2) 有利于提高机场运行容量——增加风频覆盖,提高机场利用率。

(3) 提高北部离港航班运行顺畅性——有利于节省航班空中飞行距离、节省燃油、减少二氧化碳排放,航班节能减排效益显著。

(4) 有利于提高运行安全性——靠近航站区的跑道数量增加,飞机运行中穿越内侧跑道的频率降低,减少跑道穿越次数。

(5) 有利于设置绕行滑行道——可在主向跑道端、侧向跑道侧边设置,利用效率高,不但供使用外侧主向跑道的飞机绕行使用,也供使用侧向跑道的飞机使用。

2. 国内首个采用 760 m 中距离跑道的设置

西一、西二跑道和北一、北二跑道间距采用 760 m,有利于降低跑道相关性,提高跑道容量,降低延误。

结合远期规划,在跑道条数多时,运行已较为复杂,如大量使用近距跑道,将进一步增加运行复杂性。760 m 间距时,可按照隔离运行模式实施一起一降(或独立离场,或相关平行进近），互不干扰，从而容量提高、延误降低。

近期"三纵一横"构型可以使用12种跑道运行模式，为空管指挥大流量运行提供了多种可选方案，有利于提高空地一体运行效率。

3. 降低空中运行风险和噪声影响

1）南北向跑道与首都机场跑道平行，确保空中矛盾最小化

随着空域研究的深入，结合军民航空管要求，将南北向跑道方位调整至与首都机场跑道方位平行。

2）侧向跑道方位考虑减少对周边城市、镇区的噪声影响

综合分析减小噪声影响范围、保障飞行安全以及整体运行协调等因素，侧向跑道的方位设置为与主跑道成70°夹角，有利于减少对廊坊的噪声影响（图9-6）。

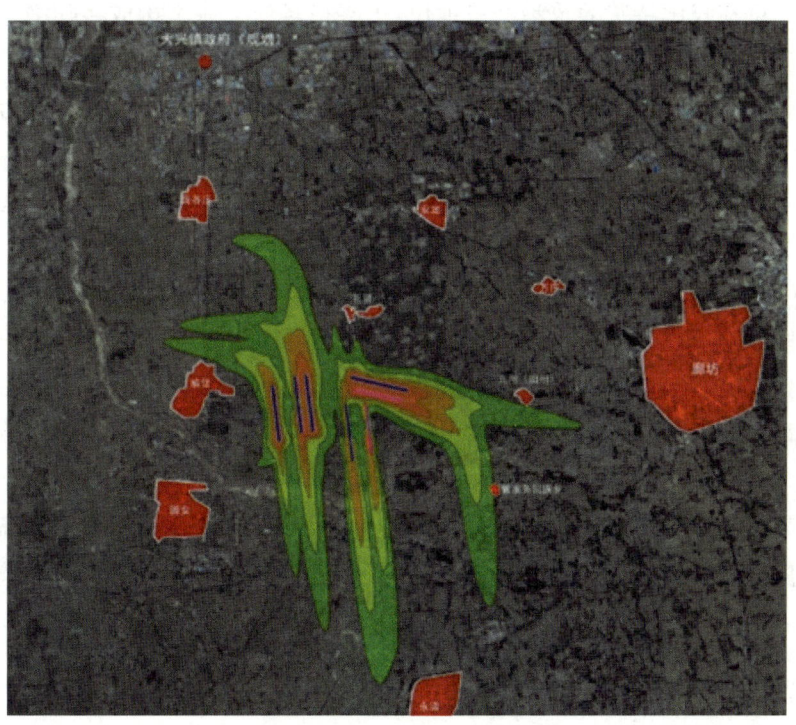

图9-6　噪声影响示意图

9.4　航站区规划

9.4.1　面临的问题和挑战

大兴机场航站区规划面临着空侧运行、旅客构成和陆侧交通等多方面的复杂需求，规划应统筹考虑，综合平衡各方需求，使大兴机场在未来运营过程中避免出现由于

某一短板而影响整体运行效率的情况。为此,航站区规划方案提出了以下基本目标。

1)满足近期 7 200 万人次年旅客吞吐量规模建设和运营的经济性

本次规划设定 2025 年为规划目标年,大兴机场航站区近期规划应满足 7 200 万人次年旅客吞吐量的规模需求。在保证远期扩建灵活性及远景规划可行性的前提下,本期规划应尽可能考虑控制建设规模,降低投资风险;同时需考虑降低机场建成后的运营成本,保障运营经济性。

2)满足远期 1 亿人次左右年旅客吞吐量处理能力

根据预测,大兴机场航站区远期布局应按照满足 1 亿人次左右年旅客吞吐量进行规划,预留近、远期陆侧区域之间的道路连接方式,为远期规划留有余地。

3)满足本地旅客占绝大多数比例的运行需要

缘于北京在我国特殊的政治经济地位,大兴机场航空旅客构成将随之呈现本地旅客占绝大多数的情况。而这一状况意味着与相似吞吐量的国外大型机场相比,大兴机场应具备更大的目的地旅客处理能力,这一点应在航站区规划中予以充分考虑。

4)提高空侧运行效率,减少飞机地面滑行时间

航站区规划应考虑机位与航站楼流程以及跑道使用方式之间的关系,通过合理布局减小飞机滑行距离,提高空侧机位运转效率以及服务车辆的运行效率。

5)满足以北向客流为主的旅客比例构成下进离场交通需求

大兴机场位于北京的最南端,从人口总量和经济总量分析,大兴机场未来必将以北向客流为主,因此,航站区的布局应能提供足够的北向进场交通容量,若航站区采用南北布局,应提供各陆侧区域之间的便捷联通方式。

6)提高土地开发效率,用地布局经济合理

航站区规划应考虑航站楼与工作区用地之间的联系,使机场工作区与航站区有机结合,通过合理布局,增加机场土地开发机会,提高土地使用效率,为机场未来运营发展提供有力保障。

9.4.2 解决问题的方法与措施

为达到上述目标要求,航站区规划工作分为两个阶段开展。一方面进行概念设计,采用层层递进研究方法,根据"单、双航站区→航站楼与进离场交通方式→跑滑系统及平行滑行道→主跑道间距的分析"的研究思路,确定航站区关键技术点。另一方面,开展航站区规划方案国际征集,从多视角审视大兴机场未来发展可能性,充分吸收国外先进设计理念,以满足中央航站区将满足 1 亿人次以上年旅客量的运营需求。

1. 航站区概念设计要点

1)单、双航站区的分析

在场址—构型基本确定的前提下,结合场址周边场地条件分析了单、双航站区的

可行性，认为由于大兴机场远期需要满足近100万/年起降架次的运行需求，双航站区在运行中滑行路线组织复杂、滑行距离过长、旅客中转不便都将影响机场整体的运行效率，因此不作为大兴机场航站区规划方向研究。

通过对全球曾经达到过5 000万/年旅客量的机场航站区发展历程及未来发展规划的分析，综合美国丹佛机场及芝加哥奥黑尔机场的优点，确定采用"中央汇聚型"航站区规划方案。

2）航站楼与进离场交通方式分析

在充分研究国外主要大型机场陆侧交通组织的基础上，建议航站楼采用南北两个主楼中间加卫星厅的形式，形成主航站区在整个机场的中心这种中央汇聚型的构型。这样既保证了跑滑间核心空间的完整，有利于超大容量高效运行，又使中转变得更为容易。

3）跑滑系统及平行滑行道分析

采用中央航站区布置形式的机场，在航站区与跑道之间规划3条平行滑行道是十分重要的，其中1条用于飞机排队等待起飞的同时，另外2条仍可保障其他飞机双向顺畅通行。

4）主跑道间距的分析

在确定航站区发展模式的基础上，随着航站楼构型的不同，形成了不同跑道间距的方案。通过对航站区长度、每机位占地面积、航站楼布置、联络滑行道的数量等方面的分析，为保证机场整体的高效运行，分析了多种主跑道间距的可能性，最终确定主跑道间距采用2 380 m。

2. 航站区规划方案征集

根据对国外大型机场航站区的综合分析，以及国内机场实际运行的经验，大兴机场航站区将采用单一中央航站区的规划模式。根据预测，未来中央航站区将满足1亿人次以上年旅客量的运营需求，这对航站区规划设计提出了极高的要求。

为了从多视角审视大兴机场未来发展可能性，充分吸收国外先进设计理念，2010年10月，指挥部委托民航工程咨询公司针对大兴机场航站区规划向荷兰NACO、法国ADPi、美国L&B、美国RICONDO 4家国外设计单位进行了方案征集。

方案征集要点包括：

（1）满足远期1亿人次年旅客吞吐量规模。

（2）满足远期75%～80%本地旅客比例所需要的航站区规模。

（3）满足以北向客流为主（约70%）的进离场交通需求。

（4）满足给定的远期8条跑道构型、本期四条跑道的构型条件。

（5）满足本期5 000万人次年旅客吞吐量建设和运营的经济性。

（6）满足分期建设的可实施性。

2011年2月20日至22日组织各方专家对应征方案进行了评审,各应征单位提出的方案(图9-7)均初步把握了大兴机场在容量规模、旅客构成、陆侧交通上的特点,涵盖了航站区构型中最有可能的规划方向。综合来看,NACO方案对大兴机场面临的各种制约因素作出了较好的回应,形成了一套相对合理、平衡的解决方案,且该方案在很大程度上,类似于预可研航站区规划方案,与之前对大兴机场航站区关键问题分析所得出的结论比较契合。

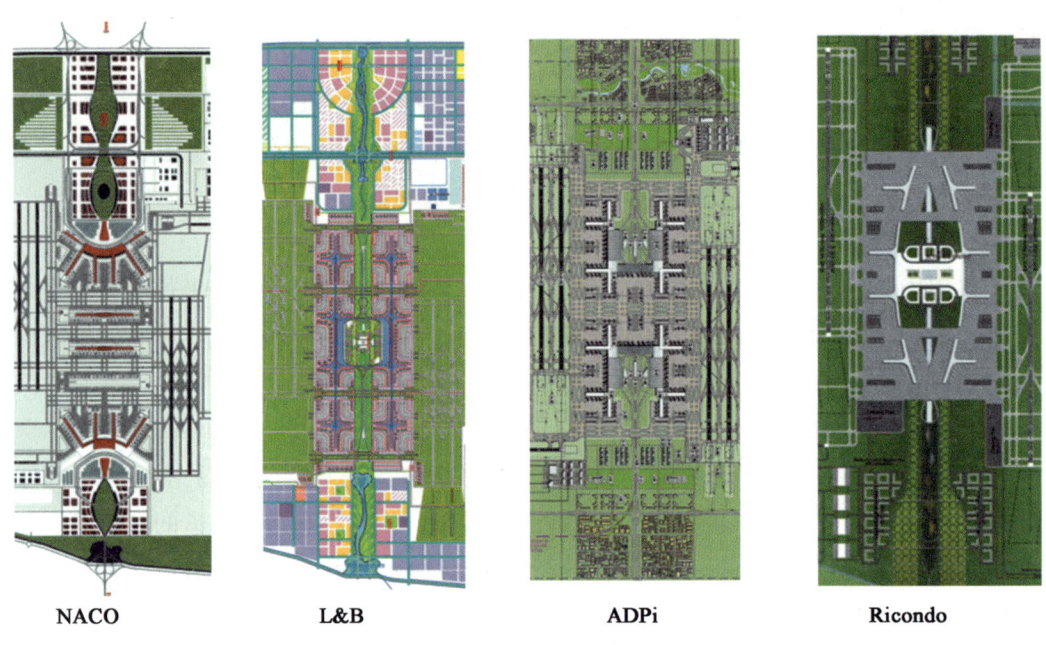

图9-7 航站区规划方案征集

9.4.3 规划方案概况

1. 航站楼

近期在北航站区规划建设T1航站楼及卫星厅,满足年旅客量7 200万人次的使用需求,近期站坪机位总数268个,其中T1航站楼近机位78个(含12个组合机位)、卫星厅近机位45个,远机位及缓压机位共145个。

远期将建设南航站主楼T2,航站楼采用集中式主楼加放射状指廊的形式。南、北航站区可共同满足年旅客吞吐量1亿人次的使用需求。

2. 航站区交通布局

远期南航站区陆侧区域布置在南航站主楼的南侧,采用尽端式道路由南进场。南进场路向南跨过永定河直接进入河北境内,在不同节点可与南北高速联络线、密涿高速连接,主要服务于河北旅客。场内南、北航站区的陆侧可通过南北高速联络线、磁大路场内段连接,场外可通过北进场路、北线高速、大广、密涿、京台等外围高速公路连接。南、北航站区空侧则通过空侧服务车道和旅客捷运系统连接。

3. 空侧区域布局

中央航站区内在主楼、卫星厅、中部远机位之间规划垂直联络道,用于连接航站区东西两侧跑道及滑行道系统,垂直联络道共3组,每组2条独立垂直联络通道,均为F类。

4. 发展设想

总体规划所采用的航站楼方案近、远期在构型上相呼应,随着旅客吞吐量的增长,逐步由北向南发展建设航站区。在这种构型下,北航站区可主要为中枢型、网络型航空公司及其他主要航空公司提供服务,南航站区可主要为低成本航空公司及次要航空公司提供服务。这样使得南、北航站区"分工明确,高低搭配"(图9-8)。但南航站区也可有多种规划模式可供选择,既可以采用类似近期航站楼T1的模式,也可以采用几个航站楼组合的模式,这将根据机场未来的发展需要灵活选择布置。

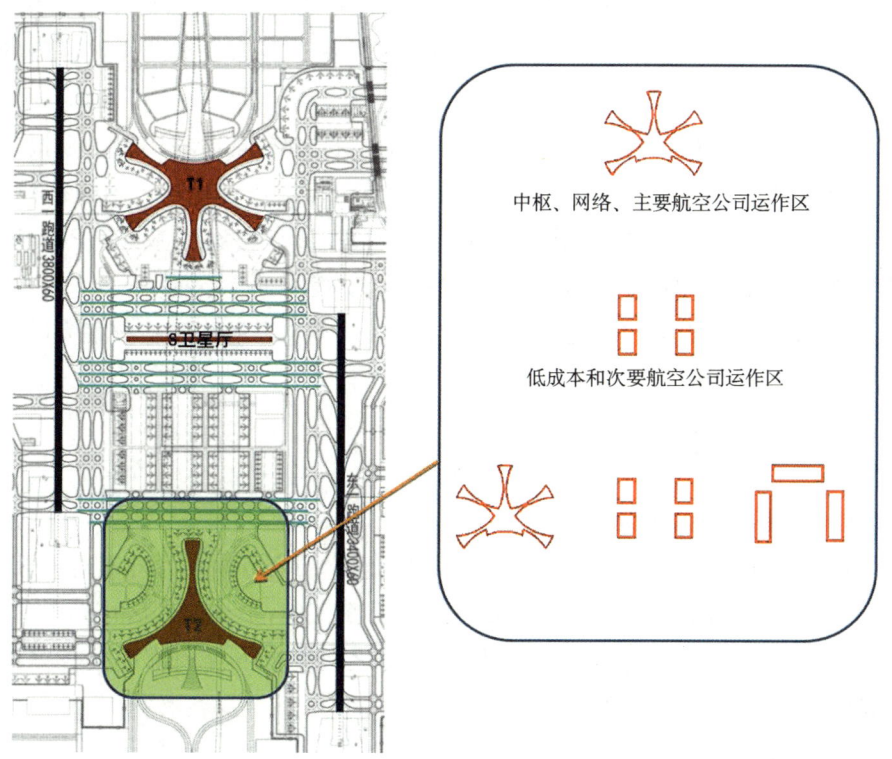

图9-8 远期航站楼发展分析

5. 航站楼方案招标

航站楼是机场的标志性建筑,其设计方案受到高度关注。航站楼建筑设计方案经过了全球招标比选、反复优化设计以及深化设计等多个阶段,历时6年,最终以优美的建筑造型、便捷的功能流程呈现在世人眼前。

2011年4月28日,经请示民航局批准指挥部启动了航站楼方案招标工作。2011

年5月,招标工作正式开始,共有国际、国内21家设计单位报名参加。

2011年7月27日,在北京市建设工程交易中心进行资格预审,择优确定了7家设计单位进入后续投标阶段。7家单位包括：

(1) 英国福斯特及合伙人建筑设计事务所(FOSTER + PARTERSLIMITED)。

(2) 上海华东建筑设计研究院有限公司、新加坡CPG咨询有限公司联合体。

(3) 英国奥雅纳工程顾问公司(OVEARUP & Partners)、英国罗杰斯建筑事务所(Rogers Stirk Harbour & Partners)的联合体。

(4) 英国扎哈·哈迪德事务所(ZAHA.HADIDLIMITED)等五家联合体。

(5) 美国HOK建筑事务所、荷兰NACO机场咨询公司的联合体。

(6) 北京建院、民航总院联合体。

(7) 法国巴黎机场工程公司(ADPi)。

2014年1月19日,大兴机场建设领导小组召开第三次会议,确定以法国巴黎机场工程公司(ADPi)所提交航站楼方案为基础方案,吸收各家方案的优点,开展进一步优化工作。

民航局专题研究后认为,原投标方案均存在一定缺憾,现阶段不具备上报条件,要求开展优化工作。指挥部组建了巴黎机场工程公司(ADPi)、扎哈·哈迪德建筑事务所(ZAHA)设计团队为主的优化设计团队,以ADPi设计方案为基础,开展了第一阶段优化工作,优化成果纳入了大兴机场可研报告,上报国务院审批。

在指挥部精心组织下,几方团队经过共同努力,确定了最终实施方案为优化成果,纳入航站区总体规划图。

9.4.4 亮点与创新点

1. 超大规模的中央航站区

远期规划年旅客吞吐量1亿人次左右,如此规模的飞行量和吞吐量对旅客航站区规划提出了前所未有的挑战。经过多轮研究及方案征集,中央航站区规划方案最终从"双尽端、长指廊主楼+十字卫星厅、站坪与平滑之间设置下穿内部连接道路模式"调整为"双尽端、长指廊主楼+线性卫星厅"。

2. 高效的滑行道系统

局部三条平滑的使用,在国内枢纽级机场中使用极为少见,这主要使超大航站区内去往多跑道端的运行衔接路线更为顺畅。最终确定的线型卫星厅也使得航站区的东西向滑行道简洁、流畅,充分提升了全向型跑道的运行效率。

3. 多式联运、南北通达

大兴机场位于京津冀的核心腹地,致力于加快推进直通北京中心城区、覆盖京津冀区域的"地上一张网"建设,构建了"五纵两横"的综合交通骨干网络,融合高铁、城市轨道、高速公路等多种交通形式,拉近了京津冀腹地旅客与大兴机场之间的距离。

航站区采用集中的飞行区、南北尽端式航站区布局,南北旅客容量约为 3∶7,北航站区集中的航站楼主楼+卫星厅的规划分期建设。轨道交通沿中轴线下穿飞行区,高速公路连接南北航站主楼,最大限度保障飞行区的整体性,使滑行道系统通畅、高效,为远期超 1 亿年旅客和近 90 万年架次的航班起降量打好基础。

9.5 空地一体化仿真模拟

机场仿真模拟技术是应用计算机仿真模拟软件,搭建机场研究对象的物理结构、设施布局和运行方案模型,通过分析仿真运行数据结果,评估研究对象的运行效率、服务水平及可满足的运行容量。大兴机场在规划设计伊始即引入了机场仿真模拟技术进行方案的论证、比选、评估和优化,仿真研究贯穿于项目的全过程、多领域,为大兴机场的方案论证、定量评估和精细化决策提供了有力的技术支撑。

在工程预可研阶段跑道构型的比选是各方关注的重点,全平行跑道构型或平行+侧向跑道构型,几条跑道可满足未来的运行需求?在可研阶段,针对尽端式与贯穿式航站楼布局,需作出决策。此外,大兴机场指廊港湾区域的运行效率,是空管与地面机坪管制关注的重点。针对上述问题,借助机场仿真模拟手段一一进行了验证分析。

9.5.1 跑道构型比选

在本期跑道构型比选中,四跑道构型包括 3 条平行跑道+1 条侧向跑道和 4 条平行跑道,三跑道构型包括 2 条平行跑道+1 条侧向跑道和 3 条平行跑道,如图 9-9 和图 9-10 所示。飞行区运行仿真模拟从航班地面延误时间、滑行时间、燃油消耗、温室气体排放等角度对不同方案进行比选。

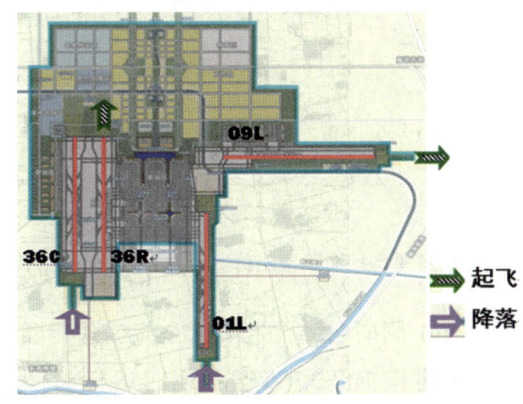
3平行+1侧向构型

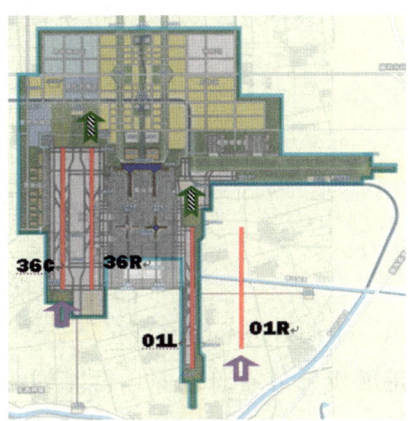
4平行构型

图 9-9 本期四条跑道构型方案

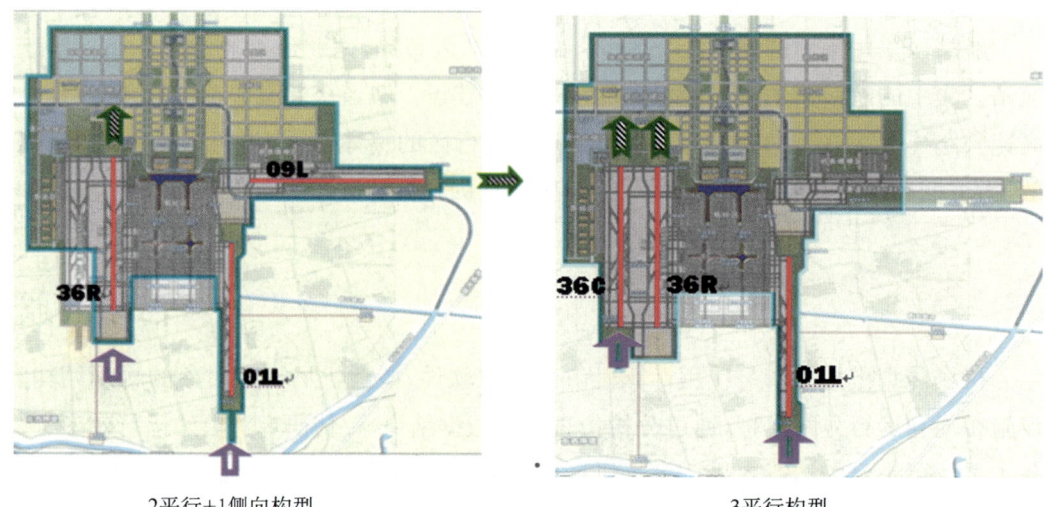

图 9-10　本期三条跑道构型方案

四跑道两种构型下的离港航班平均地面延误趋势如图 9-11 所示。不同航班量下，4 平行构型离港航班地面延误均高于 3 平行＋1 侧向构型，平均增加约 18%。本期 2025 年航班日起降 1 850 架次下，3 平行＋1 侧向跑道构型飞行区运行高效。

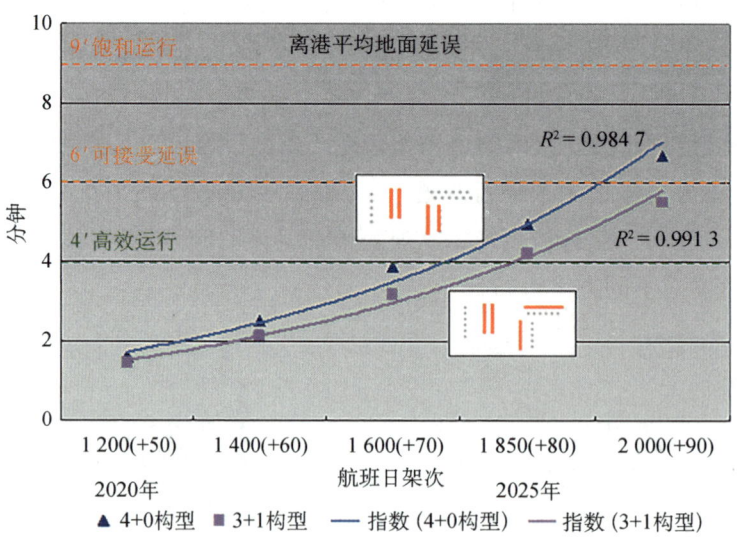

图 9-11　3 平行＋1 侧向与 4 平行构型离港平均地面延误趋势

本期目标年航班日起降 1 850 架次下，3 平行＋1 侧向与 4 平行构型比较，每个离港航班可节省总地面运行时间约 2.54 min，每个进港航班可节省总地面运行时间约 0.9 min。全年可节约燃油消耗约 1.85 万 t，减少二氧化碳排放约 5.88 万 t。

三跑道 2 平行＋1 侧向与 3 平行构型均无法满足本期目标年 2025 年的运量需

求,3平行构型整体地面运行效率低于2平行+1侧向构型。2平行+1侧向构型日航班量1500架次时,与3平行+1侧向构型2025年机场整体延误水平相当。在机场正常运行容量范围,且同一延误标准下,两种构型日航班起降量相差约300～400架次。最终建议跑道构型为四跑道全向型方案,即3条平行跑道+1条侧向跑道构型。

9.5.2 航站楼布局分析

针对融合尽端式和贯穿式方案的本期飞行区规划方案(图9-12)分别建立仿真模型,并对仿真模拟运行结果进行分析、比选。在机场主降运行方向下,从机场整体运行绩效,跑道、滑行道和机位系统使用情况,以及地面延误主要发生位置等方面对模拟结果进行分析。

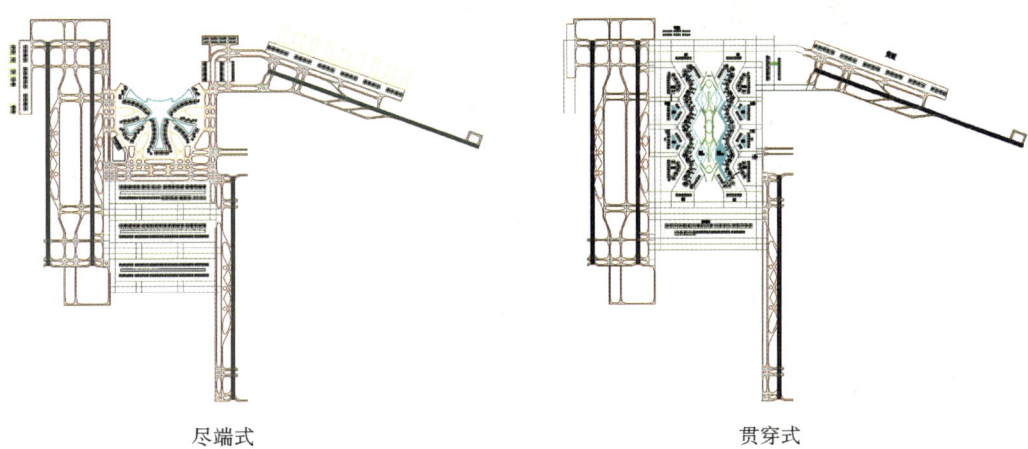

尽端式　　　　　　　　　　　贯穿式

图9-12　尽端式与贯穿式航站楼布局比选

尽端式和贯穿式方案下,不同目标年进、离港航班全天平均地面运行时间如表9-1所示。表中"航班地面运行时间"包含航班地面延误时间与滑行时间。两方案相比,贯穿式方案航班平均地面运行时间略高于尽端式方案,不同目标年下二者相差约0.2～0.5 min,其中离港航班地面运行时间增加约1.8%,进港航班地面运行时间增加约2.8%。

表9-1　两方案进、离港航班地面运行时间统计

年份	2020年		2023年		2025年	
日架次	1 210		1 600		1 900	
航站楼方案	尽端式	贯穿式	尽端式	贯穿式	尽端式	贯穿式
离港航班地面运行时间(min)	16.3	16.76	18.73	19.06	20.95	21.12
进港航班地面运行时间(min)	12.98	13.49	13.59	14.02	14.18	14.37

尽端式和贯穿式方案下，各跑道起降航班平均无延误地面滑行时间统计，如图 9-13 所示。对离港航班而言，尽端式方案下至各跑道起飞航班无延误滑行时间均小于贯穿式方案，平均节约用时约 5%。

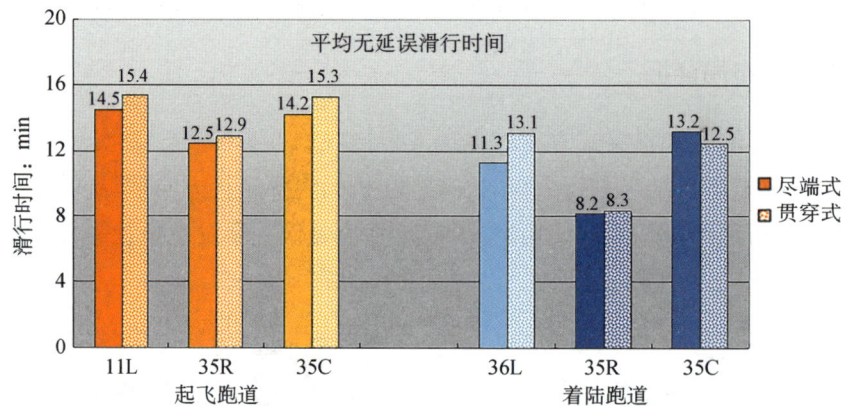

图 9-13 尽端式与贯穿式航站楼布局无延误滑行时间统计

在上述模拟仿真论证分析的基础上，综合考虑航站楼功能分区、旅客流程、步行距离、交通衔接、土地利用、分期建设等因素，最终确定采用尽端式航站楼布局方案。

9.5.3 港湾运行效率评估

大兴机场航站楼五指廊布局模式在空侧形成了 4 个供飞机停靠的"港湾"（指廊间的夹角区），结合站坪滑行道设置，考虑了三种站坪运行方案。

运行方案 1：夹角区内规划双站坪滑行道，单向运行，如图 9-14（a）所示。运行方案 2：夹角区内双站坪滑行道单向运行，同时利用区内空间设置推出等待机位，可供 1 个 E 类与 2 个 C 类飞机或两个 E 类飞机推出等待，如图 9-14（b）所示。夹角区内所有离港航班均先推至邻近的等待机位进行相关准备，而后自行滑出。运行方案 3：夹角区内规划三条站坪滑行道，采用中间进两侧出运行模式，如图 9-14（c）所示。

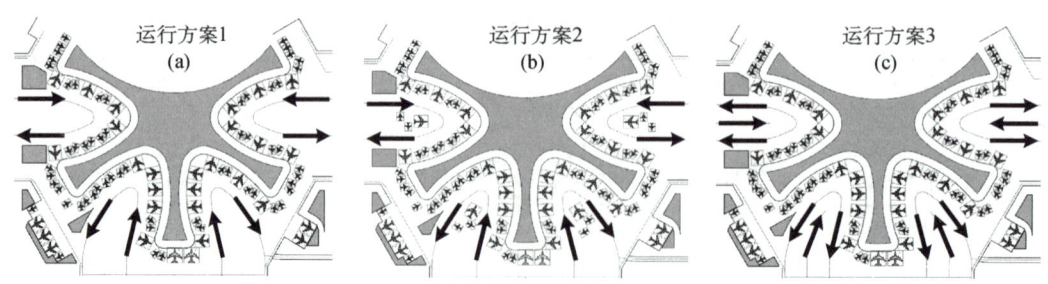

图 9-14 大兴机场站坪滑行道运行方案

针对飞机降落滑入站坪及起飞滑出站坪整个过程,在夹角区内站坪滑行道和机位产生的延误等待进行对比分析。最终推荐站坪运行方案3,其优势在于进、离港航班滑行分流,相互间干扰较小;其不足是靠近夹角区域根部飞机推出时与邻近机位干扰较大,需有效调配相关机位的使用。

9.6 控制性详细规划

为落实机场总体规划,确保大兴机场建设工作稳步推进,实现机场与地方城市规划管理的有效衔接,有必要搭建统一的规划平台对机场进行精细化管理,深化机场总体规划内容,合理安排机场,尤其是机场陆侧各类建设项目的位置、规模,细化各项规划指标。

作为规范大兴机场项目建设的指导性文件,《北京新机场控制性详细规划(北京新机场近期建设详细规划)》以民航局、北京市人民政府、河北省人民政府批复的《北京新机场总体规划》为依据,将民航行业标准和城市规划要求相结合,将北京与河北省城市规划要求相结合,进行统一规划。

9.6.1 规划概况

1. 控规在机场规划中的作用

运输机场工程建设程序一般包括新建机场选址、预可研、可研(或项目核准)、总体规划、初步设计、施工图设计、建设实施、验收及竣工财务决算等。尽管交通部印发的《民用机场建设管理规定》提出,"运输机场建设项目法人(或机场管理机构)应当依据批准的机场总体规划组织编制机场近期建设详细规划,并报送所在地民航地区管理局备案",但机场建设领域尚无配套的深度要求等文件,加之近期建设详细规划法定地位较低,实际工作中缺少了衔接总体规划和初步设计的"规划施工图"阶段。

大兴机场规划建设过程中,为确保机场建设按照总体规划预定的方向发展,也为搭建统一平台、整合各类资源,加强规划管控,引入了控制性详细规划。从实际效果看,大兴机场控规成功地发挥了项目法人管理和设计单位管理的平台作用。

2. 规划方案概要

1) 规划范围

大兴机场控制性详细规划以指导本期建设为目的,研究范围为大兴机场本期建设用地范围(图9-15),涵盖机场北工作区、货运区、机务维修区、航站区、飞行区以及其他区域,地跨北京市和河北省。根据土地预审的主要结论和机场总规后续阶段的土地测绘、摸查等工作,确定规划范围总用地面积为2 698.10 hm^2,其中,占北京市用地

1 559.990 7 hm²，占河北省用地 1 138.109 3 hm²。

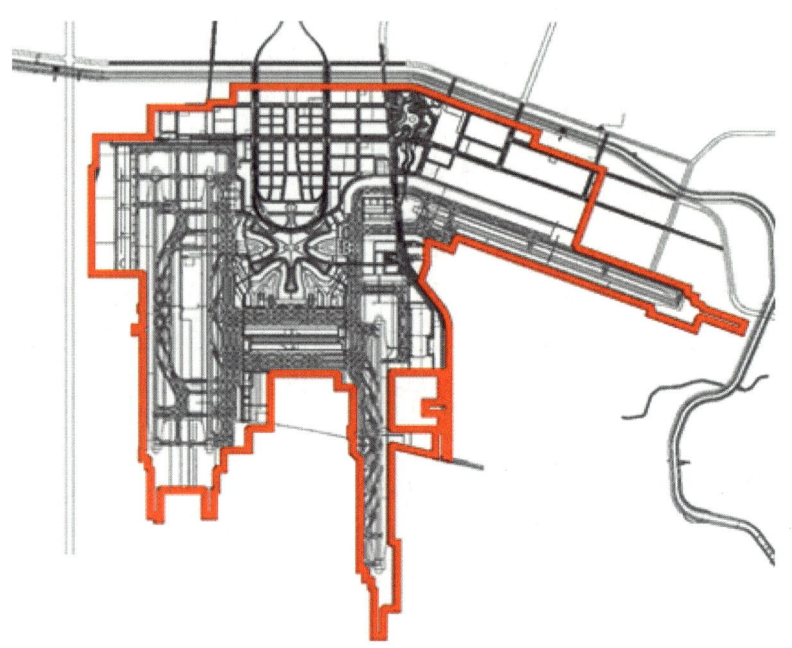

图 9-15　大兴机场详细规划范围

2）开发规模

规划的各项设施规模以《北京新机场总体规划》《北京新机场可行性研究报告》为基础，对近期 2025 年的各项机场设施进行规模测算。在统筹考虑机场、空管、油料、航空公司、联检单位等驻场单位的建设需求下，结合场内其他已批复项目的建设规模，推算机场近期总建设规模约为 870.77 万 m²（含地下）。

3）规划结构和功能分区

大兴机场详细规划整体上延续总规对规划范围的分区结构，由飞行区、航站区、工作区、货运区、机务维修区以及其他区域组成。依照大兴机场"大型综合枢纽机场"的战略定位，规划以满足机场高效运营为目标，合理安排各个分区的位置与规模，相关区域就近安排，尽量达到方便顺畅的联系。

工作重点对陆侧区域进行规划梳理和功能整合，形成了"一轴一带、分区串联"的规划结构（图 9-16）。

"一轴"即沿中央绿带构筑公共职能轴，构建区域中心。沿中央绿带两侧主要布置行政办公、商业办公设施。

"一带"即沿主干一路、泄洪渠沿线形成的城市线性景观带，蓄滞洪区城市公园是景观带上的重要节点。

"分区串联"即有机组织北工作区、机务维修区、货运区、航站区、飞行区。

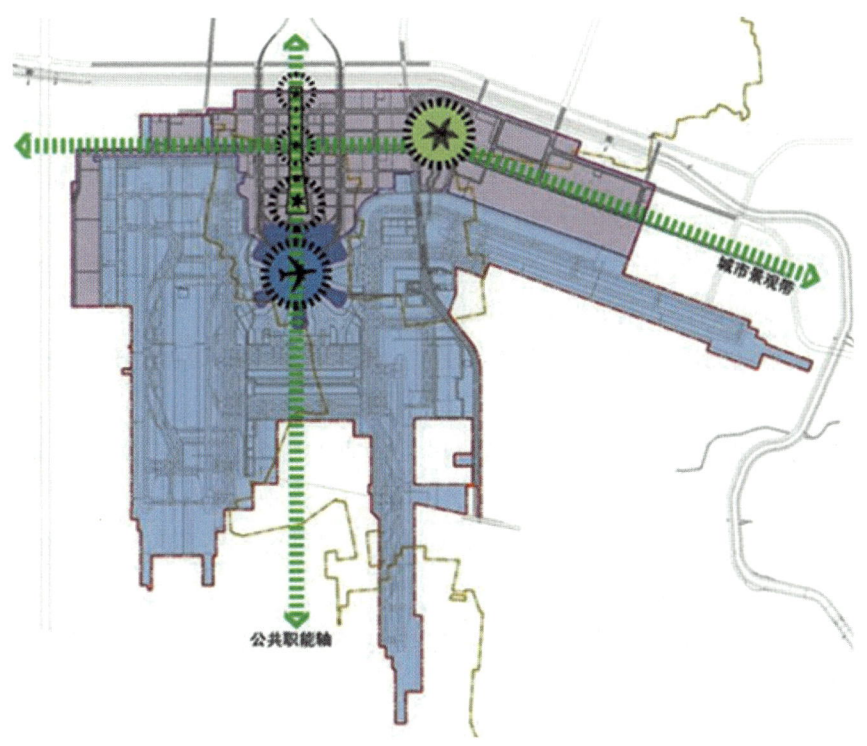

图 9-16 大兴机场总体结构

详细规划结合各类设施不同的使用功能和大兴机场的实际情况,将机场工作区进一步细分为运行保障区、综合办公区、行政办公区和蓄滞洪区(图 9-17)。

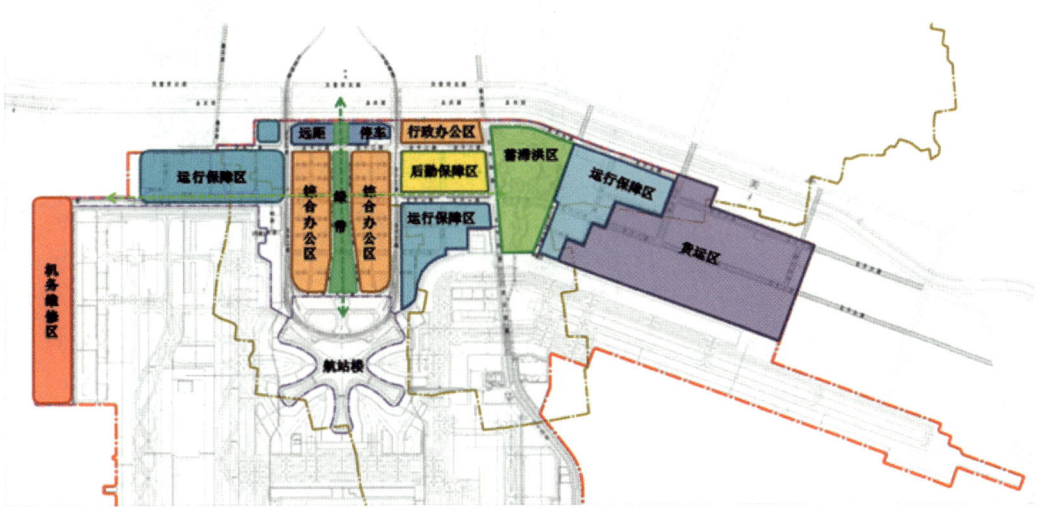

图 9-17 大兴机场功能分区(近期)

航站楼楼前的核心地块位于进出场高速之间,是进出机场的视线焦点,同时由于净空和噪声条件较好,规划为综合办公区,可实现较高强度的建设,体现机场门户形象。

4)城市设计引导及控制

为了营造舒适宜人的机场环境,使建筑、市政交通设施具有规律性、整体性、统一性,城市设计以小街区密路网、形态混合、公交优先策略为导向,通过建筑形态、建筑立面、建筑附属物等设计元素进行控制,实现以下控制目标:

(1)以场前区整体统一、匀质的建筑背景突出大兴机场航站楼的标志性形态,形成"中央高、南北两侧较低"的建筑天际线。

(2)形成齐整的城市界面,确立连续的街墙线,市政交通设施与建筑之间形成整体关系。

(3)推行"窄路密网"路网格局,形成尺度适宜的街区,避免产生过大体量建筑。鼓励形成开放街区,争取公共、开放的空间环境。

(4)建筑体量控制成群成组,使建筑之间有更多共性;通过灵活多变的建筑组合方式,形成开放、和谐的合院式建筑组团。

(5)地块绿地与建筑风格协调统一,结合各地块的开发建设与区域整体考虑。

5)其他规划

本控规中绿地系统包括公园绿地、防护绿地、附属绿地。采用"一轴、一带、一环、多点"的规划结构(图9-18)。

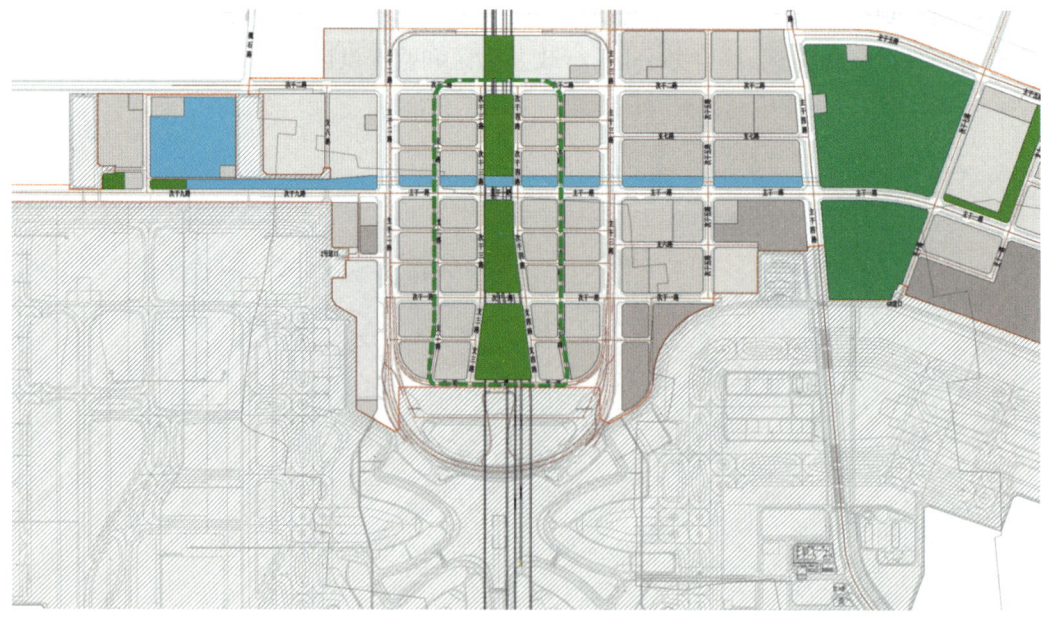

图9-18 绿地系统规划结构

9.6.2 推进历程

基于工作重点和工作成果，可以大致将大兴机场控制性详细规划的工作过程划分为3个阶段（图9-19）。

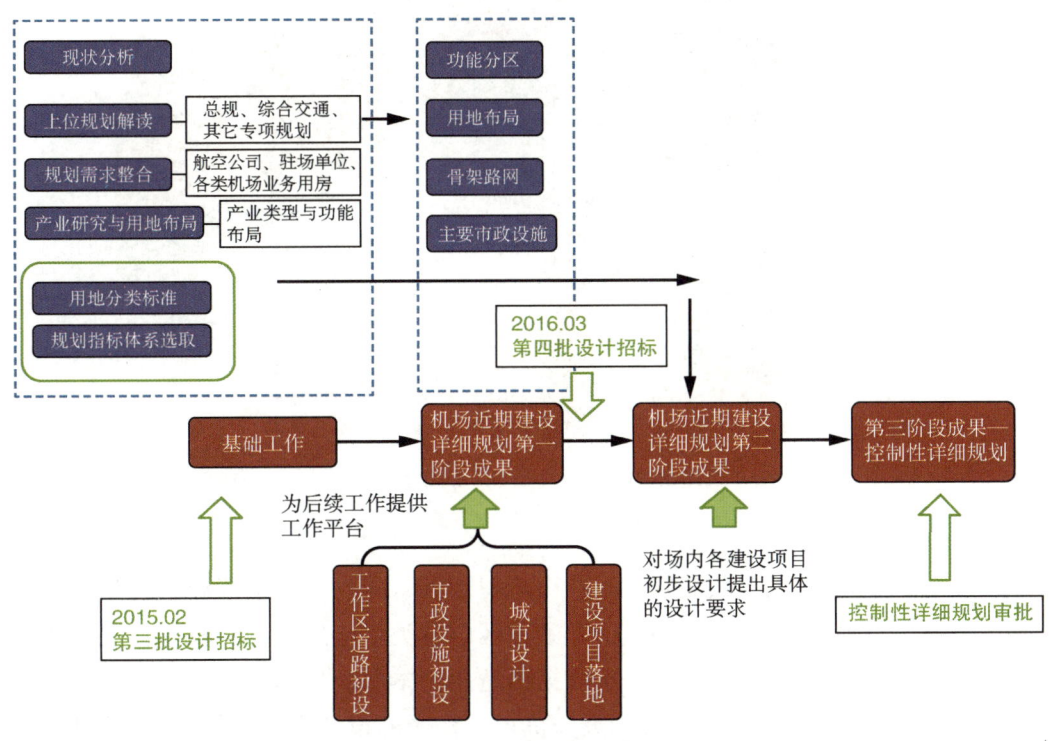

图9-19 工作流程示意图

1. 基础工作阶段

控规的前期准备和启动阶段，重点围绕规划范围、规划条件、规划理念等基础问题开展研究工作。

1）规划条件梳理

控规延续总规阶段明确的整体功能分区，确定工作重点在于对陆侧区域进行功能整合，结合各类设施不同的使用功能和大兴机场的实际情况，将机场工作区划分为运行保障区、综合办公区、行政办公区和蓄滞洪区，形成了"一轴一带、分区串联"的规划结构，同时延续多轮协调形成的外部综合交通条件和场内高速、主干路网作为工作基础。

规划确定将净空限制和噪声影响作为重要的规划条件，确保场内所有建构筑物最高点不突破净空限制面（图9-20），净空和低噪条件较好的地段规划办公类、后勤类用房，建筑形象一般、高度低矮的功能性用房应尽可能利用净空限制严格、降噪条件较差的地段。

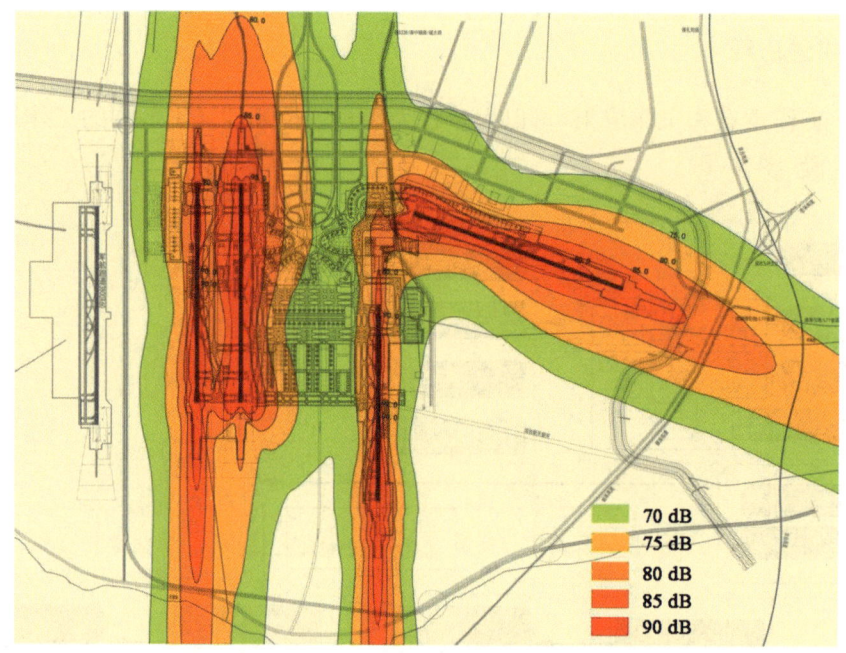

图 9-20 大兴机场噪声影响范围图

2）规划指标研究

对国内大型机场的各项规划指标进行梳理、总结，同时从土地资源集约开发的角度出发，并结合城市设计的一般要求，对工作区内各类功能用地的容积率、建筑高度、建筑密度、绿地率等建设指标开展研究，提出适用于本次规划的指标体系。民航功能性较强的用地指标，主要通过对国内大型机场工作区的设计指标进行整理，可以有效地发现当前机场规划设计中的土地利用状况，其中，航食、停车库等工艺要求主导的设施指标参考性较强；对城市功能性较强的用地指标，可以考虑从空间环境的角度出发，对类似高度限制、类似功能定位的城市地段进行研究，形成兼顾土地使用强度和环境景观效果的指标要求。

2. 成果形成阶段

1）建设规模测算

控规中建设规模的测算以批复的《北京新机场总体规划》为基础，遵循批复或核准的机场工程、空管、油料、航空公司及其他相关工程可研。同时基于规划要求，充分梳理潜在的建设主体需求和机场功能需求，并结合容积率指标、地下空间比例测算等，明确 2025 年 7 200 万人次旅客吞吐量对应的全场总建筑面积约为 884 万 m^2。

2）街区形态控制

基于稳定的主干路体系，深入分析街区尺度，细分支路路网、收窄部分道路红线，形成 200 m×130 m 的"窄路密网"格局（图 9-21），避免产生过大体量建筑。鼓励形成开放街区，争取公共、开放的空间环境。研究明确建筑形态、立面、附属物控制要求，确保规划理念在建设阶段的可操作性。

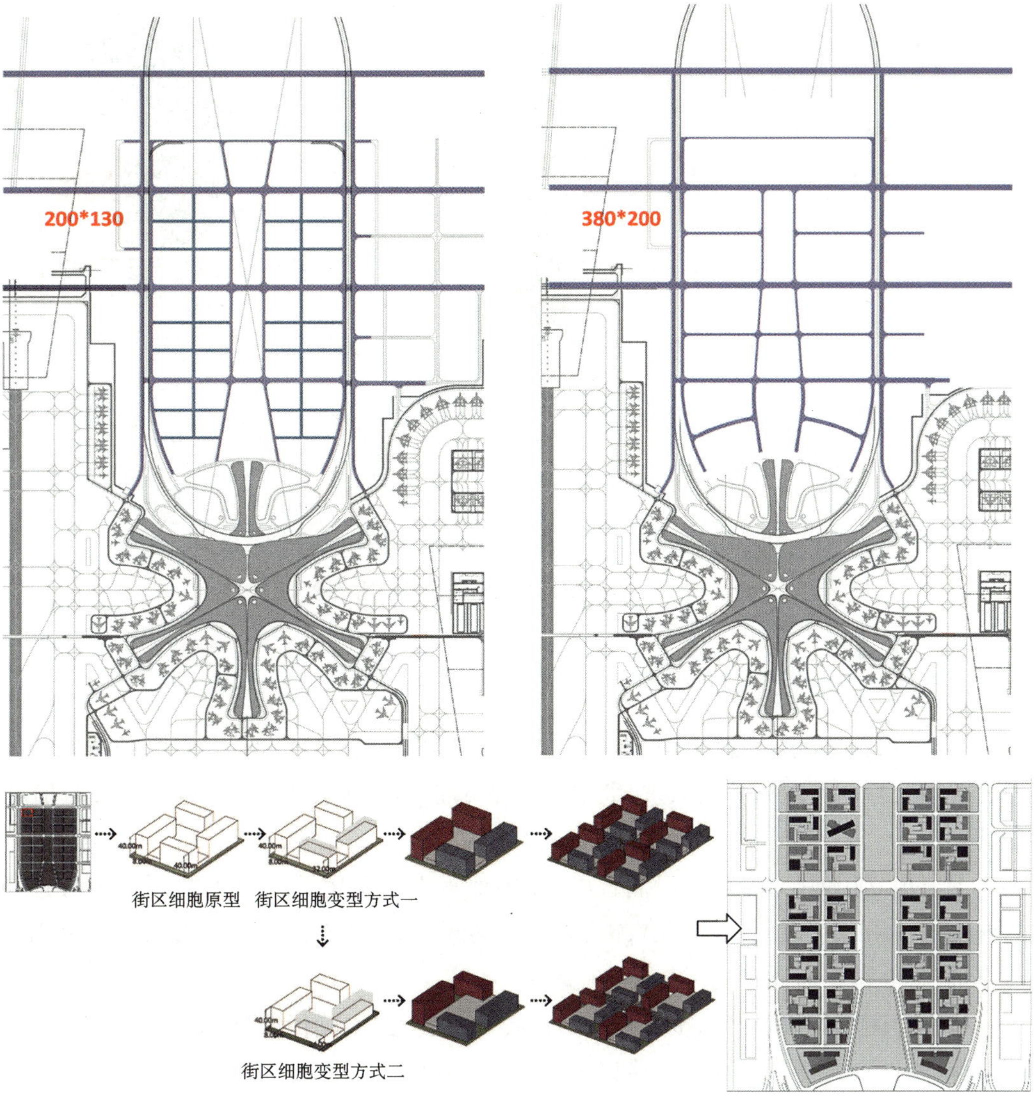

图 9-21　楼前核心区形态控制

3）市政设施布局

基于稳定的设计规模和规划格局，完成给水、雨水、污水、再生水、电力、电信、供热、燃气、综合管廊、环卫设施规划（图 9-22）。

市政设施站点除考虑功能需求外，由于建筑形象一般、高度低矮，布置于核心区以外，并应尽可能利用净空限制严格、降噪条件较差的地段。

此外，同步完成场内综合交通、绿地系统、综合防灾、地下空间等专项规划，形成体系较完整的规划阶段成果。

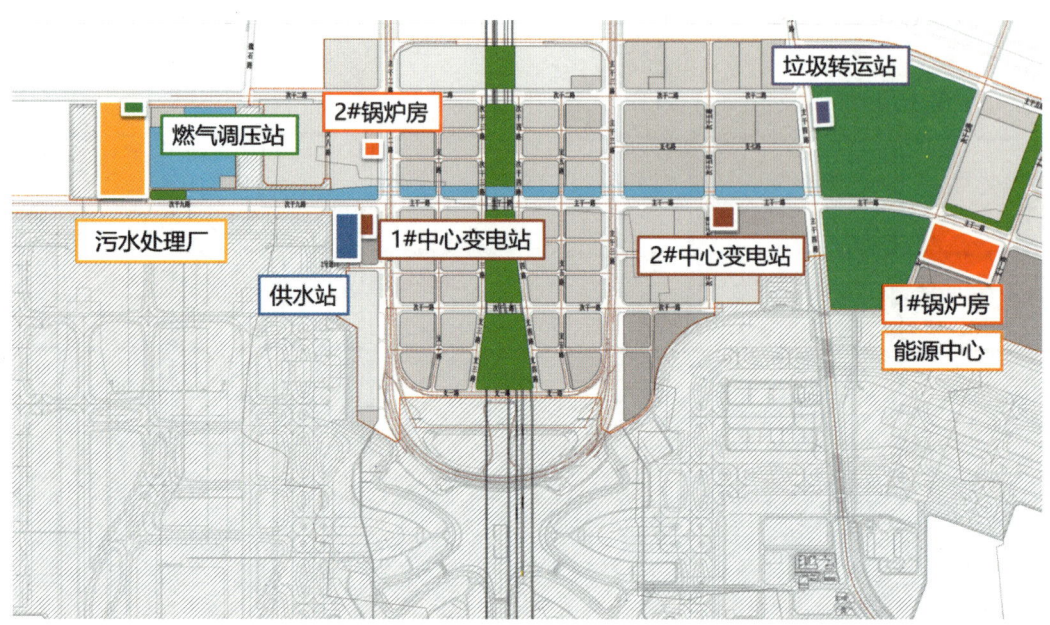

图 9-22　大兴机场主要市政公用设施示意

3. 成果输出阶段

1) 形成规划文本

控规的文本成果是建设项目审批和机场建设管理的直接依据，大兴机场控规文本经民航华北地区管理局备案后，由北京市规划和自然资源委员会、廊坊市人民政府联合批复。

由于规划用地跨北京市、河北省界，在用地审批上采用综合审批的方式。跨省界的地块统一由北京市代审批，北京市、河北省共同盖章；独立位于北京市的用地由北京市审批；独立位于河北省的用地由河北省审批。

地块层面的控规要严格按控规的控制要求进行编制，确保规划和建设的持续性和严肃性，确保有效指导机场后续建设工作。

2) 推动用地权属确定

根据民航局、国家发改委相关文件精神，指挥部按照"四统一"的原则安排各驻场单位进驻和进行基地建设工作。基于机场控规形成的"一张蓝图"，航空公司、空管、油料、一关两检等进驻单位选址时须服从规划管理，满足控规确定的用地功能和容积率、建筑高度等强制性指标，有效避免了因规划条件不明确造成的用地权属确认反复。

3) 完成净用地率测算

基于规划成果，可以科学地测算机场净用地率，便利地形成不同统计口径的用地比例，指导各驻场单位用地切分。经测算，不含飞行区、航站楼及楼前设施，场内各地块的净用地率为53%、机场工程占地比例为30%左右。

9.6.3 规划目标和技术特点

1. 规划目标和规划思路

通过分析现状国内大型机场建设和运行的"痛点",确定了"设计为创造城市而服务,避免封闭、单一功能的大院式布局,争取公共、开放的空间环境"、"形成适宜尺度的街区规模,避免产生过大体量建筑,破坏城市肌理"、"以公共交通为导向,紧邻地铁站、轻轨沿线进行高密度开发,高效利用土地资源"、"建设便捷的公共交通,关注人的行为与体验,提升街区活力"等的控规规划理念和目标。

1）搭建统一的机场建设管理平台

按照"统一征用、统一规划、统一建设、统一管理"原则实施规划管控,统筹建设驻场单位配套设施,搭建多层面的工作平台。将本期建设和近、远期规划相结合,以用地功能为主导,在合理布局的基础上精细化使用土地,提高机场土地利用效率。

2）引领"四型机场"建设

围绕建设平安、绿色、智慧、人文机场要求,深化完善机场规划布局。以保障机场安全高效运行为首要前提,优先保证净空限制、噪声影响、蓄滞洪等安全要素,确保机场应对雨洪灾害等的良好弹性。坚决落实各项配套设施及市政基础设施建设,建造合理环境负荷下安全、健康、高效及舒适的工作与活动空间。创造个人捷运系统、能源综合利用和管理、地下空间等的建设条件,实现高效率的智慧运作。提高场内公共服务水平,加强森林城市建设,打造特色鲜明的楼前形象,引领公共基础设施人文关怀。

3）推广开放街区理念

根据中共中央、国务院"推广街区制""逐步打开封闭小区和单位大院"的指示精神,大兴机场控规采用开放街区的规划方式。规划考虑结合城市设计工作,打破封闭"大院",缩小街区尺度,提高紧贴用地红线的建筑比例,减少对机场功能的阻隔,从而形成开放便捷、尺度适宜的新型机场工作区。

4）践行密路网和公交优先策略

建设高密度路网,有效优化交通组织,使主干道主要供过境交通使用,内部交通则在内部路网循环。采用公交优先策略,实现多交通方式无缝衔接换乘,着重考虑更加合理密度的站点布置和更加宜人的空间尺度,实现高频次的发车间隙,倡导绿色出行。建立步行系统,回归传统街道空间,解决目前国内机场陆侧区域均质化和便利性欠缺等问题。

2. 技术特点

1）定位与定界相结合

基于总体规划等上位文件明确的机场用地四至范围和主要功能区定位,确定机场"一轴一带、分区串联"的整体功能布局,做到系统清晰、分区合理、运行有序。

2）定量与定性相结合

统筹考虑机场运行保障需要、各地块性质、市政配套设施承载力，控制机场近期总建筑规模约为 870 万 m²；打开封闭地块和单位大院，提倡"街区制"，形成以"窄路密网"为特点，以进出场路为骨架，主、次、支、微合理布局的路网结构，创造更高效的交通组织和更加宜人的空间尺度。

3）控制与引导相结合

明确提出大兴机场控规是规范大兴机场空侧、陆侧各类建设项目的指导性文件。规划经批准后应作为规划实施管理和指导编制修建性详细规划、建设方案的依据。规划范围内任何翻建、改建、扩建或新建项目，均应符合本规划的规定和要求。

在具体指标设置上，将民航行业标准与北京市、河北省城市规划要求相结合，搭建了以用地性质、容积率、绿地率、建筑控制高度等规定性指标和建筑面积、平均层数、建筑色彩等指导性指标相结合的控制性指标体系。

4）强调空间一体化设计

将街区、景观、地下空间与基础设施统筹考虑，形成综合的全面解决方案。构建"中央高、南北两侧低"的建筑天际线和"一轴、一带、一环、多点"的绿地结构，降低独立开发、重复开发的成本。工作区结合机场各类设施的需求，分层开发，地上地下结合，统筹社会效益、经济效益和环境效益，兼顾防灾和人民防空等需要。

9.6.4 规划实施成效

1. 实现建设规模控制

大兴机场控规研究明确的机场总建设规模和各地块建设规模，为有效实施建设规模控制创造了前提条件。

大兴机场控规遵循上位规划，即《北京新机场总体规划》要求，是对机场总体规划工作的深化和细化。控规中建设规模的测算以批复的《北京新机场总体规划》为基础，同时遵循批复或核准的机场工程、空管、油料、航空公司及其他相关工程可研。

1）总体规划阶段的建设规模

《北京新机场总体规划》（以下简称《总规》）及批复文件对该阶段已获得批复的机场工程、空管工程以及供油工程项目，结合机场旅客吞吐量的增长，推算了近期建设规模，合计约 236.8 万 m²。

由于大兴机场建设实施主体众多，工作进展难以同步，在总体规划编制阶段，各航空公司和驻场单位需求尚未稳定，《总规》仅罗列了部分航空公司当时提出的设施需求，作为后续工作的参考。此外，机场总体规划阶段未明确需单独批复的设施规模，如航站楼和卫星厅、货站、维修机库、飞行区设施、第三方公司设施等。

2) 控规编制阶段逐步明确建设规模

控规阶段,基于规划要求,充分梳理潜在的建设主体需求和机场功能需求。如根据市场份额推算非主基地航空公司设施规模,明确非基地航空公司运控出勤楼、倒班宿舍等设施规模;以机场核心区容积率推算大兴区、廊坊市政府及少量待定功能用地的建设规模;充分考虑地下人防空间面积,经横向对比和实际测算,工作区人防按照地上面积的20%估算地下建设面积。统筹考虑机场、空管、油料、航空公司、联检单位等驻场单位的建设需求后,结合场内其他已批复项目的建设规模,推算机场规划总建设规模接近880万 m^2,其中包括大约100万 m^2 的地下建筑。

3) 市政保障能力复核

此外,为确保各类建设项目安全平稳运转,指挥部开展了市政基础设施负荷计算工作,分别就给水、再生水、污水、用电、供热、用气量等供应能力开展复核。由于部分指标难以对应城市标准,规划经调研首都机场等大型机场的市政基础设施用量指标,主动调整建设规模和市政设施设计,确保规划的各项建设规模具有可实施性。

2. 实现整体形态控制

1) 形成"中央高、南北两侧较低"的建筑天际线

由于机场净空限高影响,规划以场前区整体统一、匀质的建筑背景突出大兴机场航站楼的标志性形态。东西方向,结合核心区的高强度开发,形成"中部高,东西低"的天际线;南北方向,烘托航站楼为区域标志性建筑,形成"北、中部高,南部稍低"的天际线,呼应与航站楼之间的空间关系。

2) 形成"窄路密网"路网格局

根据中共中央、国务院"推广街区制""逐步打开封闭小区和单位大院"的指示精神,大兴机场控规从两个方面入手,落实开放街区的规划方式。

3) 加强建筑设计元素控制

控制建筑高度与街道宽度比,重要街道两侧的建筑高度应该与街道宽度形成小于1:1的比例。控制建筑体量,当建筑体量明显超过周边建筑体量时,应划分为单元组合式,每个单元应保持合适的比例。沿街建筑应保持一定的连续界面,包括街角的建筑,也应该遵守建筑贴线,以一定的建筑贴线率保证街道景观的完整性。

强化公共建筑片区的主要色彩倾向。一般地区的建筑以大面积的灰色(冷灰、暖灰)为主,少量其他色彩构成基本色彩模式。延续和保留各街区的主要色彩倾向,辅以低纯度的暗红色、黄灰色,局部可在雕塑等设施上点缀亮色。

3. 实现地块精细化管理

1) 细化用地分类

根据土地使用功能划分,可以将运输机场的工作区用地大致区分为六种类型,详见表9-2所示。

表 9-2　运输机场工作区用地分类

用地分类	包含的设施类型
办公设施用地	机场、空管、油料、航空公司、海关检验检疫等场内各单位的办公及配套用房
生活服务设施用地	倒班宿舍、生活服务中心、食堂等
综合服务设施用地	旅客过夜用房、商务办公及其它商业开发性质的设施
运行保障设施用地	航空食品、普通及特种车库、各类物资仓库等
公用配套设施用地	供水站、变电站、污水处理厂、能源中心等
道路交通设施用地	交通枢纽、轨道、道路、停车场、公交站点等

大兴机场控规以《民用机场总体规划规范》为基础，参照国土部划拨用地名录、城市用地分类标准等对T4机场用地进一步细分，并对机场内部各地块的主要功能予以明确，作为对接地方行政审批，推进机场内部各地块精细化管理的技术依据。经研究，大兴机场用地根据功能可以划分为21种用地性质（图9-23）。

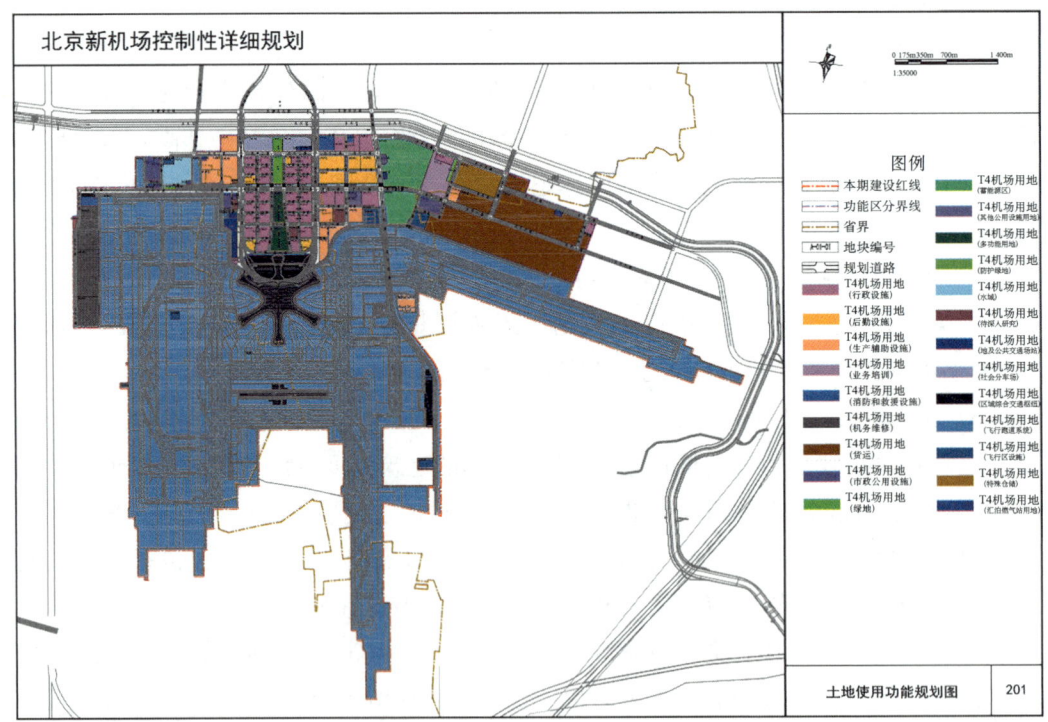

图 9-23　大兴机场控制性详细规划——土地使用规划图

2）细化地块建设指标

基于确定的总建筑规模，在机场用地分类的基础上，控规从土地资源集约开发的角度出发，对工作区内各类功能用地的容积率、建筑高度、建筑密度、绿地率等建设指标开展研究。

结合大兴机场的实际需要，规划确定核心区地块采用相对较高的建设强度，容积率控制在2.4～2.8；核心区以外的地块采用适中的容积率，其中生产辅助用地容积率约为1.2；后勤设施用地容积率控制在2.0～2.5，业务培训用地容积率约为1.0；消防和救援设施用地容积率约为1.2。

3）地块精细化管理

基于用地分类和建设指标的研究成果，规划明确了机场各个地块的主要功能、用地面积和四至范围，并进一步通过界定各个地块的主要用地性质来引导地块的建设，地块内可以根据规定适量建设其他类型的建筑和设施，但应符合建设兼容性的有关要求。如规划明确道路红线内用地为道路专用，任何与交通无关的建筑物和构筑物的改建、扩建和新建不得占用，保证道路系统的完整性。

规划同时将每个地块的建设指标，包括用地范围、容积率、建筑高度等基本要求，城市设计提出的道路开口、建筑后退红线、建筑贴线、开放空间等地块控制要求，以及色彩、开间比例、立面材质等推荐性建筑要求等，在规划图则中落实，并明确写入设计招标条件，指导项目建设。

第三篇

设计篇

大兴机场各项设计工作由于全场项目众多、系统复杂，根据项目的重要性、对全场布局的影响、工期等因素，将设计工作有条理地分成四个批次逐步开展，压茬推进。

第一批项目是飞行区工程(跑滑系统、站坪及配套等)、第二批项目是航站区工程(航站楼及停车楼等)、第三批项目是工作区工程(交通及市政配套管网、场站等)、第四批项目是货运区工程及机场多种功能用房等。

四批项目分别于2014年11月24日、2015年10月27日、2016年9月14日、2017年12月25日获得初步设计批复。施工图设计与初步设计工作压茬推进，力争初步设计批复一批，施工图设计报审一批。

大兴机场的设计工作任务是艰巨的，其难点不仅是规模和体量的庞大，一次性建设四条跑道、70万m^2航站楼，红线内机场工程的投资约800亿元，更在于把工艺、流程复杂的多系统融合组织起来，考虑的是总投资4 000亿元的工程设施兼容性(与大兴机场建设相关的投资包括空管、航油、航司、进场交通等约4 000亿元)。飞机起降、滑行的需求，旅客在航站楼进出港流线及流程，旅客抵离机场与其他交通衔接的问题，行李从值机柜台到飞机的流线，货运、航食及各种功能配套设施对机场正常运行的保障等因素，均要无缝衔接、良好兼容、统筹考虑，总体设计、主体设计协调在设计工作中发挥了重要作用。

第 10 章
航站区设计

10.1 航站区方案历程

指挥部是大兴机场的建设单位,管控了大兴机场规划、设计、建设的全过程。自指挥部成立之初,就有来自两种不同职业经历的成员相聚共事,一类长期从事机场设计与建设,一类长期从事机场运营管理。从建设到运营的不同背景不仅带来了全面的视角,也带来了思维的碰撞,从磨合直至融合,各自的认识均得到了提高,形成了一支高效有决策力的团队。回顾建设发展历程,建设本身并非目的,而是以目标为导向,通过一系列环环相扣的设计决策,最终建成适于运营的设施。作为"航站区设计章"的开篇,本节从指挥部视角出发,全面回顾方案发展的历程。

10.1.1 布局航站区

机场规划首先是在确定机场终端规模及目标年规模的前提下,研究跑道数量及布局构型。

大兴机场跑道数量、间距、方位的选择综合了容量、用地及航站区布局需求:国内第一次规划的侧向跑道可避开北面禁飞区和廊坊主城区,具有减少飞机为躲避首都机场航线绕行的优点;2 380 m 的主跑道间距为当时国内最大,是保证终端一亿人次运量飞机起降高效运行的基础。

在确定了跑道构型及主跑道间距后,需要进一步决策航站区布局。大兴机场规划设计是国内第一次研究超过一亿旅客量机场的航站区布局,需要打破既有经验,突破创新。初步分析有三种基本的航站区构型可供选择:单陆侧单空侧、双陆侧单空侧及单陆侧双空侧,道路系统也需要决策尽端式与穿越式两种形式。详见本书 9.4 章。

10.1.2 构型航站楼

在上述问题研究的基础上,指挥部开展了航站区概念方案的全球征集,2012 年得到的七个航站区规划及航站楼方案（图10-1），可以归纳为三种形式：放射指廊、平行指廊及单元式。其中放射指廊的构型选择是平衡近机位数量及步行距离的结果，而合适的主跑道间距是能够实现放射构型的前提保障。平行指廊的布局方案还创新地提出了两元式的布局概念，将主楼按航空公司分区域，主基地航空公司及其他航司分东西运行。

图10-1 七家国际竞标方案

单元式航站楼的出现还是较出乎意料的，因为这与标书要求的尽端南北集中航站区不符，在之前的航站区规划研究中就有所规定。但当时采用单元式的呼声很高，这也是对当时大型航站楼运行复杂，旅客步行距离长的一种反思。每一个单元模块的规模适中、运行简单，步行距离可控制在500 m左右。而相应的70万 m² 规模的集中式航站楼，则会面对运行复杂程度、步行距离、陆侧车道边压力等问题。

在经过多轮研究后，指挥部认为集中的航站楼构型更适应于大兴机场的运行特点的要求，放射形指廊也很好地平衡了围绕航站楼的机位数量与建筑内旅客步行距离的关系，初步决定在ADPi的方案的基础上进行后续的工作。这也是融合式综合交通实现的基础。这个方案具有如下优点：

（1）功能集中，合理平衡了近机位、步行距离、行李操作效率及中转时间的关系；

（2）集中主楼冗余度高，设备设施的共用性强利用率高，既可满足国际国内预测的不确定性及航空公司业务规模的客观差异，又有利于节约投资；

（3）可形成单一、高效衔接的综合交通体，机场航站楼与综合换乘中心融合为一体；

（4）飞机运行区域完整、连通，满足飞机的高效运行。

同时，设计单位也意识到这一方案有如下主要问题需要解决：

（1）建筑规模大导致步行距离仍然较长，多条放射指廊是否存在旅客辨识度低的问题？

（2）7 200万人次旅客量的单一航站楼，陆侧车道边能否满足机动车交通压力？

（3）放射构型带来多港湾的运行效率低的问题。

构型方案的取舍如果做一个形象的比喻，集中的航站楼犹如菜篮可以把苹果西瓜装一起，应对航空公司不同规模、不同业态的灵活度强，冗余度高，同时设备设施的利用率高。而分散的航站楼就如同小碗，能装下苹果却装不下西瓜。根据规模效率的研究成果，规模提高一倍所使用的能耗只提高75%。面对相似的命题，同时期建设的青岛、土耳其和墨西哥等大型航站楼也均采用了集中式的构型。在集中式航站楼内，可进一步融合两元式的布局的思路，东西两侧相对独立使用可进一步简化运行管理难度，减少旅客楼内穿行，方便使用。从实际建设效果来看，目前南航、东航各占一侧，从停车楼、车道边、办票托运、出发安检、到港行李提取均可相对独立使用又可相互备份。

大兴机场最终选择了一个集中的航站区、一个集中的航站楼综合体来解决7 200万人次吞吐量带来的所有问题，同时满足了主要功能诉求。数学逻辑控制的航站楼构型，形象完整有序，也为实现优美的建筑奠定了基础。

10.1.3 融合与创新

无论从地理、航线，还是从区位考虑，新机场选址在城南是必然的。北京城坐北朝南，航站楼恰好落位于北京城市历史中轴线的延长线上，似乎是冥冥中的巧合。从紫禁城到鸟巢，历代中轴线上重要建筑都超越了自身的使用功能，以建筑艺术的最高水平代表了所处时代的国家形象和时代精神。建筑是凝固的艺术，追求美好的事物是人的天性。从新国门建设的高度出发，大兴机场作为大型公共基础设施，要具备公共设施安全舒适、顺畅便捷的特性，还应有一个足以体现新国门的建筑形象。机场主体建筑航站楼不仅应在内部功能及给旅客的感受上充分体现人性化，提供轻松愉悦的旅行体验，同时还要在建筑造型上具有独特的识别性和较强的视觉冲击力，体现中国国门的特殊含义。

在7家投标建筑方案的基础上，指挥部根据领导小组持续优化的要求，对所有应征方案进行了认真分析研究，对各方案存在的问题提出了质疑，就问题与各团队分别进行了多轮沟通交流，并在自愿的情况下进行了一轮方案优化。除一家放弃外，其余六家进行了第一次优化。这一轮优化依然没有得到管理者心中可的建筑形象，但筛选出了F+P、ZAHA联合体、ADPi三家进入第二阶段的优化工作中。第二阶段F+P放弃了参与再优化的权利，建筑构型在ADPi方案基础上集中深化。但建筑造型的确定是一个艰难的过程，在相同的构型及虚中轴、新国门、可实施性与造价控制等要求下，各家方案形态逐渐趋近。

多轮优化后，概念方案虽有进展但依然难以定论，指挥部决定 ADPi 和 ZAHA 分别牵头的两个团队合二为一，共同组成一个团队在指挥部现场协力推进方案优化。这是一种创新的举措，牵扯到国外设计机构对设计署名权、团队合作的可行性及有效性的顾虑。但从另一个角度看，这一方法促成了不同理念、文化背景团队间的碰撞与融合，实际工作中也展现出了团队间充分的协作与竞争。联合团队从 2014 年 9 月至 12 月共同工作了三个月（图 10-2），终于形成了大兴机场航站楼综合体的概念方案。建筑形象完整，线条流畅有序，与功能的结合趋于完美。指挥部在此期间一直起着参与、协调与决策的角色。

图 10-2　协同工作现场

概念方案初步确定了造型、结构体系、室内空间等，包括 C 形柱的雏形也在这时候形成了。方案室内空间特色鲜明，尺度宜人。结构体系自下而上与屋面形成一体，使得建筑有一种生长的感觉。特别是在方案优化阶段将三层及四层功能南北脱开，在四层用连桥联系，将中心区打开，建筑的室内空间豁然开朗，仿佛感到自然光从屋顶倾泻而下弥漫于航站楼各层，整个建筑瞬间有了生命。

2014 年底，国内设计团队的接手使得航站楼设计由概念成为现实，也是中西建筑团队从理念到认知的碰撞与融合。在国内外团队全面交接后，国外团队认为如此复杂的设计，单凭国内团队恐怕无法胜任，提出要在全过程参与陪伴设计，但项目投资批复并无此额外的设计费用,因而无法实现。

国内团队接手后,首先从整理造型生成的逻辑入手,以 C 形柱为原点将建筑造型和结构体系紧密结合,在减隔震技术的支撑下,将航站楼核心区视为一个整体结构单元,钢结构杆件以 C 形柱根部为起点向四周发散,在空间中交汇编织出了一张融合了工程之力与逻辑之美的空间结构网格,替代了概念方案中简单的十字正交网格。建筑内外表皮的走势与结构逻辑一致,可以视同建筑与结构的完美融合。这种逻辑关系从结构到空间造型再到表皮的延续,如同骨架、血肉及皮肤,造就了建筑艺术的表现,赋予建筑生长与生命,是建筑与结构有机融合的产物。

随着设计向前推进,中国元素、民族元素也不断融入航站楼中:从各处 C 形柱向中心交汇编织的采光顶单元如古建藻井,整体似如意祥云;四层跨越中央峡谷的钢梁桥水袖般轻盈地连接两岸(图 10-3);屋面选择了紫禁城落日的色彩,排版设计形成的屋面表皮肌理在最大化标准件的前提下呈现出琉璃瓦的效果。这些传统元素的融合,进一步强化了中轴建筑的特点,建筑形象愈加展现出独有的特色及个性,表现了现代科技与传统传承的融合。

图 10-3　中央峡谷看钢连桥实景

中国元素不止于对建筑语言的抽象提炼,丝绸、茶叶、农耕、瓷器、中国园五个指廊端头主题庭院的打造,让旅客进入建筑物之后依然有与自然接触的机会,缓解旅客出行紧张情绪,同时提高了五条指廊间的辨识度。其中,中国园仿照苏州畅园布局建造,园内陈列著名艺术家的作品。航站楼内的光影随旅客流线不断变换,自然光线通过 C 形柱、中央采光顶、室外庭院,以不同的方式引入航站楼,在赋予建筑活力的同时也切实提升了人们穿行于建筑中的感受,也是建筑与自然融合的展现。

大兴机场在国内首次尝试引入公共艺术的理念,丰富了建筑在近人尺度的空间感受,艺术品也兼具实际功能:各条指廊端头庭院前的装置不仅各具艺术,且都具有遮阳的功能;不同指廊的地毯及座椅的跳色既可以活跃室内色彩,也具有增加辨识度的作用。公共艺术作为传统交通建筑功能外的元素融入设计中,为旅客带来了更好的出行体验。

中轴、对称、延续、传承、融合、创新。新机场、新国门！融合集约是高效的基础，创新是适应新时代变革的前提。大兴机场航站楼立于北京中轴线上，虚开中轴，希望北京的中轴继续向南延伸。

10.2　航站区设计综述

10.2.1　项目概况

大兴机场本期建设四条跑道，航站区位于间距 2 380 m 的东一和西一跑道及其平行滑行道之间（详见 9.1 章中图 9-1）。航站区是机场的核心功能区，直接服务于航空旅客，其规划设计的基本问题在于如何应对每年 7 200 万的客流量，这是当时一次性建设航站设施的最大设计容量。既要满足大量飞机停靠、交通接驳、旅客处理、行李处理等多种设施的综合排布，又要合理控制航站楼的总体建筑尺度、技术系统规模和旅客步行距离，此前没有同等规模的机场经验可以借鉴。

面对这个具有挑战性的题目，在航站楼方案招投标阶段，多家设计单位提供了多种解决方案，包括单楼集中、两楼并置、四楼对置等模式，代表了对超大容量航站楼进行分、合处理的不同思路，其中单楼集中式还有多种不同的指廊布局方案。最终确定的方案由集中的航站主楼和六条互呈 60°夹角的放射指廊组成（包括五条候机指廊和一条配套服务指廊），以简单直接、近乎图示化的方式诠释了"集中式"这一概念，并刷新了单一航站楼的设计容量纪录。

面对超大的设计容量，航站楼首次采用了双层出港高架桥及楼内双层出港厅布局，到港功能也分为国内和国际双层布置，为大量的车辆停靠、值机办理、检查通道、行李处理等流程设施布置提供了必要条件，并控制了主楼平面尺度。以五条放射指廊接驳飞机，在近机位数量和最远登机口步行距离之间取得了良好平衡。

除主体航站楼及综合换乘中心外，航站区还包括了楼前双层高架桥和地面道路、地下轨道车站、综合服务楼、两座停车楼和制冷站等交通及配套项目，共同组成了一个建筑功能和技术系统都紧密衔接的大型交通枢纽综合体（图 10-4）。

在航站区北部，连接外部道路交通的主进出场路采用了高架形式和开放的 U 形布局，东西高架路间距为 1 km，让出中轴区域供多条轨道从地下垂直接入航站楼前。U 形高架路围合了机场的主工作区，采用密路网、小地块划分，中部利用轨道上盖区集中布置工作区的服务配套和人防停车设施以及景观绿地。

图 10-4　航站楼鸟瞰

10.2.2　功能组织

1. 整体架构

航站楼和综合服务楼六条指廊外轮廓由一个外包圆和六个相互切割的正圆定位（图 10-5），七个圆的直径同为 1 200 m，控制了 600 m 的指廊中线长度，并根据内部空间需求，控制了 44 m 的最小指廊宽度和 110 m 的指廊端头宽度。航站楼陆侧外轮廓主要依据所需车辆停靠长度和流程设施排布确定，同样以曲线定位，在主楼北侧提供了约 400 m 的面宽和 185 m 的进深。

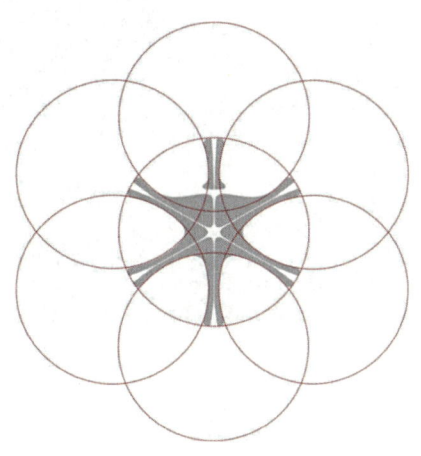

图 10-5　构型定位

五条候机指廊划分出四片停机港湾（图 10-6），加之放大的指廊端部，共布置 50 座登机桥，接驳了 79 个近机位。每片港湾都有三条 E 类飞机滑行道，以一进两出的方式运行，相邻指廊交接处以 100 m 的大半径圆弧倒角，缓解了港湾底部的局促尖角，并排布 E 类大飞机，经站坪运行模拟和相似实例类比，验证了港湾底部飞机也可以顺畅运行。在五条候机指廊中，南侧一条为国际、东西两侧四条为国内，近机位分配符合国际占 20%、国内占 80% 的容量预测，在国际—国内交界的东南和西南指廊根部设有可转换机位，为未来国际近机位的增长和国内—国际接续航班的流程衔接提供条件。国际在中间、国内在两边的近机位排布，对应于航站楼国内功能分东西两区运行的内部格局。

图 10-6　航站楼剖透视

　　400 m 长的陆侧接驳面虽基本满足航站楼 4 500 万旅客容量下的高峰时段车辆停靠，但不能满足 7 200 万旅客的需求。这样的判断不仅有测算数据的依据，还可从当时四五千万旅客容量航站楼的实际运行状况直观地看到，因此双层出港车道的设置是很必要的。双层车道对应楼内两个出港层，如何匹配楼内外这些运行资源是一个新课题。按国际和国内分层是可能的选择，但两层值机厅的辅助设施需重复设置，且大巴车因国内和国际旅客混装也难于选择上下层车道。最终确定的分配方案是四层作为国际和国内传统值机以及国际出发联检（图 10-7），三层作为国内无托运行李旅客出发以及国内安检，基于电子值机和无行李商务旅客比例日益增长的趋势，形成了"国内快捷出港层"这一具有创新性的功能组织方式。

图 10-7　四层出发车道边

2. 客流组织

　　四层值机大厅标高 19 m，共设有九座值机岛，提供了 300 个柜台位置，可选择人工和自助两种办票和行李托运服务。值机岛分三组布置，中间五座为国际，东西各两座为国内，按航空公司联盟分区使用。国际旅客值机后直行通过海关、安检，再经连桥前往主楼南区出境边防现场。两侧的国内旅客值机后则需下行前往三层安检现场（图 10-8）。

　　三层北区连接着下层高架车道，电子值机且无托运行李的国内出港旅客进入航站楼后可直接前往安检现场，简短的流线和平层的安检都体现了"国内快捷出港层"的便利。主楼两端设有头等舱和商务舱专用值机区，三层车道留有专用入口，同样按航空公司分区使用。三层南区是国际出港，旅客经过四层边防下至商业区，再分流去往中

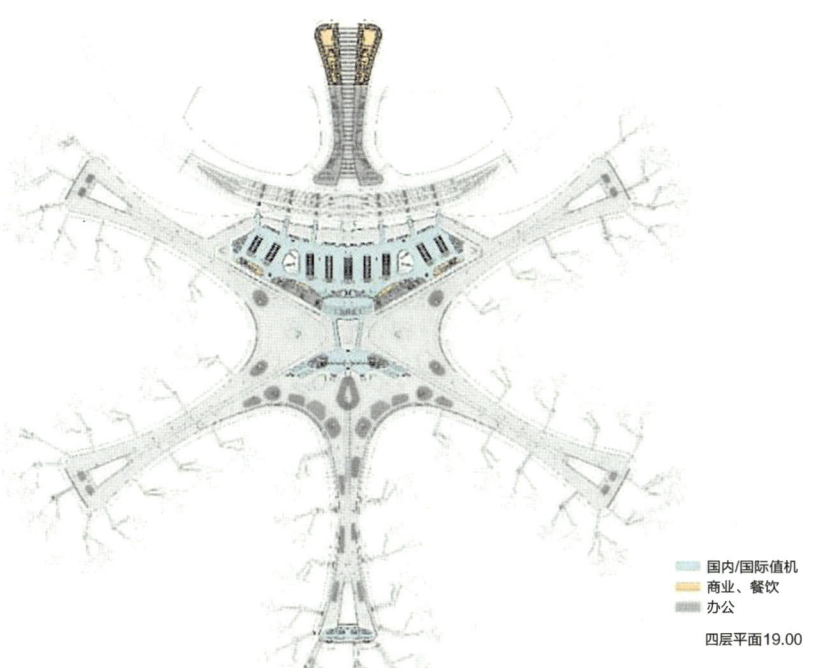

国内/国际值机
商业、餐饮
办公

四层平面19.00

图 10-8　四层平面

指廊的纯国际登机口或两侧指廊可转换机位的国际登机口（图 10-9）。

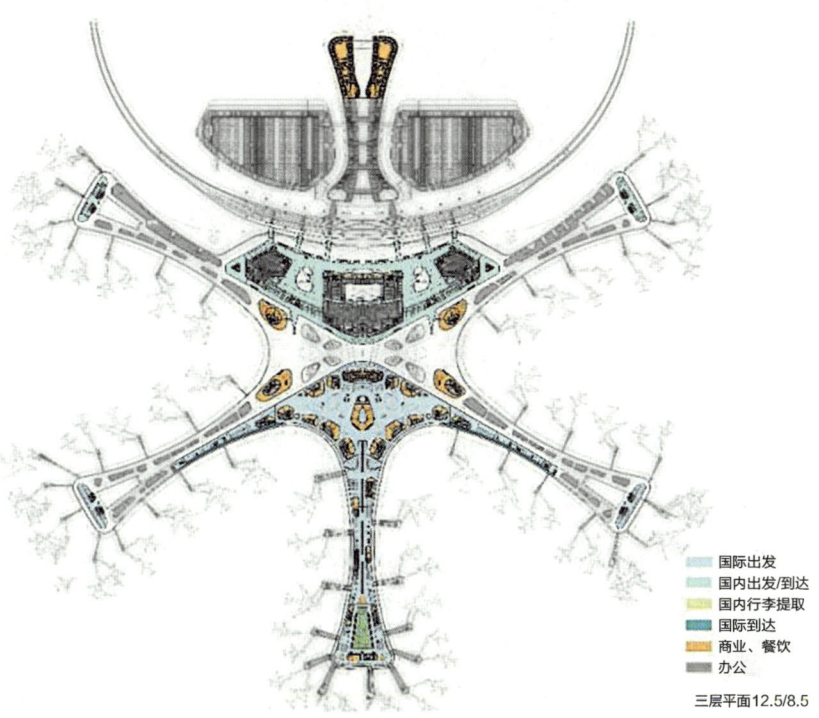

国际出发
国内出发/到达
国内行李提取
国际到达
商业、餐饮
办公

三层平面12.5/8.5

图 10-9　三层平面

二层中指廊外侧是国际到港通道，旅客前行至核心区分流，到港旅客下行去往首层入境现场，中转旅客则进入旁边的中转中心。中转中心集合了国际—国内互转和国际间中转三种功能，在中心区平层设置专用中转现场，有效缩短了转机距离和时间，为机场的枢纽运作提供了便利条件。二层两侧四条指廊及中心区两片商业广场是国内进出港混流区，出港旅客经过三层两处安检或地下一层轨道站厅安检，由三处进入中心商业区，再分流去往指廊。到港旅客则从四条指廊汇集至中心区，由东西两个入口进入行李提取厅。国内进出港同层混流，简化了楼层设置，方便了中转连接，进出港旅客共享商业服务设施，增加商业客源并集约设施配置。二层国内迎客厅设有两条人行廊桥，向北连接停车楼等交通设施和综合服务楼。停车楼车位约4 300个，分为东西两座，中间的综合服务楼近端为平层商业街和上层办公，远端为一座有550个自然间的机场酒店，为航站楼提供近距离的商务和住宿服务，并成为第六条陆侧指廊，与航站楼组合成完整的建筑构型（图10-10）。

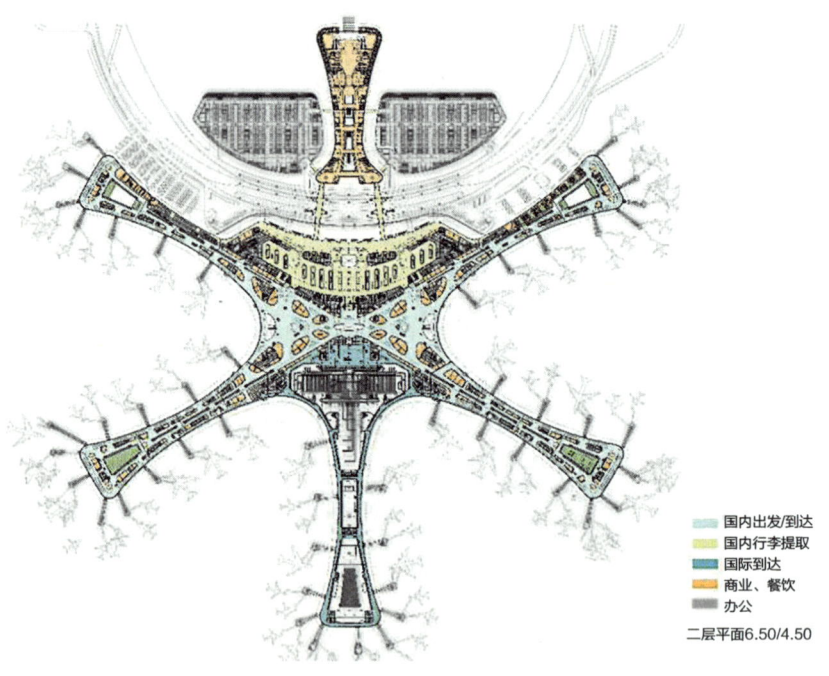

图10-10 二层平面

首层主要旅客功能包括中部国际入境现场、行李提取厅和迎客厅，东西分布的国内远机位候机厅、长时候机旅客休闲服务区，以及北侧两条指廊面向陆侧的贵宾专区和计时酒店等。航站楼外地面道路由近及远依次设置机场大巴、出租车、社会大巴、网约车等接站道边，主楼两侧分设机场巴士市域和城际长途站，候车厅布置在航站楼内部。充分利用主楼延展面长度和最便利的楼边车道资源，近距离分布站点是航站区的地面交通布局特点（图10-11）。

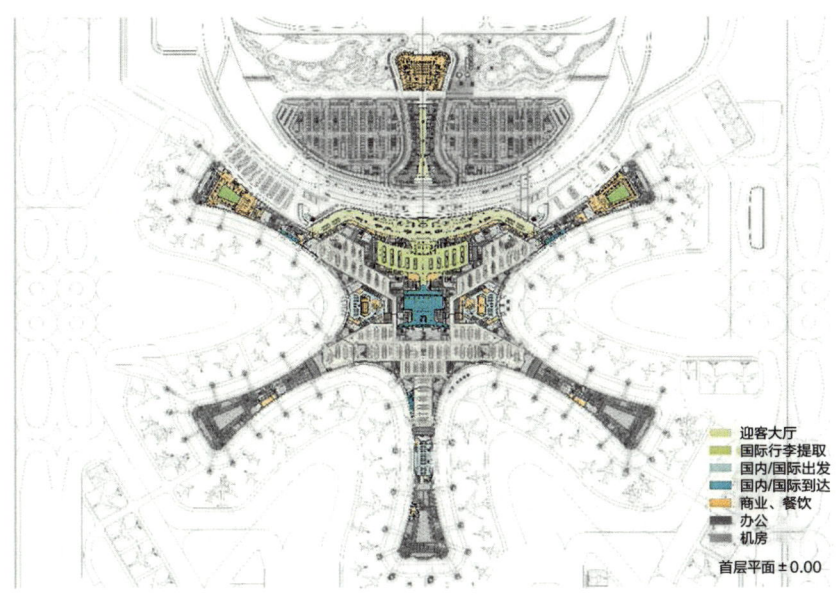

图 10-11 首层平面

3. 轨道连接

航站楼地下共两层,主要功能是连接轨道交通,预计轨道交通承担机场设计旅客吞吐量的 30%。所有轨道均垂直于航站楼布置,地下二层站台标高 -18 m,自西向东依次排列京雄城际、地铁大兴机场线、地铁 R4 线、预留线、廊涿城际(现城际铁路联络线),五条线路共 8 台 16 线,站台区总宽度约 270 m,除预留线为尽端站以外,其他四条线路均贯穿航站楼向南延伸。两侧高铁线采用两列岛式站台(京雄高铁站台间还有一对高速正线通过),中间三条地铁线采用两列侧式站台,以上下行直线并列为主的线路布置,利于车辆顺南北向平行柱网下穿航站楼,减少因曲线轨道产生的结构转换(图 10-12)。

五条线路的所有列车均抵临航站楼北轮廓线停靠,前往航站楼的出站旅客在站台最南端

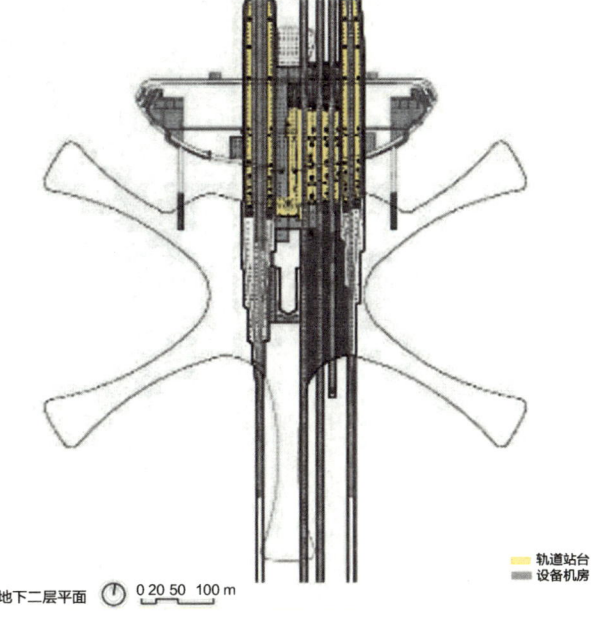

图 10-12 地下二层平面

乘坐扶梯电梯上达地下一层，即进入位于航站楼内的轨道换乘大厅，面向各线路出站口设有多组扶梯电梯，旅客可直达航站楼上部四个楼层。在扶梯电梯组的后部设有值机柜台和安检通道，国内出港旅客在换乘大厅即可完成所有出港手续，乘扶梯电梯直达航站楼二层中心区及各指廊登机口，未来还可平层进入捷运站台前往卫星候机厅。近距离的轨道站台、充足的竖向交通设施和轨道站厅内机场出港设施的设置，使轨道交通与航站楼之间形成了非常方便的换乘条件，打造了空铁一体的综合交通枢纽。由于轨道站台较长，各条线路还设有辅助的北出站口，北出口位于停车楼范围内，旅客在地下一层转换到中部的竖向交通厅上达综合服务楼二层，再通过商业步行街去往航站楼或机场酒店。

轨道进站和出站旅客在换乘厅内采用分流组织。高铁候车厅和地铁安检厅均位于各出站口后方，两条高铁的进站口从带状换乘厅的两端进入，机场快线和 R4 线地铁的进站口从中部的停车楼连接通道进入，均与面向航站楼的出站口分开布置，连接首层交通厅的自动扶梯还进行了细化分流组织，尽量避免进出站双向客流的交叉，及进站返程客流对站厅内出港值机—安检区的干扰（图 10-13）。

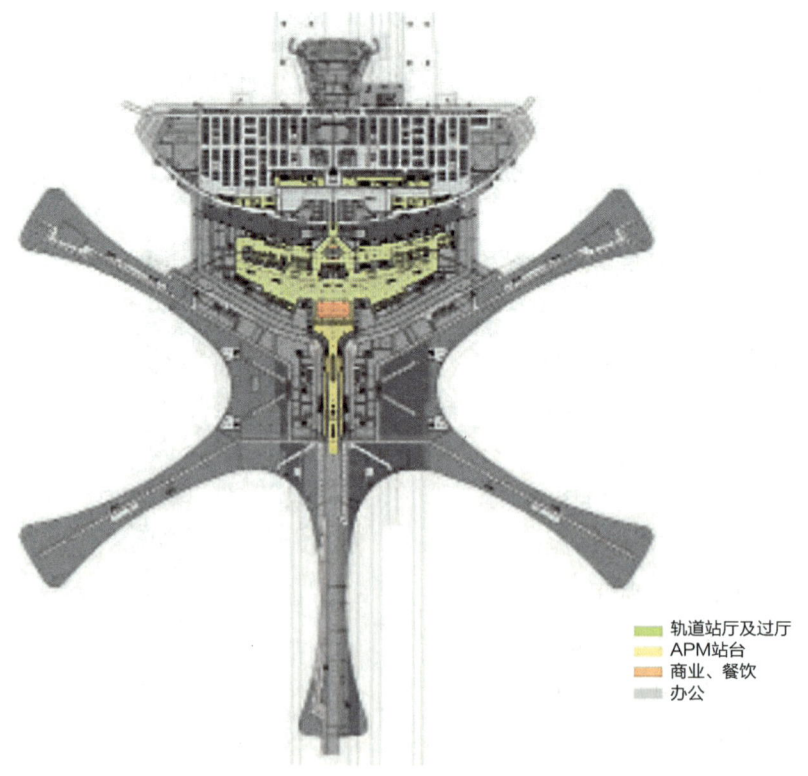

图 10-13　地下一层平面

综上，针对航站楼的集中放射构型、超大设计容量、多条轨道贯通等主要特征，相应的功能组织要点包括：双层高架桥和出港层，值机—安检设施多层分布，国内分东西两区运行，国内进出港混流，集中设置中转设施，围绕航站楼分布道路交通站点，轨道交通与航站楼相互融合。在高度集中的航站楼内以立体叠加和分区组织的方式，灵活布局了充足的流程设施和便捷的流程线路，满足了 7 200 万旅客的容量需求，缩短了主要功能节点的间距，整体提升了航站楼的运行效率和旅客使用的方便程度（图 10-14）。

图 10-14　航站楼纵剖面

10.2.3　建筑设计

航站楼建筑设计以总体构型和功能组织为设计基础，以统合内外空间、使用需求、技术要素为设计导向，力求达成建筑表现力与工程合理性的统一，实现为旅客提供优质出行条件和环境体验的设计目标。

1. 建筑、结构一体化设计

航站楼屋顶是建筑的最大组件，面积约 31 万 m^2，采用钢网架结构，内外表层外包金属板，整体覆盖了航站楼内部空间，并向外延伸出遮阳/遮雨挑檐，位于北侧高架桥上方的最大出挑距离约 40 m。屋顶造型形态完整、起伏流畅，由贯通指廊的带状天窗切分为六片，每片均为连续曲面，中心天窗和北侧挑檐顶点高度约 49 m，在指廊降低为 25 m。主楼屋顶是一个整体结构单元，面积约 18 万 m^2，由中部 8 根 C 形柱、12 个位于商业服务舱体顶部的支点，沿外幕墙分部的格构柱

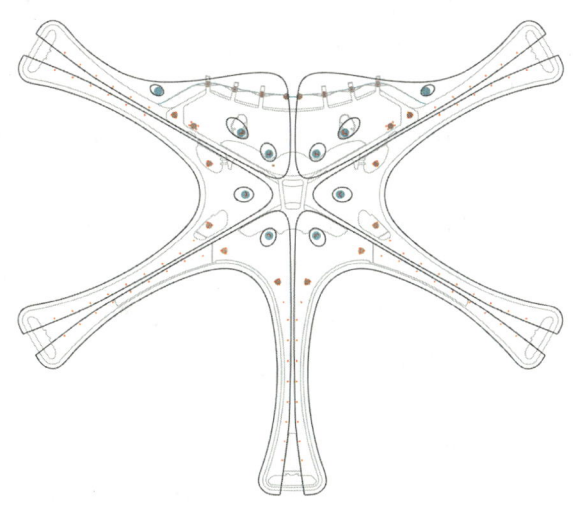

图 10-15　屋面支撑点分布

和单柱共同支撑，环绕中心区的 6 根 C 形柱间的最大跨距约为 180 m（图 10-15）。

C 形柱是单侧开放、顶部开口的倒锥状屋顶支撑形式，因截面呈 C 形而得名。环

绕中心区的 6 根 C 形柱采用相同的空间定位，分别落在北侧四层、南侧三层、和东西侧二层，为减小主楼北区屋顶跨度增设的两根 C 形柱形状略扁长，柱体穿过四层和三层的楼板开洞落在二层。C 形柱在二层的底部的结构尺寸约 5 m×9 m，厚度约 2 m，截面沿曲线轨迹随柱体升高逐渐加大加厚，最终衔接至屋顶网架。C 形柱的顶部开口约 30 m×40 m，覆盖椭球曲面的采光天窗，以铝合金构件组成的单层壳体结构支撑（图 10-16）。

图 10-16　C 形柱

C 形柱与屋顶同为平滑相接的高阶连续曲面，柱体的环向和径向杆件向上发展为屋面网架的双向格构，并延伸扩展至航站楼全部六片屋顶。在六片屋顶之间为带状采光天窗，两侧网架以三角桁架相连接，在六片屋顶的交汇区，三角桁架顺着周边 C 形柱的径向延伸交织成对边间距约 80 m 的曲线六边形中心区采光天窗结构。三角架桁加大了天窗透光面积，室内垂下的桁架以铝板包覆，与天窗中空玻璃内置的金属网片共同起到遮阳作用。

屋顶网架和 C 形柱杆系所在的上下双层曲面是室外屋面和室内吊顶的设计基准，由一套参数化空间网格精准定位，三者采用全 BIM 设计，三维数字化协同从方案深化阶段一直持续到内外装修阶段（图 10-17）。

室外屋面安装于屋顶网架上弦节点，采用型钢二次结构支撑、TPO 和直立锁边钢板双层防水、内置重质岩棉、外敷开缝铝合金平板的系统做法，达成防水、保温、隔热、隔声、防雷等系统功能。屋面采用虹吸排水系统，依曲面汇水面积和坡度分区组织。表层铝合金平板的安装构造加固了底层钢板的锁边位置，有效提升了屋面的整体刚度和抗风性能，开缝的面板使得下层排水系统布置更加灵活，双层屋面板之间的空气夹层有效降低了夏季的屋面得热，并取得了更好的表观效果。面层板宽度统一为 1.35 m，提高了板块加工的标准化程度，板块之间采用渐变的楔形开缝，以适应屋面曲率的变化。

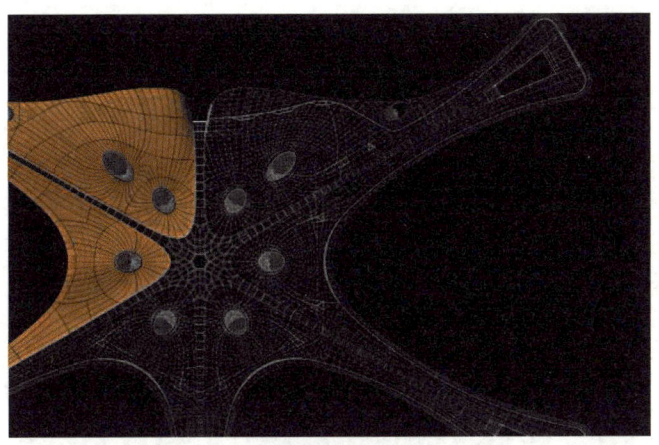

图 10-17　屋面装饰分板及主钢结构

室内吊顶吊挂于屋顶网架下弦节点,在地面预拼装型钢框架吊顶单元板块以减少高空作业量。面板采用铝合金蜂窝板,单板尺寸约 0.4 m×3 m,短边采用密封拼接,沿 C 形柱发散出的径向网格则以宽窄缝两种间隔安装,所形成的粗细两种线条描绘了屋顶和支撑结构的传力途径,展现了航站楼曲面屋顶下大空间的流畅形态(图 10-18)。

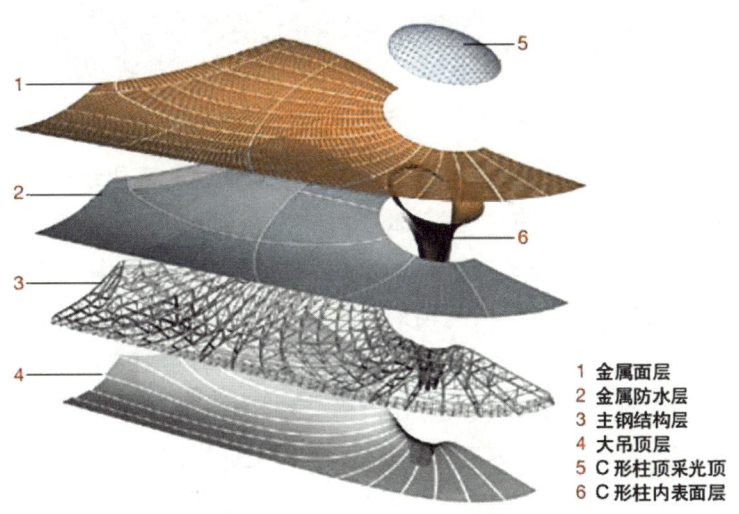

1　金属面层
2　金属防水层
3　主钢结构层
4　大吊顶层
5　C 形柱顶采光顶
6　C 形柱内表面层

图 10-18　外围护典型部位(C 形柱处)分层图

大空间下部各楼层采用混凝土结构。为了保证大跨屋顶和支撑结构的整体协同受力,在主楼范围采用了不分缝的超大楼板。为了降低上部结构的地震作用力、消纳超大混凝土板的干缩及温度变形、缓释底层高铁高速通过时产生的结构振动,在首层楼板下和 B1 层柱顶之间加设了 1 100 多个橡胶支座,以层间隔震措施综合处理上部结构问题(图 10-19)。

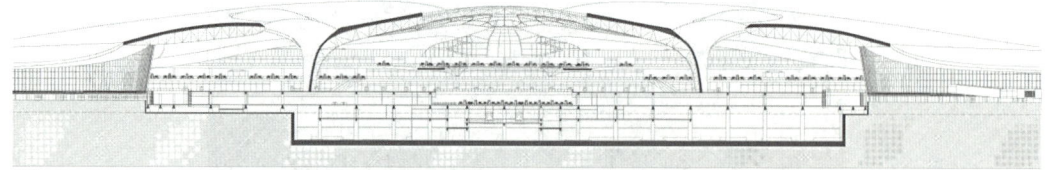

图 10-19　主楼横剖面图

2. 空间设计

航站楼大跨空间减少了落地支撑，使下部的旅客通行更通畅、视野更开阔、楼层布局更自由，符合航站楼对旅客流动性、流线方向性、和设施布置灵活性的特定要求。

图 10-20　国际到达入境现场上空

航站楼多层叠加，空间组织是建筑设计的重要工作。空间组织以各层功能布局为基础，对各层楼板轮廓、板上开洞、结构体及构筑物布局、上下楼层关系等要素进行综合调控，协同上部屋顶和采光条件进行总体设计，重点关注建筑中"空"的部分，营造符合航站楼使用特点的功能空间、活动场景和环境体验（图 10-20）。

航站楼北侧入口为一处贯通各层的带状"峡谷"空间，主要容纳陆侧交通连接和楼层间转换连接。在"峡谷"内，六组人行连桥横穿空间，六组扶梯电梯纵贯五层，上进下出的水平客流和楼层间的竖向客流穿梭于此，首层交通厅的多处楼板开洞还将地下层的轨道旅客也融入其中，共同形成一处充满活力的航站楼迎客前厅。

在四层值机大厅中，两根 C 形柱将九座值机岛分成三个区域，并指示了国内出港流线下行扶梯位置。C 形柱顶部天窗将自然光引入大厅内区，并通过两层楼板开洞使自然光可以通达三层安检区和二层国内行李提取厅。四层值机岛后方设有夹层平台，覆盖下部值机服务区和国际出港查验区，平台上部为美食广场，就餐旅客可在这处四面开敞的楼内最高层通览航站楼空陆两侧（图 10-21）。

图 10-21 值机大厅空间

图 10-22 航站楼中心区空间

航站楼中心区位于安检之后的空侧,是一处贯通各楼层的宏大共享空间,也是容纳了国内国际、进港出港,相互中转等各条流线的重要节点,体现了航站楼集约紧凑、立体组织的建筑特点。顶部巨大的天窗照亮了中心空间并延伸至各条指廊,在中心点附近,旅客可以遥望各条指廊的远端,整体感知航站楼的放射状整体结构(图 10-22)。在中心区二层是东西两片相互对接的商业广场,各围绕一根 C 形柱组织商业舱体布局,并通过舱体布局为广场内混行的多条客流留出明确的流线主通道,在指廊口和行李厅入口等重要节点对进出港旅客进行分流引导。二层商业广场两侧楼层自下而上采用退台处理,形成空侧的"峡谷"空间,上空国际出港连桥采用钢拱拉索结构跨越 60 m 的"峡谷",地面开洞将首层国际入境边检大厅和两个国内远机位候机厅纳入空间之内,并为这些底层区域引入自然采光。主楼层间相对低矮,在三层安检前区、二层和一层的行李厅出口及接站口等处采用上部楼板开敞处理,改善这些人员密集区的空间环境体验。

指廊内部首先控制中央通行宽度,商业舱体将中央通道和两侧座位分隔开,形成相对热闹的商业街和安静的候机区(图 10-23)。中央通道在远端随指廊放宽分为两条,中间形成室外庭院,周边候机区共接驳全楼约 40% 的近机位,大量旅客都可享用庭院空间,五条指廊端部庭院分别以"丝—田—园—瓷—茶"等主题设计,庭院两侧采用单向拉索幕墙,让室内更好地透视室外景观。

图 10-23 指廊空间

3. 内外装修

公共区外围护系统采用中空超白玻璃幕墙,环通航站楼建筑轮廓,主楼落于首层、指廊落于二层,以垂直幕墙为主,各指廊端头和根部相交区采用内倾幕墙。七圆平面定位系统利于幕墙以相同模数划分,典型板块尺寸 2.25 m × 3 m,长边竖向安装并外做铝型材竖向遮阳,竖龙骨支附于沿外墙的屋面支撑钢框架上,指廊为单层框架,在主楼北侧连桥入口位置做筒形框架和曲线斜撑,担负桥体和屋面更大荷载并提供结构抗侧能力。沿二层幕墙底部地面开设进风口,在幕墙顶部与屋面底部之间和屋顶天窗两侧的金属封闭墙板上开设排风口,为楼内大空间提供自然通风和消防排烟功能。

航站楼室内装修为建筑空间边界赋予表皮材料,以曲面、曲线造型和白色表面为装修主调,与屋面大吊顶和采光窗共同营造明亮、动感的空间效果。基于结构柱网形成的一套平面控制网格协调了各层吊顶、内墙、地面、栏板等主要装修系统的板块划分及设施安装定位。楼层间吊顶采用铝合金蜂窝大板密拼,以吊顶"安装带"集合各类机电末端设备安装,在光洁的吊顶表面勾画出流畅的装饰线条。内墙面采用通高的棕红色铝合金蜂窝板包覆,点缀调节室内整体色调,商业服务舱体和楼板边缘采用预制 GRG 板块无缝拼装,平滑过渡大量转角曲面。地面铺装以灰色花岗岩板为主,并做渐变拼花,行李大厅及地面勾边采用现制水磨石,候机座位区采用块状地毯。大空间照明采用下照和反射两种方式,屋面大吊顶沿天窗和幕墙周边布置下照灯具,与通风排烟窗位置结合设置检修马道,上照灯具则安装于值机岛、舱体及幕墙内侧的钢框架横梁顶部,屋顶白色吊顶板和漫反射涂层提供了良好的上投光反射面。

10.3 数字时代的工程奇迹

10.3.1 外围护系统

1. 外围护系统框架

外围护系统是为建筑提供围合庇护的建筑系统与支撑结构等的总称,在大兴机场航站楼中,主要由屋面系统、采光顶系统、C 形柱、幕墙系统及航站楼工程特有的钢连桥、登机桥等系统构成(图 10-24),每个系统内逐级划分为若干个子系统,如屋面系统可进一步细分为直立锁边金属屋面主系统、屋面天沟系统、屋面檐口系统、檐口室外吊顶系统、屋面变形缝系统等。

一方面,如上图所示,通过系统功能和部位作为划分子系统的依据,纵向逐级简明地描述了各级子系统的名称和范围;另一方面,每一级子系统同时由多专业、跨系统的多个设计组成部分横向集合而成,在设计中由建筑专业深度统筹,将屋面幕墙主钢结构设计、室内内装大吊顶设计等系统也整合进外围护系统框架中进行横向协同(图 10-25)。

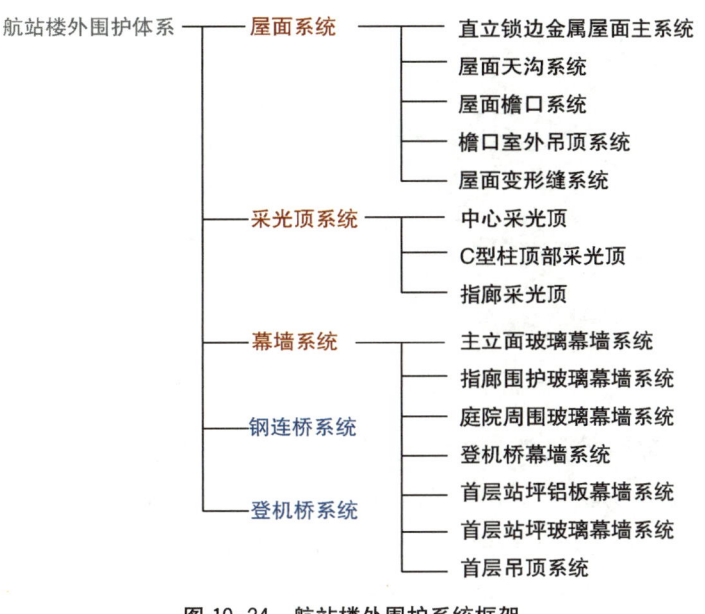

图 10-24　航站楼外围护系统框架

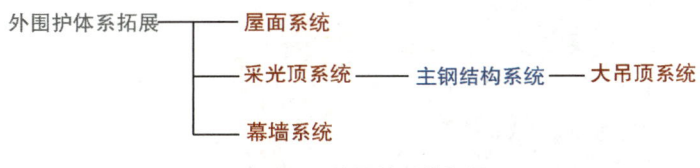

图 10-25　外围护系统拓展

双向系统框架的搭建为实现大兴机场航站楼建筑的外观、内装、结构进行一体化设计协同打下了基础。

2. C 形柱的源起

2015 年初,北京建院作为航站楼工程设计总承包方,接手由 ADPi + ZAHA 联合体共同完成的前期概念方案。深化设计工作伊始,团队从建筑、结构、机电等多专业同步展开对原概念方案的评估工作。联合体交付的前期造型模型,是转存在 Rhino 格式内的 mesh 曲面表皮,由近两百万块细分多边形组成(图 10-26),在操作层面上已不具备可调节性,功能上近似于只读文件。团队需要从基础定位的原点开始,在延续原概念方案造型特点的同时,结合各专业评估意见,从头梳理整个航站楼建筑外围护系统的设计逻辑。

1) 逆向拆解的几何有理化尝试

技术路线的架构是外围护系统工作的基础,核心在于异形自由曲面造型的工程实现。业内较为成熟的做法可称为造型几何有理化,即把造型阶段的复杂原始曲面进行拆解,拟合成由可展曲面、二次曲面等易于几何描述的简单曲面组合而成的曲面集(图

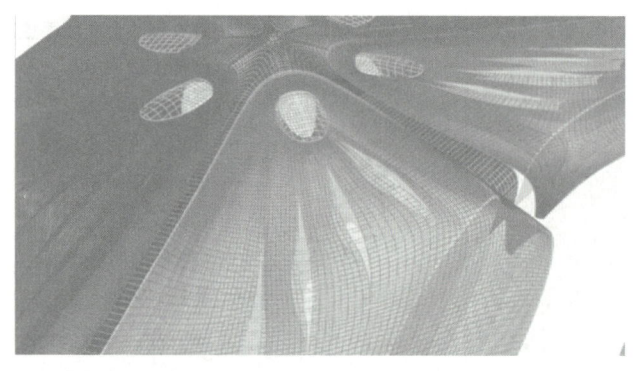

图 10-26　联合体提交模型的曲面边界线

10-27）。这是一种用"简单"去拟合"复杂",在逆向设计流程中"降维"的技术策略。在分析中发现,这一方法难以平衡工程便利与造型信息损失间的矛盾,对于未在造型阶段即充分预设分解逻辑的复杂曲面造型,如试图保持原始造型的丰富性和流畅度,过于琐碎的拆解反而会造成复杂度的激增。

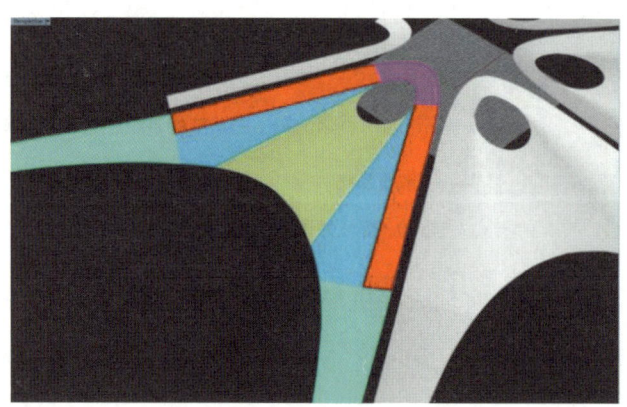

图 10-27　屋面南区曲面拆分拟合

以屋面基准面为例,如图 10-27 所示,在深化设计的早期探索过程中,将东、西、东南、西南几片屋面拆解成若干块简单曲面,这一方法得到的曲面形态不佳,在东北、西北两片更大、更复杂的屋面及曲面自由度更高的室内大吊顶曲面更加难以使用和控制。最初的拆分尝试后,北京建院设计团队尝试回到形式生成的原点,从造型逻辑生成的雏形中寻找求解问题的思路。

2）作为一种原型的 C 形柱

C 形柱是大兴机场航站楼外围护系统中最鲜明的建筑特点。如果将 C 形柱视为一种建筑围护,支撑,采光的综合结构形式,则其原型最初见于德国建筑师弗雷·奥托（Feri Otto）于 1997 年斯图加特中央车站设计中（图 10-28）,方案中对 C 形柱的应用可以追溯到奥托对最小曲面的基础研究。2013 年,ZAHA 事务所在将 C 形柱作为一种造型语汇运用于伦敦塞克勒蛇形画廊设计中(图10-29)。

图10-28　弗雷·奥托斯图加特中央车站方案ⓒHolger Knauf　　图10-29　伦敦塞克勒蛇形画廊 ⓒ ZHA

两个案例的形式语言近似,但形态生成的逻辑出发点不同,在奥托的设计中,斯图加特中央车站形态的生成过程是基于对最小曲面的研究,寻找力沿结构体表面的传播路径,奥托在研究过程中借助肥皂膜,这一过程类似于高迪在圣家堂设计中通过悬链线找形的过程,将C形柱作为一种结构单元连续规则排布,实现火车站需要大跨度空间。斯图加特中央车站的工程进展缓慢,直至2019年,第四根C形柱才落位,C柱通过混凝土薄壳实现。

图10-30(a)所示为2019年施工现场完成的单颗C形柱,类似于图10-30(b)中20世纪40年代劳埃德赖特在约翰逊制蜡公司中完成的伞形柱实验,作为建筑的基本构成元素,单颗柱在形式和结构上的成立意味着建筑围护体系基本关系的成立。

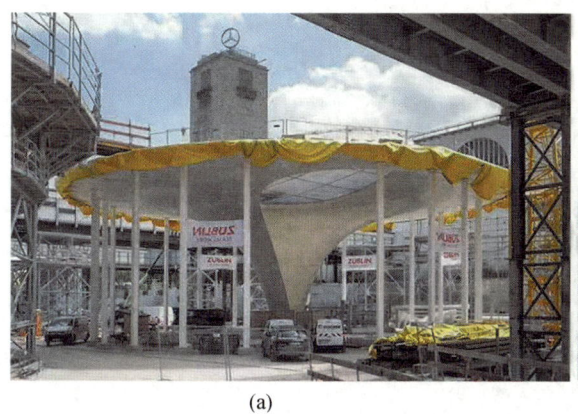 

(a)　　　　　　　　　　　　　　　(b)

图10-30　斯图加特中央车站施工进程[(a)]和约翰逊制蜡公司单柱承载力实验[(b)]

不同于中央车站的薄壳混凝土,在尺度更小的赛克勒蛇形画廊中(图10-31),ZAHA事务所用膜材,钢龙骨和玻璃钢实现这一造型语言,C形柱顶端的钢圈梁与檐口边缘的钢结构拉起了上下两层膜结构,檐口边缘与C形柱使用玻璃钢包覆。这一过程中,蛇形画廊的 C 形柱虽与斯图加特中央车站的 C 形柱形态相似,但结构逻辑不同,钢结构 C 形柱作为刚性支撑为内外表皮的柔性膜材提供了拉结生根,中央车站中 C 形柱作为连续张力表面的结构特性并未被利用。简而言之,从结构逻辑分析,蛇形画廊的 C 形柱近似于一根不完整断面的空心立柱,而中央车站的则是连续表面的一部分。

图 10-31　塞克勒蛇形画廊施工过程ⓒ SH Structures

2014 年,ZAHA 事务所将 C 形柱作为一种造型元素带入了大兴机场的设计中。在联合体提交的结构设计方案中(图 10-32),C 形柱作为网架屋面的支撑结构,与南区四片屋面的三角形的浮岛顶支撑筒、北区值机厅立柱在结构逻辑上均类似支撑网架的"巨柱"。在正交排布的网架形式下,一定程度上讲,C 柱、立柱、支撑筒等几种支撑形式是可以相互替换的。

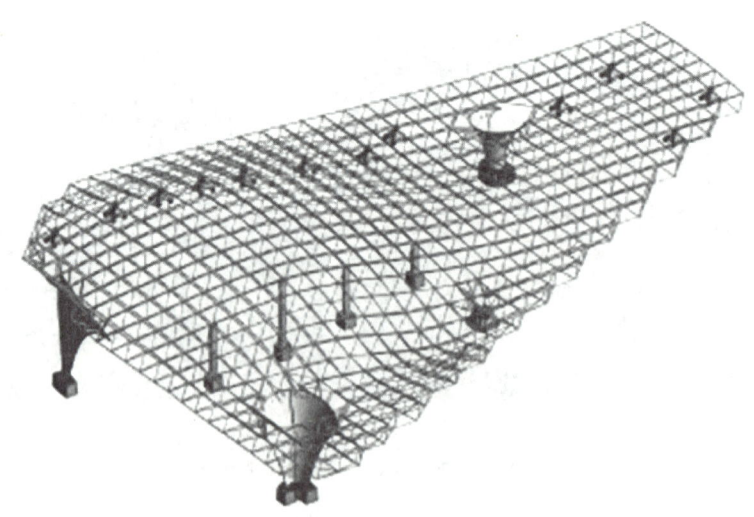

图 10-32　联合体提交方案中北侧大屋面的钢结构布置方案

回顾 C 形柱的沿革历程可以看到,作为一种从建筑物外部表皮到内部支撑连续延展的建筑形式，C形柱在不同的结构体系，不同的材料属性下均有着不同于建筑造型的结构逻辑。在大兴机场航站楼的设计中，为适应复杂的大跨度空间需求，屋面主钢结构体系采用钢网架结构。由此，建筑设计需要解决一个命题，即建筑造型之外，在网架结构中的C形柱该以何种建构逻辑存在。

3）正向梳理造型逻辑

带着对C形柱设计历史溯源的思考，设计团队回到方案中寻找解决问题的思路，在最初面临屋面复杂的自由曲面形态，试图采用"降维拟合"的方法受挫后，团队尝试跳出工程便利性与曲面流畅度间的两难选择，不再局限于单纯的几何分析，转而尝试从屋面复杂形态的根源入手，进一步将整个外围护系统视作一个复杂系统进行整体统筹——增强内部关联，淘汰低效冗余，以系统总体效率的提升来消解复杂性。

从此策略出发，在建立动态关联的全参数化控制系统之前，首先需要回到造型逻辑的生成阶段，在原概念方案中相对独立的外围护各子系统间建立起紧密的逻辑关联。这一过程中，各专业经前期评估提出的诸如优化空间体验、增强抗震性能、降低热工负荷、争取自然采光等诉求成为了造型统筹的目标，由此展开对原方案的大幅调整优化，如图10-33、图10-34所示。

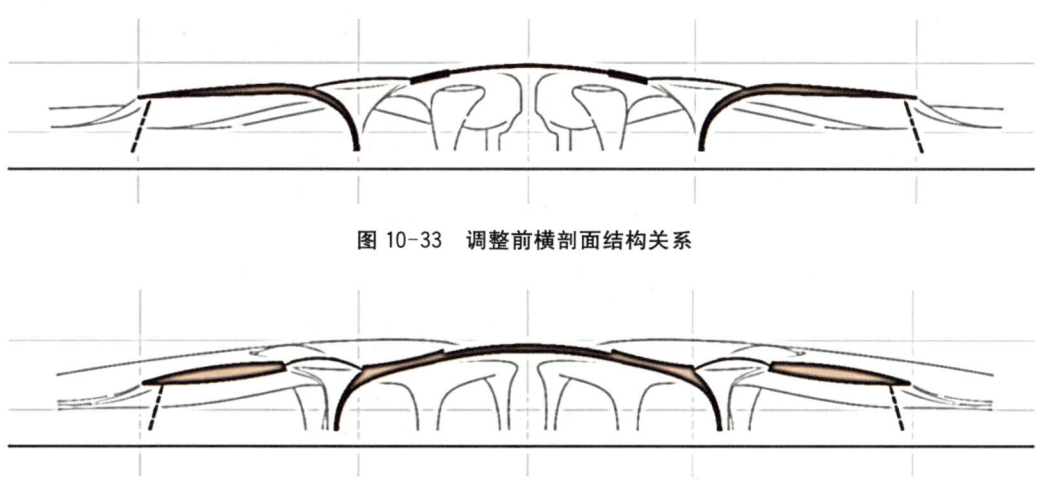

图10-33 调整前横剖面结构关系

图10-34 调整后横剖面结构关系

首先，调转原6根C形柱的开口方向，由图10-35的向心方向改为图10-36的离心方向，平衡楼内自然采光与热工负荷的同时，使6根C形柱共同组成受力更为合理的拱壳形态，主钢结构网架自C形柱根部起向心交会，自然编织出中心穹顶，将核心区6片屋面与采光顶拉结起来，在建筑外观与结构体系上均融合为一个整体。同时，原四层值机大厅中每侧4根立柱替换为1根直落二层行李厅的巨大C形柱，原幕墙处的对位结构柱也分散为空间受力的蜂窝柱，提供更强有力支撑的同时在体量上消隐于次级幕墙结构，使整个核心区内部形成仅依托8根C形柱的大跨空间。一系列多专业整合将航站楼构建为一个深度关联、工程可控的复杂系统打下了结构性基础。

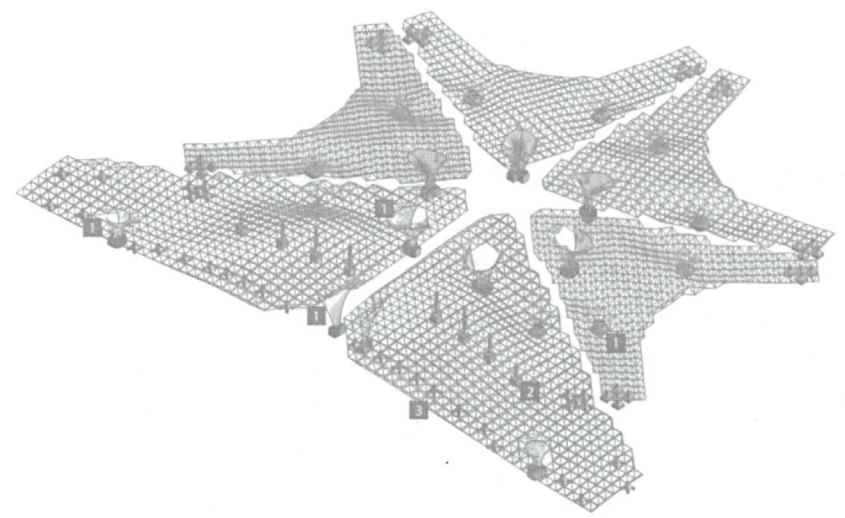

图 10-35　联合体提交方案中的核心区结构概念模型

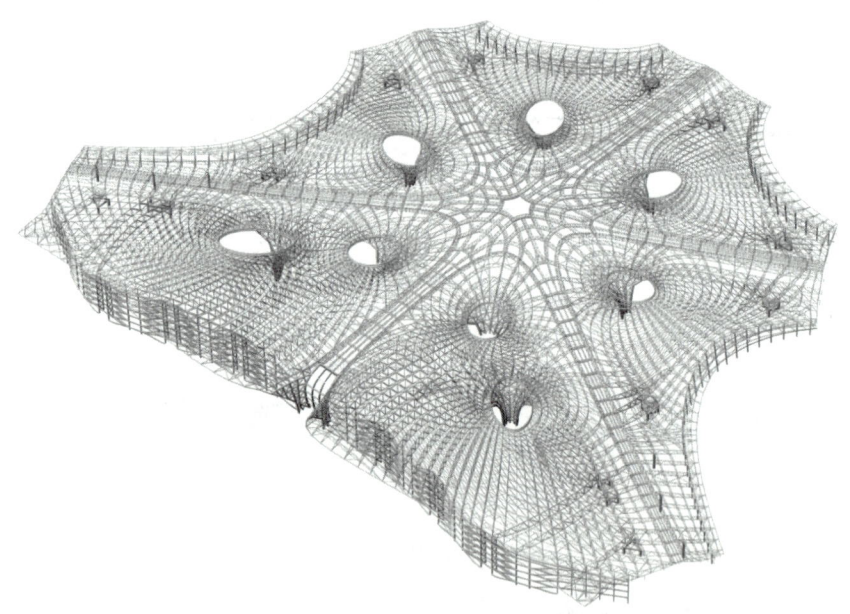

图 10-36　重新设计的核心区结构概念模型

3. 数字编织主网格控制系统

几何控制是外围护系统工程实现的关键手段。在前期对方案造型与结构的底层逻辑进行梳理的基础上，团队进一步研发出一套整合屋面、采光顶、幕墙、钢结构等多专业的全参数化几何定位系统，称为"主控网格系统"。主控网格在营造建筑空间体验的同时蕴含结构逻辑，以空间定位主钢结构网架球节点为基础，可实现对外围护系统的层级控制。从可视化角度来看,主钢结构直观反映了主控网格的形态特征。

主控网格系统将异形曲面造型基准面、系统边界划分、构造层次设置等设计信息转译为几何信息,再以数据形式输出。数字设计工具上,数字设计单位选择了可与T-spline塑形与Grasshopper编程工具参数联动的Rhinoceros 5.0作为准确描述逻辑关系的软件平台,全参数化编织主控网格。技术工具之上,主控网格系统控制力的强弱取决于其逻辑关联的深度和质量。从对每个子系统的把控,到对美感、力学、材料的逻辑抽象和提取,建筑设计需更深入地发挥其在多专业团队中的统领作用,才能建立关键、高效的参数联系,而非制造冗余。

1) 基准面定义

通过定义基准曲面,在主控网格内可限定出各系统内的面域和系统间的边界。基准曲面分两种定义模式与对应系统的材料、曲面特征相适应:其一是精确几何定义,适用于以玻璃为主材料,以二次曲面为基础曲面的采光顶和幕墙系统;其二为自由曲面塑形,适用于以钢、铝等金属材料为主的高阶自由曲面的屋面、大吊顶系统。

2) 数字编织主控网格

在编制主控网格工作中,首先需要主动寻找约束条件,将其视为形成秩序与建立关联的必要条件。约束集中于各系统交接位置,如主钢结构与土建混凝土楼层间10根C形柱、12处浮岛顶支撑、12处下卷落地位置的交接,以及幕墙系统间542处幕墙柱等(图10-37)。

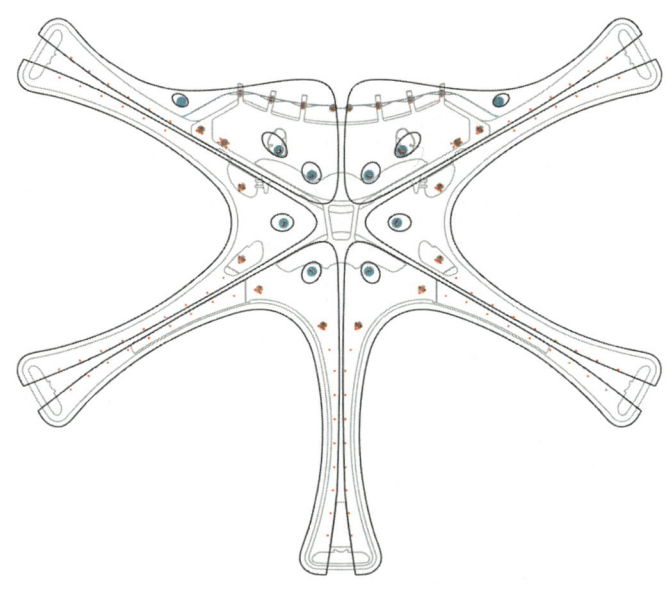

图10-37 外围护系统主要支撑点位分布(未表现幕墙柱)

分散在航站楼各处的约束条件需要一条线索串联起来。建筑师在对曲面拓扑关系的分析中注意到,曲面结构线分布和重力、电磁等矢量场有一定的形态相似性

(图10-38),如参考电场布置结构,将C形柱视为场域的极点,则网架中的径向杆件类似于电场中的电场线,环向杆件近似于等势线。如此类推在结构逻辑上也有可借鉴之处:电场中极点附近电场线密度增加,钢结构中C形柱处荷载也最集中;电场中沿电场方向电势的降低速度最快,如依此布置结构杆件,相较于正交网格,力的传递路径也会更短、更直接。

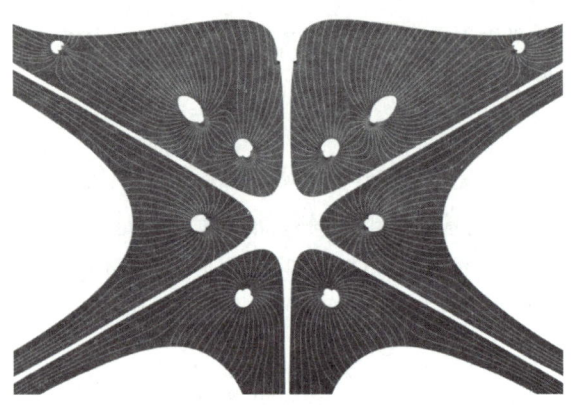

图10-38　核心区径向主网格示意

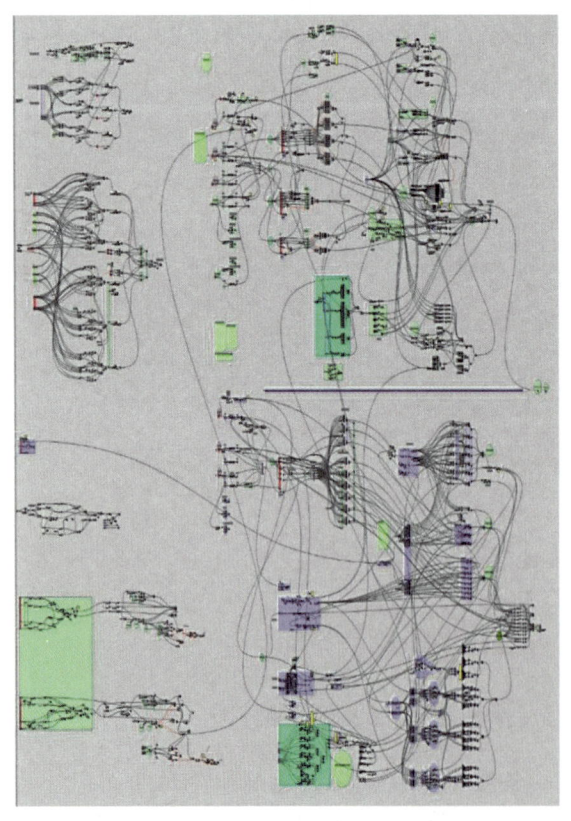

图10-39　主控网格程序截图

综上所述,建筑师将定性的受力分析、审美判断与量化的约束条件相结合,共同编织主控网格,以求工程之力、逻辑之美。在主控网格程序中,将网格中的曲线按径向与环向划分,并进一步按约束特征编组:所有径向曲线都从C形柱底部发出,或联通另一根C形柱,或向外寻找对位幕墙柱、或向心汇聚编织出采光顶;环向曲线则与径向曲线相互约束,且均受控于T-Spline基准面上的控制点。建筑师将其间复杂的逻辑关系在Grasshopper中通过六千余个电池(grasshopper中的命令编辑器)及上百个可调参数建立起来(图10-39至图10-42),在计算机程序中完成了主控网格的搭建。在紧迫的设计周期中,主控网格系统的高效性得到充分展现,任何基准曲面的局部调整、构造距离的变化,都能在全局得到迅速响应,实时更新输出数据。

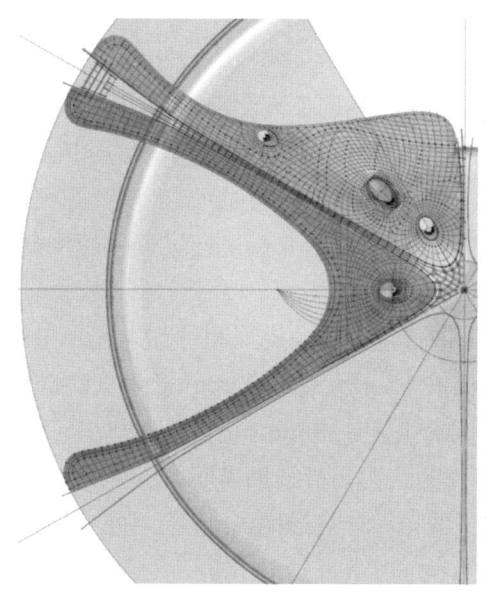

图 10-40 主控网格程序截图(一)

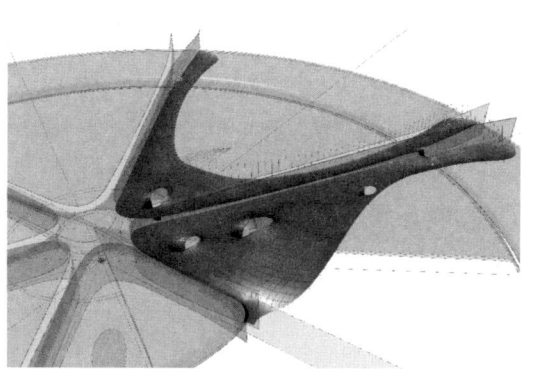

图 10-41 主控网格程序截图(二)

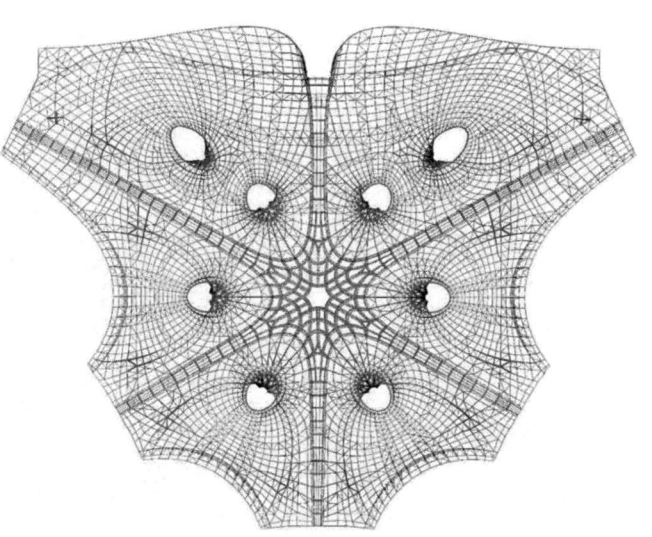

图 10-42 主网格控制下的主钢结构(核心区)顶视图渲染图

3) 主钢结构网架

从最初的体系分析直至主钢结构空间定位,建筑与结构专业在设计的各个阶段保持着紧密的配合。屋面主网格控制系统定义了主钢结构球节点的空间定位,在此基础上,结构专业对上、下弦杆和腹杆三种类型的杆件进行分别创建,并赋予材料和截面属性后，形成了可供结构计算用的屋盖网架模型。航站楼屋盖投影面积约 35 万 m^2，指廊端头间距 1 200 m，故航站楼屋盖钢结构划分为 6 个部分，分为主楼中心区及五个指廊区。其中最大的中心区投影面积 18 万 m^2，各类杆件 63 450 根，各类球节点 12 300 个。

在连续的自由曲面形态下，针对局部结构高度的微小调整都会涉及周边大范围内数以千计的球节点空间高度产生不同程度的变化，如果使用传统的设计方法，带来的调整工作量是在紧凑的设计进程下无法简单地用人力解决的，但在主网格程序的控制下，屋面核心区上万个球节点的空间坐标都可实时更新，结构专业也通过程序的控制，同步更新所有相同编号球节点的坐标。

为验证网架的整体性能，结构专业在软件中进行了大量的模拟和计算来进一步验证。其中中心区屋盖钢结构在 1.0 恒载 + 1.0 活载下，最大变形 378 mm，最大挠跨比 1/352，满足规范挠跨比小于 1/250 的要求；悬挑端挠度 118 mm，挠跨比为 1/286，满足规范悬挑段挠跨比小于 1/125 的要求。一系列的结构分析结果表明，主钢结构网架的整体结构在稳定和承载力上均有良好的性能（图 10-43 至图 10-45）。主控网格实现了建筑效果和结构性能的内在统一。

图 10-43　钢结构网架现场照片（一）

图 10-44 钢结构网架现场照片(二)

图 10-45 钢结构施工现场照片

4. 数字协同下的层级深化

主控网格在底层逻辑上实现了航站楼外围护系统的外观、内装、钢结构的关联整合。系统效率的提升直接作用于 29 万 m^2 异形曲面屋面系统、32 万 m^2 大吊顶系统的构造深化（图 10-46）；檩条层主次龙骨得以紧密依托主钢结构整合布置，节省了大量的转换构造（图 10-47）；防水层排水分区划分与天沟、虹吸排水系统构造同样在主控网格控制下展开（图 10-48）；在层级深化的末梢，设计人员通过对内外表皮面板重复率、平板率的控制在微观层面进一步消解复杂。

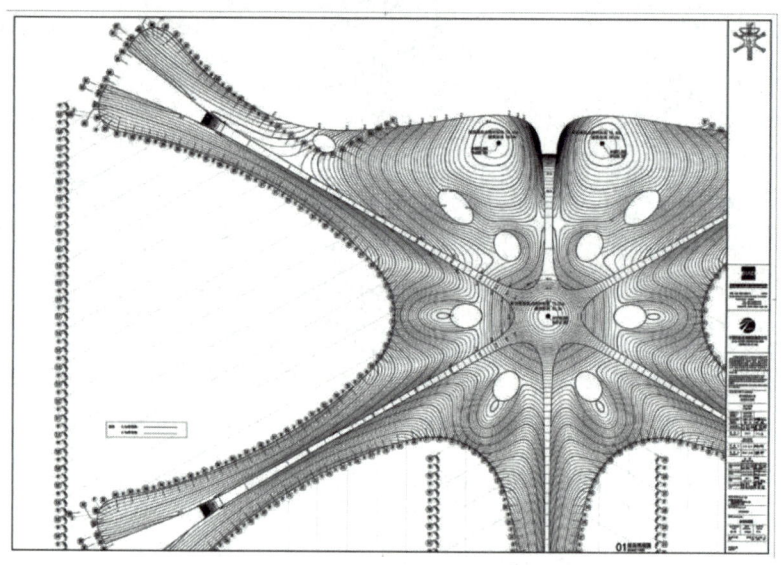

图 10-46　屋面等高线分布图

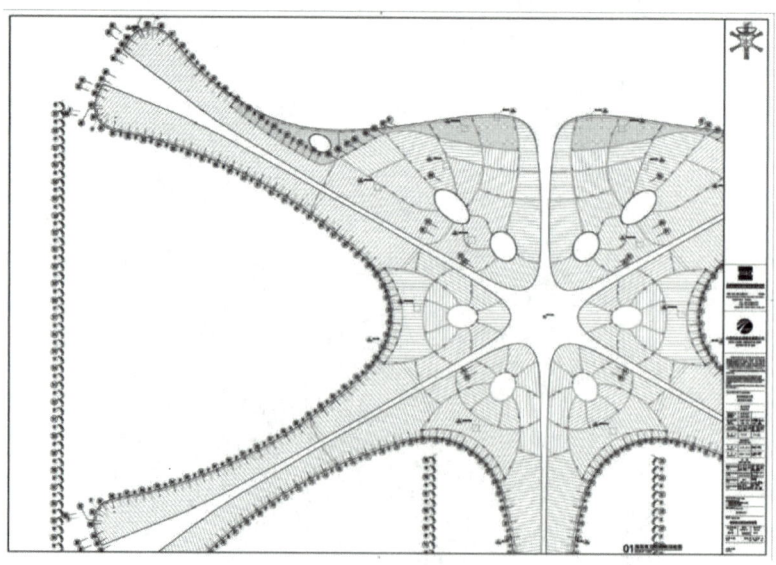

图 10-47　屋面檩条布置

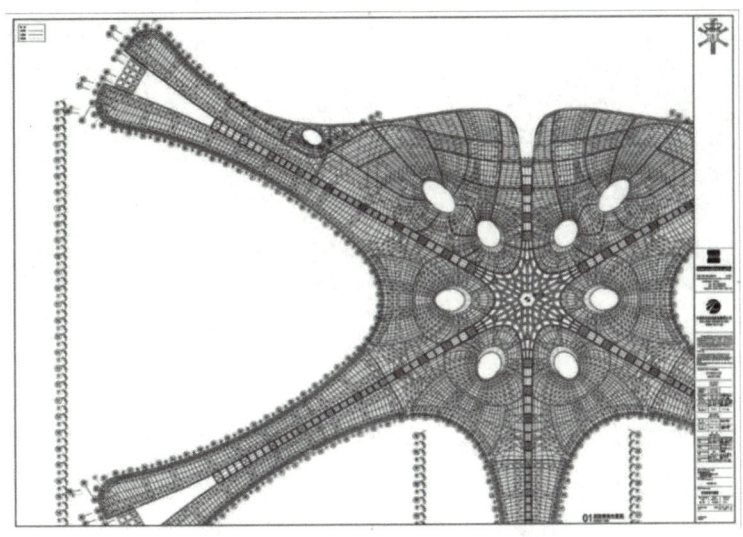

图 10-48　屋面金属防水层布置

航站楼屋面整体被采光顶分为六个相对独立的单元，北区 2 片屋面东西向对称，南区 4 片屋面沿中心点环向对称（北侧两条指廊变形缝位置不同）。屋面随钢结构设 5 处变形缝，将中心区与指廊分开。由图 10-49 至图 10-54 可见在主网格的控制下，屋面装饰板层与主钢结构的叠加关系。装饰板以下各层：直立锁边防水层、虹吸雨水系统、檩条层等各层次也均在主网格的控制下设计。

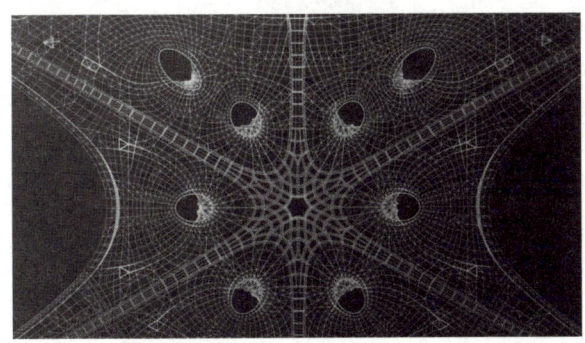 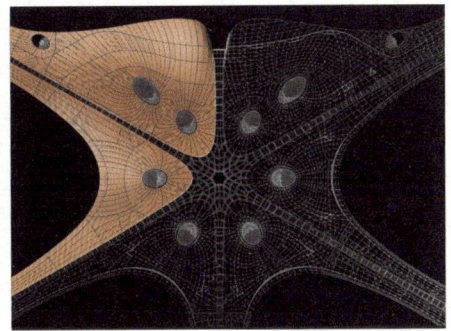

图 10-49　主网格与屋面装饰板（一）　　　图 10-50　主网格与屋面装饰板（二）

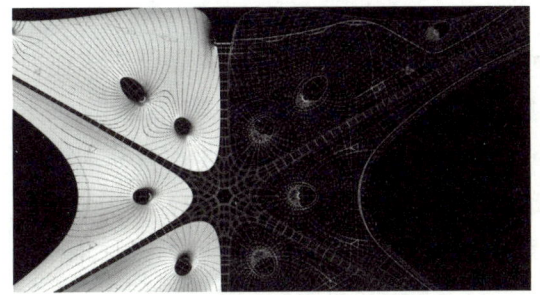 

图 10-51　主网格与大吊顶板跨　　　图 10-52　施工中的航站楼外围护主钢结构

图 10-53　封围后的航站楼屋面防水层

图 10-54　建设完成的航站楼屋面

1）围护系统各层次

如图 10-55 所示，屋面设为 5 层基准面，从外到内依次规定为：①屋面装饰板完成面基准面，②屋面防水层基准面，③主钢结构上弦球节点中心点基准面，④主钢结构下弦球节点中心点基准面，⑤吊顶完成面基准面。

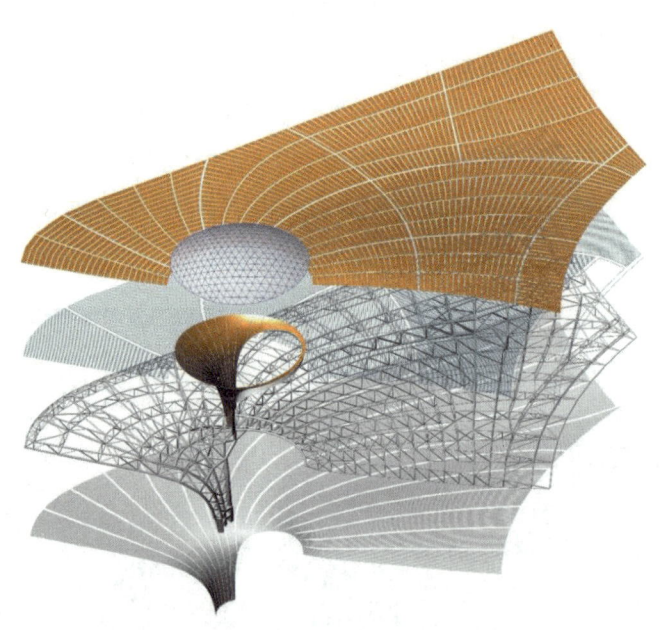

图 10-55　屋面各层次轴侧展开图

2）主屋面系统构造

航站楼屋面总屋面展开面积 29.1 万 m^2，由以下子系统组成：①直立锁边主屋面子系统，②屋面檐口子系统，③屋面天沟子系统，④室外吊顶子系统。其中直立锁边主屋面系统构造采用了双层金属屋面系统，上层金属装饰板的设置使得下层直立锁边防水层的布置能以最短、最有利的排水方向自由布置，同时，双层通风屋面起到了显著的节能、降噪性能，同时在构造上也加强了下层直立锁边层面板的抗风揭性能（图10-56）。

对于 30 万 m^2 屋面的安全性,进行了专项验证。为保障屋面抗风揭性能,设计人员运用数字手段全程辅助分析,在前期分析阶段,运用 CFD 模拟全场风环境,同时,在中国建筑科学研究院和同济大学两个建筑风洞实验室测试核准了航站楼基本风压系数,并以此为依据选择抗风揭性能优异的双层金属屋面构造,为验证构造可靠性,除数字模拟计算分析外,设计人员先后在绵阳中国空气动力研究中心测试了 16 级真实强风下构造试件的可靠性,并在珠海专项实验室内进行了构造系统的疲劳测试与极限测试。模拟数据为实验设计提供了基础,实验结果也以数据形式分析与反馈,排查极限工况下系统隐蔽的薄弱环节。

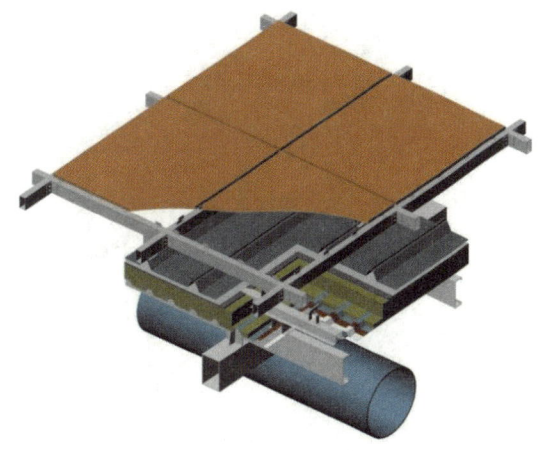

图 10-56　屋面基准构造

3) 大吊顶系统构造

主屋面室内大吊顶采用单元组框的安装模式,将大部分吊顶面板的连接调节工作转至地面进行,有效降低了现场施工难度,保障了施工进度。根据大吊顶基准曲面的不同部位,航站楼室内大吊顶分为小曲率吊顶与大曲率吊顶两部分,小曲率吊顶位于大吊顶顶面,板块类型以平板为主,如图 10-57 所示。

图 10-57　大吊顶小区率面板单元化组框

图 10-58　大吊顶小曲率面板球节点转接盘安装

大吊顶小曲率吊顶板部位,与主钢结构球节点的连接方式采用了转接盘的设计,如图 10-58 所示,与主钢结构球节点通过杆件根部的抱箍相连,大吊顶主龙骨可利用同钢结构下弦杆空间高度布置,有效地减少了构造高度。

大曲率部位集中于 C 形柱部位,板块多为双曲、单曲面板,龙骨局部采用焊接与主钢结构相连。塑造 C 形柱曲面造型,并利用 C 形柱根部两侧空间预留屋面虹吸雨水管道空间,如图 10-59 所示。

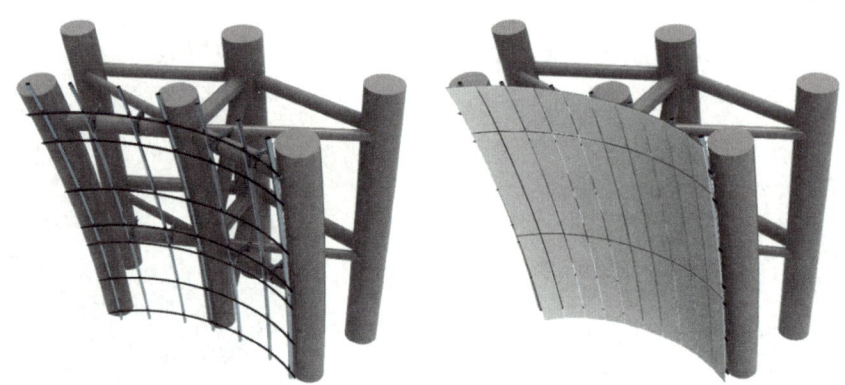

图 10-59　大吊顶大曲率区域龙骨与面板

5. 智能设计探索与实践

1）从数字设计到智能设计

在大兴机场的设计中，设计单位引入人工智能常用的遗传算法，让电脑为设计决策提供依据。在采光顶的遮阳设计中，设计人员利用计算机的抽象运算能力，选择辐射和采光数据的最佳组合，从而揭示了什么样的设计是性能最优的；在采光顶铝结构的划分设计中，计算机通过算力显示了什么样的设计是最"美"的。

2）C 形柱顶采光顶智能设计应用

大兴机场航站楼的中心区域由 6 根 C 形柱支撑，形成跨度近 200 m 的无柱空间。加上值机区的 2 颗 C 形柱，8 根 C 形柱在满足核心区主要支撑条件的同时，顶部采光顶还为大空间提供了良好的采光条件。巨构加采光的组合使得 C 形柱顶的采光顶自然成为大空间内旅客瞩目的焦点。C 形柱顶的采光顶（简称 C 形顶），造型截取自椭圆球体，布置在 C 形柱环梁上，与屋面凹陷的造型配合，形成悬浮感。由于玻璃板块的限制，对球面进行均匀三维划分，是该设计的目标也是难点所在。另一个设计目标在于需要与吊顶控制线相适应，做到天窗控制点与主结构控制线相匹配。为实现这两个目标，设计单位进行了一系列技术探索。

如果直接采用三角网格划分曲面，每条分格线很难在每个点做到六向相交。设计人员提出的解决方法是先建立一个两向的基础网格，在两向网格的基础上加入斜向划分。初步设计由于其双向基础网格的均匀性导致其与椭圆相交的端部会产生异形三角板块，为解决过度均匀带来的限制，深化设计依据板块的大小均匀调整边缘及中心控制点的分布，以达到边缘分板均匀的设计目标。

通过控制边缘和中心控制点，可以达到整体分板均匀，并且可以控制斜向划分的整体走势。以中心线控制点为例，设计人员的做法是以中心线控制点的序号为横坐标，控制点到基准点的间距为纵坐标，建立点距坐标系，通过调整点的坐标位置，形成整体趋势，如图 10-60 所示。

图 10-60　建立控制点距离

坐标系建立完成后,为使坐标点渐变做到完全的均匀,设计单位引入了遗传算法(遗传算法简单可以理解为是一种模拟遗传学,以比较的方法进行优胜劣汰从而求出最优解的算法),将点距纵坐标统一于三段混接曲线,使曲线接入遗传算法程序,自动调整其纵坐标,使点距控制点自动贴临最优曲线。这样计算出的控制点,可以做到既满足整体渐变趋势又变化均匀。图 10-61 为遗传算法自动计算过程。

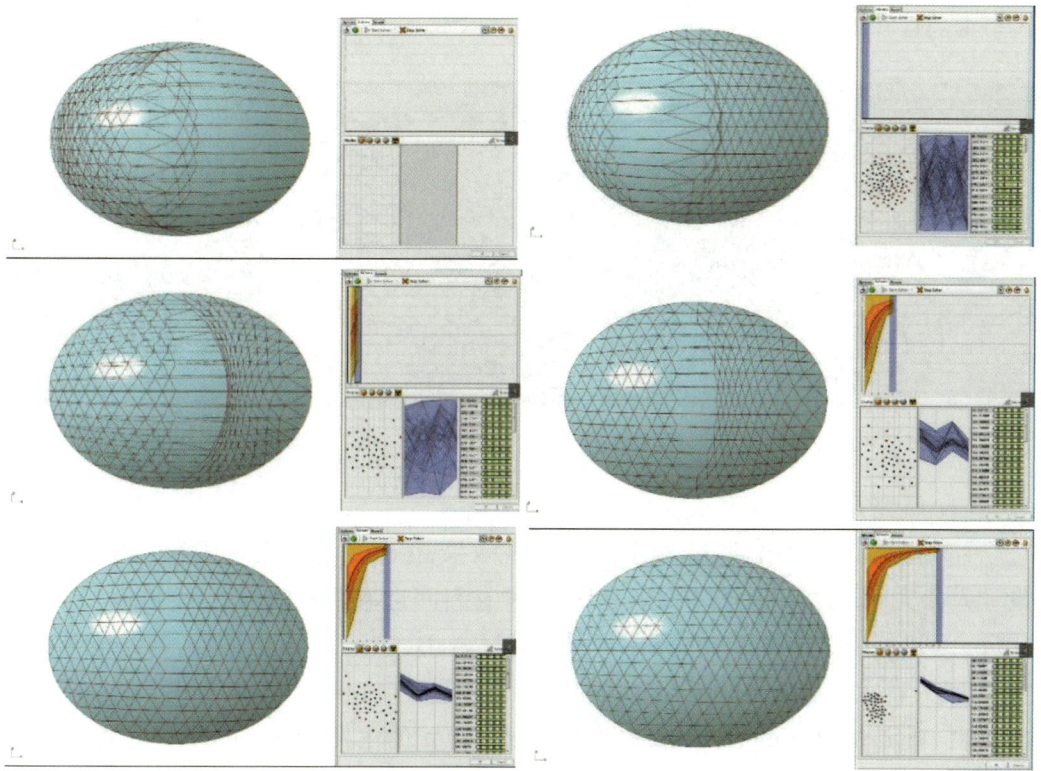

图 10-61　算法选择过程截图

左侧椭圆形是计算分板的可视化表达,右侧图表是遗传算法选取数据进行筛选的计算过程。从计算过程可以看到,计算开始时选取多组数据,通过比较逐步筛选,计算范围也逐步收敛,分板形式从不规则疏密不均,慢慢趋于稳定均质,达到预期效果。

最终分板计算成果的整体均匀度、板块大小规则渐变、边缘三角板块以及与结构的对位关系均已满足设计需求(图10-62至图10-64)。

3)内置遮阳网片智能设计应用

(1)研究目标

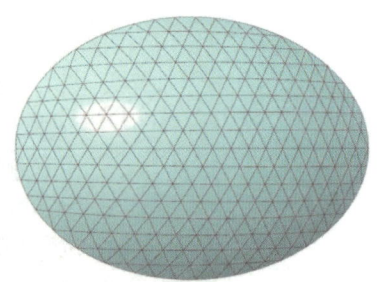

图 10-62　程序分板结果

遮阳和采光是一对互斥的概念,采光顶遮阳百叶的研究同样需要在遮挡直射光、透过漫射光和视线通透性三者中取得平衡。回归对采光原理的研究,采光系数的概念与遮阳网的研究目标相似,但采光系数偏向漫射光环境,本方案偏重于研究晴天有直射光的综合工况。研究参数取值夏日晴天照度室内室外的比值。经过对首都机场 T3 航站楼、交通中心,昆明机场航站楼采光顶的实测,设计单位将采光顶的采光系数设定为 60% 左右。在此基础上,对不同百叶的直射光透过率、直射光透过率与漫射光透过率比值进行对比。选择直射光进入最少、漫射光进入最多的百叶形式。

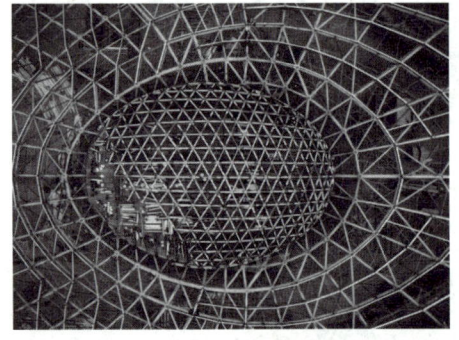

图 10-63　施工中的 C 形柱顶部采光顶结构

图 10-64　施工过程中的 C 形柱顶采光顶

(2)研究方法

针对遮阳百叶材质,通过对耐久度、外观效果、生产工艺难度和成本的综合考虑,设计人员从 pvc 微孔板、不锈钢板、铝板三种材料间选取铝板作为百叶基础材料。图 10-65 是铝板切缝拉网百叶的基本形式。通过 A、B、C、X、H 五个参数,可以做到对百叶厚度,开孔大小和叶片倾斜角度的控制。通过与玻璃生产厂家密切配合和多轮样品的实验,确定在 16 mm 中空层中可以固定 4 mm 的遮阳网片,并且不会刮伤玻璃 Low-E 膜。

以五个参数为控制,在 Grasshopper 软件中构建百叶模型,将北京 5 月 1 日到 9 月 22 日太阳高度角、方位角以及辐射照度值信息导入 Grasshopper 程序,与百叶共同形成一套测试模型。即一时间段内,不同百叶形式所形成的直射光透射率、漫射光透

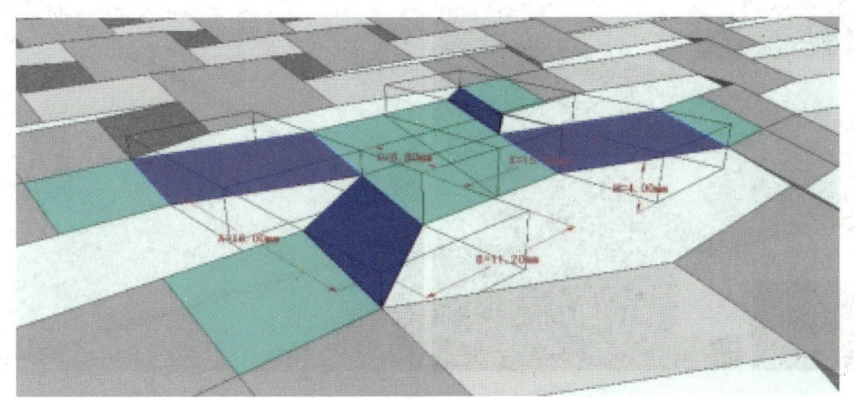

图 10-65　遮阳网片参数

射率以及采光系数。通过前文提到的遗传算法,结合 60% 采光系数以及五个参数范围,遗传算法从 3 101 组数据中,自动求出直射光/漫射光最小值的百叶参数。

(3) 研究成果

计算出的遮阳网片(图 10-66),首先经过 3D 打印确定外观,将样品尺寸发送铝板网厂家生产,最后由玻璃生产厂家合片。生产出的遮阳玻璃样片南向迎光面与北向天光面对比,进光差异明显,实现了在不影响视线通透性的同时对直射光充分遮挡(图 10-67)。

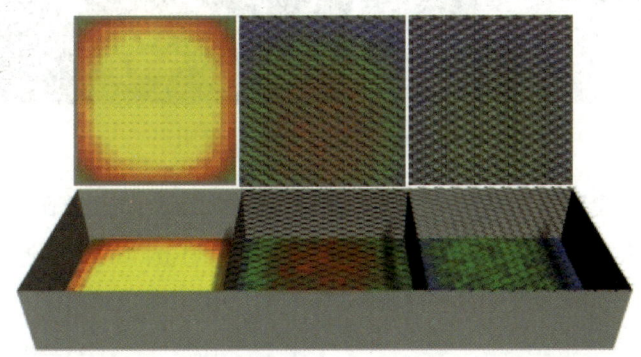

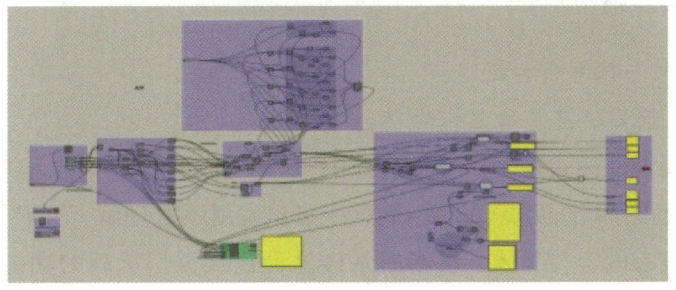

图 10-66　以环境光为导向的百叶计算方法

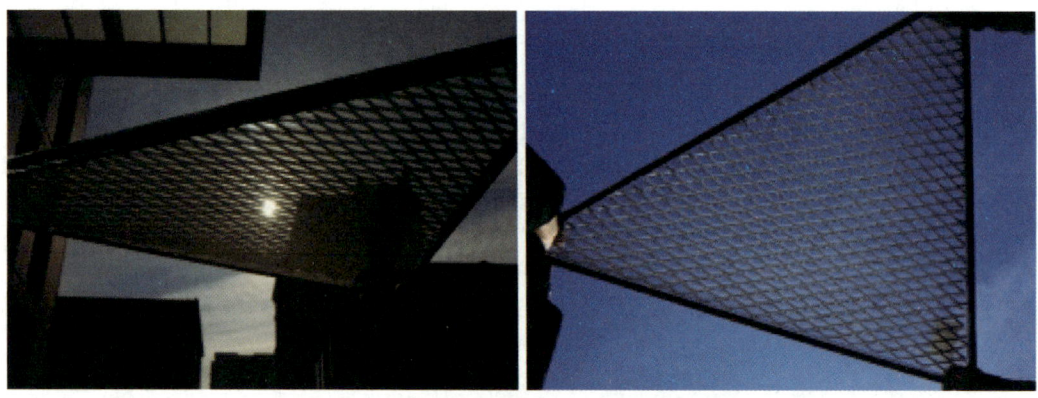

图 10-67　南向遮阳，北向透光示意

图 10-68 是一片遮阳网片安装方向反向的玻璃，从室外侧看进光方向与其他正向的玻璃产生对比，从室内侧看可以看出遮阳百叶的遮阳效果。

图 10-68　反向安装的遮阳百叶

该项创新设计成果由清华大学牵头，北京建院合作参与。遮阳板网、中置固定式遮阳板网的二层遮阳玻璃及固定装置、中置固定式遮阳板网的三层遮阳玻璃及固定装置申请并获得了三项国家实用新型专利。

10.3.2　大平面系统

1．系统框架与技术平台搭建

1) 大平面：承载建筑基本逻辑的平台

人类的主要行动模式是基于地球表面的"二维"活动，这意味着人类的绝大部分生产生活活动都是围绕"平面"展开的。从这一点出发就不难理解，为何"平面图"通常成为建筑设计的核心内容与载体。机场航站楼这种建筑类型承载的功能的核心是民航业务流程，包含大量的人与物的移动要素，因此平面设计对于这种建筑类型来说就显得格外重要。平面不仅承担着组织业务流程的任务，还提供了协调建筑体系与结构、机电及各专项设备体系的基础平台,更重要的是,平面是供业主、设计、建设、使用各方之间交换建筑空间信息的基本媒介。从这个意义上来说,平面设计是一种高度集成化的系统工程,平面系统设计构架的搭建逻辑性与合理性,是做出好的设计成果的基本保障。

2) 大平面技术平台搭建

大兴机场航站楼的功能高度集成,采用相对新异的放射型平面构型,建筑平面所搭载的各子系设计都更为复杂,其子系统之间的关系也更加密切。在大平面的设计中面临了诸多的课题亟待解决。

课题1:多种不同尺度、不同属性和特征、不同设计主体单位的空间交织在一起难以分割。

对策:由航站楼设计主体牵头对各个空间整合在一起进行整体的把控,确定平面布局、基础轴网体系,并明确设计界面。

课题2:现有BIM设计软件很难解决如此大体量建筑单体的信息承载量。

对策:在一体化设计基本思路下,将相对独立的平面区域切分成独立的设计单元。

课题3:航站楼楼层少、各层范围大且布局差异大,几乎每处都需要专门设计,巨大的设计量需要一种清晰有效的组织方式拆分到不同的设计团队甚至个人。

对策:建筑的各类组件有较高的重复率及系统性,典型组件做法可以应用到广泛区域。针对这种特点,系统化的设计方法是将整体建筑合理划分为不同的组件系统,再深入研究各系统的典型设计和变化应用规则(图10-69)。建筑专业首先将设计划分为基础平面、外围护、内装修等三大主系统,每个主系统又包含多个分项系统。各分项系统都有专人负责从总体布局到材料构造的全部设计内容,利用协同设计平台在基

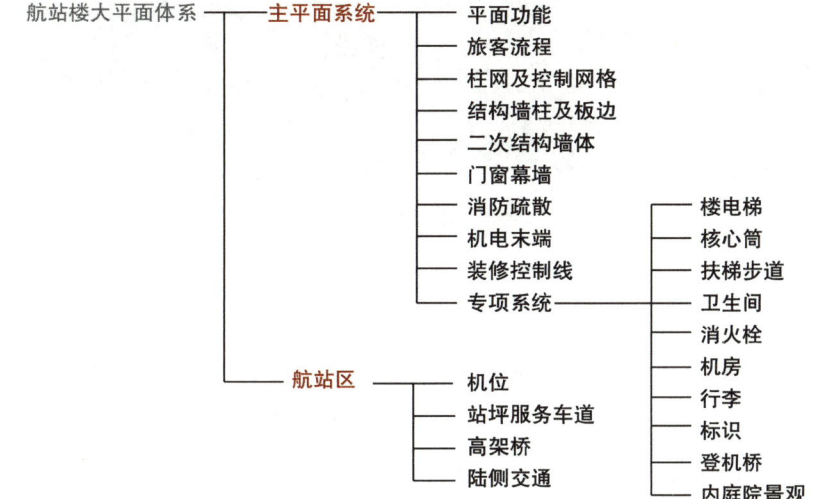

图10-69 大兴机场大平面系统技术平台框架

础平面上进行即时同步设计,形成"多人同绘一张图"的工作模式。基于细化分工和协同平台的系统化设计方法以及 BIM 技术的综合应用(图 10-70 至图 10-72),覆盖了航站楼设计的各专业内部及不同专业之间,并贯穿于设计全过程,有效提高了超大复杂项目的设计深度和设计效率。

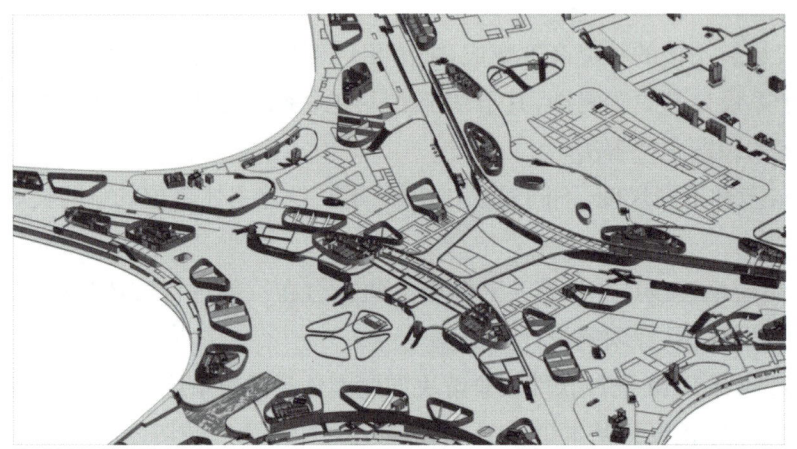

图 10-70 大兴机场航站楼大平面 BIM 建筑模型

图 10-71 大兴机场航站楼大平面 BIM 结构模型

2. 专项系统应用

1) 系统化设计的末端

大兴机场这样高度复杂的交通枢纽建筑,在设计周期短、面积大的条件下,系统化的设计管理模式无疑是必然的选择:一方面是出于对效率的考虑,另一方面则是设计系统控制体系的需求。在本项目中各专业的 BIM 专项设计系统施工图达到了 1 091 张 A0 图纸(图 10-73),占整体设计施工图纸总数量的 20.2%,对施工图设计的推动、发展起到重要的作用。

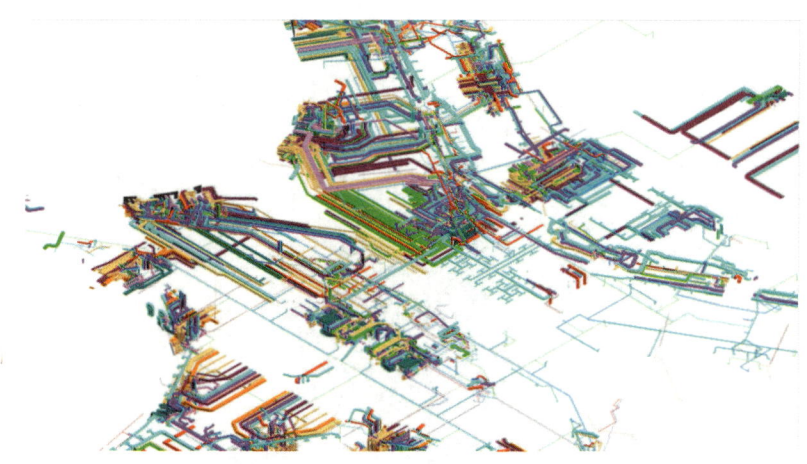

图 10-72 大兴机场航站楼大平面 BIM 机电模型

专业	系统	BIM 图纸数	总图纸数		比值
建筑	核心筒	94	371	1001	37.06%
	卫生间	31			
	扶梯	80			
	步道	25			
	玻璃电梯	36			
	钢梯	25			
	停车楼	80			
结构	核心筒	73			
	玻璃电梯	28			
	钢梯	18			
给排水	卫生间	130	148	663	22.32%
	机房	18			
设备	热交换站	21	425	1198	35.48%
	风机房	26			
	卫生间通风	26			
	空调机房	299			
	机房基础	53			
电气	发电机房	18	147	2530	5.81%
	变配电室	66			
	强电	27			
	弱电	18			
	开闭站	10			
	电气大样	8			
合计		1091	5392		20.23%

图 10-73 施工图纸数量统计表

在系统化设计管理、协同框架下,将设计分为大平面系统及专项设计系统,如核心筒、卫生间、楼电梯、机房等这样的功能性模块归类成独立的专项设计系统。像机场这样的交通枢纽建筑,专项设计系统划分的数量要比普通民用建筑多数倍,如建筑专业的专项系统大概在 23 个左右,在整体的设计体系中占据着重要的位置。大平面负责统筹协调专项设计系统的结构秩序、组合关系、系统流线等,当设计条件稳定后,对系统设计管理的第一步是从大平面中"剥离"出来,成为独立的对象,然后再对每个系统的实例按规则进行编码化管理(图 10-74),大平面与专项系统之间组的组合,宛如一台复杂、精密的机器,高效运转(图 10-75)。

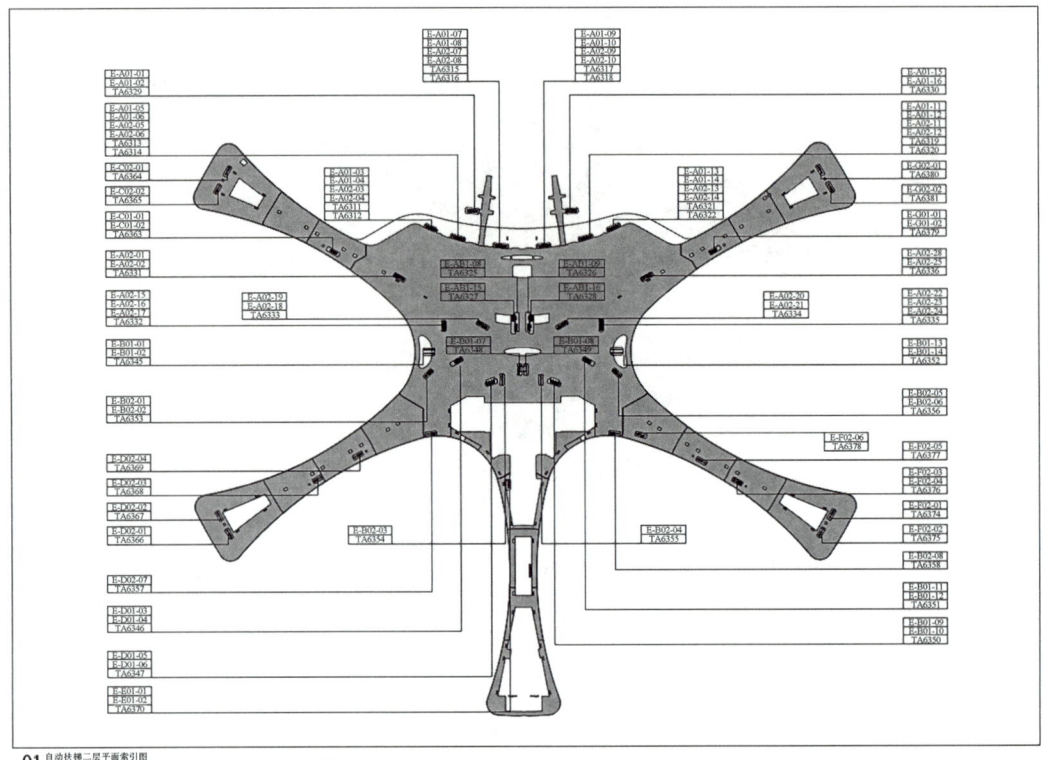

图 10-74 编号化管理的扶梯索引图

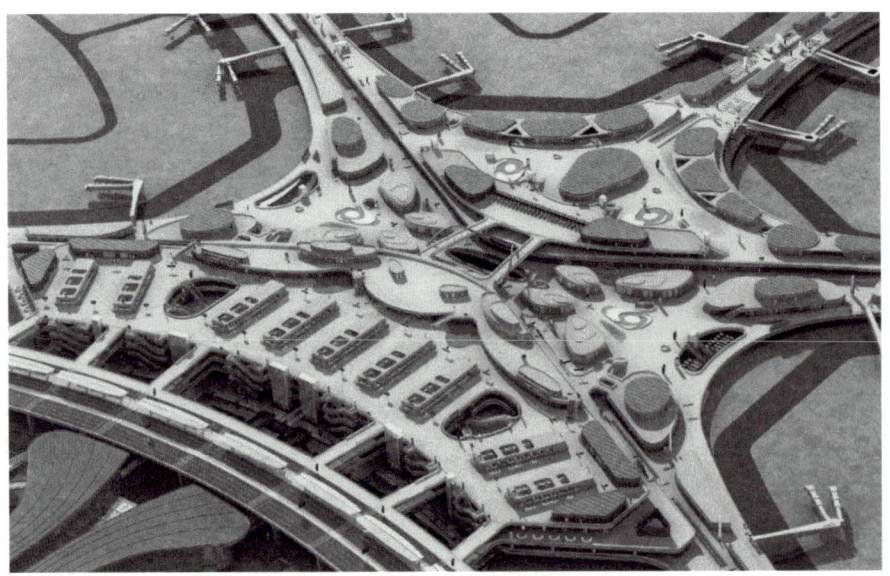

图 10-75 大平面与系统模块

在控制体系中，专项模块设计的关注点是其功能性和效率指标，以卫生间模块为例来说明主要的控制点：

（1）首先是否达到了无障碍设计要求，清单列项每个控制点（图10-76），并在BIM中定制专用的"族"，对呼叫按钮、安全抓杆等设施的位置和尺寸进行精确的空间定义（图10-77）。

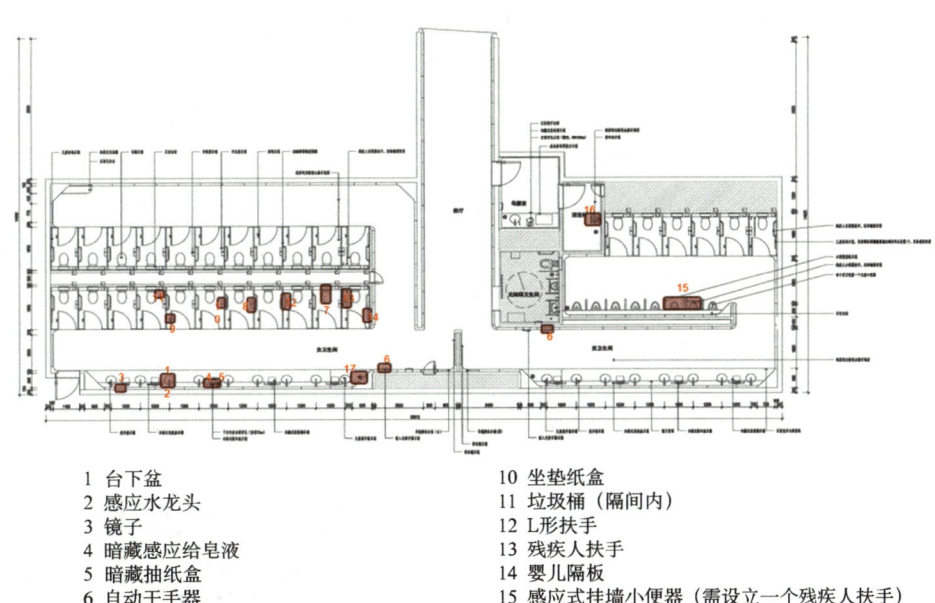

1 台下盆
2 感应水龙头
3 镜子
4 暗藏感应给皂液
5 暗藏抽纸盒
6 自动干手器
7 挂墙式坐便器（暗藏水箱+面板）
8 不锈钢纸巾盒+置物架（隔间内）
9 挂衣钩
10 坐垫纸盒
11 垃圾桶（隔间内）
12 L形扶手
13 残疾人扶手
14 婴儿隔板
15 感应式挂墙小便器（需设立一个残疾人扶手）
  拖布池+手龙头

图10-76 无障碍卫生间设计及管控点

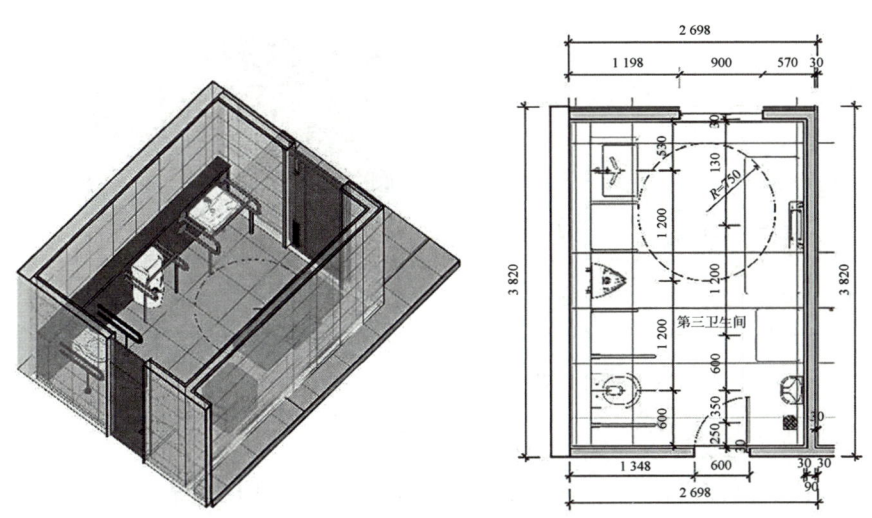

图10-77 无障碍设计的BIM模型

(2) 设计专用的检修管道井,便于日后不间断使用及快速维修,降低运营成本。

(3) 对于多少面积能出一个蹲位等效率问题,用量化指标进行控制。经过对大量以往设计数据的统计,带有专用检修管道井的机场卫生间大概 7.5 m^2 出一个蹲位,而普通办公建筑大概在 4.5 m^2。

2) 标准化设计

专项设计系统的高效是建立在标准化设计的基础之上,标准化设计思考的出发点是先解一道数学题:对系统内的每个实例的核心参数进行统计,而后求解参数的"公约数"。如以核心筒内的梯段标准化设计过程为例(图 10-78),先统计所有梯段所在的层高、梯井的宽度进深,求"公约数"后就能找出所有可以被标准化的梯段,在本项目中大致用整体实例数量 20% 的标准模块覆盖了整个项目的需求,对模块的简化、优化、固化这三个步骤循环往复是标准化设计的基本流程。在 2016 年内一共出了 5 版施工图,平均每 2 个月要更新一版新图,标准化设计有效地保证了施工图的顺利进行。

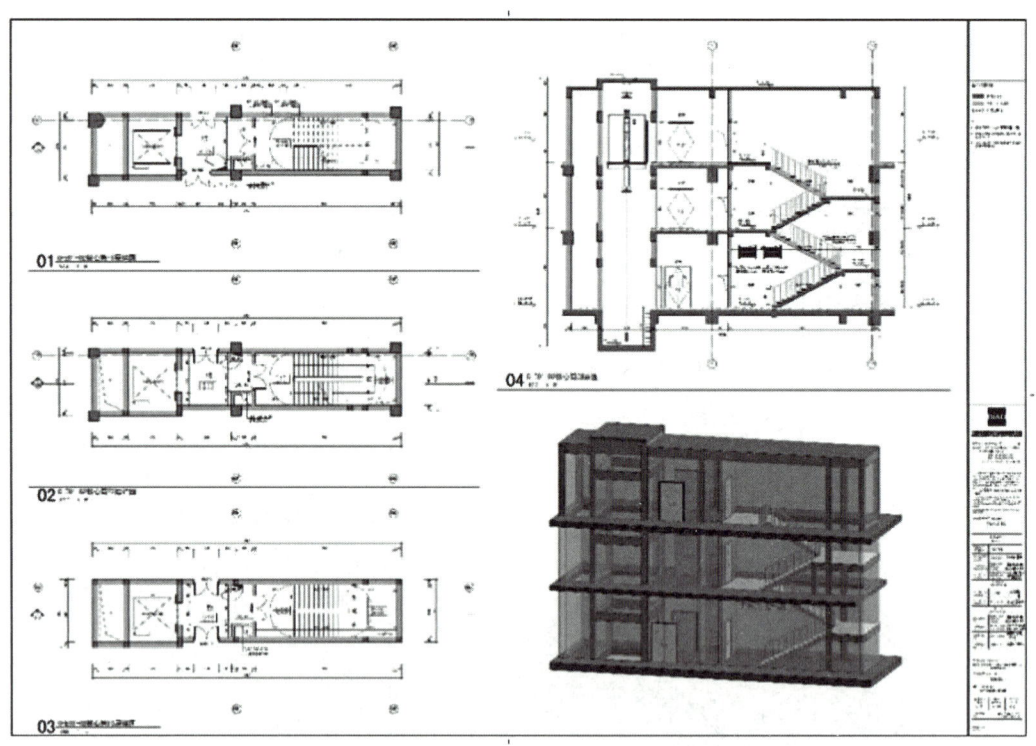

图 10-78　核心筒的标准化设计样图

3) 多专业集成设计

多专业集成设计是在系统化设计管理框架、BIM 设计环境下开发出来的设计模式、理念与方法,经过多个项目实践积累趋于成熟,其工作模式是:建筑(BIM)专业负责全专业的制图＋其他专业负责"计算"的设计模式,具体的工作流程是建筑(BIM)专业搭建全部的模型,并协调各专业构件的空间布局,在实体构件占位准确的情况下,导入专业的设计参数,如楼梯梁的配筋、卫生间的排水管径等,而后"切"成二维的施工图(图 10-79)。和传统的 CAD 制图比较最大的区别在于:CAD 模式是通过多张图纸描述一个一致性的设计,而 BIM 模式则是用一个模型生成多张图纸描述一栋建筑。

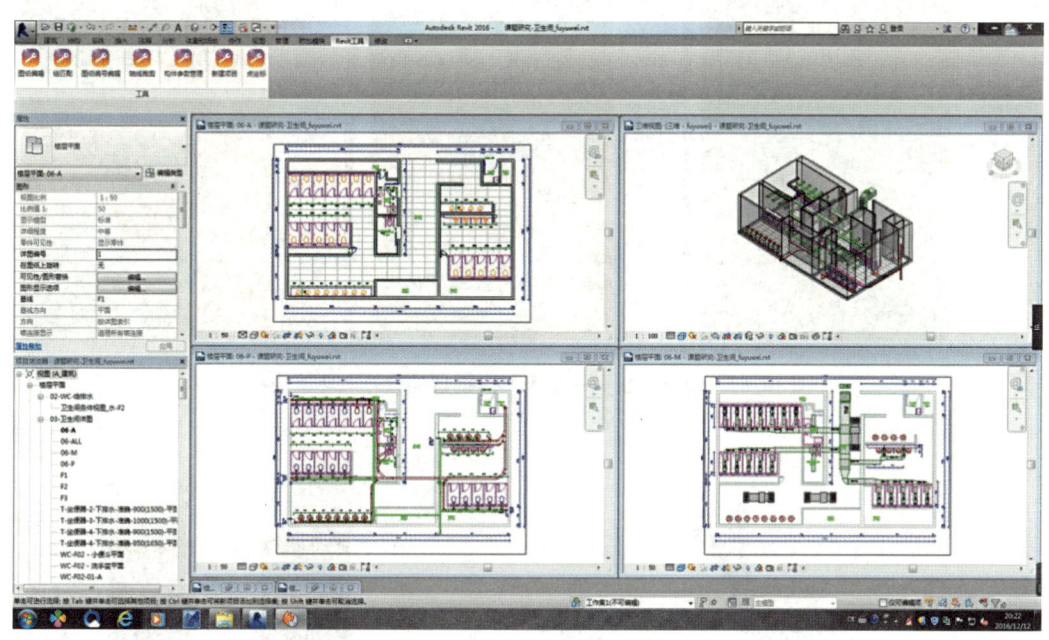

图 10-79　机电专业的多专业混合设计

10.3.3　数字设计验证

1. 物理环境验证

大兴机场规模空前,形体复杂,是世界上第一个采用五指廊放射形的航站楼,外围护系统由金属屋面、玻璃天窗、玻璃幕墙和金属幕墙等多种子系统构成。室内空间需求也较为多样化。因此设计分别对其采光、通风和热工性能等分别进行了模拟验证(图 10-80 至图 10-82)。各项验证均以 BIM 模型为基础,经过几轮"计算模拟—分析结果—提出问题—制定调整策略—再次验证"的过程,达到各项性能均好的较为理想的效果。

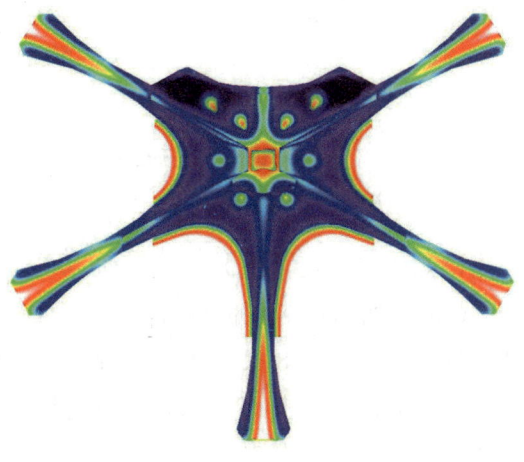

图 10-80　光环境分析——基于 BIM 模型的采光与遮阳模拟

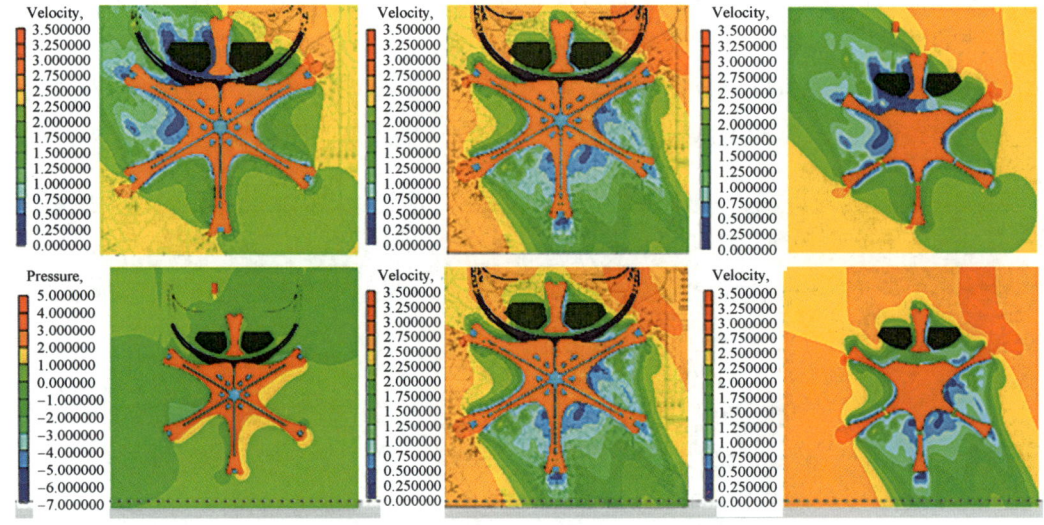

图 10-81 CFD 分析——基于 BIM 模型的室外风环境模拟

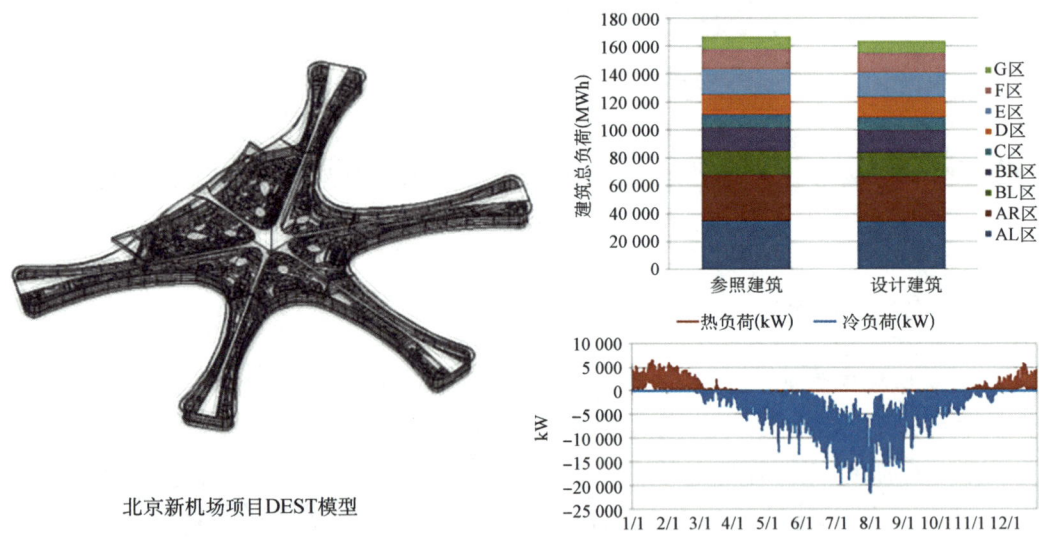

图 10-82 基于建筑物理模型的围护结构热工参数优化分析

2. 钢结构数字验证——C 形柱

1）C 形柱结构系统

C 形柱曲面作为屋面曲面的一部分，是点式天窗区域屋面曲面向下的局部延伸。核心区屋面由 8 根 C 形柱支撑，编号如图 10-83 所示。C 形柱结构网格划分、定位与屋面内外层曲面一体化布置，使得屋面结构顺畅过渡到下部的混凝土结构（图 10-84）。

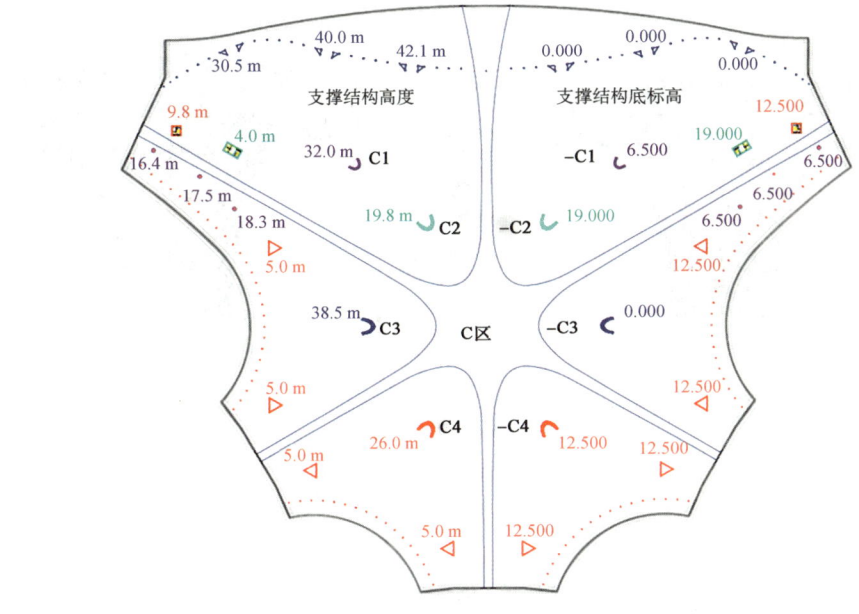

图 10-83 航站楼中心区 C 形柱布置图

图 10-84 C4 区屋面钢结构及 C 形柱杆件布置

2）C 形柱结构承载力分析

C 形柱作为整个航站楼中心区最为关键的竖向构件，是航站楼结构设计的重点。柱的横截面设计为开口状 C 形，研究表明：C 形截面为单轴对称截面，在竖向和水平荷载下易发生弯扭屈曲，导致构件承载力较低。因此如何避免 C 形截面构件在竖向和水平荷载下出现弯扭失稳是设计的难点和重点。在 C 形柱设计过程中，为避免其出现弯扭失稳，采用了支撑筒+C 形柱的组合抗侧体系，支撑筒通过具有较大平面刚度的屋面网架协调约束 C 形柱的扭转变形。

为研究 C 形柱在竖向和水平荷载下的受力和变形性能，对 C 形柱进行了恒荷载+活荷载标准值下的竖向承载力及水平承载力数字模拟分析（图 10-85）。结果表明：大震下 C1，C2，C3，C4 柱底部剪力均在承载力弹性阶段，最小承载力倍数为 3.71，最大承载力倍数为 19.88,满足大震不屈服的性能目标。

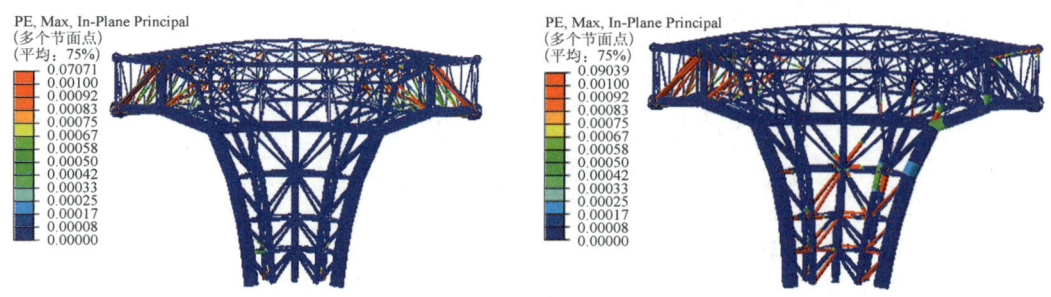

(a) 竖向最大承载力塑性应变分布 (b) 水平最大承载力塑性应变分布

图 10-85　C4 柱塑性应变分布

除了构件外,结构节点的受力情况同样是关注的重点。图 10-86 为 C 形柱两个关键节点在最不利工况下的应力分布情况,材料均为 Q345B,最大应力均小于 345 MPa,满足材料强度的设计要求。

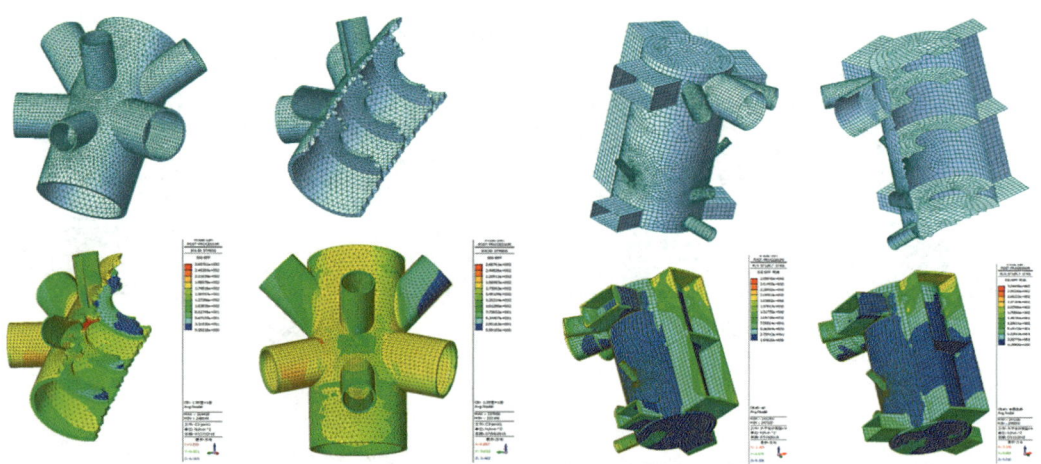

图 10-86　C 形柱典型节点应力分布

以上数字分析结果表明:①当 C 形柱达到竖向极限承载力时,破坏位置位于 C 形柱顶部与屋顶网架连接位置,因斜腹杆受压屈曲而达到极限承载力。②C 形柱顶部由于受到相邻支承筒幕墙柱等竖向构件的约束,有效限制了 C 形柱的扭转变形,在水平荷载下,C 形柱的破坏以理想的整体压弯破坏为主。③C 形柱节点在各工况下满足承载力的要求。④C 形柱可作为中央大厅屋顶钢结构有效的支承结构使用。

3. 旅客流线仿真验证

对动态且不均匀的人员活动的判断,往往是航站楼设计的难点,也是规范和常规设计经验最无法覆盖的部分。计算机仿真技术能够模拟机场未来运行的状况:在航站楼内,通过对航班时刻表和旅客流程的分析,确定每个区域的人员数量;通过对机场室内人流的模拟(图10-87),评估出等候每处电梯、安检排队的等候时间,进而优化流线设计,提高运行效率。

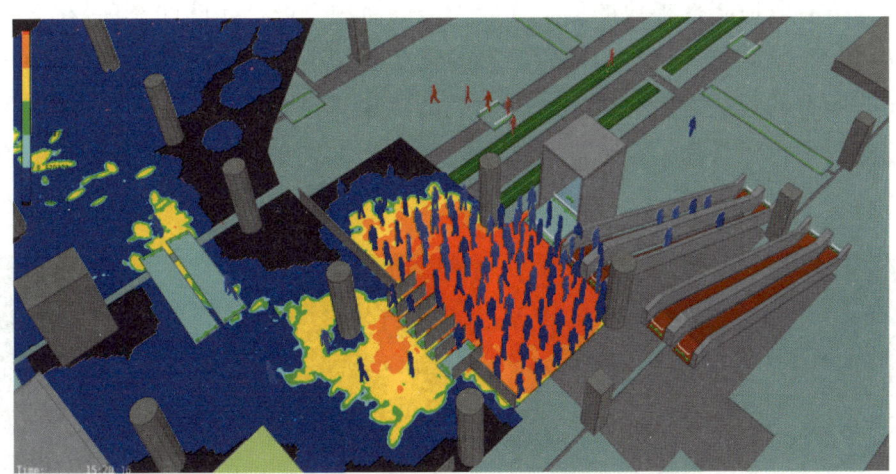

图 10-87 基于 BIM 的局部旅客流线仿真验证

10.3.4 从设计到建造

数字建造有别于传统建造,施工现场不再局限于建筑工地,大量的加工制作工序转移到了施工现场外的工厂进行,在航站楼建筑外围护系统与钢结构建造中,现场工作已集中于装配环节。从建造实现的全过程而言,从传统的设计与施工两阶段细分发展为设计、制造、装配三阶段。本节选取了屋面装饰板(图10-88)和大吊顶板两个屋面系统的设计末端和钢连桥设计专项为案例,分别从设计和实现两方向出发,一窥大兴机场航站楼数字建造的实现过程。

1. 设计先行——屋面装饰板数字设计

1) 设计关键问题判定

屋面装饰板的分板设计是外围护屋面系统深化的末梢,在对这一环节工程复杂度

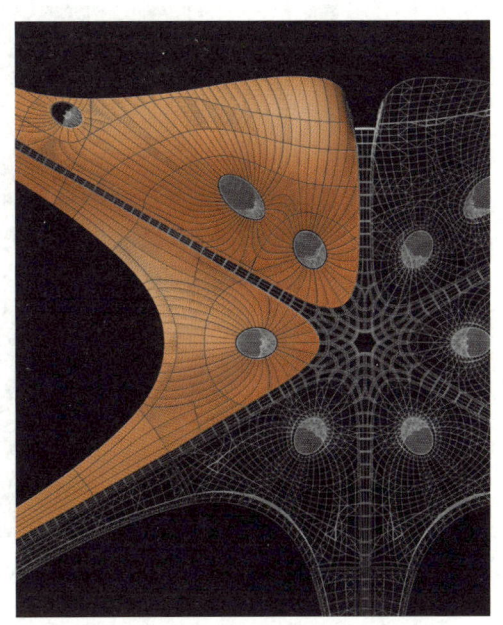

图 10-88 主钢结构叠加屋面装饰板

的处理上,首先要判断设计实现的关键问题。大兴机场 30 万 m^2 的屋面呈自由的曲面形态,在前序设计流程中,主钢结构和屋面排水分区,双层金属屋面的下层直立锁边排水层的划分已依托屋面主网格设计(图10-89、图10-90)。

如果采用常规的板块划分模式,为适应屋面自由曲面形态和排水分区划分,将出现大量曲面板和异形平板,对工程造价、工期等带来不利影响。由此,如何通过装饰板分板有效地降低板块的复杂度成为关键命题。设计团队注意到,在金属板块的裁切,预滚涂等工艺流程中,原始铝卷的宽度是一个关键的技术指标(图 10-91)。如果统一所有的板块宽度为考虑过折边后的铝卷宽度,相比于异形板块,会在一系列工艺流程中为板材加工带来极大便利。对自由曲面的适应性则交给变化的楔形板缝。

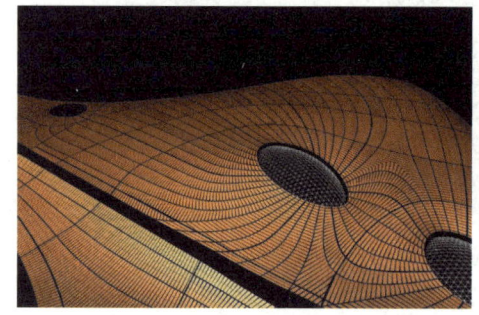

图 10-89　北区屋面装饰板设计模型

图 10-90　南区屋面装饰板设计模型

图 10-91　板材加工厂内的铝卷

2) 计算机程序交付

航站楼采用双层金属屋面系统,表层蜂窝铝板装饰板受 1 号基准面控制,首先在基准面上有天沟布置的径向、环向主网格对应位置,无天沟的径向主网格对应位置开设两级宽缝,将基准面划分为一块块条形区间,每个区间沿径向方向为长边,环向方向为短边。装饰板沿区间短边方向成行排布,每行内单块装饰板的宽度统一为 1 350 mm,长度上限 3 000 mm,相邻板缝 20 mm,行与行的缝宽一端等分,另一端随区间长边曲率而变化(图 10-92)。

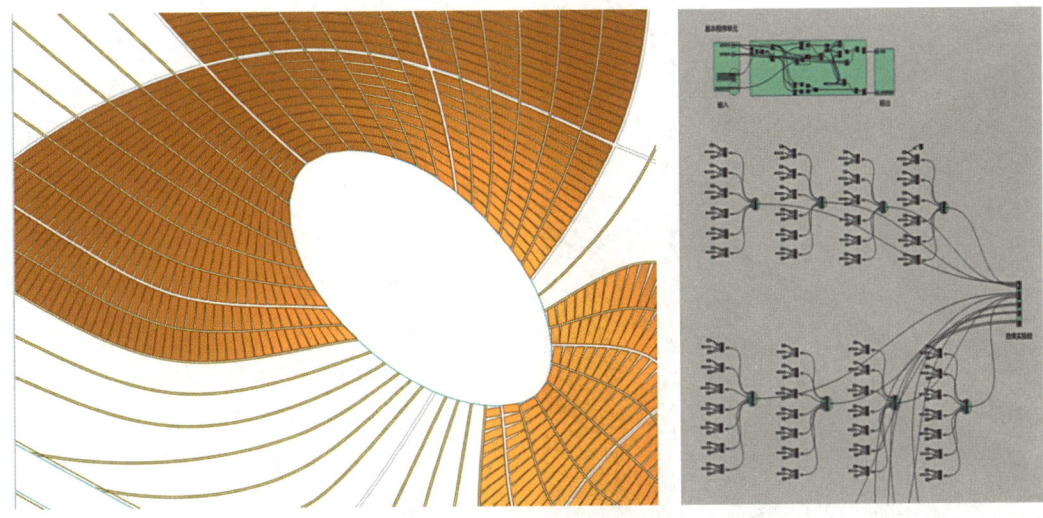

图 10-92　程序生成的设计模型

这一创新算法的优势在于以"虚"的板缝代替"实"的板块作为变量,化解了装饰面板对异形曲面与区间边界的适应难题,通过统一板块宽度,最大化地利用了成品铝卷规格,有效降低了 8.8 万块屋面装饰板的加工难度和成本。如同自然界中鸟类的羽翼对不同姿态的适应,板缝角度随曲面边界形态连续变化的效果也形成了自然变换的肌理(图 10-93)。如此类比推演,以交付代码控制板块形态,就犹如基因影响生物性状的过程一般。

图 10-93　屋面装饰板实景

2. 设计先行——大吊顶板数字设计（图10-94）

1）大吊顶板块的逐级划分

大吊顶板铝蜂窝板受5号基准面控制，首先由分缝程序将吊顶基准面划分为一条条带形基准面。分缝以主控网格径向线条为基础，从C形柱根部起直至幕墙边缘，并向室外吊顶延伸，缝宽由100 mm、100 mm至700 mm渐变、700 mm几个区间连续变化。在每条基准面内，取两条长边在基准面上的平均线作为中线，在曲面上向两侧偏移排布400 mm定宽，3 000 mm左右长度的板块，长边间隔75 mm缝宽满足排烟需求，短边间隔20 mm。排版程序中，面板的曲率类型规定以一边弦高与其边长的比例判定，划分

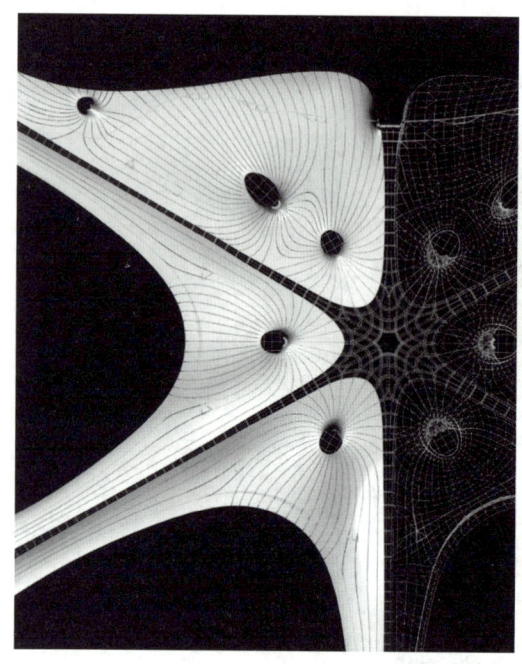

图10-94　大吊顶分缝基准面叠合主钢结构

为平板、单曲、双曲三种类型，曲面板集中于C形柱位置。并编写计算机程序对大吊顶板块类型进行判定，如图10-95所示。

图10-95　大吊顶渐变大缝分缝Grasshopper程序模型

如图10-96所示，南区核心区屋面中，绿色部位为双曲板，蓝色部位为单曲板，橙色部位为平板。可见曲面板部位集中于C形柱落地区域，如图10-97所示，比较了这一部位的分板效果与面板类型。

大吊顶的准确安装离不开主钢结构，钢结构的加工模型通常是预起拱模型，大兴机场中央采光顶近200 m大跨钢结构卸载后，需要根据钢结构的实际空间位置作出精

确分析。如图 10-98 至图 10-101 所示,设计团队采用三维扫描点云与逆向建模的方式,可以获得实际钢结构空间坐标,在此基础上进行偏差分析,并依此调整板块的数字料单的加工与空间安装定位。依托全数字的设计、加工、安装流程,才得以将超过 20 万片大吊顶面板组成一个整体。

图 10-96 南区核心区屋面板块类型分布

图 10-97 大吊顶板块曲率划分

图 10-98 三维扫描点云数据

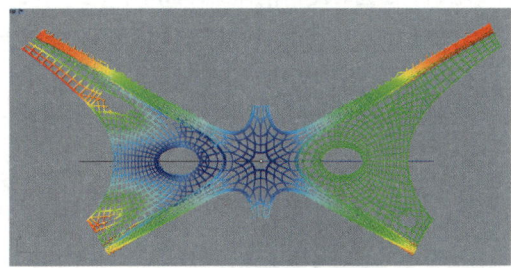

图 10-99 点云数据与 BIM 模型做整体偏差分析

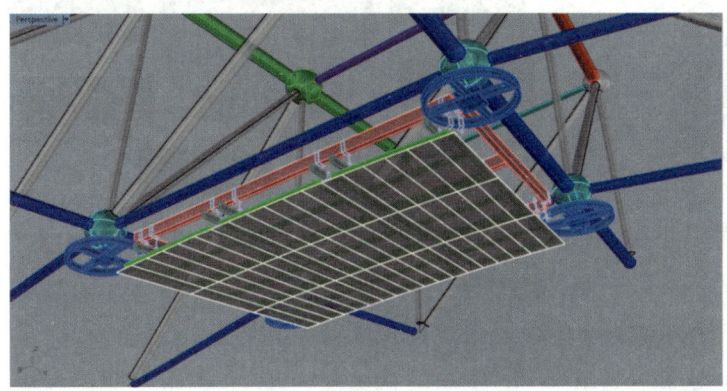

图 10-100 标准的单元模块

图 10-101 面板安装现场

10.4 面向未来的绿色航站楼

在绿色建筑全面推广的过程中,机场航站楼作为大型公共建筑成为机场行业推动绿色发展的重点。为了实现"绿色建筑实践者"目标定位,大兴机场决定将航站楼的绿色建设作为主要抓手,推动全场绿色建筑规划目标的实现。

10.4.1 航站楼绿色建筑设计

为推进机场航站楼的绿色建设并达到三星级要求,大兴机场统筹设计单位与研究单位开展了绿色航站楼设计的研究工作,将"瞄准三个第一"作为航站楼的绿色设计目标——"第一个按照《绿色建筑评价标准》(GB/T 50378—2014)最高要求(三星)进行设计的航站楼;第一个按照《公共建筑节能标准》(DB11/687—2015)的要求进行设计的航站楼,建筑节能目标不低于65%;力争成为第一个同时获得绿色建筑三星级与节能建筑'AAA'级认证的航站楼。"

与此同时,根据绿色设计目标确立了航站楼绿色设计思路:采用"减少、替代、提升"的三步策略,重点从建筑围护结构、暖通系统、设备与照明、可再生能源利用、自然采光、自然通风、非传统水源利用、室内环境等方面进行综合优化提升,综合采取创新型节能举措,促使航站楼绿色设计符合绿色建筑与节能建筑标准。实施的具体优化举措如图10-102所示。

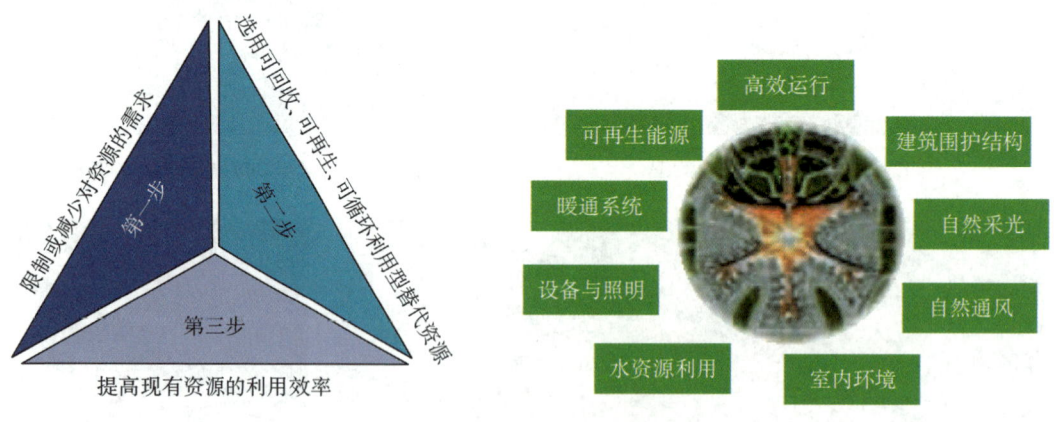

图10-102 大兴机场航站楼绿色设计思路

(1)建筑围护结构:为降低建筑能耗负荷,大兴机场开展了航站楼围护结构的专项研究,最终创新性地采用了双层屋面系统和超低能耗的围护结构。通过对屋面、外墙、幕墙、开窗等外围护结构的集成优化设计,实现传热系数比《公共建筑节能设计标准》(DB 11/687—2015)的要求进一步提升20%,幕墙遮阳系数提高12.5%。屋面夏季实测上下表面温差达到10℃,利用DEST软件进行全年能耗模拟得出全年能耗为参照建筑的96.95%(图10-103、图10-104)。

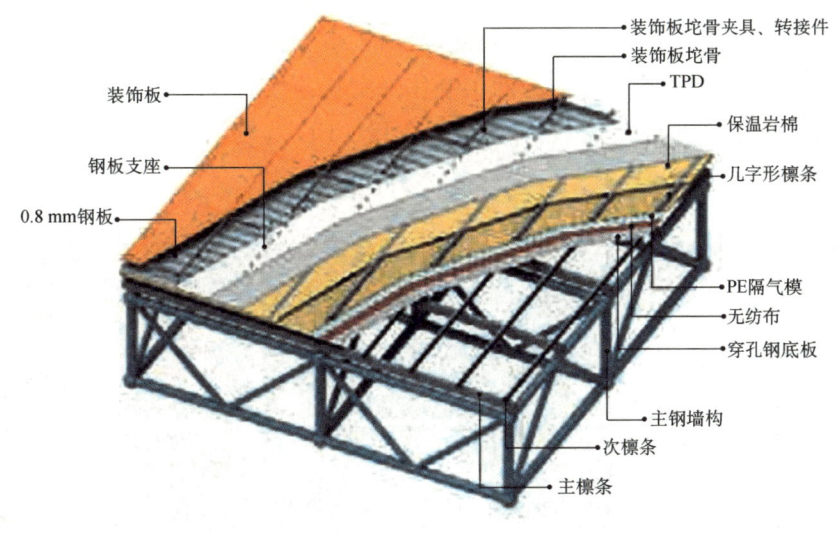

图10-103 大兴机场航站楼屋面构造

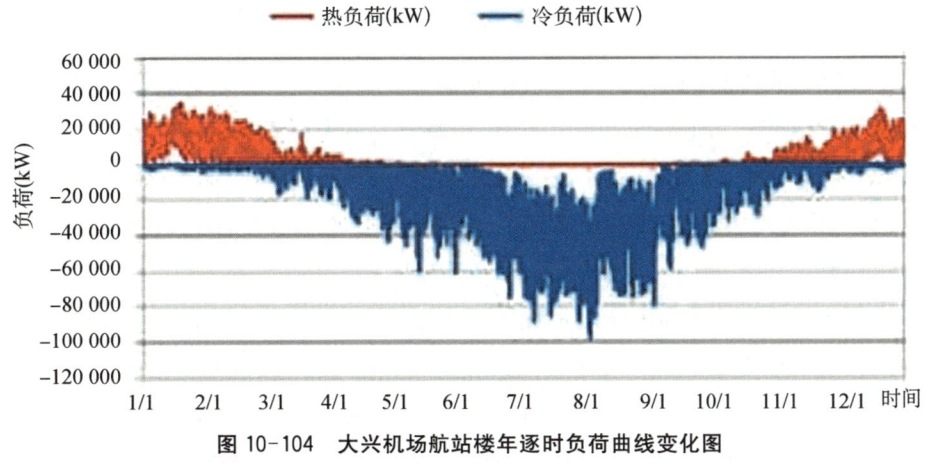

图10-104 大兴机场航站楼年逐时负荷曲线变化图

(2)暖通系统:为降低建筑空调能耗,航站楼设计时将高度控制在50 m,以减少高大空间上部能源损失,并采用分层空调技术,仅对人员活动区域加热和制冷;为减小输配距离、降低输配能耗,供冷站设计时将制冷站置入停车楼,充分靠近负荷中心;为降低一次投资和运行费用,设计时充分利用冰蓄冷供水温度低的特点,将空调水系统供回水温度设置为4.5℃/13.5℃,按9℃大温差运行;为降低电力输配过程的损耗,设计时将高压配电房深入负荷中心,同时采用高效变配电设备;在安检、联检及行李提取区域采用对流与辐射相结合的空调系统形式,即除配置常规的全空气空调系统外,还设置吊顶辐射板供冷系统作为常规空调系统的补充,以应对这些区域人流波动大、瞬时人流密度较高的情况,将辐射系统作为部分基础空调系统,常规空调系统采用变风量运行,减少常规空调系统的容量,以期达到节能及改善局部区域热舒适度的目的。

(3) 设备与照明:为减少照明能耗,航站楼设计时采用了下射反射结合的照明系统,对吊顶的反射率要求由常规白色氟碳喷涂的85%提升至95%,经过调查研究,选择了采用高漫反射预辊涂铝卷作为面层制作蜂窝复合板的方案,实现更好的光下射反射效果。此外,在航站楼照明设计中全面应用LED光源,降低照明系统整体能耗(图10-105)。

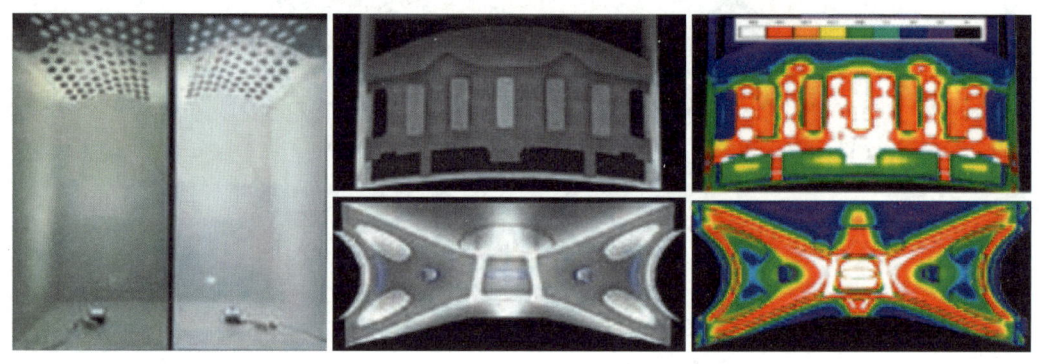

图10-105　高漫反射材料与普通白色铝板照明对比与航站楼室内照明模拟分析

(4) 可再生能源利用:为提升可再生能源利用比例,机场在停车楼屋面采用光伏发电系统为停车楼及航站区供电,安装容量2 000 kW。安装初期年发电量可达245万 kW·h。按照光伏板寿命25年并考虑一定的效率,降低年平均发电量可达215万 kW·h,总发电量达5 375万 kW·h。北部2个指廊屋面共计安装536块2 m² 太阳能集热板。

(5) 自然采光与自然通风:为充分利用天然光和自然通风,设计时开展了集成优化被动式设计,利用BIM技术对自然采光进行分析,设计天窗布局,从而使室内充分利用自然光线(图10-106)。过渡季节充分自然通风,经过机场噪声实测和传声原理分析,在指廊多处设置了中庭,且在一层四周设置百叶窗口为进风口,屋顶侧窗和天窗的风口作为排风口,形成有效的热压通风效应,通过自然通风策略使指廊自然通风换气次数达到5次/h(图10-107)。

(6) 非传统水源利用:为提升非传统水源的利用,设计方案在C、G指廊地下结构空间内分别设置雨水利用水池(每个水池容积为6 000 m³,共计12 000 m³),收集航站楼陆侧屋面雨水,收集后净化处理用于制冷站冷却塔补水和航站楼各指廊庭院绿化用水,减少对城市供水需求,实现非传统水源利用率38.7%,年节约64.7万t,相当于北京市5 500人一年的生活用水。

(7) 室内环境:大兴机场的绿色设计并不是简单地套用标准和规范,而是基于全

图 10-106　航站楼室内自然采光模拟分析及天窗布局

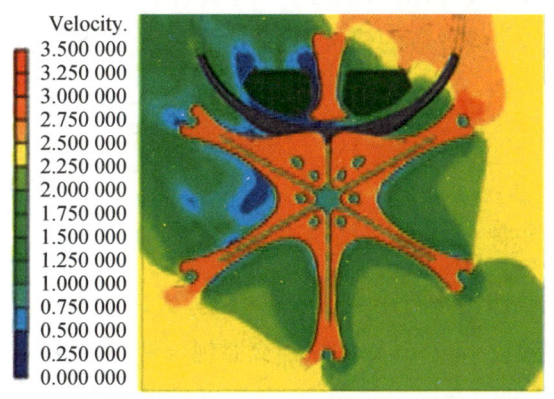

图 10-107　航站楼夏季室外风环境模拟

场的 BIM 信息模型和先进的计算机模拟分析手段,有针对性地进行设计。从构型控制、场地环境,到高效的外围护体系、充足的自然采光、智能化的遮阳设计等等,以"被动优先"为原则,为绿色航站楼的实现打下了良好的基础。

节能的目的是为旅客提供更为舒适的室内环境,大兴机场为此采取了一系列的绿色措施:结合机场航站楼高大空间的特点,采用分层空调等合理的气流组织形式,仅对人员活动区进行空调温度控制,保证人员活动区域舒适性;在安检、行李提取等人员密集场所设置冷辐射吊顶,节能同时提高旅客舒适度;空气处理机组的空气过滤器在采用常规初中效过滤的基础上设置 $PM_{2.5}$ 过滤器,对送入室内的空气进行三级过滤净化处理,并设置 $PM_{2.5}$ 监测装置,保证室内良好的空气品质;采用室内 CO_2 浓度监控,根据人员密度的变化情况控制新风量;室内照明采用全 LED 照明,同时利用 LED 照明灯具良好的调光特性对灯具进行开关及调光控制,保证旅客始终获得舒适的照度。

10.4.2 航站楼绿色建筑评价

以"打造首个获得绿色建筑三星级、节能建筑 AAA 级的航站楼样板"为目标导向,大兴机场要求设计单位在航站楼设计过程中,参照《绿色建筑评价标准》(GB/T 50378—2014)和《节能建筑评价标准》(GB/T 50668—2011),开展航站楼绿色建筑和节能建筑自评价工作,不断校核航站楼设计方案能否满足控制项要求和评价总分要求,并保证一定冗余度,以确保绿色建筑三星级和节能建筑 AAA 级目标的顺利实现。最终,在绿色建筑评审中以总分 89.60 分(要求不低于 80 分),在节能建筑评审中以一般项数达标 39 项(要求不少于 30 项)、优选项数达标 18 项(要求不少于 14 项)的成绩,顺利通过评审。

通过大兴机场、航站楼相关设计单位以及研究单位的共同努力,大兴机场旅客航站楼及停车楼工程于 2017 年 9 月 11 日获得三星级绿色建筑设计标识,于同年 9 月 18 日获得节能建筑 AAA 级设计标识,成为国内单体体量最大的绿色建筑三星级项目和首个通过节能建筑 AAA 级评审的建筑,树立了绿色节能全新标杆。

10.5 以旅客为中心

10.5.1 合理的步行距离

大型航站楼常面临旅客步行距离过长的问题,大兴机场规模空前,最终成功将安检后最远步行距离控制在 600 m,是从综合交通规划到设计各环节整合协同的成果。

公共交通,特别是轨道交通出行旅客,在大兴机场中占有很大比例。为方便这部分旅客出行,大兴机场规划设计了全新的轨道交通换乘方式:将轨道交通站直接置于航站楼地下,旅客可通过竖向交通,便捷地直接进入航站楼地下一层综合换乘大厅。在大兴机场地下,设计了一个 8 台 16 线的轨道交通站,分别设置京雄城际、大兴机场线、R4 线、城际铁路联络线以及一组预留线,其规模与北京火车站相当。在地下一层综合换乘大厅中,设有值机和安检设施,搭乘轨道交通的旅客不必上楼即可完成全部乘机手续，特别是未来前往卫星厅的旅客，可平层换乘 APM 捷运系统出发。

大兴机场的平面形状创新地采用了放射构型，从中心以 60°夹角向五个方向伸出五条指廊。这一构型源自法国 ADPi 公司概念投标方案，其核心是以旅客为中心：利用大兴机场两条跑道之间的间距较大的特点，在保证飞机运行顺畅的同时，最大程度地缩短旅客的步行距离。可以直观地看到，对比传统的一字形或直角折线形的构型，大兴机场的放射构型和更多的指廊将更多的登机口靠近中心，直线连接，拉近了旅客与飞机之间的距离。大兴机场 T1 航站楼设计年旅客吞吐量 4 500 万人次，共有 79 个近机位，与首都机场 T3C/D/E 三个楼相当，而整个 T1 航站楼的轮廓控制在半径 600 m 的圆形以内，在不使用捷运系统的情况下，旅客通过安检后从航站楼中心到最远登机口的距离不超过 600 m。

国际上很多大流量的机场，中转旅客很多，而大兴机场与之不同，目的地旅客比例很高，给航站楼陆侧交通带来了非常大的流量，除了之前提到的轨道交通接驳外，落客车道边的设计压力更为突出，这在国际上无可借鉴的先例。应对全新的挑战，必须突破传统单层高架桥落客的方式，大兴机场创新地采用了双层出发车道边的设计，即在航站楼的三层、四层设计两侧高架桥，两层车道边均可出发：四层以国际出发和国内人工值机出发旅客为主，三层以国内自助出发旅客为主。同时，到达旅客也分为两层，国内到达在二层，国际到达在一层。这样的"双层出发，双层到达"的设计，相当于将传统的双层航站楼变为了四层航站楼，功能更加集约紧凑，有效控制了航站楼的平面尺度，与放射性构型相配合，在空前规模压力下取得了合理的旅客步行距离。

大兴机场的构型与楼层设计，利用技术和科技的发展，突破了飞机横平竖直滑行的传统方式，换取了更佳的旅客步行距离，是"以旅客为中心"设计思想的典型体现。

10.5.2 安全与舒适保障

大兴机场航站楼核心区采用了层间隔震技术（图 10-108）。不同于昆明长水机场 T1 航站楼设计的底板隔震和海口美兰机场 T2 航站楼设计的底板错层隔震，这一设计大胆地将隔震层设计在地下一层的柱头之上，一千一百多个隔震垫将一层底板以上结构全部托起。这样的措施能够减小地震力对于上部结构的作用，有利于控制结构构件尺寸，降低上部结构造价，但设计的出发点并不单单在此。由于航站楼地下设计有多种轨道车站，特别设计有两条高速铁路，高铁正线以高速从航站楼地下穿过，其隧道风和震动都会对航站楼产生不利影响，降低旅客体验。通过设置隔震层，将下部轨道和上部航站楼隔离开，通过模拟分析验证，可有效缓解震动对上部功能空间的影响。得益于层间隔震的设计，航站楼核心区设计了一整块混凝土板，513 m×411 m 未设置伸缩缝，没有了变形缝的切割，上部航站楼的功能更加整体。

然而这么大规模的层间隔震应用，在国际上都是没有先例的。由于隔震层位于楼

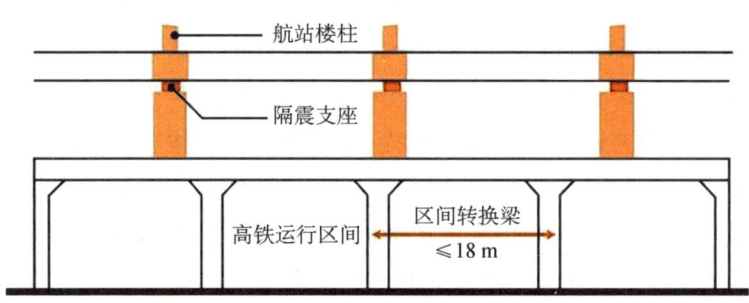

图 10-108　层间减隔震示意

内层间，设计团队面临着一系列全新的问题。举个简单例子，由于上下部结构之间要不断地随温度和地震力发生变形，原本一个简单的上下贯穿的楼梯，就不能按常规设计，而要从一层底板下挂，并与下部结构留出变形空间，通过隔震沟与楼层连接。设计团队与施工单位一同，克服种种困难，除了隔震结构本身的设计、实验、检测外，先后解决了隔震垫防火、楼梯电梯扶梯构造、隔震沟构造、隔震装修构造、屋面幕墙大变形缝构造、机电管线穿越隔震构造等技术难题，最终保证了这一创新技术的顺利应用。

10.5.3　智慧出行体验

大兴机场在行业内率先全面采用人脸识别、自助验证、安全联动、自动引导等智能化设备（图 10-109），全面提升服务品质。

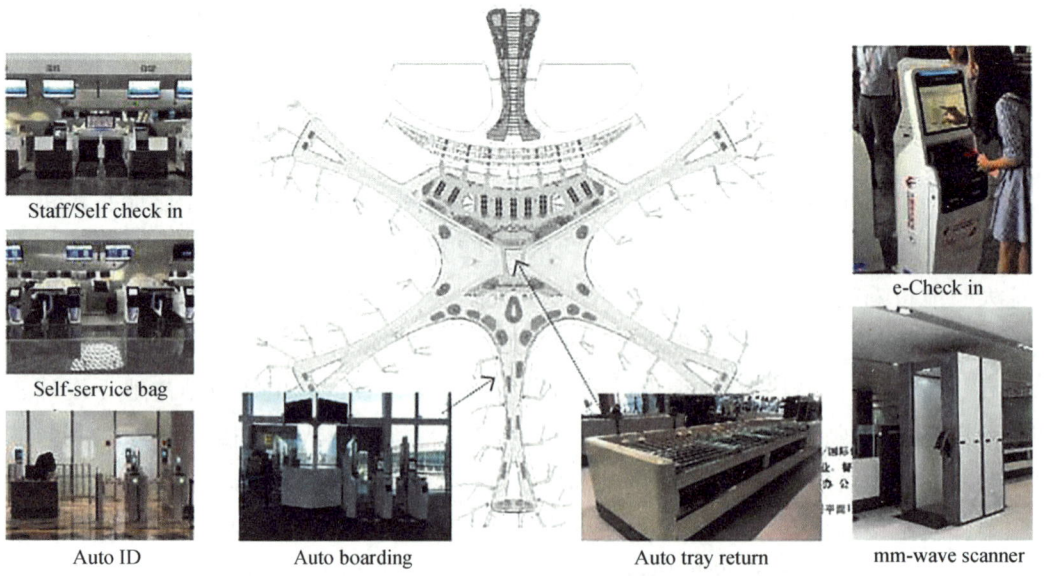

图 10-109　智能化设备

(1) 无纸化登机:大兴机场采用智能安检系统,直接对接离港系统。旅客仅需首次过闸机时刷证件,系统自动识别信息,告别传统登机牌。同时,双门闸机结合人脸识别技术,有效防止漏检与尾随,实现高效无纸化登机。

(2) "毫米波门"智能识别:"传统手检时间较长,'毫米波门'只需旅客停留2 s,便能查验出携带的违禁品,这种无感式的查验方式更受欢迎。"相比金属门加人工手检,"毫米波门"检查更加安全和高效。

(3) 智能服务设备:大兴机场航站楼内的自助综合服务终端设备可为旅客提供所属航班信息查询、楼内指引等功能,还可以通过识别身份证件获取无线网络的专属账号和密码。智慧航显与行李机器人等,通过人脸识别,迅速匹配信息,为旅客提供个性化服务。

10.5.4 无障碍设计

在梳理全楼各种流线所涉及的无障碍设施后,设计团队将大兴机场无障碍系统分为八大系统,包括:停车系统、通道系统、公共交通运输系统、专用检查通道系统、服务设施系统、登机桥系统、标识信息系统、人工服务系统。针对行动不便、听障、视障三大人群的不同需求,展开无障碍设计专项研究,结合图示对各系统无障碍设计提出新的思路和标准。

(1) 停车系统:结合航站楼出入口就近设置无障碍停车位,车位包含宽度不小于1.2 m的侧向轮椅通行区及车尾轮椅通行区。

(2) 通道系统:从落客平台人行道起通过三面坡衔接航站楼标高,设置连续盲道引导至入口召援电话;入楼后有连续盲道引导至内部综合问询柜台。

(3) 公共交通运输系统:以电梯为例,通过收集三类人群的不同需求定制出大兴机场特有的电梯设施。比如一体化的连续扶手带与低位横向操控面板、外部脚踏按钮、轿厢内壁反射材质的运用等。

(4) 专用检查系统:对航站楼内不同功能的检查现场均考虑满足轮椅通行宽度的专用检查通道,并且在安检现场设私密检查间。

(5) 服务设施系统:作为服务行业的载体,航站楼内服务设施系统是整个无障碍设计系统的重点和难点,也是无障碍环境现状的痛点所在。所涉及服务设施包括:低位柜台、低位电话、登机口轮椅、专用停靠区、爱心座椅,公共卫生间,无障碍卫生间,母婴候机室,无高差行李托运设施。

以无障碍卫生间为例(图10-110),除了符合需设洁具的要求,首次引进人工造瘘清洗器,并增加母婴设施(婴儿打理台、婴儿挂斗),打破传统无障碍卫生间的定义,实现通用化设计的无障碍卫生间。类似呼叫按钮、安全抓杆等设施经常容易被忽略,本次设计经过实地调研、学术讨论、专家评审、现场实践,最终形成精确到毫米级的设计

图 10-110 标准无障碍卫生间效果图

标准。

除此之外,服务设施无障碍设计同样惠及普通旅客。传统行李托运设备与地面有一定高差,大兴机场通过特殊定制的斜面式称重系统方便旅客将行李轻松推上行李称重机。

(6)登机桥系统:控制桥内坡度,并增设双层扶手保证轮椅乘坐者的行动安全。

(7)标识信息系统:设置无障碍设施导向标志,并在无障碍设施旁显著位置设无障碍设施位置标志。

(8)人工服务系统:软性的人员服务是对硬性无障碍设施的补充和升华,旨在为各类旅客群体提供舒适和流畅的出行体验。

10.5.5 公共艺术

大兴机场在实施方案设计阶段即引入了公共艺术策划,建筑师与艺术家的合作,促成了建筑空间与公共艺术的深度融合。公共艺术装置覆盖全楼旅客公共区,重点在于航站楼中轴线、旅客候机区、指廊端头庭院等各处位置。策划由中央美术学院承接设计,邀请全球知名艺术家参与,以建设人文机场为核心,公共艺术为载体,致力将大兴机场打造成一座公共、开放、共享的艺术"博物馆"。不少艺术装置成为深受旅客喜爱的"网红"打卡地。

公共艺术作品《石径》(图 10-111),作者徐冰,作品位于大兴机场三层南指廊庭院"中国园",本作品为一组石凳,上刻徐冰的英文方块字书法。原文为南宋诗人朱熹的《观书有感》:"半亩方塘一鉴开,天光云影共徘徊。问渠那得清如许,为有源头活水来。"英文方块字书法是徐冰设计的形似中文,实为英文的新书写形式,他将中国的书法艺术和英文的字母书写交织,创造出新的文字书法概念。

在"中国园"里还有著名艺术家展望老师的一件雕塑作品《假山石 175♯》(图 10-112)。这是展望的经典系列作品之一,它以不锈钢再现天然太湖石,抛光镜面映射周围自然环境。

作品《爱》(图 10-113)位于大兴机场三层南指廊端头庭院——中国园入口前,该区域属于国际出发候机区,艺术装置采用不锈钢等综合材料制作而成。以世界上不同语言的"爱"组合成为一个心形悬挂装置。这一简洁的表达亲切有力,与高悬于主楼中央上空庄严的五星红旗遥相呼应——国旗自建设期在施工现场悬挂以来(图 10-114)。

图 10-111 《石径》

曾鼓舞了无数大兴机场的建设者,也让今天的每一位往来旅客感受到中国前进的力量和温度。

图 10-112 《假山石 175#》　　　　　图 10-113 《爱》

图 10-114　回望中轴线

10.6 行李处理系统设计

10.6.1 行李处理系统设计综述

1. 行李处理系统设计的技术背景

探讨大兴机场的行李处理系统设计方案,具有同等规模的首都机场和上海浦东国际机场等工程的行李处理系统设计值得借鉴。

首都机场 3 号航站楼于 2008 年投入使用,采用"翻盘分拣机 + ICS"自动分拣,"ICS + 拖车"楼间行李输送的模式。拥有 316 个值机柜台,所有值机柜台直接与托盘分拣机相连,并通过总长达 68 km 的行李处理系统将行李输送至各个目的地。整个行李处理系统可分为 3 个区域:T3C、T3E 以及其间长达 2.2 km 的连接隧道。离港行李首先通过五级安检系统,然后进行自动分拣,国内行李输送至 T3C 一层的分拣口,国际行李以 10 m/s 的速度通过隧道输送至 T3E 的行李分拣口。T3 国际进港行李采用拖车运输方式,由 T3-E 区域运送至 T3-C 行李后厅,再搬运导入进港行李系统,传送至 T3-C 二层进港行李提取转盘。

与首都机场不同,上海浦东国际机场采用"翻盘分拣机自动分拣 + 楼间行李拖车输送"模式,卫星厅坐落在 T1 和 T2 南侧,由东西两端的 S1 和 S2 组成,形成一个工字形的整体结构,具有旅客出发候机、到达、中转服务的功能,是现有的两座航站楼功能和服务的扩展延伸。S1 和 S2 分别通过与 T1 和 T2 航站楼的衔接实现"航站楼 + 卫星楼"的一体化运营。卫星厅与主楼之间的衔接方式为拖车运输。

综合上述两座机场的设计经验,大兴机场行李设计的目标和要解决的难点是进一步优化行李分拣模式,提高楼间离港、到港行李输送效率。

2. 大兴机场行李系统总体规划

大兴机场航站楼规划指标要求本期工程建设满足 4 500 万人次的年旅客吞吐量、高峰小时进出港 12 600 人的容量需求、预留 APM 等连接卫星指廊的土建条件以及楼内设施扩展空间;在客流达到 4 500 万人次/年时,建设卫星厅,使其满足 7 200 万人次/年的设计能力。

3. 大兴机场行李系统设计过程

航站楼主要用于服务旅客,而行李是旅客出行的随身携带品。行李处理系统是航站楼最主要的系统之一。行李处理系统主要处理始发行李、到港行李、中转行李、早到行李,满足机场枢纽化运作的要求。同时具备完善的故障应急功能,系统在故障状态下能够应急运行,保障机场服务质量。

行李系统设计工作从 2015 年 3 月至 2019 年 9 月,通过历时约 4 年半刻苦攻关,圆满完成了大兴机场行李系统的设计和后续服务工作,包括航站楼旅客运行数据调研和分析、多设计方案比较、初步设计、系统和设备招标书编制、深化设计图纸审查、技术方案更改审查、重大问题咨询、行李系统验收的技术指导等工作内容,涵盖了行李处理系统设计及工程建设配合工作的各个方面。

1) 统筹规划,分步实施

在行李处理系统方案设计中,充分考虑了大兴机场未来建设规划,分析比较了各种行李运输方案,预留了未来建设的行李空间,从而使行李系统的设计方案符合大兴机场的总体战略发展要求,为后期工程建设打下了基础。

2) 结合实际,不断完善

工程实施过程中,对出现的难题认真分析研究,对方案进行了几次较大的改进:

(1) 调整了可疑行李通过垂直分拣机进入开包间的可疑行李和正常行李的上下路径关系,保证可疑行李更加准确地进入开包间;

(2) 优化了早到行李存储能力,增加早到行李存储量,满足机场国际枢纽化运作需求;

(3) 增加对行李系统的防火包封,加强了行李系统钢结构平台的强度,满足新规范要求。

3) 备份充足,高效可靠

主线高速 CT 采用 6 条主线配 8 台 CT 备份方案,保障行检系统可靠运行;上下层分拣机 100% 备份,实现了日常运行稳定,故障时有完备的应急预案,从而达到实用、高效、可靠的特点。

10.6.2 大兴机场行李系统设计成果

1. 大兴机场行李系统设计成果

大兴机场已经在 2019 年 9 月投入运行,在过去 5 年中,通过旅客行李的投产验证了行李处理系统的各种功能和安全可靠性。行李快速、可靠、稳定地处理,满足了大兴机场作为国际枢纽机场的发展需求,且同时增强了大兴机场作为全球重要枢纽机场的竞争力。

大兴机场行李系统处理能力为近期高峰小时行李流量约 9 500 件/h,远期高峰小时行李流量约 1.5 万件/h。行李处理系统设备:本期总长度约 32 km,设备总量约 6 500 台/套,远期总长度约 50 km,设备总量约 9 000 台/套;由出港系统、中转系统、早到系统、大件系统、分拣系统、进港系统、行李空筐返回系统、交运行李安检系统、行李闭路电视(Closed Circuit Television,CCTV)监控系统等项目组成。

出港行李截柜时间,国内 40 min,国际 50 min;线上最长输送时间不超过 18 min;进港行李首件到达提取时间在 10 min 内,线上最长输送时间不超过 8 min;中转行李线上最长输送时间不超过 12 min。行李系统示意图如图 10-115 所示。

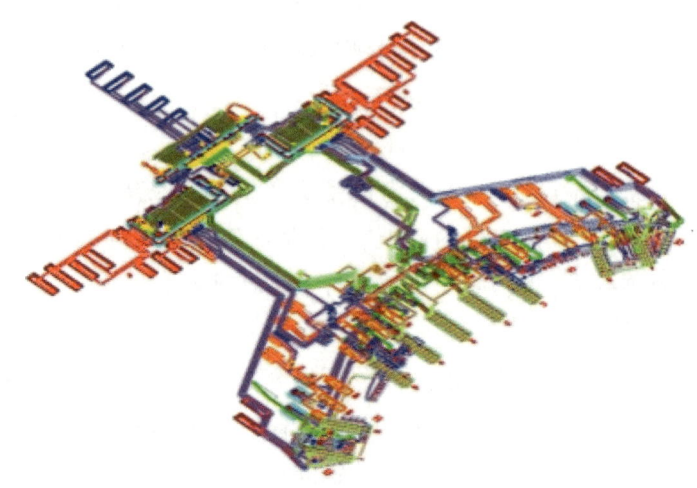

图 10-115 行李系统总体示意图

2. 大兴机场行李系统设计参数

1）高峰小时旅客流量（表 10-1）

表 10-1 大兴机场高峰小时旅客参数预测表

序号	项目	数据	4 500 万规模		7 200 万规模	
			比例	人数（人）	比例	人数（人）
1	国内	出港	66%	6 402	66%	9 834
2		进港	60%	5 820	60%	8 940
3	国际	出港	80%	2 320	70%	3 500
4		进港	80%	2 320	70%	3 500

2）值机柜台办票能力（表 10-2）

表 10-2 值机柜台办票能力表

序号	项目	办票时间	单位
1	国内传统值机	75	s
2	国际传统值机	180	s
3	国内自助办票	90	s
4	大件行李托运	20	s

3) 旅客交运行李系数

旅客交运行李系数为每个旅客平均交运行李的数量,设计中采用的行李系数为国内 0.65 件/人;国际 1.05 件/人。

4) 行李规格

行李分为标准行李和大件行李两种规格。标准行李为凡外形尺寸和重量符合表 10-3 的要求,且至少有一个可传送平面的正常行李,均无须特别处理即能通过行李处理系统。标准行李长、宽、高三边尺寸之和不得超过 1 580 mm。

表 10-3 标准行李参数表

规格	长	宽	高	重量
最大	900 mm	500 m	750 mm	50 kg
最小	250 mm	100 mm	200 mm	2 kg

行李处理系统允许的大件行李规格(OOG)应符合表 10-4 的规定。任何超过大件行李限制的行李不在本系统处理范围之内,应转到货运系统进行运输。

表 10-4 大件行李参数表

规格	长	宽	高	重量
最大	2 000 mm	1 000 mm	1 000 mm	≤70 kg

10.6.3 设计亮点与创新点

大兴机场行李系统采用了虚拟化/云计算、射频识别(Radio Frequency Identification,RFID)、可视化辅助分拣三大新技术,引领了行李系统建设和发展方向。行李处理系统设计通过以下创新举措,打造"四型机场"标杆行李系统。

1. 分散值机设计

首创国内航站楼分散值机设计,实现区位资源合理化分配和利用的功能,积极践行国际航空运输协会(IATA)"简化商务、便捷出行"理念。

值机岛分布于四层、三层、轨道交通 B1 层,预留城市航站楼及停车楼值机岛。乘坐各种交通工具(大巴、出租车、小轿车、轨道交通)到达航站楼的旅客,都可以就近办理值机和行李托运手续,同时在全国率先大规模采用自助值机系统,自助值机系统实现 83%,行李自助托柜台提升了值机的智能水平,提高了对旅客的服务质量,增加了旅客的满意度。详情如图 10-116 所示。

2. 嵌入式办票柜台

传统办票柜台的输送机距离地面有 400 mm 高度,旅客托运行李时,需要将行李垂直提到值机输送机上,给旅客造成一定的障碍。

图 10-116　分散式的值机柜台

大兴机场行李处理系统,创新性的设计,将办票输送机嵌入楼板内,使办票输送机与地面齐平,旅客可直接将行李放入办票输送机上,不需要提起,方便行李托运,体现对旅客的人文关怀。详情如图 10-117 与图 10-118 所示。

图 10-117　嵌入式自助交运值机柜台　　　　图 10-118　嵌入式人工值机柜台

3. "一主两辅"分拣系统

应对 2022 年北京冬奥会,在国内机场首创了一套主分拣系统+两套辅分拣系统的模式,适应多种应用场景,为不同航空公司提供差异性服务。主系统自动分拣,满足开放值机、自动分拣需求;辅分拣系统直通转盘,为主系统的应急保障系统,也可以单独运行,为廉价航空、特殊团体旅客服务。行李系统一机多能,环保高效,节省资源(图 10-119)。

4. 可视化辅助分拣

此次系统设计使用了可视化辅助分拣系统,行李信息用 LED 屏幕展现,地服人员无需翻查行李标签条,直接从 LED 屏幕得到每件行李的航班号、目的地和航班截载时间。经过仿真模拟,可视化辅助分拣系统提升行李处理效率约 35% 以上,降低劳作强度约 50% 以上,有效减少行李误装(图 10-120)。

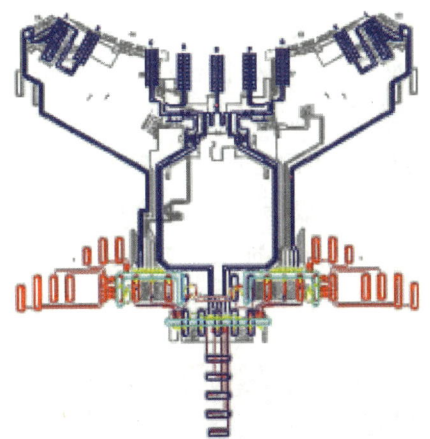

图 10-119 分拣系统示意图

图 10-120 可视化辅助分拣系统

5. 出港装卸设备深入指廊

分拣装卸设备深入指廊根部、靠近机位,方便航空公司运作,提升航空公司效率(图 10-121)。

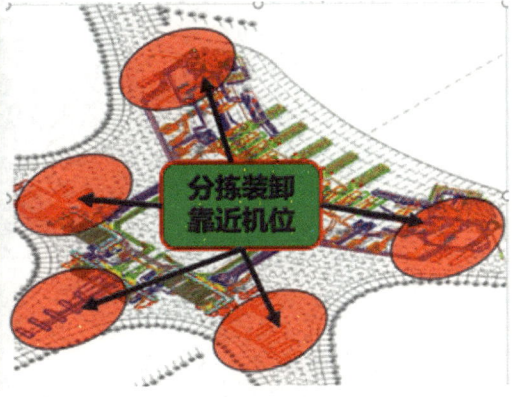

图 10-121 分拣装卸靠近机位

6. "粗筛+精查+窗口开包"安检模式

首创"粗筛+精查+窗口开包"的交运行李安检模式。在值机柜台用双视角安检机筛检出大部分可疑行李,让 99.9% 的旅客在第一时间得到安检信息,具有中国特色,满足国内民航标准;所有行李 100% 经过 CT 安检机,是世界最严苛安检模式,满足国际、国内民航标准,兼顾行业发展趋势;独创的集中开包间设计,旅客体验升级;准确的可疑物检查,降低旅客投诉率;全部设备国产、自主可控,并保证信息安全数据不泄露(图 10-122)。

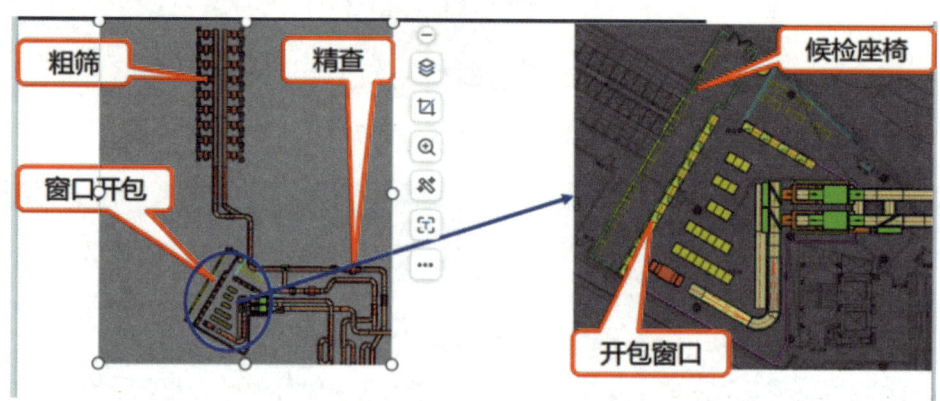

图 10-122 特色安检模式

7. CT 前期机检——智慧海关

国内首次采用 CT 进行海关前期机检,采用自主产权大数据平台,依托数据库信息智能判断、自动提示关员开检,大数据助力海关智慧升级,提高海关检查效率;特殊航班可全部开检;满足多种开检方案。智慧海关 BIM 模型如图 10-123 所示。

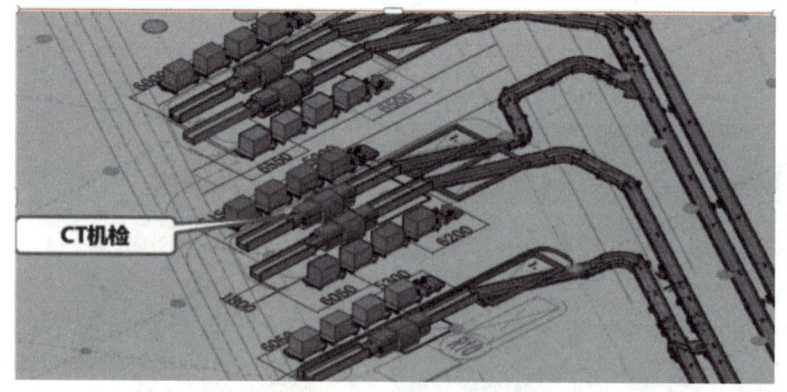

图 10-123 智慧海关 BIM 模型

8. 行李空筐自动抓取系统

此次系统创新设计使用了行李空筐自动抓取系统,实现行李空筐自动识别、自动抓取和自动码垛,通过智能化措施有效提升行李空筐处理效率。以往行李在进出港转盘处被提取后,遗留在转盘上的空筐需要人工收取处置。新设计系统以协作机器人和视觉相机为核心,配合软视觉图像神经网络算法和机器人运动轨迹算法,由视觉相机完成空筐图像抓取,实时传送协作机器人,由机器人实现对空筐的抓取,如图 10-124 所示。

图 10-124　可视化辅助分拣系统

9. 行李跟踪——"RFID 技术"

行李跟踪准确率为 99.9%,不可识别行李数量减少 90%;开包行李减少 39%;行李丢失现象大幅减少,因行李丢失而造成的旅客投诉率降低 90%。

10. 云计算与虚拟化技术

采用大数据平台,对系统生成的旅检大数据进行数据信息分析。高效整合共享资源,系统可靠性提高。网络访问,随需应变,支持系统异构,方便不同场景使用。实体服务器减少 35%,降低投资,便于系统维护和软件升级(图 10-125)。

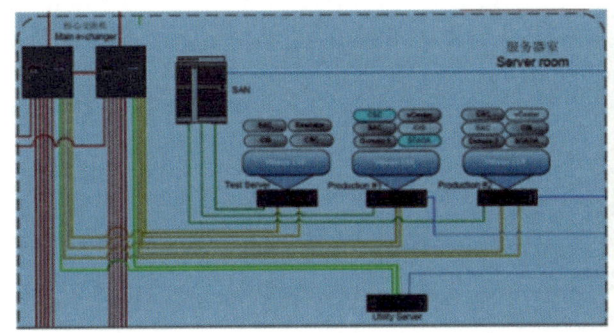

图 10-125　高智能控制系统

11. 国产化行李处理系统

在同等规模机场中,大兴机场首次采用了国内设计、国内集成、国内生产、国内施工,确保了行李自动处理及信息管理系统的自主可控。

行李处理系统由国内单位自主设计、国内设备集成商实施。通过高标准水平设计，对各个设备厂家的产品进行深入的调研，编制设备采购招标技术规范，确保业主成功实现设备招标，本套行李系统由国内设备集成商组织实施施工，集成商的中标价比初步设计批复节省了将近20%，为国家节省了大量投资，也打破了外资公司对同等规模机场行李系统的垄断。

12. 环保节能

采用IE3高效节能电机，节约10%~20%的装机容量，达到节能环保、高效的环保追求。输送线无行李时自动待机，有行李时自动运行，节约能耗约30%。

大兴机场行李系统设计和建设统达到了国际大型枢纽机场的领先水平。三大新技术，引领行李系统建设和发展；发展创新设计，以"服务客户"为宗旨，使行李系统更好地服务机场、航空公司和旅客。通过打造"四型"行李系统标杆，完善的系统备份，保障系统稳定、可靠运行。大兴机场行李系统的建设，可以为其他机场行李系统设计提供了很好的参照案例。

面向未来，大兴机场将开启"主楼+卫星厅"的模式，年旅客吞吐量达到7 200万人次，一方面，主楼与卫星厅之间如何高速连接，快速高效地输送离港、到港行李，有待进一步研究；另一方面，随着未来城市航站楼的投入使用，城市航站楼行李如何接入，也是需要重点考虑的问题。

第 11 章
飞行区设计

11.1 飞行区设计综述

11.1.1 飞行区工程概况

飞行区工程是机场的核心工程,其占地面积约 18 km²,技术指标为 4F,本期建设四条跑道及配套的滑行道系统、机坪,各类道面、飞行区排水、助航灯光、站坪照明、机务供电、下穿通道和安防工程等设施,飞行区工程初设批复投资约 144 亿元。

2014 年 12 月 26 日,飞行区取得 300 亩先行用地,大兴机场工程正式开工;2016 年 6 月,飞行区施工全面铺开;2018 年 12 月 18 日,四条跑道全部贯通,成为率先完工的机场主体工程项目,同年 12 月 26 日,助航灯光调试正式启动;2019 年 4 月 30 日飞行区第一批工程通过竣工验收,6 月 28 日第二批工程通过竣工验收,成为最先完成验收的项目。

11.1.2 飞行区设计推进历程

飞行区工程设计从可研阶段的专题研究及方案设计开始,后续历经初步设计、施工图设计、深化设计等阶段,相关的里程碑节点如下:

(1) 2012 年 12 月,完成"全场地基处理方案""基于结构和服务性能的道面关键技术研究""全场雨水规划设计方案""全场地势设计方案"等飞行区设计相关的前置课题研究并将研究成果纳入可研报告。

(2) 2014 年 12 月,国家发改委批复大兴机场工程可行性研究报告(发改基础〔2014〕2614 号)。

(3) 2014 年 12 月,民航局批复大兴机场飞行区工程初步设计及概算(民航函〔2014〕1293 号)。

（4）2015年12月，大兴机场飞行区工程施工图（第一版）设计文件编制完成。

（5）2016年3月，指挥部委托上海民航新时代机场设计研究院有限公司对飞行区工程、全场雨水排水明渠工程施工图进行审查。

（6）2016年7月，指挥部组织飞行区工程绿色专项设计符合性评审。

（7）2016年12月，大兴机场飞行区工程施工图（第二版）设计文件编制完成。

（8）2017年9月，大兴机场飞行区工程施工图与初步设计及概算对比分析报告编制完成。

（9）2019年6月，飞行区竣工验收通过，飞行区工程深化设计及后期服务完成。

11.1.3　飞行区设计特点和思路

飞行区工程设计工作的主要特点是：

（1）项目规模大、造价高，战略意义大，技术要求高。

（2）项目设施多，系统庞大、复杂。

（3）需要研究解决的技术问题多。

（4）设计工作量大，涉及专业多。

（5）项目内部以及与航站楼、工作区、空管、外部配套设施等的设计界面复杂，协调工作量大、难度大。

为实现上述总体目标，设计工作中贯彻了以下总体思路：

（1）以科技为手段实现精细化设计，力求局部合理、整体最优，节约工程造价。

（2）在确保安全的前提下，提高飞行区运行效率，降低运行成本。

（3）以低耗、低碳为核心，建设绿色、可持续发展的机场。

（4）为运行管理留有充分的灵活性。

（5）确保飞行区设施与机场其他设施的合理衔接。

（6）充分考虑本期工程设施与远期规划设施的合理衔接。

（7）采用适宜的技术标准、成熟的先进技术和适应本工程特点的技术，实现机场建设、运行全生命周期中的效益最大化。

11.1.4　飞行区工程主要内容

飞行区工程设计主要包括如下工程：地基处理工程、土方工程、全场雨水排水工程、飞行区总图（含小区总图工程）、飞行区道面工程、飞行区排水工程（含飞行区内调节水池）、飞行区供电工程、助航灯光工程、机坪照明及机务用电工程、飞行区道桥工程、飞行区消防工程、飞行区安防工程（含FOD检测系统）、飞行区服务设施、飞行区附属设施（含综合管廊、防吹篱、油水分离设施等）、飞行区通信管道、飞行区污水管网、飞行区再生水管网、飞机预制冷空调工程等，主要工程内容及规模如下：

（1）新建4条跑道、7条平行滑行道、20条快速出口滑行道及联络滑行道系统。其中，东跑道长3 400 m、其余3条跑道长3 800 m，东一、西一和北跑道按照F类标准设计，道面宽60 m，两侧道肩各宽7.5 m，总宽75 m；西二跑道按照E类标准设计，道面宽45 m，两侧道肩各宽7.5 m，总宽60 m；F类滑行道的道面宽度为25 m，两侧道肩宽度为17.5 m，总宽度为60 m；E类滑行道的道面宽度为23 m，两侧道肩宽度为10.5 m，总宽度为44 m。

（2）近机位79个，远机位及缓压机位117个，货机位24个，公务机位86个，维修机位13个，除冰机位16个，试车坪机位5个，隔离机位1个。

（3）新建水泥混凝土铺筑面积为865.2万 m^2，其中包括道面、道肩、防吹坪、围场路等。新建沥青混凝土服务车道为79.1万 m^2，飞行区铺筑面合计944.3万 m^2。

大兴机场本期工程平面如图11-1所示。

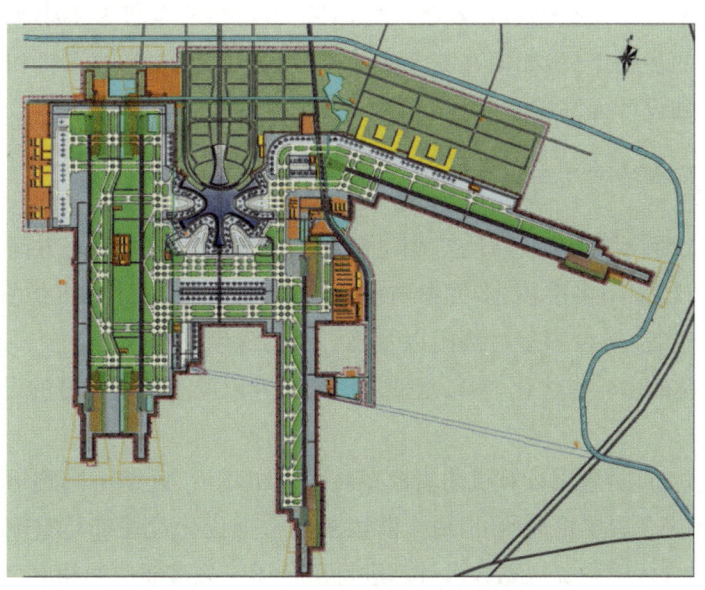

图11-1　大兴机场本期工程平面图

大兴机场飞行区工程建设中秉承"平安、绿色、智慧、人文"四型机场的理念，以打造"精品工程、样板工程、平安工程、廉洁工程"为目标，主要特色包括：

（1）将绿色机场的理念贯穿至飞行区工程规划、设计、建造的全过程，并将绿色机场的理念推广至全行业。

（2）大兴机场飞行区工程施工中引入数字化监控管理系统以实现过程控制、保障工程质量，数字化管理系统在大兴机场应用具有典型的示范效应，为民航行业的全面推广奠定了坚实的基础。

（3）大兴机场是国内首个具备CATⅢ类B运行能力的机场，仪表着陆系统达到世界领先的CATⅢ类B运行标准。

（4）大兴机场飞行区工程在提升运行效率等方面还进行了很多有益的尝试，这对国内大型枢纽机场建设也有很大的借鉴意义。

11.2　飞行区总平面优化设计

飞行区总平面主要包含跑道和滑行道系统、空侧服务车道系统等，跑道系统的优化详见"跑道构型的演变"，本节主要论述滑行道系统和空侧服务车道系统的平面优化。

11.2.1　面临的问题与挑战

对于机场飞行区的基本要求是安全，飞行区主要有两种交通——飞机和车辆，跑道和滑行道系统解决飞机流需求，空侧服务车道解决空侧车辆交通流需求。两种交通流的互相干扰不但降低空侧运行效率，也将对空侧运行安全带来不小影响。如何解决两种交通之间的互相干扰，如何在安全的前提下实现高效顺畅的飞机和空侧车辆的运行是飞行区规划设计面临的主要挑战。

11.2.2　解决问题的方法与措施

主要从滑行道系统规划设计、空侧飞机和车流的立体交通两个方面对飞行区总平面进行优化设计，采用多手段、多方参与优化方法，大量使用计算机仿真技术，还在设计过程中邀请空管、塔台等运行部门以及飞行员的深度参与。

滑行道系统的多轮次优化、滑行道使用模式研究以及滑行道编号的设置等均通过多部门协同进行。

在机场规划阶段，应用计算机仿真模拟技术对机场近、远期不同跑道构型及滑行道系统、航站楼布局开展了论证研究，每个阶段的滑行道优化过程都与空侧地面仿真密切联系，阶段性的滑行道系统规划和设计都进行了全场或关键部位的相应空侧地面运行仿真模拟予以验证，结合仿真模拟结果再进行优化设计，如图11-2、图11-3所示。

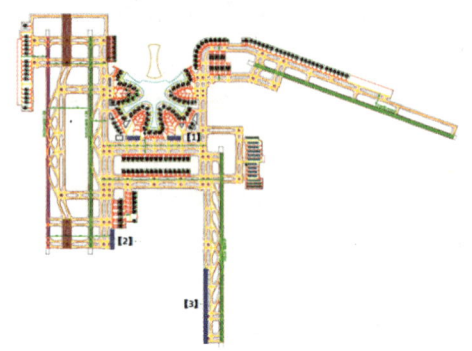

图11-2　滑行道优化前方案

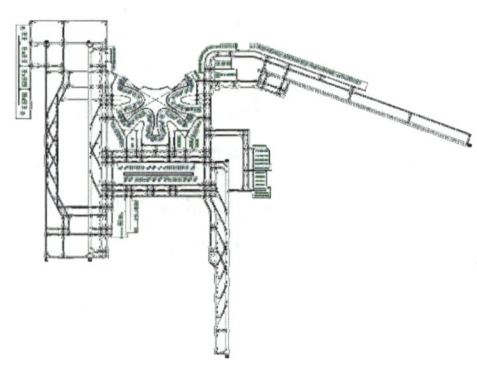

图11-3　滑行道优化后方案

在设计阶段,针对航站楼港湾运行方式及效率也进行了专门的计算机仿真模拟比选分析,为最终规划设计方案的决策和优化提供了有力的技术支持。

通过仿真模拟结果,采用中间进、两侧出的运行模式,航班站坪运行地面延误时间最小,进离港航班滑行分流,相互间干扰较小。在基于仿真模拟运行分析的基础上,指挥部还多次组织飞行员、空管员等一线运行人员参与滑行道的优化讨论,从运行实际出发,化繁为简、查漏补缺,优化滑行道规划设计方案,解决两种交通之间的互相干扰,在主要服务车道与主滑行道交叉时,大兴机场都通过立体交通予以分离。

11.2.3 设计方案提要

1. 滑行道系统规划设计

1）平行滑行道

中央航站区两侧相应部位结合机位滑行道规划三平滑,使飞机在靠近跑道的一平滑上排队等待起飞的同时,满足飞机进出航站区双向运行的畅通,解决双平滑在跑道起飞端容易造成延误的问题。

2）绕行滑行道

为了尽量减少飞机穿越跑道对跑道容量造成的影响,降低跑道侵入的风险,规划设置了相应的绕行滑行道,大兴机场是国内第二个运行绕滑的机场,更是国内首个在多个跑道端全面规划布局绕滑的机场,目前设置绕滑已成为国内大型机场普遍采用的规划设计模式。

3）快速出口滑行道

根据国内外实践经验,相邻快滑出口的距离一般不小于350 m,我国大型机场跑道一般有2~3条快速出口滑行道,在主降落跑道上一般设置3条快速出口滑行道。

在对实际运行中各型飞机使用不同距离快速出口滑行道的情况进行调研、分析的基础上,结合大兴机场主降跑道长度,分别针对3条快滑、4条快滑的多种方案进行仿真分析比较。在设置3条快滑情况下,着陆飞机平均跑道占用时间很难降到50 s以下,而设置4条快滑,有利于降低平均跑道占用时间。通过对设置4条快滑的多方案(不同快滑位置和间距)比选,选择跑道占用时间均不超过50 s的最优方案布置主降落跑道的快滑:设置位置(转出点)分别为1 350 m、1 700 m、2 050 m、2 400 m。在次要降落跑道上设置2条快速出口滑行道,分别设置在距离跑道端1 700 m、2 200 m处。

通过在主降跑道上一个方向设置4条快速出口滑行道,提供了进一步提高跑道容量的基础条件,也成为国内第一个主降跑道上设置4条快速出口滑行道的机场,在保证运行安全的前提下,缩短飞机降落滑跑距离和时间、提高跑道使用效率,优化后方案如图11-4所示。

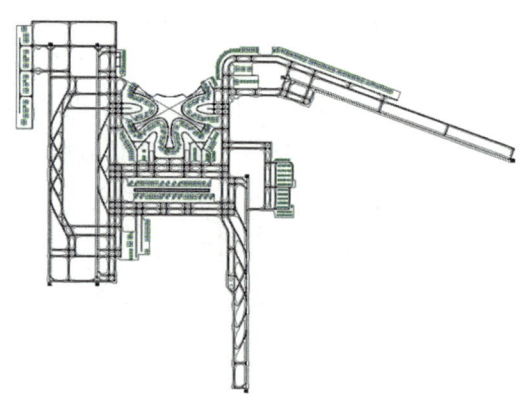

图 11-4　滑行道系统优化后方案

2. 空侧飞机和车流的立体交通

在航站区站坪东西两侧，站坪与三平滑之间，分别规划两条贯通空侧的下穿道路，自北向南连接 T1 航站楼、卫星厅、中部远机位、T2 航站楼。

在空侧服务区（位于东跑道北端）与航站区之间设置地下通道，横穿东一跑道的西侧二、三平滑北向延长段。另外，以航站楼南北中心线为轴，对称地设置另外一条下穿道，下穿西一跑道以及西一跑道东侧平滑，连接航站区与西一、西二跑道之间区域。

在西二跑道中间位置设置一条下穿路预留，未来连接西一西二之间区域和机务维修区。

飞行区共设置了 5 条下穿通道（其中一条为远期预留）。下穿道的设置避免了车辆对跑道、滑行道的穿越，减少了车辆对飞机滑行的干扰。

另外，在航站楼指廊根部设计了穿越指廊的服务车道，减少了车辆绕行距离，提高车辆运行效率。

11.3　地基沉降及应对措施

11.3.1　面临的问题与挑战

京津冀平原目前是我国地面沉降影响面积最大的区域，地下水超采是该地区地面沉降的主要原因之一。自然资源部发布的《京津冀平原地面沉降综合防治总体规划（2019 年—2035 年）》中指出：京津冀平原地区地面沉降严重区域面积（年沉降量大于 50 mm 的区域面积）三年平均值为 9 400 km^2，占全国严重区域总面积的 92%，京津冀平原地面沉降依然处于快速发展阶段（图 11-5）。

大兴机场所处的大兴榆垡——礼贤区域是北京市五大地面沉降区之一，因长时期地下水超采等原因，机场所处区域存在较大沉降变形的问题，自观测以来累计沉降已

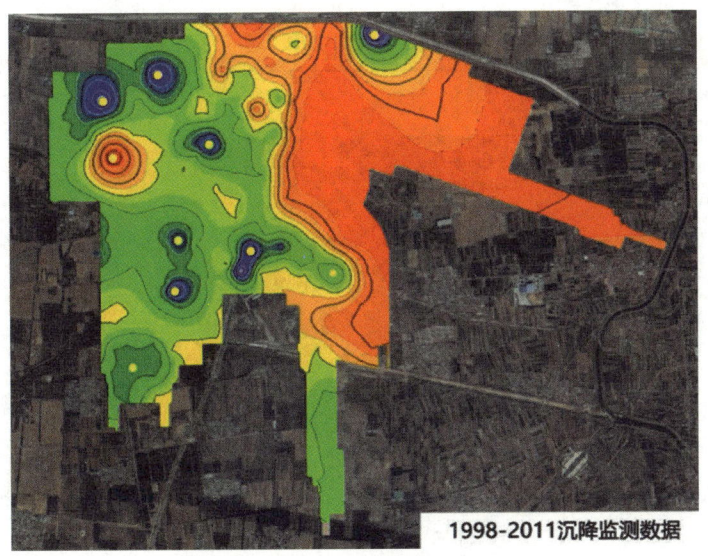

图 11-5　大兴机场区域历史沉降情况

超过 900 mm。目前地下水已停采,但机场建设期间仍存在沉降,且各条跑道的沉降不均匀。

由于机场所处的区域压缩层厚度达到 70~100 m,这远远超出了工程治理措施所能够影响的范围。因此,机场及周边区域的区域沉降将呈现一个长期缓慢发展的过程,过大的沉降尤其是不均匀沉降,可能导致道面、管线、地下通道、桥梁、轨道交通等设施损坏,需要进行持续性的监测。

11.3.2　解决问题的方法与措施

为保障机场飞行区长期运行安全,在机场建设期采用数字化施工的监控管理系统,对地基处理施工进行严格控制,同时在机场投运同步建立覆盖全场的沉降变形监测预警系统。

1. 数字化施工监控管理系统

1)强夯监控管理系统

大兴机场飞行区工程地基处理主要手段为强夯工艺,部分为冲击碾压和振动碾压施工。

施工区域强夯情况图(图 11-6)可以清晰地显示出每一个强夯点的工作完成状态,绿色代表符合设计要求,蓝色代表着与设计要求还有差距,红色代表超出了设计要求。当然蓝色并不能判断一定为不合格,可能与操作手对系统的操作不熟练也有关系,所以参建各方对这些点就会予以重视。

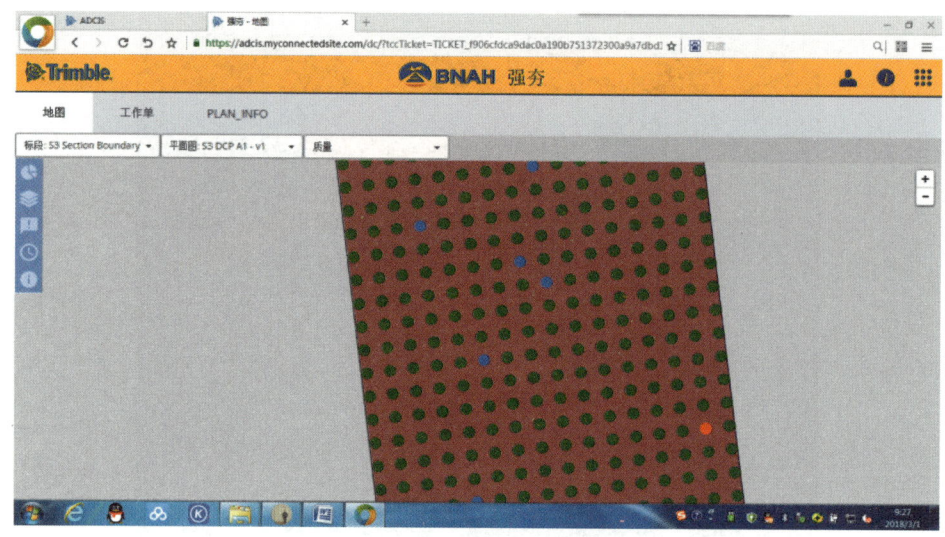

图 11-6　施工区域强夯情况图

2）冲击碾压监控系统

土基压实是整个道面工程的影响因素，众多机场道面工程由于压实质量不满足设计要求，导致不均匀沉降，最终使道面板断裂，影响飞行安全。大兴机场道面工程下设置了山皮石垫层，道面上、下基层采用水泥稳定碎石，同样对压实质量提出了具体的要求。

对于冲击碾压施工，设计要求采用三边形冲击压路机冲击碾压，压实遍数不少于 25 遍。冲击压路机能量为 25～32 kJ，碾压行走速度为 10～12 km/h。冲击压路机的冲击轮通过作业面一次为一遍，冲击碾压应采用错轮而不重叠轮迹的冲压方法。

如图 11-7 所示，绿色代表着冲击碾压区域同时满足了设计要求的冲击遍数和速度，红色代表冲击碾压区域冲击遍数和速度高于设计要求，蓝色区域表示冲击遍数和速度低于设计要求，可明显地区分出施工情况。

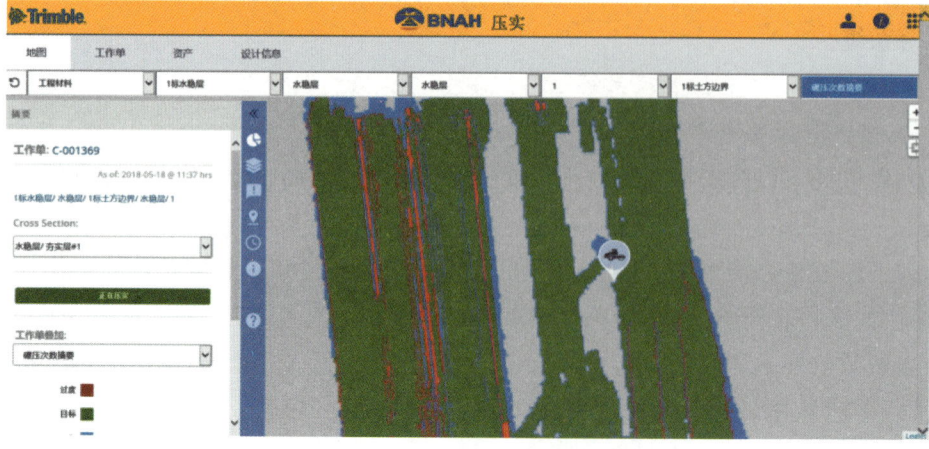

图 11-7　施工区域冲击碾压情况图

3) 压实监控系统

压实工程关键的施工参数是压实遍数，摊铺厚度，这在传统的施工管理中也是难点，需要耗费大量的监管人员精力，对遍数几乎无法控制，摊铺厚度需要大量的测量人员对每一层压实厚度进行精确计算，所以施工管理难度极大，通过以点带面的抽检来确定整个作业面的施工质量其实也存在较大问题，数字化施工监控系统可以解决这一难题。在数字化施工监控系统中，可以查看所有正在施工的压实施工质量。

对于某一个施工点，也可以详细看出该点被哪个机械压实了多少遍，该处摊铺厚度多少等详细信息，所有施工过程信息一目了然，可以清晰地显示施工薄弱点，对于施工质量管理大有裨益。

2. 大兴机场变形监测预警系统

为持续监控机场跑道、滑行道、站坪、航站楼等机场中的重要（建）构筑物的沉降情况，同时对机场中如轨道交通、磁大路下穿区域、导航台保护区等变形敏感区进行监测，保证在机场区域在沉降大背景下的安全平稳运行。结合北斗卫星定位和云服务技术，开发基于云端的监测大数据采集系统，研究关键敏感区域监测点布置方案和监测数据远程、实时采集方法，建立基于空间对地观测技术的合成孔径雷达 InSAR 和北斗卫星技术的大兴机场变形监测预警系统，如图 11-8 所示。

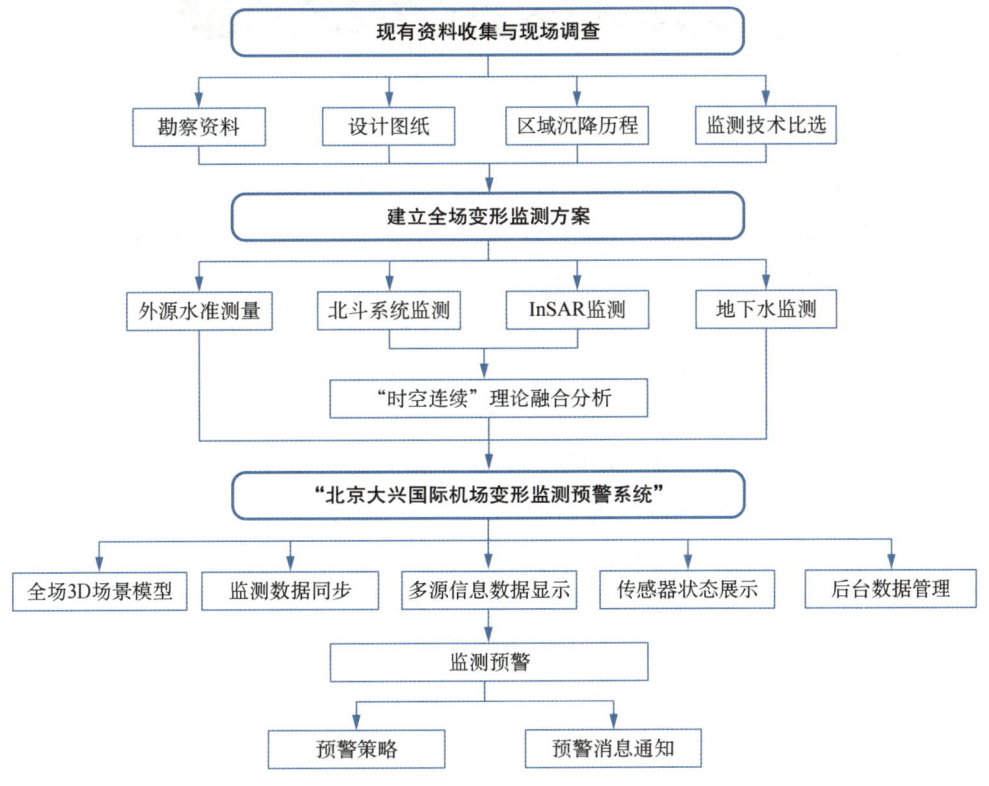

图 11-8　大兴机场变形监测预警系统研发技术路线图

基于机场对安全性的高度要求，对现有的监测技术进行了大范围的对比选型工作，从自动化、低干扰、高效率等几个维度考量，最终选用北斗卫星监测终端和星载合成孔径雷达干涉测量技术(InSAR)对大兴机场进行沉降监测(图 11-9)，达到远程、实时、全面的变形监测效果，全方位掌握机场的变形发展情况。其中，InSAR 技术侧重于对机场整个区域的大范围、高密度监测点数据采集，由于卫星重访周期的限制，其采集时间间隔约为一月一次；北斗监测终端聚焦重点部位的实时监测，数据采集频率为一天一次。

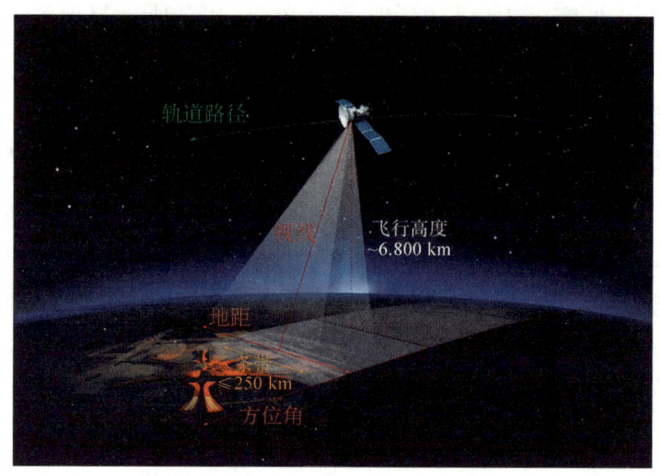

图 11-9　InSAR 技术沉降监测示意图

监测项目采用高分辨率 InSAR 卫星拍摄数据对大兴机场区域开展 InSAR 监测分析工作，图像采集时间为 2019 年 9 月至 2024 年 8 月，共计 87 景，均为卫星降轨数据，拍摄区域包含大兴机场全场及周边区域。

监测系统主要采用 PSInSAR 技术进行该研究区地面沉降信息监测，在保证监测精度的基础上增加监测点的密度。PS-InSAR 处理的核心是：选择主影像，将辅影像与主影像进行配准；筛选 PS 点，对每景影像上的 PS 点进行干涉处理得到点堆的干涉图，引入 DEM 进行差分干涉处理得到 PS 点的差分干涉图，得到 PS 点的差分干涉相位；选择参考点，对相位模型进行回归分析，估算求解高程改正值和形变速率参数，分解残差相位，最终提取形变信息(图 11-10)。

北斗监测点通过北斗卫星传输的设备接收自身 WGS84 坐标系下的 XYZ 坐标数据，再通过 4G 无线网络实现数据的接收，处理和储存，分别存入工作站和用户端进行解算以及呈现(图 11-11)。

根据大兴机场建(构)筑物分布位置及结构特征，结合机场建设场地环境，北斗监测终端布设重点考虑跑道、滑行道及高铁、城际、管廊等下穿区域。

由于这些位置是重点关注变形的区域，其对沉降尤其是不均匀沉降十分敏感，应

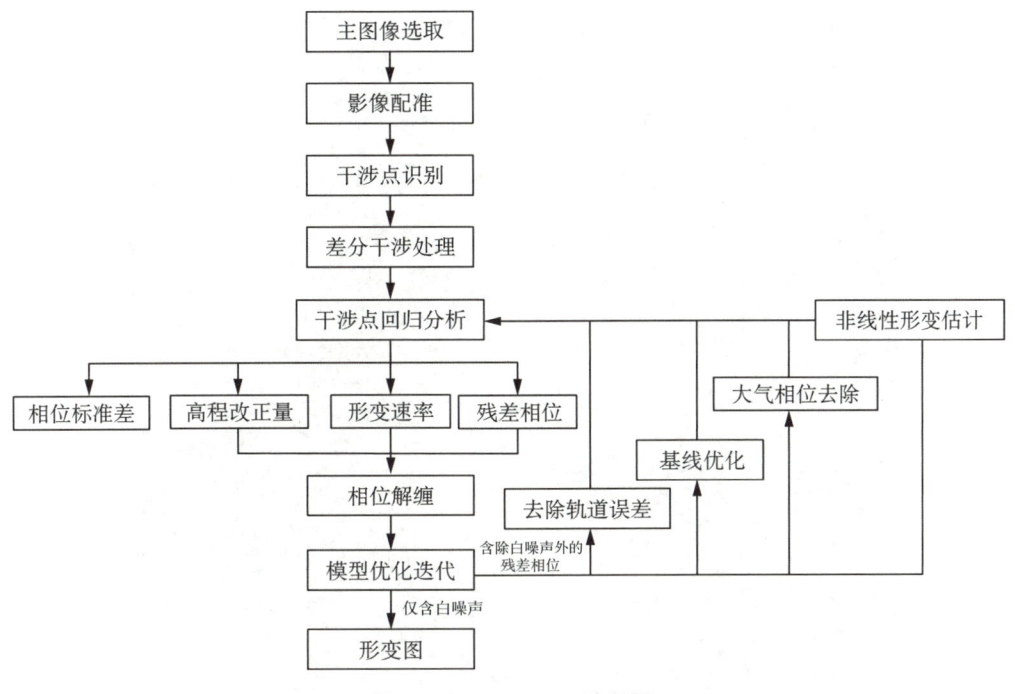

图 11-10　PS-InSAR 流程图

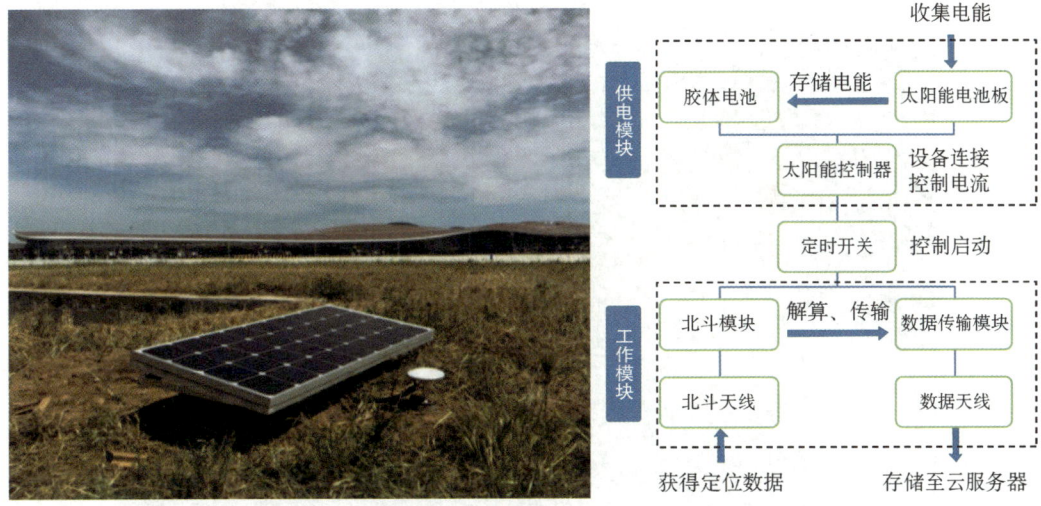

图 11-11　北斗监测设备安装和工作模块图

该保证对其直接、连续、长期的监测,所以在这些关键部位处选择性布点如图 11-12 所示。

截至目前,全场监测成果显示形变速率全场总体较为均匀(图 11-13),局部仍存在沉降变形,累积沉降量为 -122.42～10.4 mm 之间。

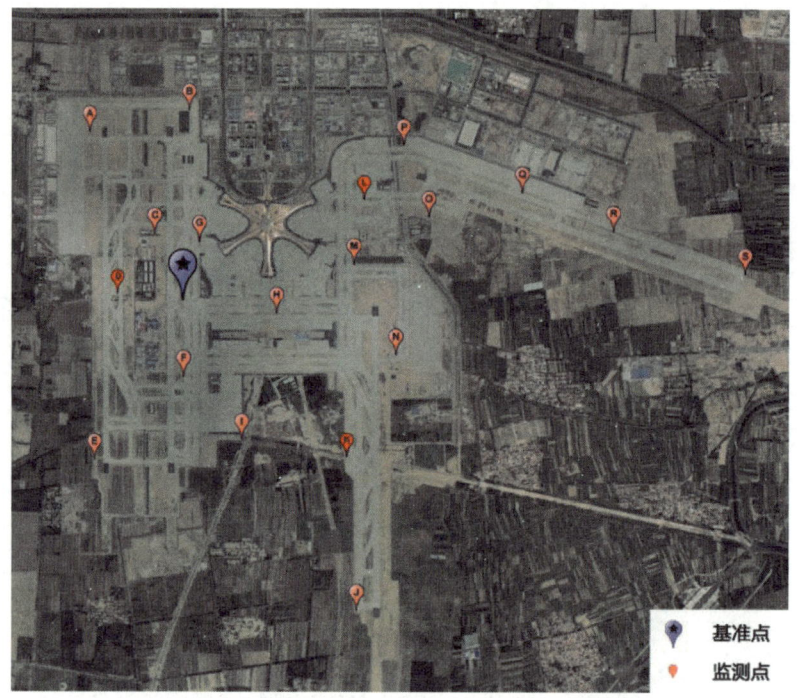

图 11-12　根据机场内重点部位确定的北斗布设方案

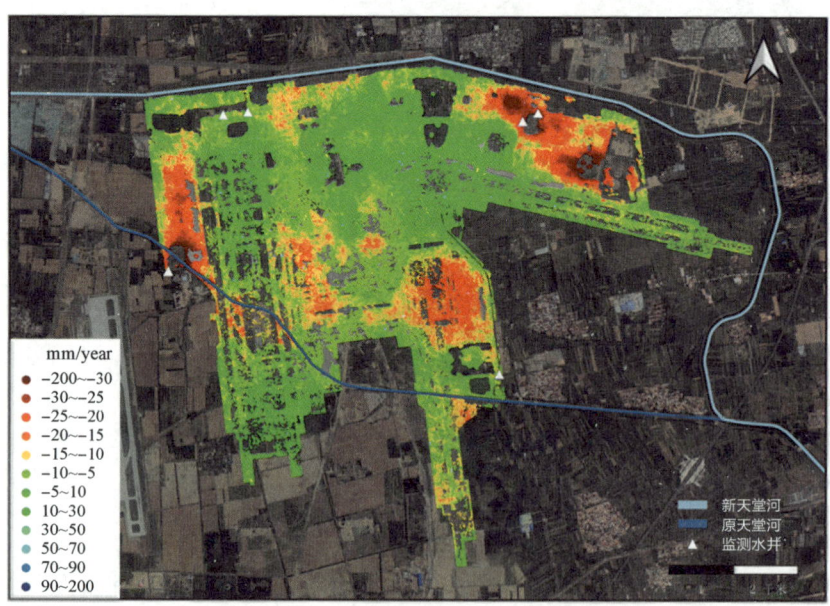

图 11-13　大兴机场范围年平均形变速率图

3. 变形监测预警系统数据集成与预警分析

软件平台采用 C/S 架构,结合 3D 技术,既具备 C/S 架构平台灵活、易部署的特点,又兼具三维虚拟技术真实的场景表现力,兼具网络化、模块化、平台化的特点。

机场变形监测预警平台的物理架构如图 11-14 所示,平台监测功能逻辑上依赖于机场变形监测预警平台来获取监测点状态和行为信息,并采用三维虚拟技术直观地进行展现。平台模拟功能的实现方式,是通过收集跑道、建筑等监测点以及涉及的主要设备通讯规约、状态、行为等信息,采用计算机软件仿真技术,构建模拟监测对象,模拟相对独立的变形监测系统运行过程,再运用三维虚拟技术进行展现(图 11-15)。

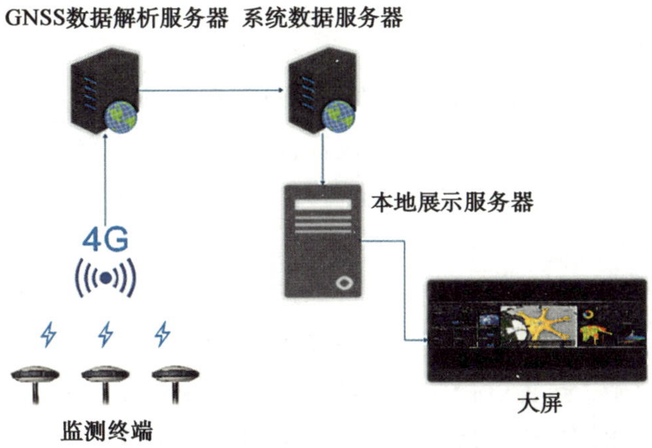

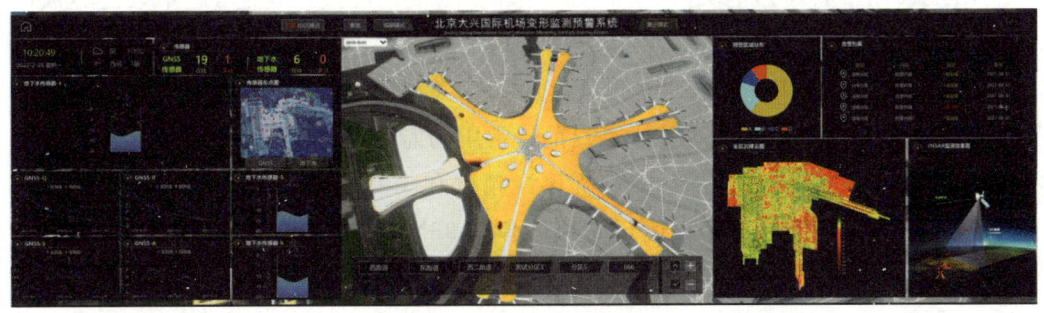

图 11-14 变形监测预警平台的物理架构

图 11-15 系统平台主界面

系统软件主要功能模块:

(1)后台数据管理,后台管理系统主要用于用户权限管理、用户管理以及 3D 资源文件管理,可以实现 3D 资源文件的配置和升级。

(2)展示方案管理,针对系统有效的场景定义,根据不同的关注点,不同的展示需要,提供不同路径变换、不同视角切换的展示方案。

(3)场景管理,根据现有机场设备或模拟机场环境,构建相应的三维场景,用于监控或机场运行场景。

(4)模型管理,对机场变形系统主要设施进行三维建模,包括模型的典型位置呈现、状态响应等。

系统平台可通过前端分区定义工具对机场进行自定义区域划定，并指定相应的分区管理员，同时在后端配置针对性的预警策略，当触发沉降变形量、沉降变形速率、不均匀沉降等控制指标时，系统将自动把预警详细信息推送至该分区管理员及系统技术负责人。

11.3.3 工程亮点与创新点

1. 数字化监控与质量保障

在使用了"强夯施工数字化监控技术"后，强夯施工的记录在监控系统的服务器中可以随时调取。由于传统的施工和检测规范尚未改变，施工单位依然按照规范内容，向监理单位提交强夯记录表，该记录表也可以在数字化监控系统中直接导出，而不用在现场测量、记录。

冲击碾压的两个关键参数为遍数和行走速度。冲击碾压完工后采用与压实施工相同的检测方式，传统管理方式只能是事后控制，并且连施工资料都无法获得，只能采用监理旁站方式对施工过程进行控制，质量检测依然采用以点带面来判断压实是否合格。在使用了数字化监控系统后，这一"顽疾"终于有了有效的手段来监控。

2. 沉降变形预测分析方法

InSAR 由于其覆盖范围大、空间分辨率高、测量精度高等优势，近年来已经被广泛用于监测地表形变，但是其缺点是容易受到大气和湿度等相关因素的影响，时间分辨率低（几天到几十天，基于卫星的重返周期），并且只能监测地表在雷达视线方向（LOS）上的一维形变。GNSS 技术是目前最常用的监测地表形变的方法之一，通过区域布设的 GNSS 网来连续测量，能够提供高精度和高时间分辨率的地表三维运动信息. 但是 GNSS 较高的安置和运行费用限制了 GNSS 网的密度，空间分辨率很低。InSAR 和 GNSS 技术的特点正好形成互补，因此可以最大限度地挖掘地表形变等信息。

内插外推数据的处理流程，按照最终数据的由来也可分为三个步骤，其过程可以用图 11-16 表示：

（1）通过融合数据的方式结合两种监测手段的优势，得出同时包含了北斗和 InSAR 信息的实测云图。

（2）通过插值的方式在 InSAR 没有被覆盖的时间段，插值补全每一天的监测数据，得到推演云图。

（3）通过结合了遗传算法的蠕变实用算法，筛选参数，推导预测公式，并且给出特定误差下的有效预测范围，得到预测云图。

其中，(1)、(2)是整个算法的内插部分，(3)是整个算法的外推部分。(1)可以看作是(2)的前置处理过程。

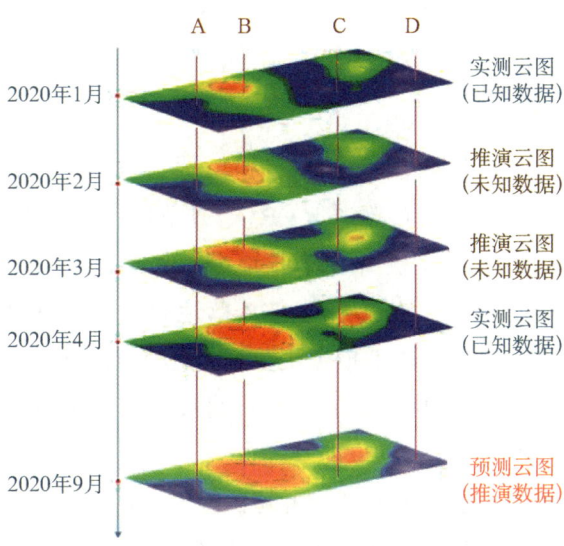

图 11-16　监测数据内插外推数据处理过程示意图

其中蠕变实用算法是基于地基一维蠕变沉降计算方法的思想提出的算法。所提方法具有参数少、物理意义明确等优点，能够利用工程中有限的实测数据预报工程施工期内的沉降变形（图 11-17）。该算法之前已在承德普宁机场成功应用，该算法对未来一段时间变形趋势的预测与实际监测结果对比高度一致，本项目将该算法与内插算法结合，融入大兴机场变形监测预警系统中，作为平台数据预测分析模块。

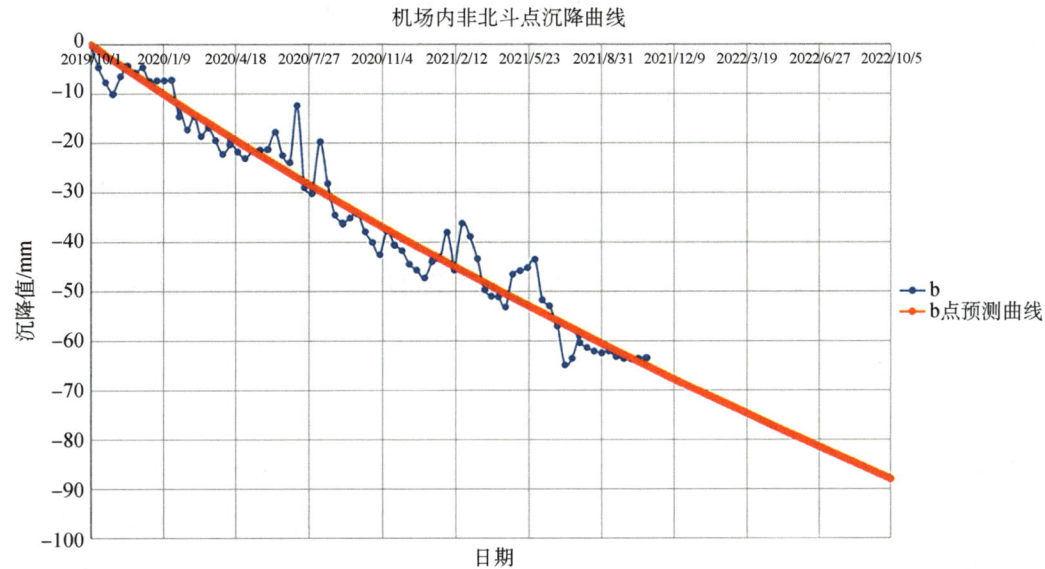

图 11-17　典型位置沉降预测曲线

11.4 低能见度运行设施设计

11.4.1 面临的问题与挑战

"2021年11月3日晚,随着能见度持续降低,大兴机场于当日22时46分开始实施低能见度运行程序。23时,01L跑道RVR(跑道视程)降至175 m,4日0时后能见度持续下降。此时一架A320飞机由上海浦东飞往北京大兴,该航班机组具备Ⅲ类B运行资质,在大兴机场使用01L跑道着陆,航班落地后在A-SMGCS(高级地面引导系统)灯光引导的指引下平稳滑行进入指定机位。这是大兴投运开航以来,首个载客执行Ⅲ类标准进近着陆的国内航班。"以上这条新闻报道向全世界人民展现了大兴机场低能见度运行能力。

在此之前,其他机场遇到Ⅲ类天气或者超低能见度的时候总是选择关闭机场。尤其是枢纽机场的关闭导致整个区域的飞行安全隐患。影响的不是单独一个机场,而是少则十几个机场,多则几十个机场的出发和到达准点率。所以面临低能见度天气,如何能继续保持机场运行,成为建设大兴机场需重点解决的问题。

11.4.2 解决问题的方法与措施

目前针对低能见度运行,国际上主要有仪表着陆系统Ⅲ类、A-SMGCS Ⅳ级和平视显示器75 m跑道视程起飞三种方法。

大兴机场跑道仪表着陆系统Ⅲ类B在设计过程中,综合考虑飞行区保护区范围和运行安全要求,使仪表着陆系统Ⅲ类B和平视显示器的建设与应用更为可靠,极大提高大兴机场低能见度天气下的运行效率和安全等级。

大兴机场A-SMGCS项目的建设,将通过对空管与机场相关信息系统的集成和处理,实现对机场地面航空器和机动车辆等运动目标的自动化监视、控制、路径规划及滑行灯光引导服务,对于机场地面管制运行,特别是夜间和低能见度天气运行标准条件下的安全运行,不仅可以提高空管的安全保障能力,而且能够大幅提高机场的地面运行效率。

11.4.3 设计方案提要

1. 仪表着陆系统简介

ILS是应用最为广泛的飞机精密进近和着陆引导系统。它的作用是由地面发射的两束无线电信号实现航向道和下滑道指引,建立一条由跑道指向空中的虚拟路径,飞机通过机载接收设备,确定自身与该路径的相对位置,使飞机沿正确方向飞向跑道并且平稳下降高度,最终实现安全着陆。

2. 平视显示器简介

平视显示器(Head Up Display，HUD)，是一种机载光学显示系统，可以把飞机飞行信息投射到飞行员视野正前方的透视镜上，使飞行员保持平视状态时，在同一视野中兼顾仪表参数和外界目视参照物。HUD能增强飞行员的情景意识，提高飞行品质和低能见度条件下的运行能力。

3. A-SMGCS简介

高级地面活动引导及控制系统(A-SMGCS)是一种对机场场道上的飞机和车辆进行监视、冲突报警、规划路线并进行引导的系统。它使得机场在能见度运行水平(AVOL)范围内的各种气象条件下能保持公布的地面交通速度，同时保持要求的安全水平。

4. 大兴机场仪表着陆系统建设情况

大兴机场仪表着陆系统共包含西一跑道、西二跑道、东跑道和北跑道7套仪表着陆系统。其中东跑道01L可实行仪表着陆系统Ⅲ类运行标准，西二跑道35L可实行仪表着陆系统Ⅱ类运行标准，其他跑道方向均实行仪表着陆系统Ⅰ类运行标准。

仪表着陆系统航向天线采用20单元天线阵，航向设备为双频双机航向仪，Ⅲ类和Ⅱ类系统为热备份形式，Ⅰ类系统为冷备份形式；下滑仪选用M基准设备，Ⅲ类和Ⅱ类系统为双频双机热备份形式，Ⅰ类系统为冷备份形式；DME设备与下滑台合装，天线采用全方向性天线。内置点标使用75 MHz电波，采用双机结构，设备机柜安装在该跑道南航向机房内。

5. 仪表着陆系统特点

本次设计为单个机场一次性建成最多套仪表着陆系统。东跑道01L方向也是国内首个Ⅲ类B精密进近仪表着陆系统。

下面就针对大兴机场导航工程中遇到的问题进行分析。

1) 设计过程中的安全理念

强安全是"四强空管"中生产运行的底线，系统设计过程应遵循平安机场的总体目标，即在设计、建设全过程及使用年限内，能够提供安全的运行环境与服务功能。仪表着陆系统的建设，特别是CATⅢ类B投入运行，即使在恶劣天气条件下，能保证跑道的正常开放，极大提升大兴机场低能见度运行效率和飞行安全，增强机场面对恶劣天气的应对能力，为确保安全、确保航班正常率提供有力支撑。

2) 保护区的实际范围

在设计时考虑东跑道为Ⅲ类B运行，在国内尚属首次运行，所以在设计时与华北空管局指挥部多次研讨后，觉得仅仅是10°的建筑物要求并不能满足跑道Ⅲ类B的安全运行。为满足航道结构中四区结构和五区结构的信号覆盖要求，航向天线系统被设计为余隙CSB信号在35°范围内，仅比航道CSB信号低11 dB。而35°范围外余隙信号较弱，比跑道中心线上的航道信号低23 dB以上，如图11-18所示。

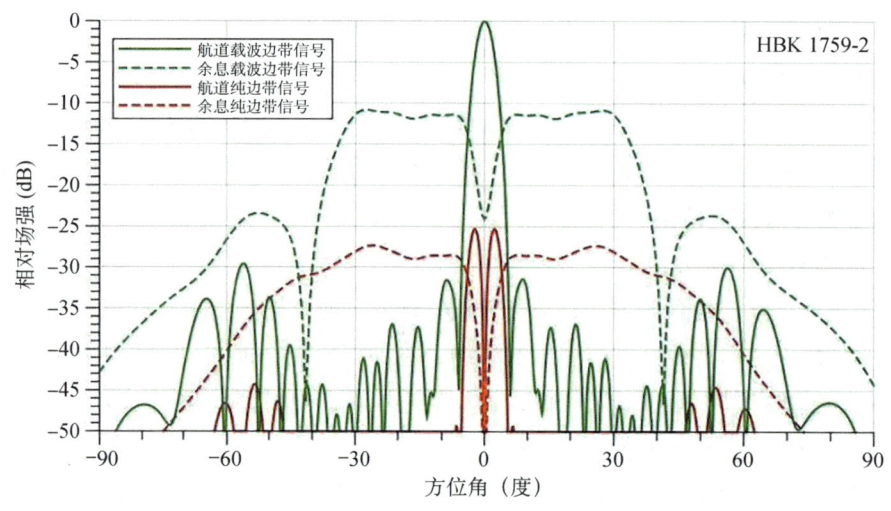

图 11-18　天线场型图

该图如果此时在 10°至 35°范围内，建设大型金属反射物就会把余隙信号反射回来，余隙信号叠加后势必会对四区结构和五区结构信号造成影响。

传统的保护区一向认为是障碍物保护区，安全评估面对航空器最为关键，但是往往忽略现行航空器运行的电磁环境。由于现代交通各种信号、建筑物以及未来在建的建筑物，这些障碍物所造成的电磁干扰可能并不在规定的保护区内。换句话说，针对航空器运行在不同的进近方式下，不同的机场跑道，运行方向都有各自独立的保护区。

对于影响安全的因素及时识别和判断，对于影响安全的保护区适当增大，对于经过改良或者通过手段改变电磁环境的保护区也可以小于规定规章所需的范围，从而提升运行效率。总之，应该对于现代机场电磁环境做更加精准的评估和分析，从而得到科学的地面保护区范围。

6. 大兴机场 A-SMGCS 建设等级标准的确定

对大兴机场的运输总量、建设规模、总平面布局、地面运行方案等因素综合考虑，A-SMGCS 的建设应可达到 ICAO 要求的Ⅳ级标准。具体分析如下：

大兴机场本期建设有"三纵一横"4 条跑道，同时建设 4 条平行滑行道及多条联络道。跑道构型的多样性有助于增加空中交通流量，但同时增加了地面滑行时间和联络道的交通压力；集中式航站楼有利于缩短旅客的步行距离，但由五个指廊围合出的四个 U 形站坪增加了地面运行的复杂性，且高大的建筑有碍管制视线；这给如此繁忙机场的运行效率和安全带来极大的挑战。

大兴机场空管方面虽然建设有东、西两座塔台用于管制，但由于飞行区范围宽广且航站楼建筑单体高大，受可视区域、视线角、横向分辨角、目标识别性能等条件的限制，西塔台仅负责西 1 和西 2 跑道的运行指挥，东塔台仅负责东 1 和北 1 跑道的运行指挥。同时受可视范围的限制，建议机场采用站坪分离运行的指挥模式。

根据总平面布局,飞机从不同停机坪机位到不同跑道有着很多的可选滑行路由,且各滑行路线存在大量交叉和重叠,需要利用时间差满足安全的距离间隔以避免冲突。另外,在同一滑行路径上的不同段可能会出现需要多个地面管制单位进行管制和移交的情况,这对管制单位间的路径协调和对接造成极大的困难,因此滑行路线自动选择是解决机场地面交通复杂且运行繁忙的可行手段。同时滑行路径上的灯光引导能够自动解决滑行冲突,自动引导航空器沿规划的路由滑行、停止和穿越交叉口,以减少管制员的工作量,特别是低能见度下,降低管制员与飞行员之间的通信差错,缩短地面滑行和等待的时间。

基于以上两方面的考虑,大兴机场 A-SMGCS 系统的建设应达到Ⅳ级标准,管制人员可实现对航空器的场面监视、控制、自动路由规划和灯光引导功能。

7. A-SMGCS 管制系统

大兴机场将建成包括:场面监视雷达系统(SMR)、多点相关监视系统(MLAT)、一/二次雷达、ADS-B、航管自动化系统、气象自动观测系统(AWOS)、航班信息显示系统(FIPS)、助航灯光系统、停机位分配系统和泊位引导系统等设施,这些设施是 A-SMGCS 系统的主要信息源。A-SMGCS 系统将对这些离散外部信息源系统进行引接、处理、集成,并对融合的目标进行路径规划和滑行引导,在目标滑行过程中,实时反映各目标的动态信息,包括其控制信息,并对其进行冲突探测和解脱处理。构建Ⅳ级标准的 A-SMGCS 系统(图 11-19),为管制员提供友好、方便的人机操作界面,以实现对机场场面活动监视、控制、路由规划、灯光引导的自动化管理。

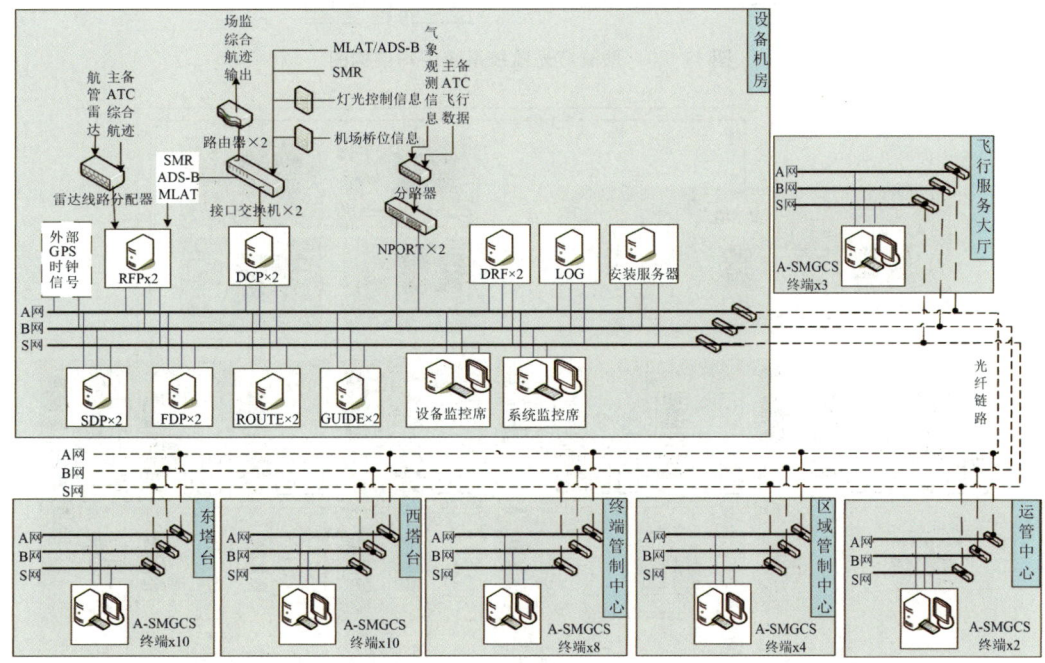

图 11-19　大兴机场 A-SMGCS 系统图

8. A-SMGCS 助航灯光监控系统

大兴机场 A-SMGCS 助航灯光监控系统（图 11-20 至图 11-22）主要包括：

助航灯光监控系统：包含 DLP 大屏，助航灯光服务器系统，7 个灯光子站的子站监控系统，塔台监控终端等设备。

东区单灯监控系统：包含对 3#，4#灯光站的约 12 000 个单灯、74 对微波传感器的监控。

西区单灯监控系统：包含对 1#，2#灯光站的约 12 000 个单灯、109 对微波传感器的监控。

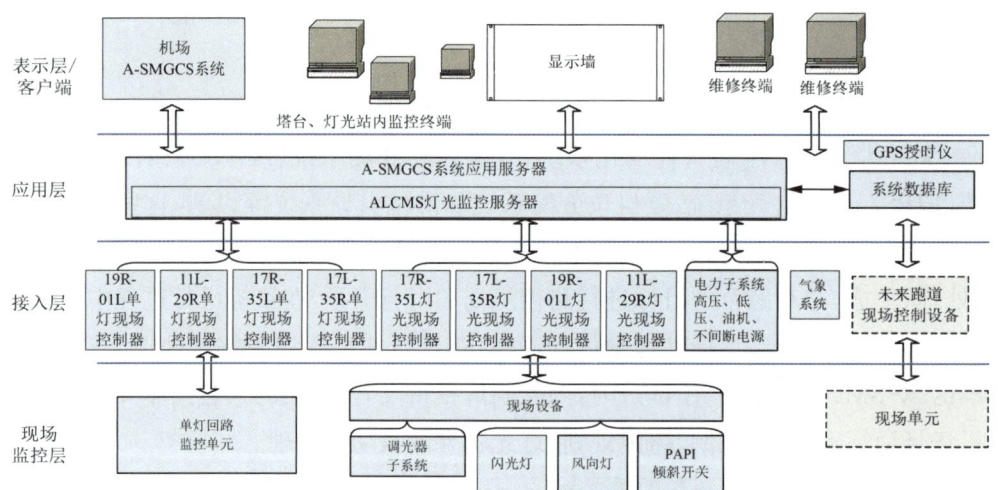

图 11-20　助航灯光监控系统逻辑结构图

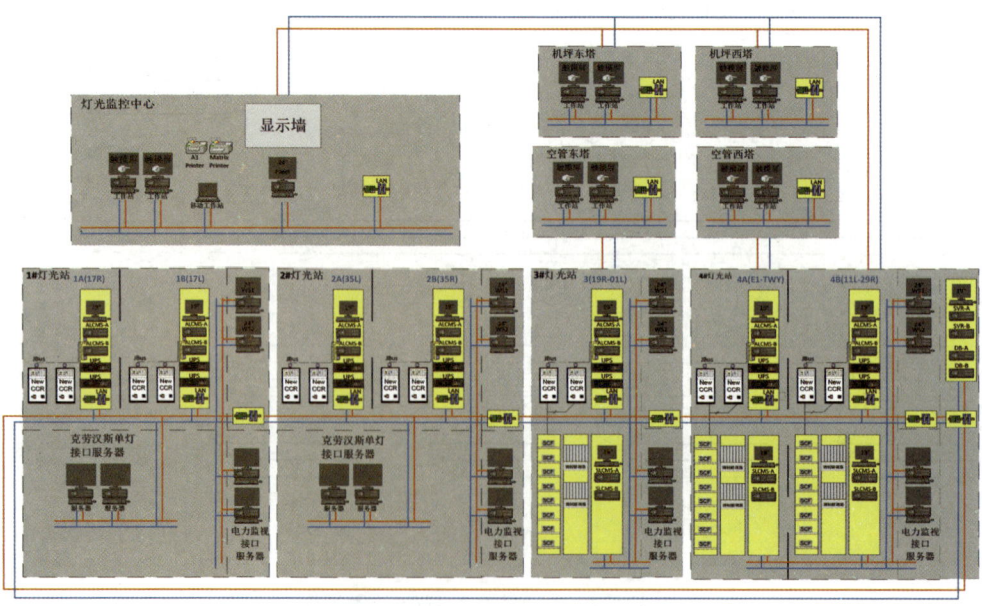

图 11-21　助航灯光监控系统设备分布图

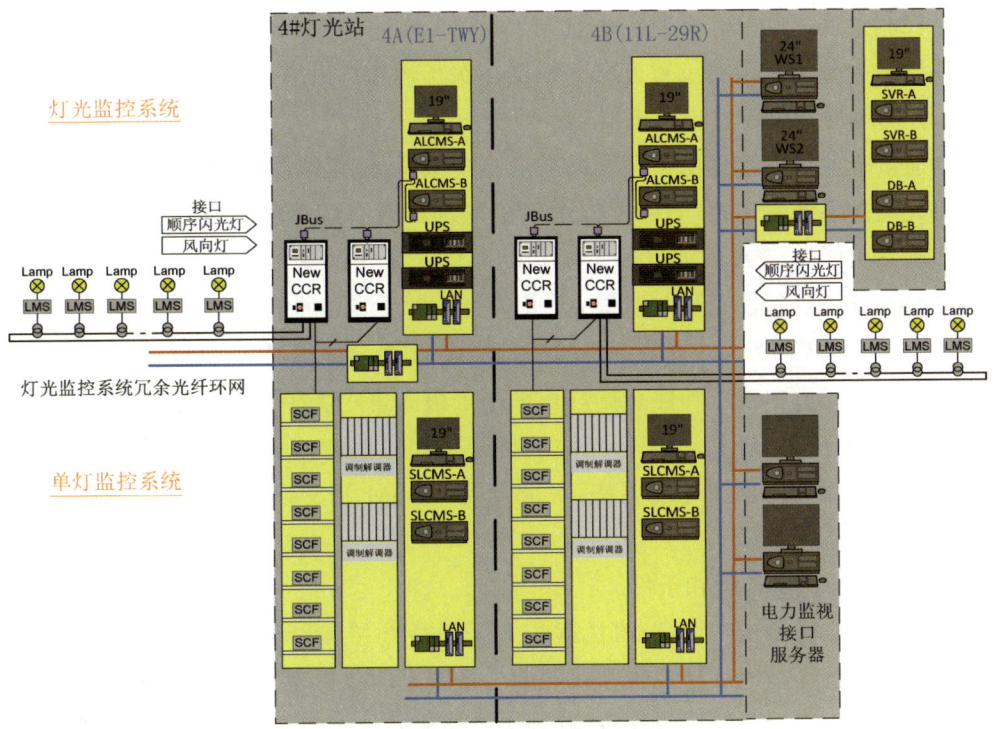

图 11-22　灯光站内设备结构图

1）设计方案概述

A-SMGCS 灯光监控系统在每个被控制的助航灯具前加装一个单灯监控装置,系统由灯光站单灯工作站通过灯光供电回路载波方式传输控制指令,开启和关闭灯具亮和灭,由系统形成系列指令,自动形成灯光引导路线,同时检测灯具开启和关闭状态以及故障告警信息,并传送至灯光站单灯工作站。

系统集成灯光监控系统的所有功能,形成一个独立完整的、高级的灯光运行监控系统,作为机场 A-SMGCS 运行系统的关键子系统,接受系统运行指令,完成机场 A-SMGCS 运行功能,机场一旦进入 A-SMGCS 运行模式,不受未经授权的其他任何系统的控制而独立运行。但具备可以向其他信息管理中心网络或电脑终端提供整个机场灯光运行的有关信息的端口,需要时可提供。

系统完成后,实现机场四条跑道(并预留可增加二条跑道)规模的 A-SMGCS 灯光监控系统;自动生成系统相应的数据报表,满足对机场助航灯光的运行管理,同时能通过实时自我监视来检测、记录和报告在运行时系统控制部件、灯光控制设备及灯光回路中出现的故障和操作过程。

2）A-SMGCS 助航灯光监控系统设计特点

(1) 基于灯光段的方式实施跟随绿灯引导功能

大兴机场采用了国际主流的基于灯光段的引导方式,降低了控制逻辑的复杂性,提高了控制速度。助航灯光监控系统与 A-SMGCS 系统紧密配合，共同制定了大兴机场灯光引导分段和微波位置方案。根据多次车辆和真机滑行引导测试，效果较好。

（2）助航灯光监控系统模拟器

助航灯光监控系统提供了全套助航灯光模拟器，该模拟器的功能与大兴机场现场助航灯光监控系统完全相同，能模拟大兴机场现场所有灯光段的打开/关闭/告警，从而在实验室就能完成 A-SMGCS 系统和助航灯光系统的集成测试，并在实验室即可验证 A-SMGCS 4 级滑行引导功能，大大减少两个系统间的集成测试时间和成本。

（3）全场的 LED 灯具带来更快的控制响应速度

全场的滑行道中线灯和停止排灯均采用了最先进的 LED 灯具，其中部分停止排灯用了 LED IQ 一体灯具。LED 光源的打开是即时性的，一旦灯具供电就能马上发光，因此 LED 灯具的反应速度更快，更能满足 A-SMGCS 4 级跟随绿灯滑行引导的要求。

（4）有利的测试环境和条件

利用大兴机场分步转场，航班量逐步上升的特点和有利条件，A-SMGCS 系统的现场测试工作也逐步地从易到难。从前期少量航班的条件下开始进行 A-SMGCS 的监视、告警、路由规划和滑行引导，过渡到大量航班条件下的 A-SMGCS 4 级功能的全面测试。

11.4.4　设计亮点和创新点

大兴机场是国内首个具备 CAT Ⅲ 类 B 运行能力的机场，仪表着陆系统达到世界领先的 CAT Ⅲ 类 B 运行标准，并且实现了开航即具备平视显示器 75 m 跑道视程起飞（HUD RVR75-150），能够保障大兴机场在 50 m 左右的低能见度条件下起降。再辅以高级地面活动引导与控制系统（A-SMGCS），该系统是国内首套符合国际民航组织规定四级运行标准的系统，在全球也属于领先水平。

HUD RVR75 m 起飞、Ⅲ 类 B 进近着陆，以及 A-SMGCS 四级标准运行，如同三驾马车同时发力，将大兴机场送入了具备世界最先进的低能见度保障能力的机场行列。

11.5　飞行区道桥工程

本期大兴机场飞行区工程设计了 8 条下穿通道，包括 1～5 号空侧下穿通道、预留旅客捷运及行李通道、磁大路下穿通道和灯光带下沉通道（图 11-23）。工程设计涵盖了下穿通道的主体结构、道路结构、排水系统及相关配套设施，涉及多个工程专业。

在规划设计过程中，设计团队通过提前理解项目需求，合理引导设计目标，确保了各专业的无缝对接与协调,从而在复杂的工程环境中实现了最佳设计方案。

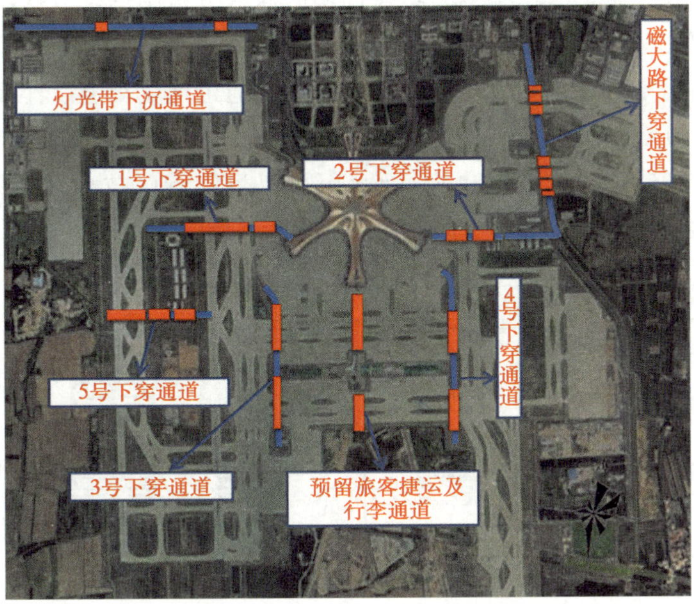

图 11-23 飞行区道桥平面布置图

11.5.1 道路平纵横设计

1. 下穿通道敞口段设计

在大兴机场飞行区道桥工程设计中,设计团队依据《城市道路工程设计规范》及《建筑设计防火规范》要求,对下穿通道进行设计。考虑到多条通道封闭段长度超过500 m,需要设置消防、通风和排烟系统,团队在分析使用需求后,结合机场总平面方案利用飞行区的土面区,将部分顶板打开,设计为敞口段(图 11-24),从而将封闭段长度控制在 500 m 以内。这个设计不仅符合规范要求,还可利用自然通风的方式,避免了通道净高因消防和通风设备要求额外增加约 1.5 m,体现了设计方案绿色设计的理念。方案的决策也体现了指挥部及设计团队以适用性、可行性、经济性为前提的优化原则。

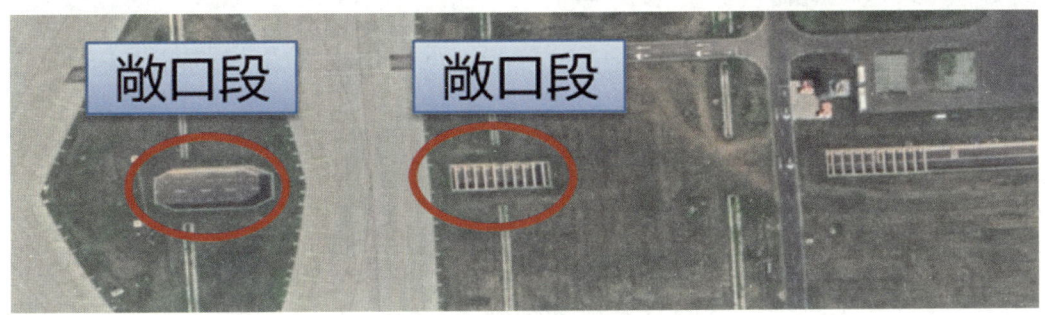

图 11-24 敞口段平面示意图

2. 车道宽度与纵坡度设计

针对机场内民航特种车辆的特点，设计团队深入分析了基础数据，主要包括车辆尺寸、机动能力、运行需求和使用频率，并结合"民用机场专用设备信息管理系统"中的车辆数据，制定了详细的车道宽度和纵坡度方案。通过优化车道设计，团队实现了车辆的快慢分离和大小分离，既保证了车辆的顺畅通行，也减少了通道的整体宽度和工程投资（图 11-25）。相应成果也为后续《民用机场飞行区技术标准》（MH 5001—2021）的编制提供了经验。

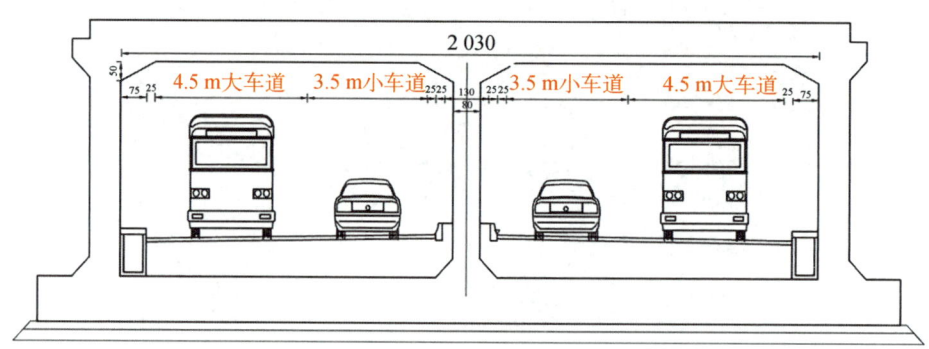

图 11-25 下穿通道横断面

11.5.2 主体结构优化

在初步设计阶段，飞行区围界内的下穿通道敞口路段均采用 U 槽形式。但在施工图阶段，考虑最新抗浮设计水位的参数以及工程特点，团队本着降低工程规模、节约工程造价的原则，提出了挡土墙方案与 U 槽方案定量比较的思路（图 11-26）。通过对比分析，团队在对向双车道下穿通道中延续了 U 槽结构，而在对向四车道和八车道下穿通道中则采用了造价更低的挡土墙结构。这一结构优化在保证结构安全的前提下，还显著降低了工程造价，体现了团队在规划设计中的方案优化能力。

技术特点	方案名称	
	U 槽	挡土墙
结构特点	U 槽结构整体稳定性高，两侧占用空间相对较小，利于通道两侧管线布置。若敞口段下穿道路挖深较大，需设置横撑以便于结构整体稳定。	道路两侧挡墙对称设置，结构较U槽有所优化，根据墙高变化及墙后回填土情况增设肋板和凸榫，侧向因设有肋板和踵板，相对占用空间较大，对通道两侧管线布置有一定影响。
抗浮措施	由于抗浮水位较高，U 槽结构整体置于抗浮水位以下，抗浮措施需较大投资。	由于两侧挡墙间无连通的底板，无需考虑结构抗浮。
排水措施	由于结构底板阻隔地下水上升，无需考虑路基基底排水。	需要设置级配碎石加排水软管等路基基底排水措施及考虑挡墙立墙设置排水孔排水。
后期维护	后期无需考虑地下水排水，运行维护成本低。	后期运行时，路基基底排水系统会将地下水引入泵站，增加泵站工作时间，维护成本相对较高。

图 11-26 U 槽和挡土墙方案对比

11.6 绿色设计

大兴机场建设运营的全过程始终贯彻"绿色机场"的要求,飞行区绿色设计主要体现在:优化机场平面布局、节约用地、土方平衡、利用废弃材料、降低照明能耗、雨水处理、地井式 APU 替代设施、回收除冰液、维修机坪设置油水分离设施、减少服务车道与滑行道的交叉、提供较多的近机位等方方面面,以下具体阐述地井式 APU 替代设施、除冰液回收处理再生设施和跑道全 LED 助航灯光等方面的绿色设计。

11.6.1 地井式 APU 替代设施——提供高效友好的能源供给

飞机辅助动力系统(Auxiliary power unit,APU)主要用途是在主发动机停机状态下,为飞机提供能源,满足飞机系统运行及空调对电力的需求,简单理解为燃料发电机。其缺点是燃烧供能效率较低、排放废气、噪声污染,不环保。

国内机场近机位多采用桥载空调机组和 400 Hz 静变电源装置替代 APU,虽然安装相对简单、造价低,但实际运行中会存在一系列问题:空调机组重量一般在 3~4 t,增加了登机桥的载重负荷,影响登机桥行走机构的寿命;桥载空调机组和 400 Hz 使用时,需将空调管路和电源线缆全部拉出展开,拖地部分易磨损压坏,且操作费力;因空调管路较长,且送风管多在停机坪曝晒,吊挂式飞机空调冷量损失较为严重,有时甚至要开启飞机 APU 来为飞机补充供冷;飞机供冷结束后,空调管路需折叠存放,其内部水汽无处排放,易产生霉菌,机舱内有时可闻到空调管路带来的异味,损害公众健康。

为此大兴机场率先大规模使用空调、电源地井系统,飞机地面空调机组和 400 Hz 静变电源装置放置在道面上或房间内,降低了登机桥的载重负荷,延长了登机桥行走机构的使用寿命。空调风管直埋在道面下,减少了空调风管的冷热损失,能够实现对飞机停靠期间的有效供冷。管道埋地敷设,充分释放了机体下方的富余空间,将外部空间留给需要作业的车辆,提升了高额投资的站坪资源利用率。地井布置时尽可能靠近飞机送风口和电源接口(图 11-27),确保最短的作业距离,减小管道磨损,同时降低了现场机务人员的操作强度及难度。

图 11-27 升降式地井

11.6.2 除冰液回收处理再生设施——打造除冰液循环利用系统

1. 除冰液回收处理再生设施

飞机除冰操作会产生大量的高浓度有机废水,直接排放会造成严重的环境污染,而针对除冰废水的特点,大兴机场工程建设了专门的除冰废水处理及再生设施——除冰废液处理站。其在设计阶段以京津冀三地四场除冰废液集中处置为目标,采用"使用—收集—处理—再利用"的全流程解决方案,是集团公司践行绿色机场建设的一项有力措施。

采用杂质分离、高效醇水浓缩分离、处理后排出水耗氧量控制以及除冰液再生等关键技术,对除冰废水进行处理及再生,实现除冰废液内有效有机物的高效回收利用,生产过程中的排放水也符合地表水排放指标,可用于绿化灌溉。

除冰废液处理站重要技术设备100%国产化,可实现对飞机除冰废液的无害化处理,并提取除冰废液中超90%有效物质再生利用,日处理量可达120 t,满足京津冀三地四场除冰废液集中处置需求。自2021年6月投运以来,已处理废水1万余t。

该系统是我国民航行业首个除冰废液处理及再生系统,是我国机场对除冰废水污染治理科技成果的首次应用,是创新示范项目,项目的实施践行了机场"创新、绿色、共享"的发展理念,可有效避免对机场周围的地表水环境和地下水环境造成污染,促进机场的绿色发展,环境效益非常显著,同时也可有效节省机场运行的排污费用以及除冰液的购买费用(图11-28),降低机场的运行成本,为整个民航提供示范效应,具有里程碑的意义。

图11-28 除冰液回收处理再生设施现场图

2. 除冰坪设计

大兴机场对除冰坪传统地势排水的设计方式做了改进,在机身下方两侧适当位置各设置一个低点收水,接入回收管道,除冰液回收更直接高效。如图11-29所示。

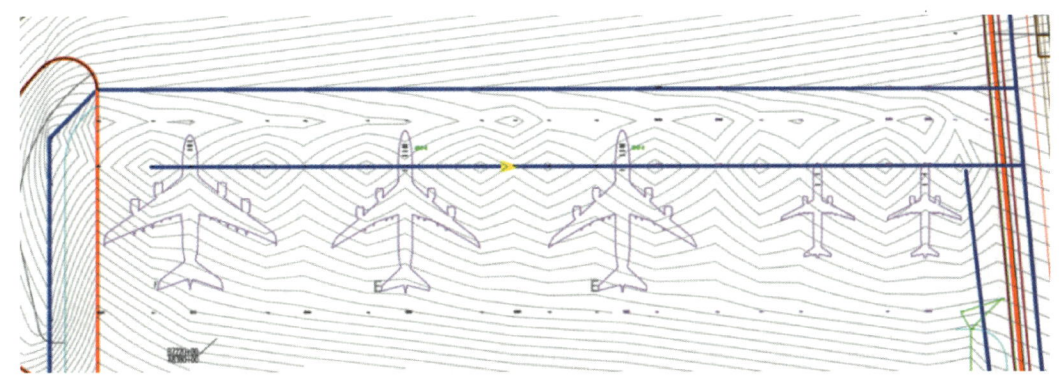

图 11-29　除冰坪地势设计

除冰液收集系统采用了双管道设计(图 11-30),分别用来排放雨水以及收集除冰废液,在低点的排水口分别设置了可开启的阀门,按照需求可以开启不同收水口,彻底实现了雨污分流。

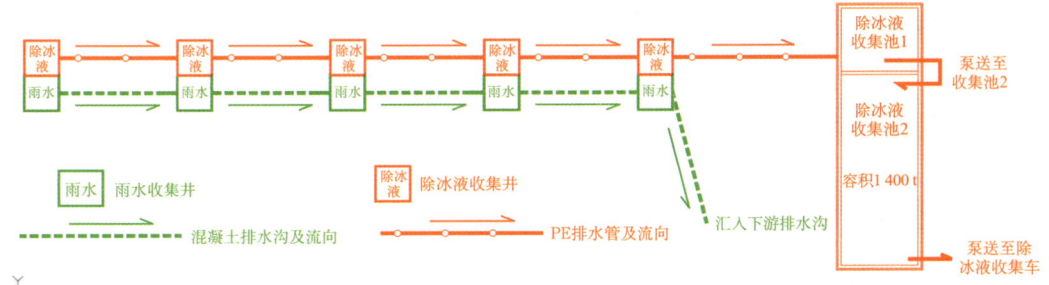

图 11-30　除冰液收集沟工艺示意图

大兴机场除冰坪为除冰液回收做了精细化设计,除冰废液收集工艺设计也申请了实用新型专利,整体而言,大兴机场除冰坪的设计及运行已经达到了国际先进水平,也充分体现了绿色机场理念。

11.6.3　跑道全 LED 助航灯光

LED 光源具有光效率高、寿命长、节能等优良特性,LED 灯具用于助航灯光时,相比于卤素灯还具有抗震、可低温运行、维护少、节省部件、开关快速等优势,不仅可以提高飞行安全保障能力和应急保障能力,而且可以实现节能减排、降低机场运行维护成本。

目前 LED 灯具虽已广泛应用助航灯光中,但大多应用于滑行道光源,包括滑行道边灯、低光强障碍灯、滑行引导标记牌、助航灯光监控系统模拟屏等,仅有 5 家机场在跑道上全面应用 LED 助航灯光。

主要因为 LED 应用于机场跑道助航灯光时需解决四个问题:光强无法满足部分

高亮度跑道灯具的标准要求、进行光强调节会产生巨大能耗、防潮防水需求较高以及在出现电流或电压过强事故时寿命会受巨大影响。

大兴机场在飞行区的初步设计阶段，提出了"建设使用 LED 光源的跑道"的设想，进一步助力绿色低碳机场建设。一方面启动"LED 助航灯光跑道"专题研究，另一方面在招标文件中列入 LED 灯具技术要求，为最终实现全 LED 助航灯光跑道建设提前做准备。

经过攻坚克难，大兴机场在国内率先建成两条 LED 灯光跑道，成为国内首个 LED 助航灯光跑道机场。单条 LED 光源跑道助航灯光日均能耗降低至 600 kW·h，较传统光源降低近 30%，二氧化碳的排放量每年减少 237 t。在降低能耗的同时节省了长期运营成本，取得了良好的环境、经济效益。

LED 灯具的采购成本会超过卤素灯具的采购成本，但是由于光效高、寿命长，每年的能源消耗成本和维护成本远低于卤素灯具。据测算，一条长 3 600 m、宽 50 m 的一类跑道使用 LED 作为助航灯光，2 年后总成本就低于卤素灯，按照 5 年的设备周期，最终的总成本能够大大降低。

11.7 创新设计探索

11.7.1 能量转化型道面

传统的机场道面除冰雪主要采用人工法、机械法和化学融雪剂法等被动除雪方式，存在除雪效率低、清除不彻底、污染环境、对道面有损伤等缺点；而且被动除雪法多为雪后工作，易造成航班延误。针对被动除冰雪方式的弊端，学者在各种应用场景中开发出了自应力弹性铺装路面、低冰点路面、相变材料路面以及能量转化型路面系统等主动除冰雪技术，其中能量转化型路面系统由于系统可控性强、能源利用率高、除雪高效、环保无污染等优势，受到国内外学者的青睐，并在机场工程中有了典型应用。

根据热力传输模式和能量转化模式的不同，现阶段基于能量转化的主动融冰雪道面主要包括：流体加热融雪道面、电热转化融雪道面、热管融雪道面等三种主要类型。

流体加热融雪道面系统是利用循环泵使流体介质在埋设于道面内部的管线中循环，通过管壁处的对流换热、热交换方式使流体介质的热量传递给道面结构，依靠结构层内部的热传导将热量传递到道面表面，使道面表面的温度升高，从而达到融雪化冰的目的。在此系统中流体介质多采用丙二醇水溶液、乙二醇水溶液等低凝固点溶液。流体加热融雪道面在挪威奥斯陆加勒穆恩机场停机坪有应用，如图 11-31 所示。

电热转化融雪道面技术是采用电力加热道面，使道面表面温度升高，进而实现道面融雪除冰的技术。目前电热能量转化主要存在两种方式:电缆加热道面和导电混凝土。电缆加热道面是指在道面结构层中预敷设发热电缆,通过热传导方式使道面温度升高进而实现融雪。导电混凝土道面是将导电材料掺入道面面层材料,在通电条件下,道面材料实现自发热进而融雪,常见的导电材料主要包括石墨、钢渣、炭黑、钢纤维及碳纤维等。电热转化道面在芝加哥机场滑行道、得梅因机场停机坪有应用,如图11-32所示。

图11-31　奥斯陆加勒穆恩机场流体加热机坪

图11-32　得梅因机场导电混凝土板

热管加热融雪系统是利用热管的热传导原理和相变介质的快速热传递性质,将土壤深处的热量提升至道面表面,提升道面表面温度进而实现融雪化冰的目的。该系统是一种不用外加动力设备就可以自动运行的系统。热管内的循环介质是一种低凝点、高蒸发点的流体。冬季热管上端处于冷环境,下端处于土壤当中,相对温度较高,此时热管中的循环介质在下端吸热蒸发,以气体形式存在,依靠浮力上升;由于环境温度较低,循环介质冷凝成液体,靠自身重力流回至下端,然后再吸热蒸发,如此循环把热量输送到道面。

大兴机场货机坪407号停机位采用了上述的热管融雪系统。407号机位是一个典型的E类机位,该停机位长61 m,宽70 m,总面积为4 270 m²。铺筑含热导管道面3660 m²,普通道面610 m²。为更好地验证大面积融雪取热模型的准确性,需在不含热导管的普通混凝土道面板进行传感器埋设,作为对照研究。

自2019年9月大兴机场投运以来,货机坪热管加热机位经历了5个冰雪季节的洗礼,热管道面融雪化冰效果显著,如图11-33所示。

图11-33　冰雪季节的大兴机场407号机位

综上所述，能量转化型道面融雪系统作为一种新型环保、节能高效的主动除冰雪方式，在机场工程中已经有了典型应用。然而，能量转化型道面还存在如下不足：流体加热融雪系统具有一定的延时性，需要通过温度预测系统合理确定系统的启动时机；电热转化道面从能量转化角度考虑，电加热直接消耗电力且能源利用率明显低于流体加热道面；热管融雪道面其系统的运行缺乏人为可控性，系统监测维护难度较大也为系统的正常运行增加了不确定性。上述因素也制约着能量转化型道面在机场工程中的推广应用。

11.7.2 混凝土道面结构耐久性提升研究

混凝土道面结构耐久性提升研究立足于大兴机场混凝土道面结构耐久性，通过材料与结构一体化设计，从面层与半刚性基层之间的脱空开裂病害出发，明晰不同结构材料设计下的结构力学响应，综合提出强化面层传荷系统、设置沥青基柔性隔离层以及抗裂型基层整体成型技术，并开展实体机场工程的技术验证与施工工艺优化。本书对大型枢纽机场混凝土道面的结构耐久性提升具有重要的理论和实践意义。

本书充分发挥混凝土道面和半刚性基层结构组合的成本优势和结构稳定性，改善水泥混凝土面层和半刚性基层的层间接触状况，同时又能够避免混凝土道面翘曲应力、板底脱空和开裂等病害对结构性能的损害。具体研究内容包括：

（1）研究立足于混凝土道面结构和材料一体化，通过建立"面层—中间层—基层"的有限元模型，首先分析了传荷系统设置对水泥面板温度翘曲应力、挠度、板底弯拉应力和杆周混凝土界面应力的影响，分析了隔离层的设置对温度收缩应力和板底弯拉应力的影响，以及半刚性基层的模量及厚度对水泥面层板底弯拉应力、挠度和基层板底弯拉应力的影响，并通过数值计算和实体工程监测对模型进行了验证。根据有限元模型结果，明晰不同结构层的性能要求，为材料设计奠定基础。

（2）基于传力杆接缝的构造类型和受力特征，提出水泥面层接缝传荷系统强化的设计方法，包括极限强度设计方法和疲劳破坏设计方法，并且明晰在传力杆偏位的特殊工况下的应力响应及控制方法，为传力杆施工精细化提供技术支撑。

（3）基于半刚性基层顶部脱空的病害成因，提出沥青基柔性隔离层设计理念和评价方法，进行室内材料研发和性能评价，并预估了板底脱空影响下的混凝土道面疲劳寿命，为延缓脱空和面层基层的层间粘结提供技术保障。

（4）基于半刚性水稳基层温缩和干缩裂缝以及材料设计不合理的问题，依托水稳基层一体化成型技术，优化集料级配、水泥掺量和成型方式，提出水稳基层适应性厚度设计方法，实现在保证性能的前提下适当减薄基层厚度、节约成本。

（5）将面层接缝传荷系统增强技术、沥青基柔性隔离层技术和半刚性基层一体化成型技术应用于大兴机场等重要工程中，对实施效果开展全过程监测，优化具体施工工艺，评价经济和社会效益。

第 12 章
配套工程设计

12.1 配套工程设计综述

12.1.1 项目概况

大兴机场配套工程包括建设空防安保训练中心、综合管理用房、旅客过夜用房等辅助生产生活设施,以及场内综合交通、市政管线及厂站设施、绿化配套设施和场外生活保障基地等。依照大兴机场"大型综合枢纽机场"的战略定位,规划以满足机场高效运营为目标,合理安排各个分区的位置与规模,相关区域就近安排,尽量达到方便顺畅的联系。

12.1.2 项目特点

结合大兴机场的服务功能、定位、标准,配套工程具有以下特点。

1. 综合交通是配套工程重中之重

综合交通是配套工程重点,也是大型航空枢纽规划设计难点。

(1) 场内场外交通"顺畅衔接""客货分离""快速集散"等理念。

(2) 进一步加强场内与场外道路交通系统的衔接。

(3) 完善场内交通组织流线设计。

(4) 工作区道路强化慢行系统及公交系统。

(5) 合理布局静态交通设施。

2. 配套工程设计接口众多

配套工程不仅内部需满足航空旅客、基地航空公司、驻场单位服务,同时外部要与周边航城交通市政等多方面衔接,系统性强、工程复杂。

(1) 深化综合管廊布置位置和对外接口要求。

(2) 落实市政管线穿越新天堂河方案。

(3) 考虑轨道交通对管道布线布局影响。

(4) 考虑供水管网水质安全保障措施。

(5) 随着规划用地需求的进一步明确,逐步完善各个系统。

本次设计针对已提供明确需求的地块,各个系统均已满足要求;对未提供明确需求的地块,按照常规需求对各个系统进行了估算。

3. 配套工程需要全方位协同设计

配套工程类别全、规模大、专业全、施工点线面全方位铺开,需要与飞行区、航站区、工作区、货运区等多区域协同设计。

4. 配套工程需要统筹实施、分期推进

大型航空枢纽分期建设为前提,统筹非民航建设项目,需进一步完善近、中、远期规划和设计。

规划设计的对接工作是全方位的,涉及北京市总体规划、航城区域控规、市政专项规划、城市设计及空间规划。

12.1.3 工程内容

大兴机场配套工程设计范围南起北航站楼前,北至西跑道灯光带尽端、远距停车场北边界永兴河南岸,西起机务维修区西边界,东至货运区东边界。设计范围包括了工作区、货运区、机务维修区以及航站区,设计范围(图 12-1)为大兴机场陆侧约 $8\ km^2$ 范围内市政配套设施设计。

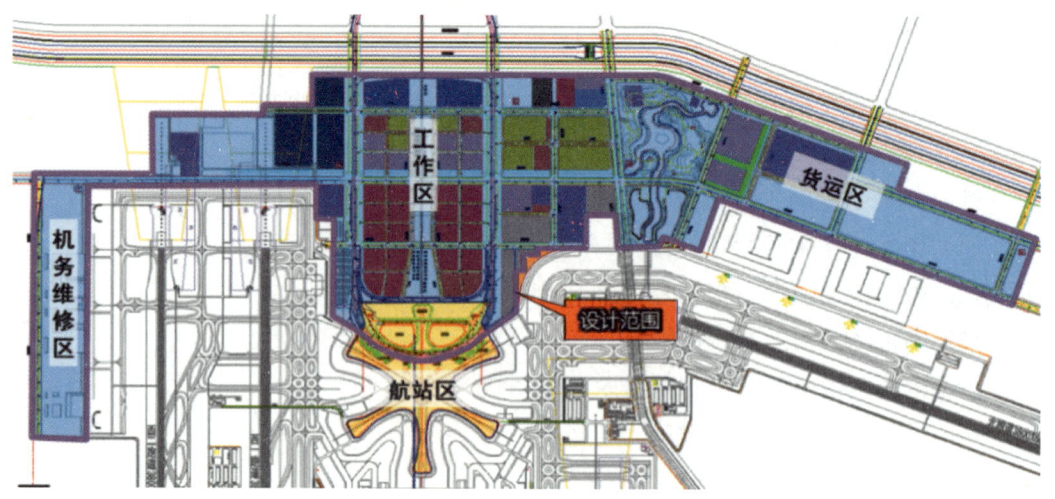

图 12-1 设计范围

配套工程主要内容如表 12-1 所示。

表 12-1 工程内容与可研对应项列表

序号	项目内容	备注
1	航站区工程	
1.1	航站区室外管网工程	包括航站区给水、雨水、污水、再生水、电力、通信管道等
2	机场综合交通工程	
2.1	地面停车场	包含近端、远端停车场,增补航站楼前 VIP、大巴发车场、员工停车场,增补飞行区卡口停车场
2.2	停车场综合服务设施	近端、远端停车场内相应的服务设施
2.3	停车场收费管理设施	包含收费岛及相应管理设施
2.4	主进场路道路工程	包含主进场路高架桥、地面路、连接匝道及道路照明设施,增补高架桥下公共停车场,增补永临结合道路
2.5	航站区道路	
2.6	工作区及货运区道路	包含道路、跨河桥,增补永临结合道路
2.7	全场交通工程	全场道路红线范围内交通标志、标线、信号灯
2.8	内部交通场站工程	包含车场、办公及休息用房、车辆、设备及公交场站站点
2.9	地基处理工程	
3	通信工程	
3.1	有线通信基础链路(管道)	全场工作区通信管道(不含空管通信管道)
4	供电工程	
4.1	变电站综合自动化及能源管控系统	全场 10 kV 开闭站(变电站)综合自动化管理系统,本次包含工作区 8 座 10 kV 开闭站及工作区变电站
4.2	10 kV 开闭所工程	工作区新建 8 座 10 kV 开闭站
4.3	场内供电网络工程	本次为工作区供电网络工程(含 1.1 km 电缆隧道),18 座 10 kV 箱式变电站,地块内低压供电网络
4.4	道路照明工程	包括大兴机场楼前道路、工作区、货运区、机务维修区的主干,次干及城市支路道路照明,道路照明监控系统,停车场照明等
5	供水工程	
5.1	供水站工程	包含给水站一座
5.2	供水管线	包含给水管道长度约 63 km(含管网末端监测)
5.3	输水管线工程	计入给水管道设计内容
5.4	供水站小区室外工程	计入给水站设计内容

续表

序号	项目内容	备注
6	雨污水工程	
6.1	雨水工程	包含雨水排除(雨水管沟长度约 77 km)、雨水控制与利用、雨水管理(雨水管理中心)三部分
6.2	污水工程	包含污水管网(含泵站 3 座)长度约 49 km、污水处理厂两部分
6.3	中水工程	包含再生水管道长度约 43 km(含管网末端监测),再生水处理计入污水处理厂设计内容
7	污物处理工程	
7.1	垃圾转运站工程	包含生活垃圾转运站一座
7.2	垃圾转运站小区室外工程	计入生活垃圾转运站设计内容
8	总图工程	
8.1	陆侧综合管廊工程	包含综合管廊长度约 7.6 km
8.2	综合管廊照明工程	计入综合管廊设计内容
8.3	工作区场地二次平土工程	调整至各道路工程量中
8.4	机场围界及标志工程	机场用地边界设置

12.2 以人为本的交通组织设计

地面交通是航空出行的起终点,功能完善、协调配合的综合交通运输系统是保障机场正常运转的关键环节。

12.2.1 综合交通系统的构建

1. 主要挑战和工作

快速高效的客货运集散,高品质航空旅客服务是核心诉求。

（1）机场道路集散航空旅客和服务人员,保证进出港道路交通同时,衔接交通中心、VIP、CIP、过夜用房、工作区等多目的地;

（2）保证场内工作人员通勤及与各功能区通达;

（3）服务航空港及周边航空城与场内交通转换,达到"港城一体化";

（4）实现客货分流,保证货运畅通;

（5）完善内部静态交通规模和布局;

（6）系统梳理各种交通组织流线,改善典型交织和交叉矛盾,追求交通组织平衡;

（7）优化和引导机场以"公共交通出行"为目标，与个性化交通诉求达到协调；

（8）场内道路交通系统规划设计是在《总规》规划路网的基础上，对整个机场范围内的用地情况及交通需求进行分析，结合对机场控制性条件梳理，以及对周边规划路网的衔接接口条件梳理，以道路功能目标为导向，对场内道路交通进行组织；

（9）结合京津冀三地需求，完善交通组织功能；

（10）全出行链引导标识系统构建。

2. 综合交通体系布局

大兴机场综合交通发展目标，是构建与北京市建设世界城市相匹配、以公共交通为主体、以轨道交通为核心的绿色交通发展模式，形成满足不同客运需求，高效便捷、设施优良、区域统筹的大兴机场外部交通体系。结合大兴机场与中心城的区位关系，遵循以下综合交通体系布局原则。

1）时间第一原则

由于大兴机场与首都机场规划功能定位相同，规模相近，对客源存在较大的竞争关系，而大兴机场在空间距离、市场成熟度以及配套基础设施条件等方面和首都机场均存在较大的差距，具有先天的"弱势"，因此应以"时间优先"的思路提供快捷的交通服务。

2）公交优先原则

借鉴国内外经验，应以公共交通作为机场客运集散的主导方式，体现低碳节能的城市发展理念，私人交通只起到辅助出行作用。

3）多层次供给原则

基于不同的航空乘客人群的需求，通过提供多层次的接驳交通服务方式，为不同的人群提供全方位、多层次、人性化的交通选择，以满足各类乘客的出行需求。

在机场外围规划建设了"五纵两横"集铁路、城市轨道交通、高速公路于一体的综合交通体系（图12-2），为大兴机场提供重要交通保障。

综合各交通系统的规划研究成果，大兴机场在规划阶段形成了较为稳定的外围综合交通方案，构建以"五纵两横"为基础的综合交通主干网络，南北建设一条快速轨道、一条铁路客运专线和三条高速公路，东西向建设一条机场北线高速和一条城际铁路。

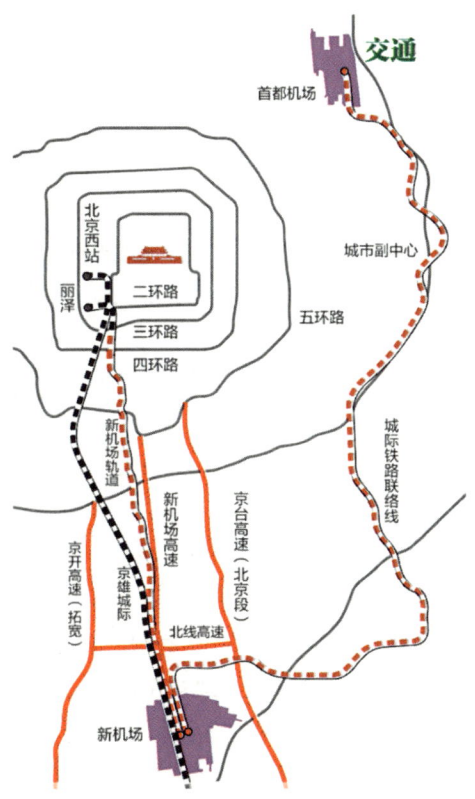

图12-2 "五纵两横"规划示意图

12.2.2 设计方案提要

大兴机场陆侧交通系统作为机场的重要组成部分，承担着保障离港乘客和货物顺利抵达以及到港乘客和货物的疏散分流功能。理顺陆侧交通，提高陆侧交通的集散能力，是机场顺利运转的必要条件。

1. 主进场路及航站区道路交通布局

大兴机场围界内构建了U形的主进出场高架路系统，地面道路采用方格网式布局，由主、次、支道路构成。其中，主进场路主要由4个层次的功能构成（图12-3）。

（1）旅客进出场采用高架路系统与航站楼离港层、到港层连接；

（2）在工作区范围设置两对出入口（Z1~Z4），为工作区与中心城、航站楼交通联系服务；

（3）航站楼前设置与停车楼、VIP车场等设施的连接匝道；

（4）回场调度采用近端（主干一路）、远端两级循环。

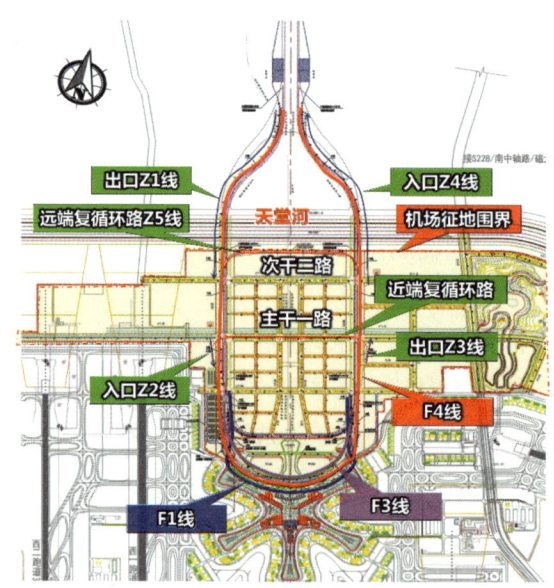

图12-3 主进出场路交通布局示意图

主进、出场道路在航站楼前采取分离对称的方式布置，高架桥通过F4线、F3线与航站楼双离港层相衔接，在陆侧形成一个大环；地面道路则通过主干二路、主干三路与工作区道路进行衔接。进、出场路可通过F1线、F2线直接到达到港层，并可通过各条匝道及地面路实现主进、出场路、到港层与停车楼、停车场、工作区之间的交通转换。

主进、出场路在进入大兴机场围界前及在主干一路南侧各设置一对进出口匝道，联系工作区与大兴机场高速。在北围界处，设置高架复循环道路匝道Z5，中间可落地沟通停车场地面交通，通过D1线至D7线可保证停车楼、综合服务楼车辆与主进、出场路、工作区的顺畅连接(图 12-4)。航站楼前,实现多设施交通连接,多方向交通来往的交通运行系统。

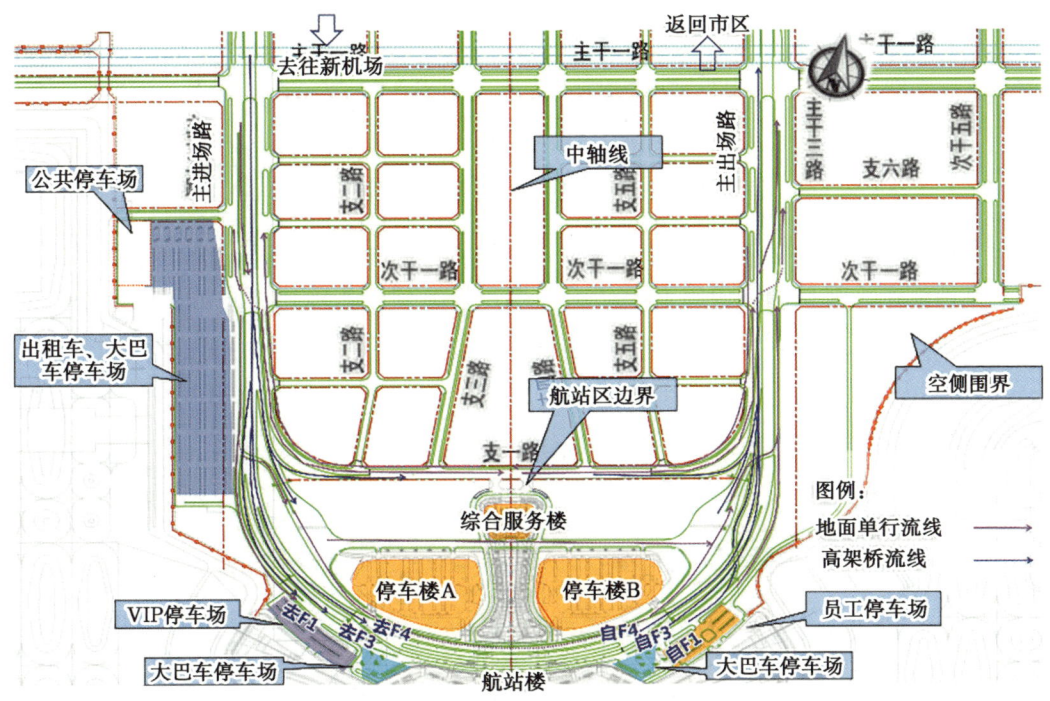

图 12-4 航站区道路交通组织图

2. 航站楼大平台采用双离港交通组织布局(图 12-5)

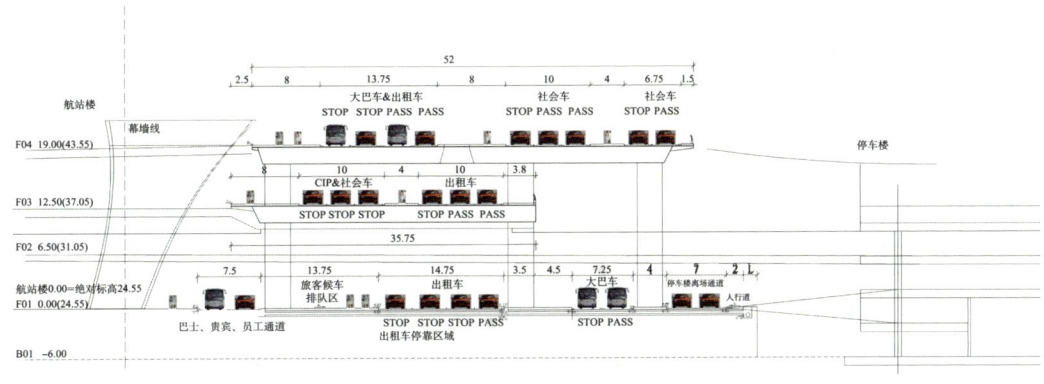

图 12-5 航站楼大平台横断面图

四层出发层共设置 3 组车道边(图 12-6),最内侧 4 条车道,外侧两组各 3 条车道,其中最内侧供大巴车和出租车使用,外面两组车道边供社会车使用。每组均有供旅客上下的步道,其中最内侧步道与航站楼的六个人行连接桥直接相接。3 组车道边有效长度为 1 124 m。

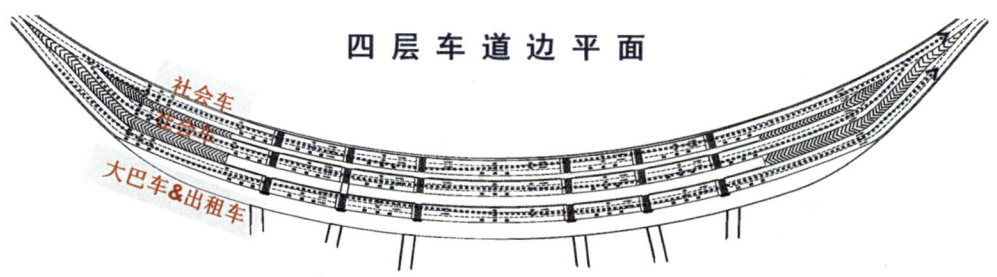

图 12-6　四层出发车道边交通组织图

三层出发层共设置 2 组车道边,每组 3 条车道,供出租车及社会车使用(图 12-7)。并在东西端部连接桥两侧设置 CIP 贵宾专用停靠车道边。最内侧步道与航站楼六个人行连接桥直接相接,2 组车道边有效长度为 1 012 m。

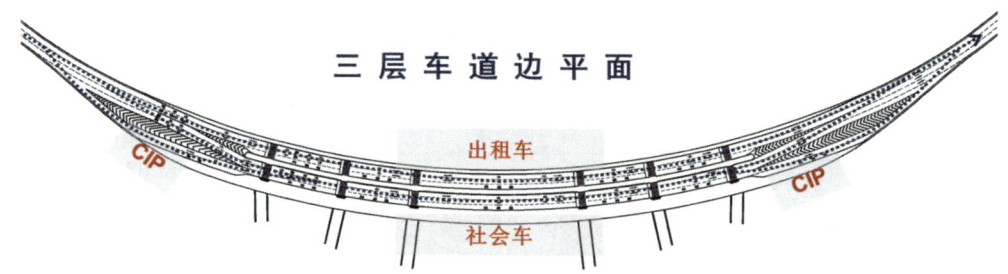

图 12-7　三层出发车道边交通组织图

3. 工作区及货运区道路交通

工作区及货运区道路网由城市主干路、次干路及支路三级道路组成(图 12-8)。其中主干路 5 条道路,次干路 10 条,支路 21 条,场站内外部、工作区地块服务的微循环道路,共计有 15 条。

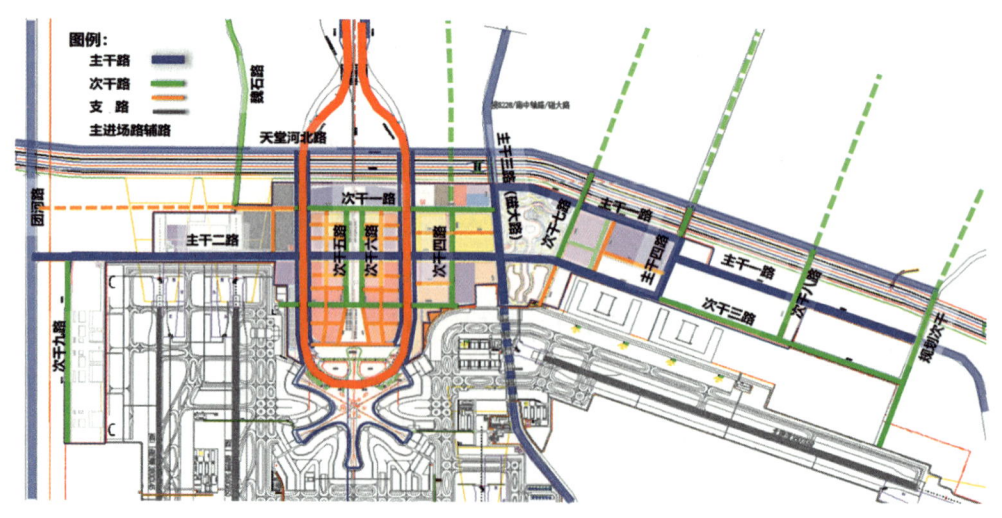

图 12-8　工作区路网布局图

工作区、货运区道路网对外交通出入口南北向有三个,自西向东依次为规划团河路(与次干二路西延长线相交)、魏石路(与次干二路相交)、磁大路(与主干四路相接)。其中规划团河路及魏石路以客运交通为主;磁大路以客运交通为主,货运交通为辅。

主、次道路主要承担着大兴机场工作区、货运区对外主要出入的功能,是货运区、工作区及机务维修区之间的重要联系通道,可集散沿线道路及周边区域交通。

支路及微循环道路主要承担着工作区、货运区、机务维修区内部区域交通的重要角色,并结合整个航站区绿化景观,提供舒适便捷的慢行系统。

4. 停车场设施布局及交通组织

停车场工程共包含三部分内容:内部交通场站、地面停车场及飞行区卡口停车场(图12-9)。其中内部交通场站包括一座服务中心(停车场、车辆、办公设备、公交场站站点、车辆保养场、办公区、休息区等)和公交场站站点;地面停车场包括近端地面停车场、远端地面停车场相应的停车场综合服务设施(交通队、卫生间、餐饮、办公、库房、倒班休息等)和停车场收费管理设施;飞行区卡口停车场包括停车场及其相应的管理服务设施。

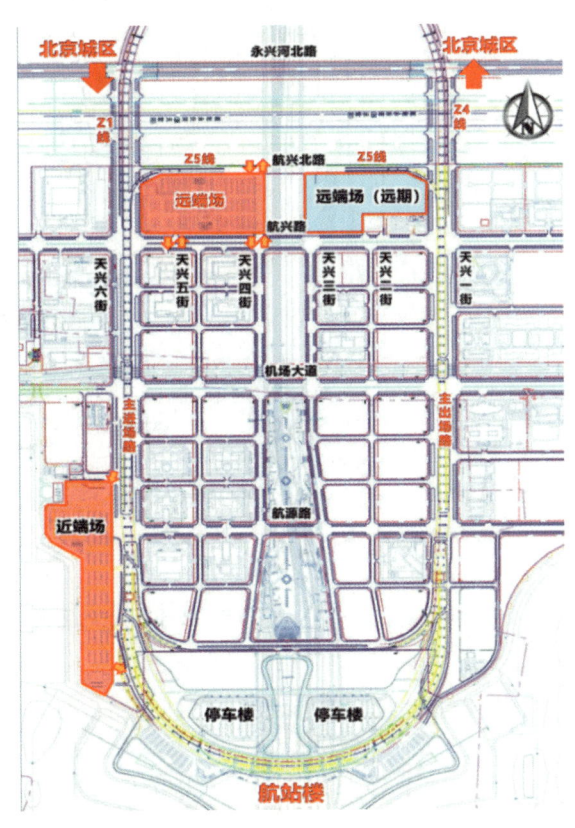

图12-9 停车场设施布局图

12.2.3 设计亮点与创新点

1. 双离港出发层及逐级分合流的旅客服务体系

航站楼采用双层出发、轨道站台与航站楼一体化的理念,地下二层为轨道交通站台及轨道区。高铁、城际、快轨等多种轨道交通南北穿越航站楼(图12-10、图12-11),旅客可以通过站厅内的大容量扶梯直接提升至航站楼的出港大厅。与传统航站楼和高铁分设的情况相比节约了一个高铁站的使用空间。

大兴机场采用"立体换乘、无缝衔接"的创新设计理念,旅客航站楼与高铁、城铁、地铁等轨道车站和停车楼一体化设计,是世界上集成度最高、技术最先进的综合交通枢纽,实现"零距离换乘"。

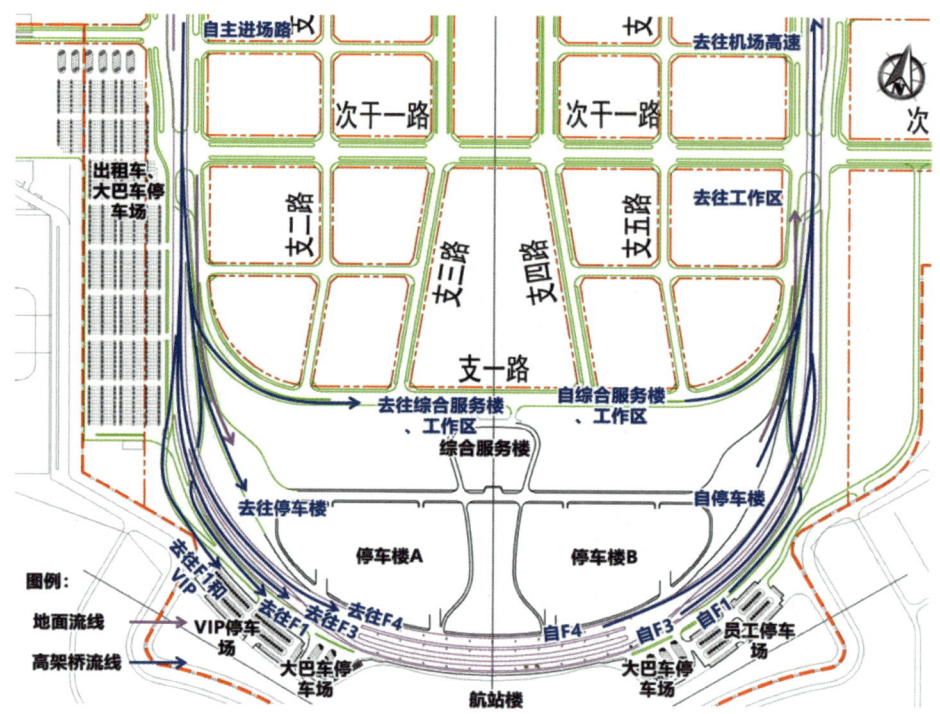

图 12-10 航站区出发层交通组织图

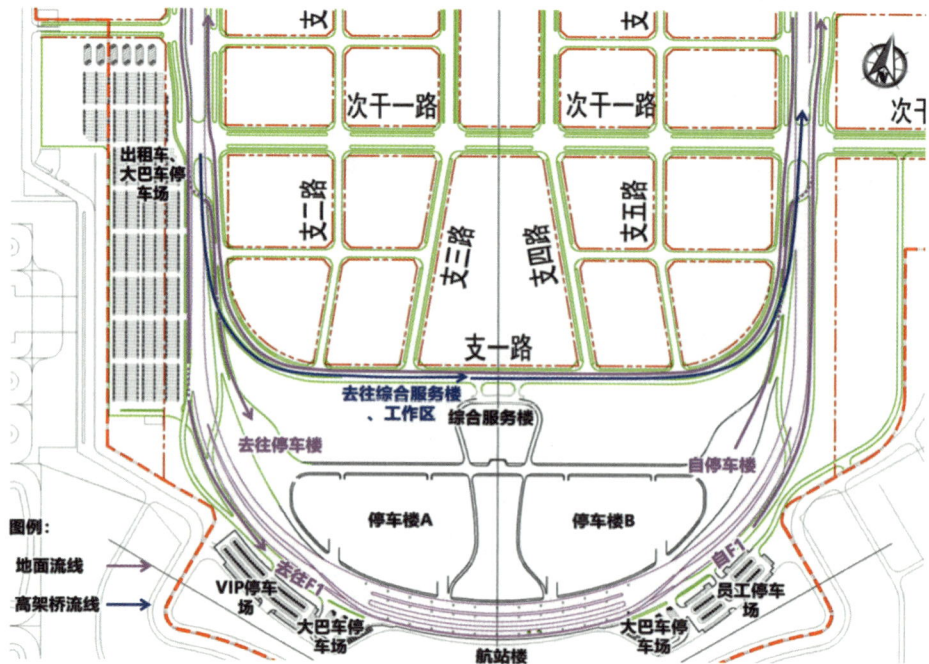

图 12-11 航站区到达层交通组织图

2. 与城市设计融合的市政交通设施

大兴机场通过城市设计(图 12-12),统筹管控相关市政设施,使城市道路空间满足合理的交通功能;通过规划管控与城市设计引导,整体统筹、统一设计、统一实施道路空间内的各类型设施;通过设计集成、示范一体化设计和模数化设计,形成良好的视觉秩序和道路空间景观(图 12-13)。突出人性化空间,鼓励绿色出行,体现机场区域特色。

图 12-12　市政设施布置造型设计图

图 12-13　市政设施布置造型效果图

设置于道路红线以内、道路路面以外的设施,主要包括交通附属设施、市政附属设施、公共服务设施。交通附属设施主要指管廊通风口、公交车站、过街设施、交通护栏、交通标识标志、交通信号系统等交通类设施。市政附属设施主要指各种市政管线在地面和地上的部分,如各种管线、变电箱、检查井等。道路公共服务设施主要指,设置于城市道路路侧带范围内直接服务于行人的设施,包括护围栏设施(公交站安全护栏等)、废物箱、行人导引类指示牌(含街牌、步行者导向牌等)、公交车站设施(含站牌和候车亭)等。

3. 交通仿真技术应用优化交通组织

微观交通仿真是研究复杂交通问题的重要工具，尤其是当一个系统过于复杂，无法用简单抽象的数学模型描述时，其作用就更为突出。微观交通仿真模拟单个车辆的驾驶行为，考虑车辆之间的相互影响，具有较高的分析精度。同时，微观交通仿真也可模拟行人的交通特性。目前国内外大型公建项目采用微观交通仿真来模拟分析交通运行状况，并优化设计和改善方案。

大兴机场通过VISSIM仿真软件的模拟对进场路、出发车道边、到达车道边、停车楼收费站等主要设施进行仿真评价，指导了设计方案的优化。

12.3 功能与景观兼顾的桥梁设计

12.3.1 桥梁设计总体概述

大兴机场楼前高架桥是航站区与外部交通衔接的主要通道，其北端与大兴机场高速相接，南端与航站楼衔接，平面总体呈环形布置（图12-14），主桥总长度约4.6 km。

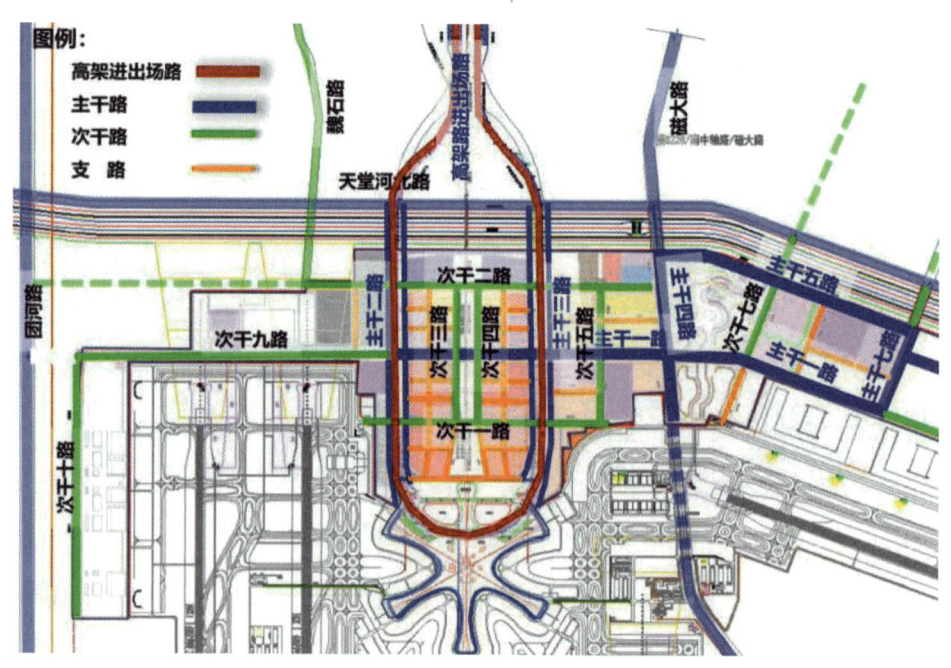

图12-14　航站楼前道路平面布局

大兴机场进出场路上下行分为东、西并行的两条线路，分别为进场路与出场路。其道路等级为城市主干路，单向6车道，全部采用高架桥结构。主线桥标准段断面宽度23 m。高架桥与地面路的连接匝道桥共有9 m及13 m两种桥宽。主桥两侧分布有15条匝道桥，分别连接：到港层、停车楼、综合楼、远端停车场、VIP停车场等地面交通设施。

高架桥中的离港平台桥位于航站楼北侧（图12-15），其通过6对人形连廊衔接航站楼的三层、四层离港层。为满足大兴机场航站楼陆侧交通需求，并与楼内功能匹配，楼前开创性地设置了双层离港桥，成为全球首座双层出发离港桥。桥梁上层桥面全宽52 m，下层桥面全宽37 m。

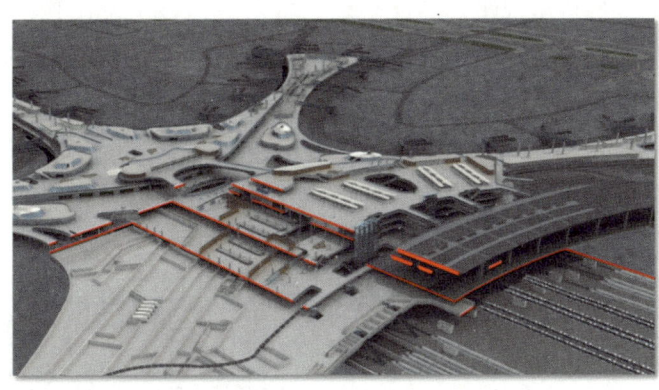

图12-15　离港桥与航站楼相对关系剖面图

12.3.2　方案选型

在确定桥梁方案时，除了结构安全、工程适用性以及经济性能外，桥梁整体的景观外形是重点考虑因素。

在方案设计阶段，大兴机场楼前高架桥就结合大兴机场整体规划定位，根据工程实际，主要拟定了如下设计原则：

（1）"安全、适用、经济、美观"的原则。

（2）体现符合节约资源、降低桥梁全生命周期成本的设计原则。

（3）节能环保、科技创新及景观协调原则。

经过综合比选，推荐采用现浇斜腹板混凝土连续箱梁作为主进场路高架桥的主要结构方案。墩柱采用矩形花瓶墩，取消传统盖梁，在不增加工程造价前提下，增加了桥下视线连续性，提升了整体景观效果（图12-16）。

图12-16　高架桥效果图

12.3.3 精细化设计

1. 主进场路的花瓶墩

桥梁下部结构墩形首先要满足结构受力的要求,同时下部结构应满足桥下道路的通行净宽要求,不影响行车视距。在此基础上墩形应适应上部结构线形,做到交相辉映、相辅相成。横桥向尽量减少墩柱个数,增加桥下空间的开敞感,避免产生墩柱林立的视觉不舒适感。

为保证桥下空间的整体性和通透性,主进出场路高架桥的桥墩采用双柱双曲矩形花瓶墩的形式,在桥梁各联之间公用墩处不设置盖梁,而是将桥墩顶部做成纵向加宽的扩头,提升景观效果(图 12-17)。

图 12-17　桥下空间效果图

2. 透光孔设计

本项目由于上层桥面宽达 52 m,导致下层桥空间亮度较差,往往需要 24 h 不间断照明,也带来了巨大的能耗问题。因此本次设计创新性地将天然光引入至双层桥的设计理念当中来,这样不仅可以节约能源,有效提高了桥下亮度,还可以抵消地下空间压抑感,营造更舒适的地下空间环境,体现了绿色机场的设计理念。

图 12-18　离港桥透光孔

大兴机场双层离港桥上层桥面采用了 22 个大型的采光孔(图 12-18),每个采光孔外观呈平行四边形,平均尺寸达到了 3 m×8 m,沿道路的隔离带均匀整齐排列。结合桥下采光的需要,通过上层桥的主纵梁和横纵梁巧妙布置,以纵梁和横梁的腹板为框架形成采光孔,达到采光孔形状统一而夹角各异的曲线采光带的效果,外观简洁新颖,可以给行车带来全新体验。

12.3.4 世界首座双层离港桥的实现

大兴机场航站楼是全球首个双层出发、双层到达的航站楼，一二层分别是国际、国内到达层，三四层分别是国内、国际出发层。离港桥是为了满足大兴机场航站楼陆侧交通需求，在场前高架桥及航站楼之间架设一座高架桥，是出港旅客到达航站楼最主要的交通通道。作为航站楼的配套交通进出通道，开创性地设计了世界上首座双层离港桥。

根据其双层桥梁结构的特点，在工程前期阶段，主要研究对比了连续拱桥、钢桁架桥以及连续梁桥几种设计方案。

由于桥梁定线全处于曲线段上，且桥梁宽度比较大，上下层之间平面位置还不完全重合，因此拱桥和钢桁架桥对于本桥的适用性就显得比较弱。故航站区陆侧高架桥的上部结构选型主要集中在现浇箱梁和钢梁两种结构形式之间。由于本桥主要服务于航站楼，净空受航站楼影响较大，所以梁高受限制因素较多，应以尽量降低梁高为目标；另外，本桥梁比较宽，且为双层结构，上部结构体量比较大，受桥下路网及功能要求的影响，横桥向墩柱跨径较大。

经综合比较，钢梁能有效降低结构自重，改善桥梁及桥下轨道车站下部结构的受力性能，并能减少地震灾害的影响；且钢梁施工便捷、工程进度快，对于多层结构，施工组织灵活。经综合比选，最后离港桥主桥上部结构采用钢箱梁的结构（图12-19）。桥梁上层桥面全宽52 m，下层桥面全宽37 m，两层桥梁总面积近5.2万 m^2，累计用钢量3.5万 t，其宽度及体量均居世界前茅。

图 12-19　离港桥施工实景图

高架桥共6联18跨，上层桥连接大兴机场航站楼第四层，桥长634.8 m、标准段全宽52 m,该层桥主桥部分车道分为3组,共9条车道;下层桥连接大兴机场航站楼第三层,桥长650.9 m、标准段全宽37 m,该层桥车道分为2组,共6条车道。两层桥都通过六座人行连接桥接入航站楼内,达到上部双出发层、下部双到达层的人性化效果。离港桥主桥投影范围内,地面－1.0 m以下为进出机场航站楼的地铁及过境的铁路轨道线的设计空间,位于轨道地下结构上方的桥梁不单独设置基础,而是采用与轨道地下结构共构形式,桥墩直接支撑在地下结构上(图12-20)。

图12-20 楼前离港桥实景

航站楼柱网间距为18 m,离港桥主桥跨径需与航站楼柱网间距相协调,其纵向基本跨径定为36 m。桥梁定线基本与航站楼外边线平行呈圆弧状布置,因此,离港桥主桥的墩柱轴线均与桥梁呈斜交,桥梁跨径也呈不均匀布设。桥梁与航站楼地下结构共构。桥位处周边构造物较多、设计标高受航站楼制约较大,且其下为地下轨道交通结构,建设条件极为复杂。双层钢桥的构造布置,降低了设计标高;同时减轻桥梁自重对航站楼的影响,降低共构部分的地震响应,较传统混凝土双层桥减轻自重达70%,有效地解决了高地震烈度下大体量双层宽桥的抗震安全性。经过综合分析,双层离港桥设计方案选择采用钢箱梁桥,合理的方案选型及受力分析,有效保证了使用功能与结构安全。

本次双层离港桥的设计结合航站楼边线并与进出场高架桥的衔接,呈圆弧状的宽体异形双层钢箱梁,上层桥面最宽处为54 m,下层桥面最宽处为37.5 m。桥梁纵向基本跨径定为36 m,采用三等跨一联的结构设计,每轴有3根墩柱为桥体提供竖向支承和侧向刚度,其中中墩采用墩梁固结或在墩顶设置固定盆式支座与上部箱梁连接,各联箱梁边墩处采用单向滑动抗震盆式支座及双向滑动盆式支座与上部主梁连接。为了保证使用功能与结构安全,需要对航站楼前高架桥双层超宽大桥梁结构合理的构造选型及受力分析。设计过程采用Midas Civil计算软件建立空间整体模型进行精细化分析，综合评判桥梁与地下结构间的相互影响，精确模拟了体系的受力状态（图12-21）。模型进行了非抗震组合及E1地震组合下的钢构件承载力验算，保证主体钢结构有足够的承载能力，对整体结构进行了E2地震动力弹塑性分析，保证整体结构具有足够的能力进行内力重分布以维持其整体稳定性，并承受地震作用与重力荷载。

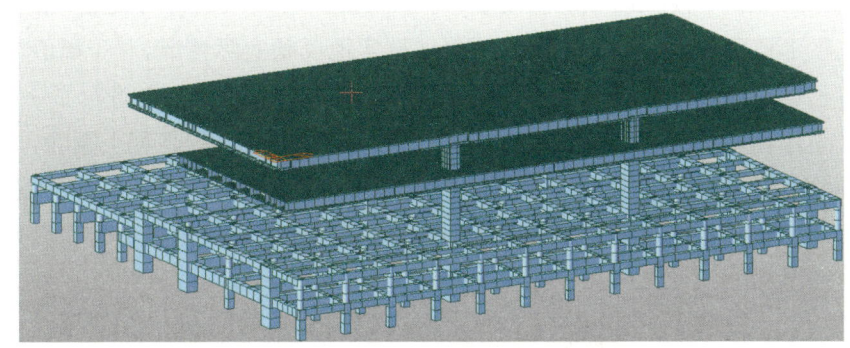

图12-21 离港桥三维空间分析模型

双层离港桥采用不规则的异形钢箱梁，桥梁主要由顶板、底板、纵腹板、横隔板四部分组成，形成正交异形板的钢箱梁结构体系。其中顶板和底板分别布置纵向加强肋，桥面纵向布置9道纵腹板，间距2.5~4.8m不等，横隔板按每4m布置一道，隔板间顶板上设置一道横向T排梁。除上述考虑的板件焊接外，还需要考虑透光孔的预留，以及桥梁伸缩缝位置的混凝土墩及伸缩缝两侧的钢墩均贯穿下层桥后支承上层桥的结构形式。整个结构异常复杂，常规设计方法难以解决钢梁制作、安装及碰撞矛盾问题。针对异形双层钢结构桥梁的制作、安装复杂等特点，应用Tekla设计软件，对桥梁各板件进行准确的模拟，解决了钢板排布困难、墩梁连接复杂、墩柱穿越箱梁及密集交叉等碰撞问题，提高设计质量。

12.4 新一代雨洪管理的海绵建设

12.4.1 设计亮点与创新点

1. 机场"海绵管控"的智慧中枢

随着互联网的发展和各行业发展需求的变化，针对各领域的一体化、高效化、资源节约化发展被提上日程，越来越多的领域被以计算机和自动化为核心的大数据运算模式科学和高效管理，为适应高效科学的管理方式，各领域的智慧控制系统层出不穷。智慧控制系统一般包括自动控制和人工智能两个模块，主要通过已有的现实世界数据，结合依据相应数据模拟出来的具体数字模型，根据不同的现实条件，开发出各种各样反映科学合理的控制系统。随着各领域智慧管理系统的出现,城市整体的发展由于其庞大的体量,所需管理要求和管理水平也在不断提升,为应对城市发展过程中由于下垫面变化引起的传统水文模型不再适用的问题,雨洪智慧管理系统应运而生。雨洪智慧管理系统由于城市发展变化的特点,如何准确根据不同的降水情况采取不同的应对措施,成为亟待解决的重要问题。

在具体研究整个模拟区域的尺度上,对于机场影响最大的部分是主干道,积水主要集中在主干道路上。为了使模型能够更加真实地反映实际情况,对于插值之后的地形均进行了场地地块的修正。其次,对于地形中的异常高程点,也进行了一一排查。根据卫星图片和调研图片,判断异常点高程是否正确,将错误的高程点删除,再通过旁边地形插值生成。与此同时,将道路的高程与检查井的地表高程做匹配,从而保障最终的地形图能够真实反映大兴机场的实际地形。利用 MIKE 21 模型建立大兴机场的二维地形模型如图 12-22 所示。

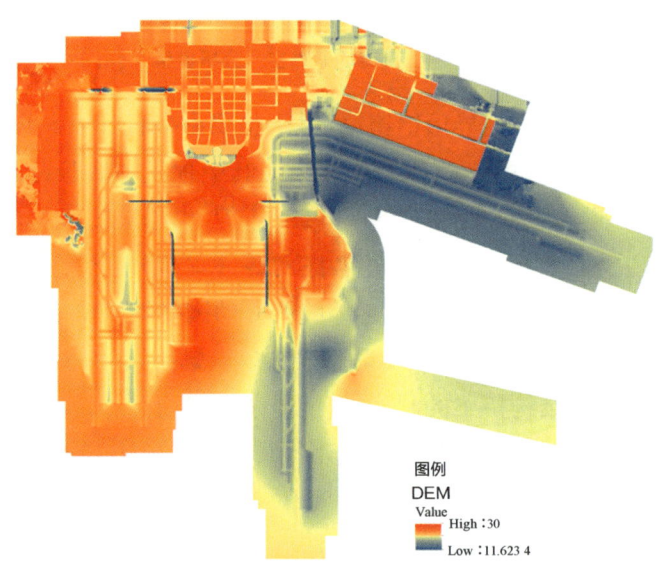

图 12-22　大兴机场二维地形模型

采用了模型对大兴机场管网负荷能力进行评估,以汇水节点(例如检查井等)是否溢流为评判标准,汇水节点水位超出相应位置地面标高即溢流,但溢流不代表冒水程度形成内涝风险。模拟溢流结果如图 12-23 所示。

此外,还利用模型进行了大兴机场内涝风险评估工作,"内涝"是指因降雨造成城镇地面产生积水灾害的现象,灾害严重程度与积水深度和积水时间以及流速有关。考虑机场区域的地形较为平坦,就该区域来说,流速不构成内涝风险的因素。本次主要通过积水深度和积水时间等因素来对研究区内涝风险进行评估,风险等级的划分根据过往行业整体项目经验,具体定义见表 12-2。

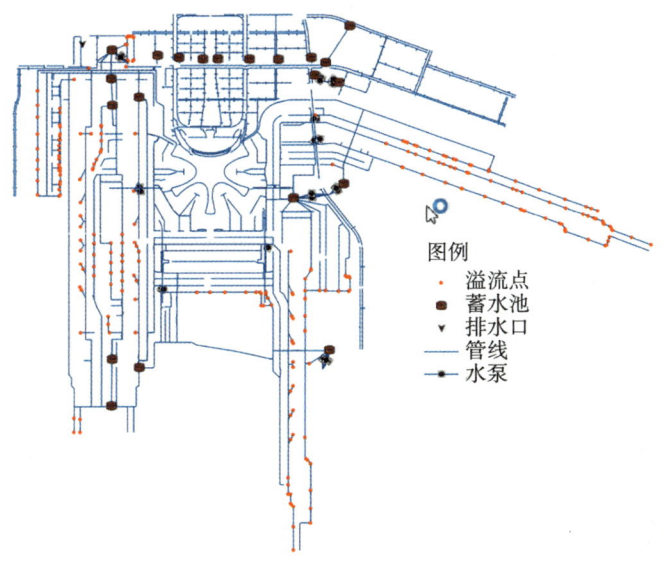

图 12-23 某重现期降雨下溢流点位置示意图

表 12-2 机场雨水管理子系统功能及技术设施

内涝风险等级	积水深度 h(m)	积水时间 t(h)
低风险区	$0.15 < h \leqslant 0.25$	>2
中风险区	$0.25 < h \leqslant 0.5$	>2
高风险区	$h > 0.5$	

依照上述的风险区划分别对5年一遇、10年一遇、50年一遇和100年一遇涉及降雨情况的内涝风险进行评级分析。

2. 智慧雨水管理系统

基于机场基本资料的水文、地质等数据设计的雨洪模型构建完成后，其数据模拟功能可以为智慧雨水管理系统的构建提供完善成熟的应对模块，从而为雨洪模型应对不同时间段不同雨型的方法提供理论指导。对常规水环境中的大气水、河湖水、土壤水、地下水、植被水、工程蓄存水和调配供水部分进行合理调配，依靠相应监测仪器进行可视化综合管理，构建智慧管理平台。

智慧雨水管理系统在宏观上实现区域内各水文系统的互联互通，形成应对降水时的统一战线，同时进行统一部署，在管理平台的基础建设上，同样以海绵城市建设理念为核心，构筑出与整体互联较强的雨水蓄排系统。

智慧雨水管理系统实现智慧的另一核心部分是依靠其对于区域水文状况的实时监测，实现对数据的实时汇总结合，根据相应数据做出具体决策，实现智慧管理，其具体监测依据相应的检测设备。

智慧雨水管理系统的构建同样离不开中央数据汇总系统,作为对数据的汇总和依据模型给出应对措施的中枢部分,同样具有重要作用。

12.4.2 面临的问题与挑战

1. 水敏感性分析

水敏感性分析包括:外部洪水分析、易涝性分析和径流污染分析等内容。

2. 限制性因素分析

限制性因素性分析包括:外排峰值流量限制要求、非传统水源利用要求、水环境政策要求等内容。

12.4.3 解决问题的方法与措施

1. 建设准则

1) 总体要求

应结合北京市地标《雨水控制与利用工程设计规范》(DB 11/685—2013)及大兴机场总体规划要求,主要明确了雨水调蓄设施、下凹式绿地、透水铺装率等指标。

2) 基本原则

按照海绵城市建设理念,应符合安全为重、因地制宜、生态为本、自然循环、规划引领、统筹推进等原则。

3) 构建管控分区

构建管控分区包括排水分区规划、管控分区控制目标等内容。

2. 设计分层指标体系

为了保障海绵城市模式在机场规划建设中得到有效落实,将海绵城市低影响开发控制指标和要求纳入现有法定规划体系中,建立一套面向机场规划管控的海绵城市低影响开发控制指标体系。考虑到大兴机场 27 km² 的建设用地、管控分区用地和单独功能地块均有不同的海绵功能需求,设计尺度跨度较大,而不同层次管控的目标和重点也不一致,故建立分层的控制指标体系,逐级进行指标分解。

12.4.4 设计方案提要

1. 水安全保障体系

大兴机场的水安全保障体系参考基本的海绵系统设计思路,依据外围水系情况、总体规划布局及近远期建设规模,以满足机场雨水排水要求、保证机场汛期安全、提高机场水环境质量、创建机场水景与绿化景观为原则,遵循循环水务、绿色机场、生态治河、充分利用雨水资源的理念,全面规划,合理布局,通过建设安全、环保的雨水排水系统来实现。

2．水环境保护体系

1）初期雨水净化系统

按照初期雨水径流的运动过程和净化功能，大兴机场雨水系统可进一步分为渗透滞留系统、中途转输系统、过滤净化系统及收集储存系统等四个子系统。其中渗透滞留系统源头分布在机场各功能汇水分区，主要以渗透补充地下水、滞留雨水为主，并兼具水质净化的作用；中途转输系统是串联滞留渗透设施和收集储存设施的中间环节，对机场形成点、线、面一体化的雨水管理系统网络起重要连接作用；过滤净化系统运用在径流运动的全过程，与滞留渗透、转输、收集储存系统结合净化处理雨水径流；收集储存系统处于雨水管理的最末端，通常与机场中水体景观的营造相结合，在起到蓄存雨水作用的同时，发挥着重要的生态效益及美学价值。

2）面源污染控制系统

机场场内地面产生雨水径流污染源主要来自维修机坪和油库区的含油污水、除冰坪的除冰废液，以及地面和屋面冲刷产生的悬浮物。地面径流污染源部分采用源头控制，设置有维修机坪的油水分离处理系统、油库区的含油污水处理系统、除冰废液的回收与处理系统。地面和屋面冲刷产生的悬浮物可通过雨水调节池沉降去除。

3）水资源利用设计方案

在机场内涝灾害、径流污染、雨水资源浪费严重的同时，我国又面临着水资源日益短缺的现实。据统计我国661个城市中有400多个处于水资源缺乏状态，其中110多个严重短缺，水资源缺乏已成为制约城市可持续发展的主要因素之一。机场作为城市、国家重要的交通运输基础设施，是城市的用水大户，在节约水资源、开发非传统水资源、实现可持续发展等方面负有责无旁贷的使命。

水资源的缺乏已成为世界性的问题，在传统的水资源开发方式已无法再增加水源时，回收利用雨水成为一种既经济又实用的水资源开发方式。雨水作为非传统资源的利用具有多重功能。雨水资源化利用技术与大兴机场建设的结合在很大程度上改变了大兴机场的水环境现状。

长期以来，城市建设导致自然植被和土壤等覆盖的自然地表不断遭到破坏，自然地表被建筑、道路、停车场等人工建筑物所替代，使得降落在其表面的雨水通过排水装置迅速排入城市雨水管网。由于天然雨水具有硬度低，污染物少等优点，因此它在减少城市雨洪危害，开拓水源方面正日益成为重要主题。因此大兴机场建筑群体、飞行区等屋面及地面雨水在经收集和沉淀净化后被用于景观环境、绿化、洗车场用水、道路冲洗等非生活用水用途。

4）水生态修复体系

雨水经水质处理措施处理后方可流入景观湖、明渠等水体。景观湖及明渠具备雨水调蓄功能，可通过建设雨水湿地、湿塘、渗透塘等设施发挥调蓄功能。在景观湖及明渠绿化控制线范围内的绿化带设置植被缓冲带以接纳陆侧区域机场道路等不透水面的径流雨水。植被缓冲带坡度为 2%～6%，宽度不小于 2 m，对于陡坡岸线，采用阶梯式生态岸线。景观湖等雨水调蓄设施采用雨水预处理和水质控制措施，利用湿塘、景观湖等设施提高水体的自净能力，同时采取设计人工土壤渗滤等辅助措施对水体进行循环净化。周边区域径流雨水进入景观湖内的低影响开发设施前，利用沉淀池、前置塘等对进入绿地内径流雨水进行预处理，以防止径流雨水对绿地环境造成破坏。景观湖及明渠两侧步道、广场、休憩场所采用自然砂石等非硬化地面。景观湖及明渠内生态岸线种植植物根据调蓄水位变化选择适宜大兴机场地区耐淹耐旱种类的水生及湿生植物，做到与周边景观充分结合。

场内径流雨水进入调蓄池后，可利用调蓄池沉淀功能对径流雨水进行预处理，有利于提高初期雨水的净化能力。设置碎石缓冲或采取其他防冲刷措施有利于缓解进水口、溢流口因冲刷造成水土流失。及时清理垃圾与沉积物可避免进水口、溢流口堵塞或淤积导致的过水不畅。调蓄设施与周围地形、地貌和景观保持协调。及时对调蓄设施周围损坏或缺失的防误接、误用、误饮等警示标识及护栏等安全防护设施及预警系统进行修复和完善。此外，确保雨水调蓄设施排空时间不超过 12 h，并保证出水管管径不超过市政管道排水能力。

12.5 公用配套设施系统的构建

12.5.1 供电工程

1. 面临的问题与挑战

大兴机场作为重要电力用户，其供电工程规划和建设的合理性和可靠性是整个机场的安全有序高效运行的重要基础保障。大兴机场用电负荷分布广、需求多样，且用电时序不同，需要灵活易扩展能增容的供电网络、足够韧性的电力管道和智慧电网管理平台等技术支撑。

2. 供电规划提要

机场供电规划的确定与自身的建设目标、周边区域电网现状及其发展规划、机场建设规模、用电负荷种类、用电负荷等级密切相关。因此大兴机场的电力规划要从机场电力系统建设目标、周边电网情况分析、供电电压确定和变电站规模选择、场内配电设施规划、配电网架结构规划和电力管道规划等方面着手。

1）机场电力系统建设目标

大兴机场作为大型国际综合枢纽机场，属于国家大型国际航空综合交通枢纽，大兴机场定位为 A+ 类供电区域。按照"国际一流"标准规划建设大兴机场精品配电网，机场供电区域内年户停电时间不高于 30 s,电压合格率为 100%,供电可靠性为 99.999 9%。

2) 机场周边电网情况分析

大兴机场周边 15 km 内有 1 座现状 500 kV 变电站(安定站)和 2 座 220 kV 变电站(杨各庄站和张家务站)(图 12-24)。在大兴机场西侧有 1 座张华 110 kV 变电站、东北侧有 1 座广厦 110 kV 变电站。另外根据供电公司的电力规划,大兴机场周边将新建一座 500 kV 变电站(新航城站),以满足本区域供电需求。

从大兴机场周边电网情况来看,其外电源包含 500 kV、220 kV 和 110 kV,电网不同电压等级均有资源,电网资源丰富,可满足机场外电源用电需求。

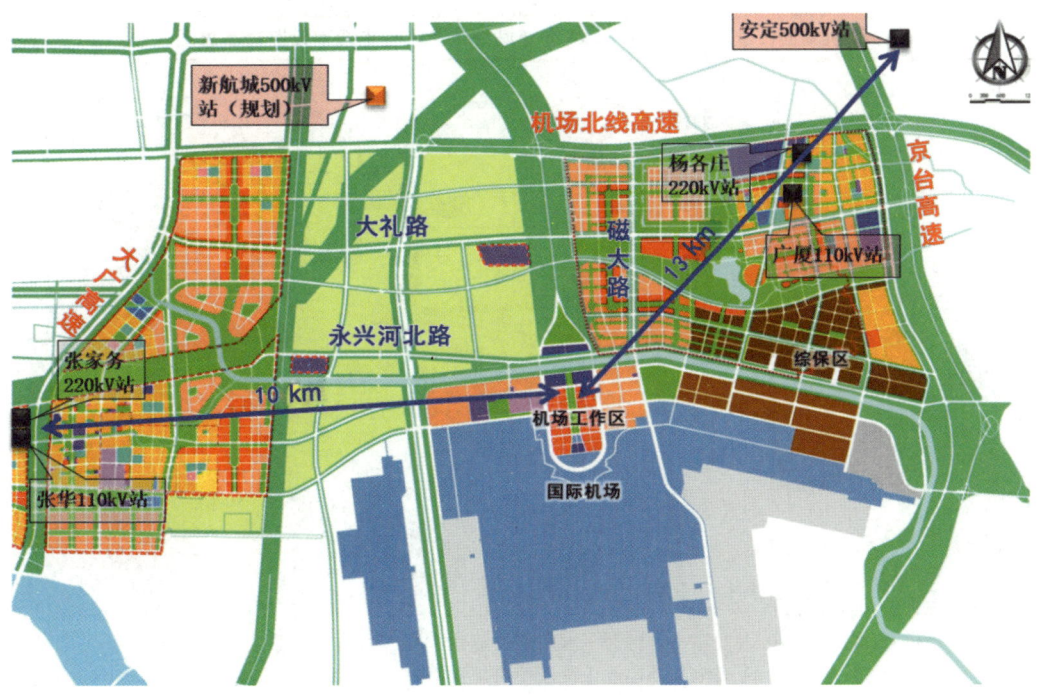

图 12-24　大兴机场周边电网情况

3) 供电电压确定和变电站规模选择

大兴机场本期用地面积 27 km², 其中工作区 8 km²。本期主要用地性质包括行政办公、对外交通、商业、服务业、市政公用设施用电等。根据机场本期用地面积和用地性质情况,预测总用电负荷总计约 40 万 kW。由于预测用电总负荷超过 10 万 kW,结合大兴机场的建设规模和用电需求,机场外电源供电需考虑 35 kVA 及以上电压等级,再根据大兴机场周边区域电网现状和未来规划,依据电力公司的供电方案,确定大兴机场外电源电压等级采用 110 kV,并在本期用地范围内规划新建 2 座 110 kV 变电站,分别是大兴机场西(1号)和大兴机场东(2号)110 kV 变电站。结合大兴机场周边电网情况(图 12-25),考虑分别从大兴机场西北边的张家务 220 kV 变电站和东北边的杨各庄 220 kV 变电站分别引两路 110 kV 电源作为大兴机场两座 110 kV 变电站的进线电源。为了满足大兴机场的电力供应,在机场红线外修建了多条综合管廊并接入机场内。管廊内有独立的电力舱,对外分别与张家务 220 kV 变电站和杨各庄 220 kV 变电站连通,对内直接接入大兴机场西(1 号)和大兴机场东(2 号)110 kV 变电站。其中张家务 220 kV 变电站接至大兴机场西(1 号)110 kV 变电站的两路 110 kV 电缆经机场外的永兴河北路管廊引入机场内部,杨各庄 220 kV 变电站接至大兴机场东(2 号)110 kV 变电站的两路 110 kV 电缆经机场外的青礼路管廊、大礼路管廊、大兴机场高速管廊和永兴河北路管廊引入机场内部。

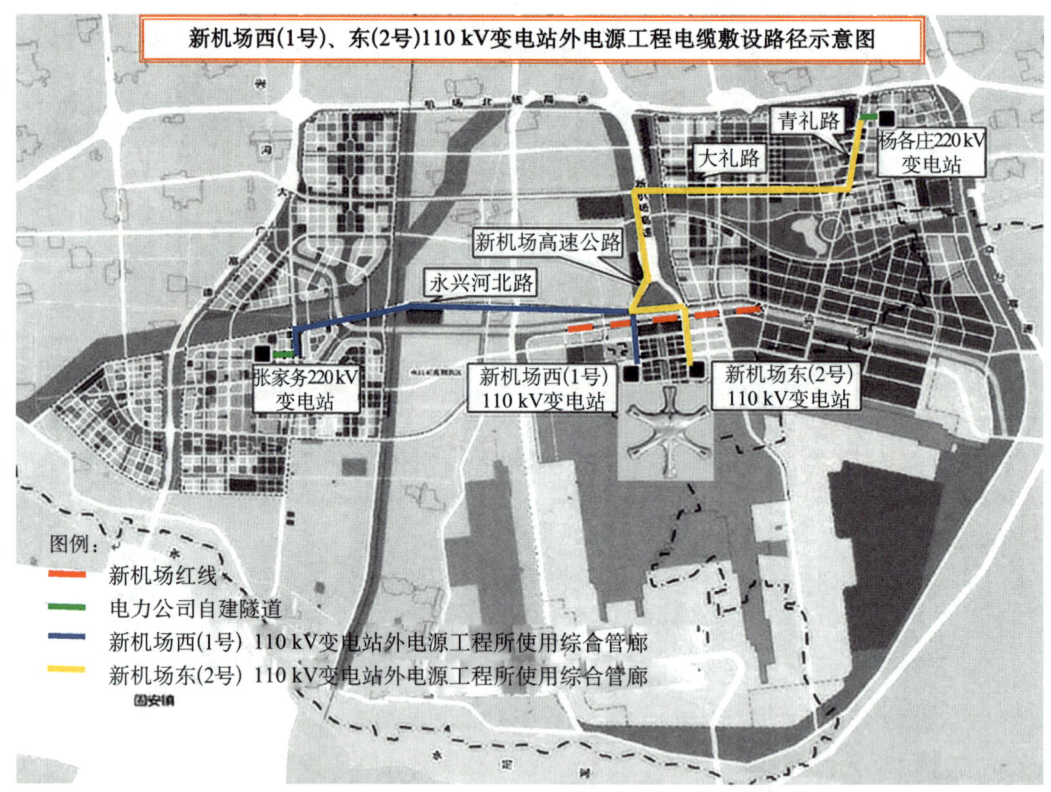

图 12-25　大兴机场 110 kV 变电站外电源路径示意图

4) 场内配电设施规划

机场用电设施分布广,用户产权单位众多,不同区域功能各不相同,其负荷分布、用电量大小、用户重要程度也各有区别。为了减少不同供电区域的相互影响,提高供电可靠性,对机场供电区域进行划分,再对用电负荷进行分类,分区域分层次进行规划和管理,这样也有利于针对不同供电区域条件规划不同供电方案,做到配电网规划的经济性和灵活性。

机场内供电区域分为航站区、飞行区、公共区。另外在航站区、公共区等区域内还有负荷集中且用电量大的重要用户,如制冷站、地源热泵站、信息中心等,对于这些集中大负荷重要用户,可以考虑作为单独的供电区域供电。

供电区域内根据用户分布,并结合用户用电容量,首先规划设置开闭站和电缆分界室。全场根据飞行区、航站区、货运区、机务维修区、工作区以及其他供电区域内的供电负荷性质和负荷容量,规划设置 55 个 10 kV 开闭站或电缆分界室。机场内 10 kV 供电网络开闭站设置情况如图 12-26 所示。

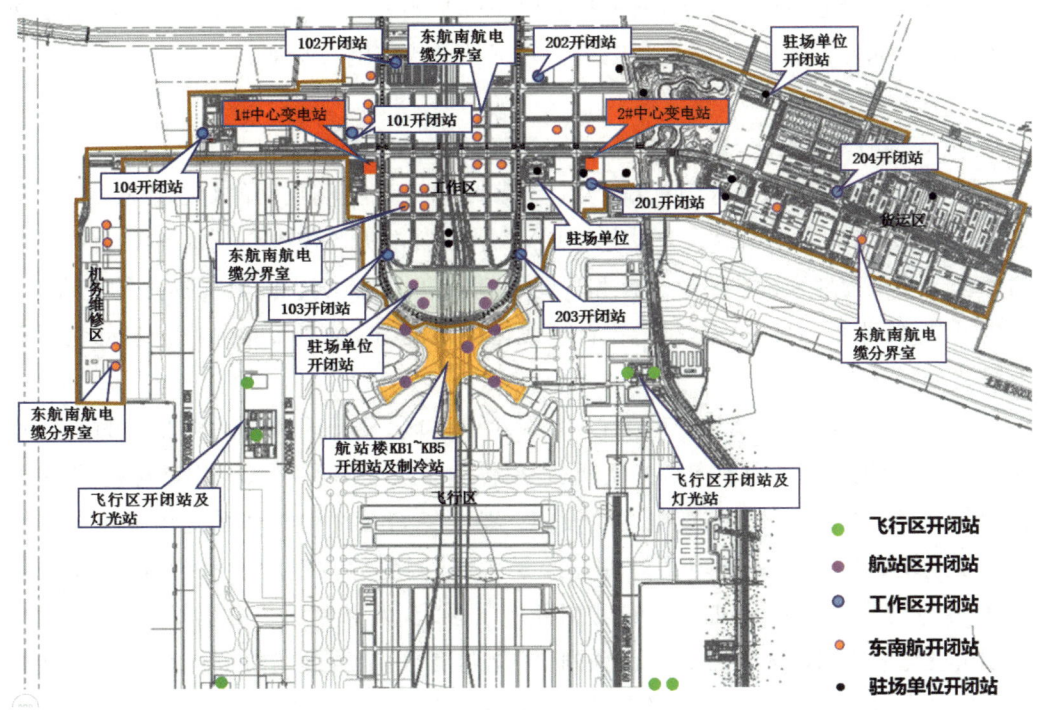

图 12-26 大兴机场开闭站设置情况

5)配电网架结构规划

由于机场供电区域负荷密度大于 30 MW/km^2,同时区域内包含航站楼、灯光站和塔台等特、一级用户,大兴机场定位为 A+ 类供电区域供电重要等级,为保证大兴机场区域内供电的高可靠性保障,机场主网采用双环网或三电源的网络架构。全场规划设置 25 个双环网和 15 个三电源供电网络架构。地块内变配电室和箱式变电站根据其分布和负荷等级,一般采用双射式或单环网供电。

6)电力自动化规划

为保证机场配电自动化和智慧化管理,机场设置专门的变电站综合自动化管理系统中心,实现对全场点位的智慧化监控管理、通讯联络功能。全场变电站综合自动化管理系统以开闭站为分区,各分区内电力监控系统自成系统,分别将各自分区内的开闭站、地块变配电室和箱变等串接成环网。每个分区内自成两个环网结构：电力监控系统光纤环网和电能计量、视频及语音系统光纤环网。开闭站通过环网或星形形式接入全场变电站自动化管理系统。另外，变电站综合自动化管理系统中心的监控平台开放与电力公司互联互通的接口，电力公司可对本变电站综合自动化管理系统进行遥信遥测。

7) 电力管道规划

规模相对不大的地块比如工作区各功能地块，可采用电力管井形式。

为满足全场电缆敷设需求，梳理各地块 10 kV 电缆需求后，确定在全场市政路网范围内建设综合管廊、电力隧道和电力管井三种形式的电力管道。

3. 设计亮点与创新

1) 提高电网智慧化，规划建设了电力综合自动化系统

为保证供电可靠性大于 99.999 9%，并实现对大兴机场电网的综合监控、调度和管理，建立 10 kV 变电站综合自动化管理系统，设置电力监控中心。机场 10 kV 变电站综合自动化管理系统在系统设计和功能规划前期，积极响应民航局提出的建设"四型机场"标杆体系，对标一流，打造符合现代化民用机场要求的变电站综合自动化管理系统。

全场变电站综合自动化管理中心，实现对工作区、飞行区和航站楼在内的全场监控管理，涉及机场范围内 10 kV 开闭所、各单体建筑及能源场站 10 kV 变电站、照明箱变、管廊箱变、灯光站及附属变电站等设施。整个综合自动化管理系统在全场环网信息采集建设的基础上，通过电力调度监控子系统、调度运行管理子系统、视频监控系统、GIS 及可视化子系统、电能质量监测分析子系统、大屏显示子系统等子系统建设，实现可视化监视、控制、计量、分析、预测、优化调度、运维管理与培训仿真等多个领域的深度融合，体现了电网智慧、安全、经济、环保、优质运行的综合目标。其网络架构从空间分布上分为站控层接入网、通信主干环网及子干环网、系统运行网。站控层接入网，主要实现单个开闭站的数据采集；通信主干环网，布局在开闭站之间，通信子干环网，布局在开闭站、配电室、箱变之间，实现全场的数据传输和汇集；系统运行网由调度主网交换机和隔离设备组成。变电站综合自动化管理系统网络架构如图 12-27 所示。

2) 有效利用太阳能资源，规划建设了光伏微电网系统

大兴机场工作区是对冷、热、电、气等多样性综合能源都有需求的区域，利用机场工作区可利用面积大，无遮挡的特点，在机场内实施智能光伏微网系统可利用多能互补、集中优化等调控手段，提高区域供电可靠性和综合能源的利用水平，降低能源生产和服务成本，提高大兴机场的经济效益，同时可以在大兴机场其他区域甚至于全国机场的能源管理作出示范效应。

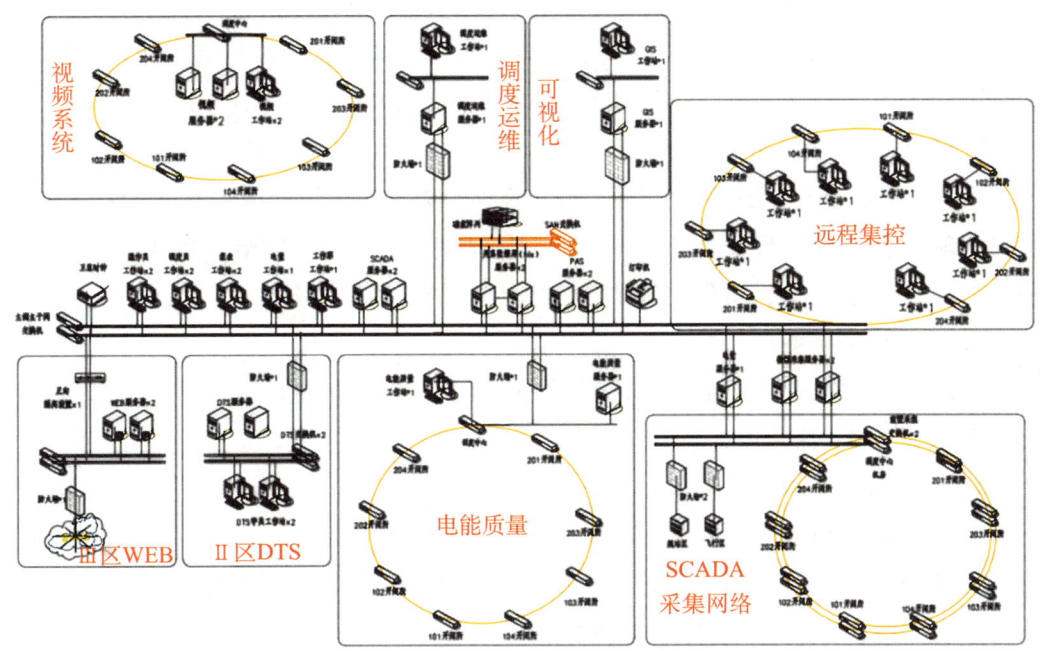

图 12-27　机场变电站综合自动化管理系统网络架构图

大兴机场内规划建设光伏微网系统,包括微电网控制中心以及现场子微网系统。微电网控制中心作为该区域能源互联网的主控中心,本着"前瞻性、全局性、实时性、友好性、互动性"的原则,横向冷热电多能互补,纵向源网荷储充柔性协调,在此系统上实现了工作区微电网运行模式智能控制及系统经济优化调度。现场子微网系统设置于机场空旷无遮挡且面积较大的区域,这样可以高效利用光能自用,也便于使子微网系统形成规模。机场停车区和机场路侧绿化带则满足子微网系统设置的原则,因此规划在此区域适当位置装设子微网,并接入微网控制中心,便于能源的综合管理和调控。现场子微网系统包括光伏板、光伏逆变器、现场控制柜、储能电池等设备,通过电缆和控制器接入就地用电设备和电网,结合微网控制中心的控制和调度,实现对机场分散能源的转换、储存和利用,也实现了工作区供能的清洁化。此外机场微电网系统接入机场变电站综合自动化管理系统,参与电网调频调峰,并和电网互动,进行需求侧管理以及实现精确调荷,体现能源的共享性、柔性和远期经济性,实现工作区能源优化配置和高效利用,建成后结合一定的商业模式运营将能产生巨大的经济收益,并能显著提升工作区的社会形象。

12.5.2　给水工程

1. 面临的问题与挑战

大兴机场作为重要用户,旅客与货物吞吐量巨大,对供水提出了更高要求。在供水保障方面,应将安全性置于首位。鉴于机场距离城区较远,需充分考虑机场与外部城市供水管网的合理衔接,以保障供水压力。不仅要考虑机场区域间供水的协调联通,确保消防供水的可靠性。还需具备前瞻性思维,兼顾机场的远期发展。

2．解决问题的方法与措施

通过指挥部牵头组织,北京市政总院与民航总院等相关设计单位及自来水集团等相关管理单位,多次对接配合,充分研究大兴机场总体规划,研究给水专业规划,分析外部市政水源情况,分析用户单位需求,编制供水的近远期方案。

3．设计方案提要

设计供水管网为生活-生产-消防三合一管网,呈环状布置,空侧、陆侧多点连接,远期南北区管网互为备用。

1）供水水源

大兴机场外部市政来水(图12-28)近期由郭公庄水厂供水,引入大兴机场的给水管径为 DN800 mm,给水源水管进入机场内采用综合管廊敷设的方式至给水站。

图 12-28　机场外部水源情况

2）系统布置

供水管网基于近、远期相结合，分期实施的原则，按照远期供水规模进行设计；采用生活、生产、消防共网，环状布置，南北区互为备用。

场内给水管网的布置应使干管尽可能以最短距离到达主要用水地块，走向和位置应符合机场的总体规划要求（图12-29），干管的位置应尽可能布置在两侧均有较大用户的道路上，管道沿本期道路和规划道路敷设，以利施工和维护。

给水管网由2根DN1 200 mm的给水管线连通南、北两区，全场给水管网连成一个大系统，并为远期预留管线接口。给水管网干管直径DN200 mm～DN1 000 mm，管网上设置有地下式室外消火栓。供水管网末端设置水量、水压监测设施，确保供水绝对安全可靠。

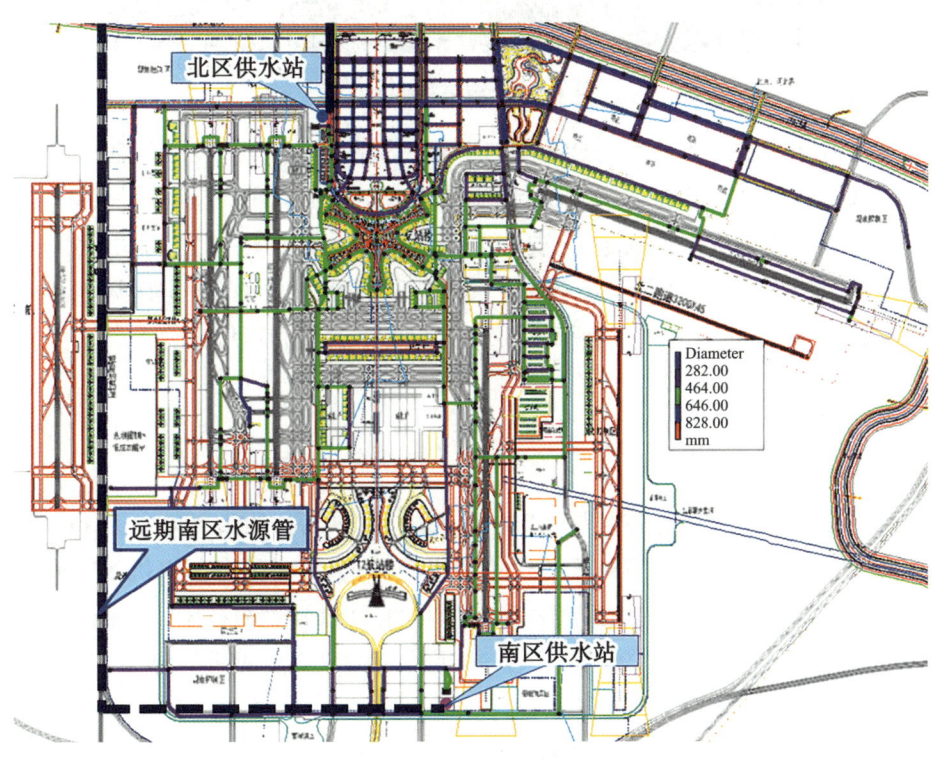

图12-29　供水管网示意图

消火栓，消火栓服务半径不大于120 m，承担航站楼陆侧区域消防功能。

3）供水站

本期先行建设北区供水站，位于机场主干路的西南角（图12-30）。给水站主要采用常规清水池＋配水泵房＋加氯间的工艺设计，机场外市政来水（DN800 mm）先进入清水池，经配水泵房加压后进入给水站外配水管线，根据来水中余氯的情况进行补氯。

根据给水站工艺流程，给水站内主要构筑物有清水池、吸水井、配水泵房、变配电室、加氯间等。

图 12-30 给水站效果图

给水站占地区域总体地势北高南低，地势较为平坦。为便于厂区集中管理，本设计将生产区与管理区分开设置，北区布置生产设施，南区布置管理用房。生产区根据外部市政输水管线进水位置确定，主要工艺流程采用由北向南布置，即由北向南依次布置清水池、吸水井、配水泵房，变配电室、机修间及仓库，加氯间根据区域的风向布置在给水站北侧，这种布置方式有利于主要设施的集中管理和运维。

12.5.3 供热工程

1．工程概况

大兴机场本期工程旅客吞吐量4 500万人次，供热面积约为476.0万 m^2，能源工程主要研究本期工程内各建筑单体的供热和供冷需求，同时结合大兴机场区域的资源特点以及用能特性，因地制宜地采用各种可再生能源和节能新技术，从而将大兴机场打造成一个"安全可靠、环保节能、运行经济、均匀平衡"的能源供应体系，并要实现大兴机场可再生能源利用率达到10%的目标。

大兴机场本期工程各区域建筑面积如表12-3所示。

表12-3 大兴机场本期工程各区域建筑面积表

名称	建筑面积/万 m^2	名称	建筑面积/万 m^2
工作区	256	飞行区	10
航站区及综合换乘中心	140	机务维修区	20
货运区	50	合计	476

2. 面临的问题与挑战

大兴机场要实现绿色机场的建设目标,大规模采用可再生能源是一个不可回避的问题,然而可再生能源供热在当前的发展过程中面临诸多问题与挑战,主要表现为技术与成本问题、资源与环境问题、市场与经济问题、系统与设计问题、区域与布局问题、技术与装备问题、管理与服务问题等。

3. 解决问题的方法与措施

为了实现大兴机场绿色机场的建设目标,针对当前面临的问题与挑战,指挥部组织各部门及合作单位,提出了如下应对措施。

1)加强大兴机场区域浅层地热资源的勘探

在项目开展设计之前,指挥部委托相关单位对大兴机场区域内的浅层地热能资源进行了评估,在经过相关测试和分析计算后,形成了《北京市大兴国际机场可再生能源利用项目地源热泵系统浅层地热地质条件评估报告》,根据该评估报告,该地区利用浅层地热资源的条件如下:

(1)项目处于永定河冲积扇的下游,第四系厚度在 300 m 左右。区域地下静水位埋深约 29 m。该区钻孔钻域深度 140 m 以上地层岩性为黏土、粉细砂、中砂、粗砂,导热性较好,地层岩性可钻性较好,项目所在区域地质构造如图 12-31 所示。

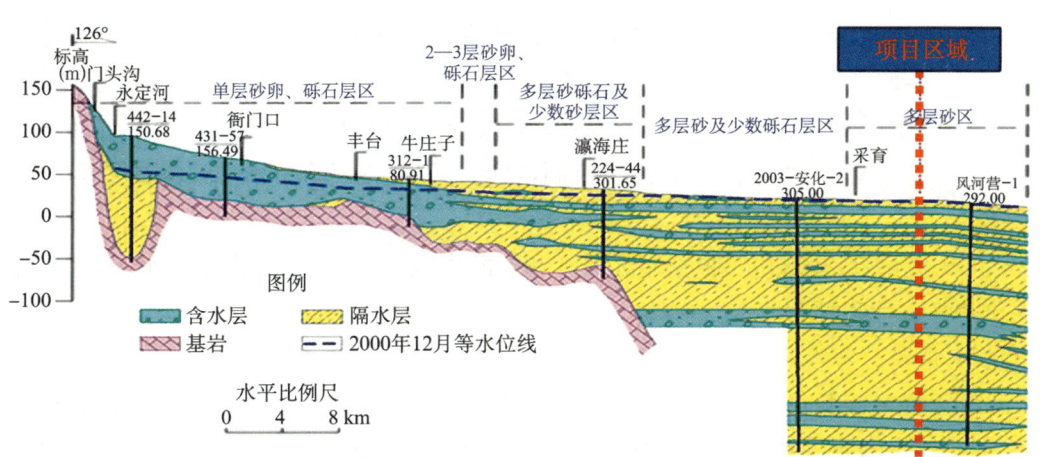

图 12-31 项目所在区域地质构造剖面图

(2)项目进行了岩土体热响应测试,采用双 U 形换热孔,测试结果显示,岩土体原始温度为 15.6℃,最大冻土厚度 0.66 m。大兴机场地区地源热泵换热孔综合传热系数为 3.38 W/(m·℃),夏季每延米换热量为 57.21 W/m,冬季每延米换热量为 32.50 W/m,土壤初始温度测试曲线如图 12-32 所示。

综上所述,从地质条件、布孔场地条件、地温场均衡等方面综合分析,该区域适合建设浅层地源热泵系统。

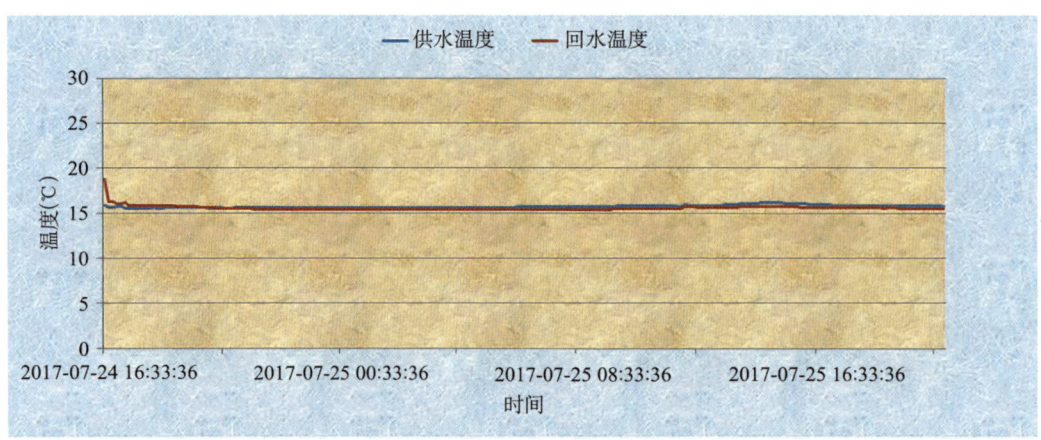

图 12-32　土壤初始温度测试曲线图

2）构建多能互补能源体系

多能互补供热系统是一种通过集成和优化不同能源形式，实现高效、稳定供热的技术方案。通过综合分析，设计团队在大兴机场构建了多能耦合的能源体系，采用多能互补方式，充分利用浅层地源热泵、烟气余热利用、清洁燃气供热、电制冷、冰蓄冷、低温供热、大温差输送等多项节能技术，从高效性、安全性、节能性、环保性和经济性上，实现可再生能源和常规能源的互为补充，该系统具有如下特点。

（1）能源多样性：系统综合利用太阳能、地热能、烟气余热等多种可再生能源，同时结合传统能源如天然气、电能等，实现能源供应的多样性。

（2）优化配置：通过科学配置和控制，实现不同能源之间的互补，提高整体供热效率。

（3）灵活性：系统可以根据实际需求和能源供应情况，灵活调整能源使用比例，确保供热稳定性和可靠性。

3）搭建智慧能源管控平台

为了提高能源企业的运行水平，降低运营能耗，大兴机场搭建了一套综合能源管控平台，该平台是一种集成了多种能源形式的管理和控制系统。平台通过优化资源配置、提高能源利用效率、降低能源成本，并实现能源的清洁生产和就近消纳。

4. 设计成果

1）热源工程设计方案

在机场红线范围内新建一座区域锅炉房，位于航站楼的东北角，主干一路南侧，景观湖东侧，本期建设 5 台 58 MW 燃气热水锅炉，预留 2 台 58 MW 燃气热水锅炉的安装位置。锅炉效率为 94.2%，NO_x 排放浓度不超过 30 mg/m³，锅炉初始排烟温度为 85.0℃，设置烟气余热回收装置后，可使排烟温度降至 30℃，1 台 58 MW 的燃气锅炉可回收热量约 5.6 MW。

区域锅炉房除了给地源热泵系统作为辅助热源外,还承担机场红线范围内除地源热泵系统供能区域以外的其他地块供暖。一次网设计供/回水温度120℃/60℃,设计压力1.6MPa,1号能源站与区域锅炉房合建在同一地块,2号能源站与区域锅炉房通过一次网连接。

能源中心效果如图12-33所示。

图12-33 能源中心效果图

2) 地源热泵工程设计方案

地源热泵工程供能范围为机场航站楼东北方向机场建设单位及各驻场单位的配套用房,供暖总面积为257万 m²,供冷总面积为173万 m²,建筑功能包括办公、医疗、宾馆、宿舍、库房货运以及商业等。区域内设置两座集中的地源热泵能源站,分别为地源热泵1号能源站和地源热泵2号能源站,位置如图12-34所示。

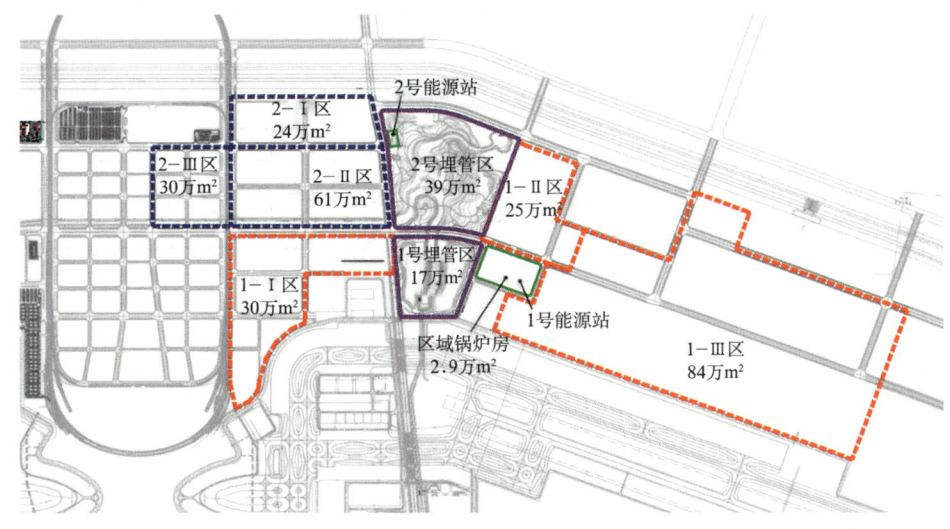

图12-34 地源热泵能源站供能范围图

根据各个用能地块的相关资料，2个能源站的设计冷热负荷如表12-4所示。

表12-4 设计冷热负荷参数表

	参数	1号能源站	2号能源站	合计
供热	供热面积/万 m^2	142	115	257
	设计负荷/kW	96 000	74 300	170 300
	单位面积指标/(W/m^2)	67.6	64.6	66.3
供冷	供冷面积/万 m^2	58	115	173
	设计负荷/kW	41 900	94 500	136 400
	单位面积指标/(W/m^2)	72.2	82.2	78.8

为了充分利用浅层地热资源，提高热泵主机制热效率，冬季设计供/回水温度为50℃/40℃；为了降低输配能耗，夏季冷水采用大温差设计模式，即设计供/回水温度为5℃/13℃。用户末端采用直供的方式，末端供热设备采用风机盘管、组合式空调机组和地板辐射供暖等形式，不采用散热器供暖。

1号能源站的供热方案为地源热泵＋烟气余热回收热泵＋换热机组的复合型供热方式如图12-35所示，3个热源相互并联运行，换热机组的一次热源来自区域锅炉房，烟气余热回收热泵中的余热同样也来自区域锅炉房内燃气锅炉排出的烟气余热，区域锅炉房与1号能源站合建。供冷方案为地源热泵＋烟气余热回收热泵联合冷却塔供冷如图12-36所示。

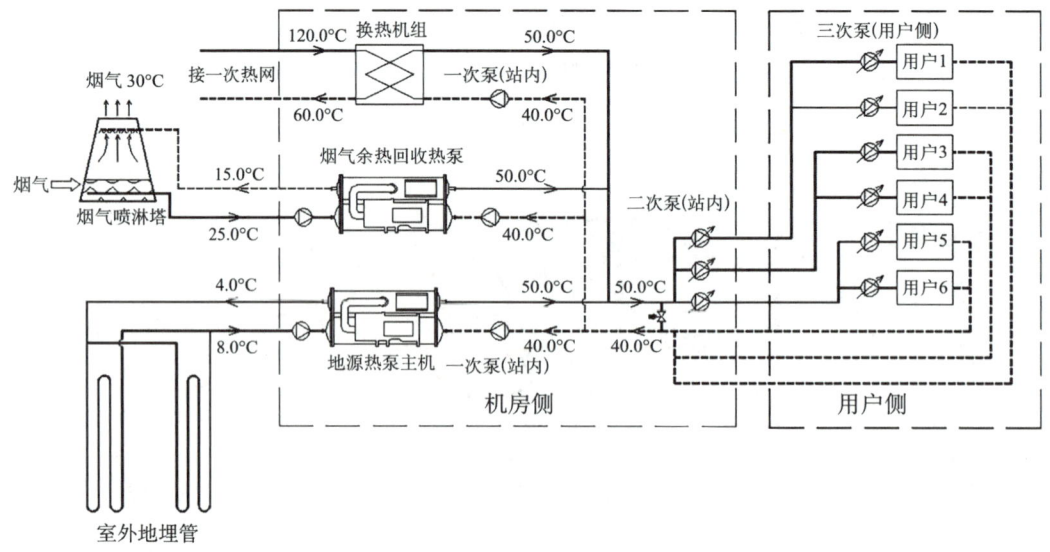

图12-35 1号能源站冬季供热流程图

2号能源站的供热方案为地源热泵＋换热机组的复合型供热方案如图12-37所

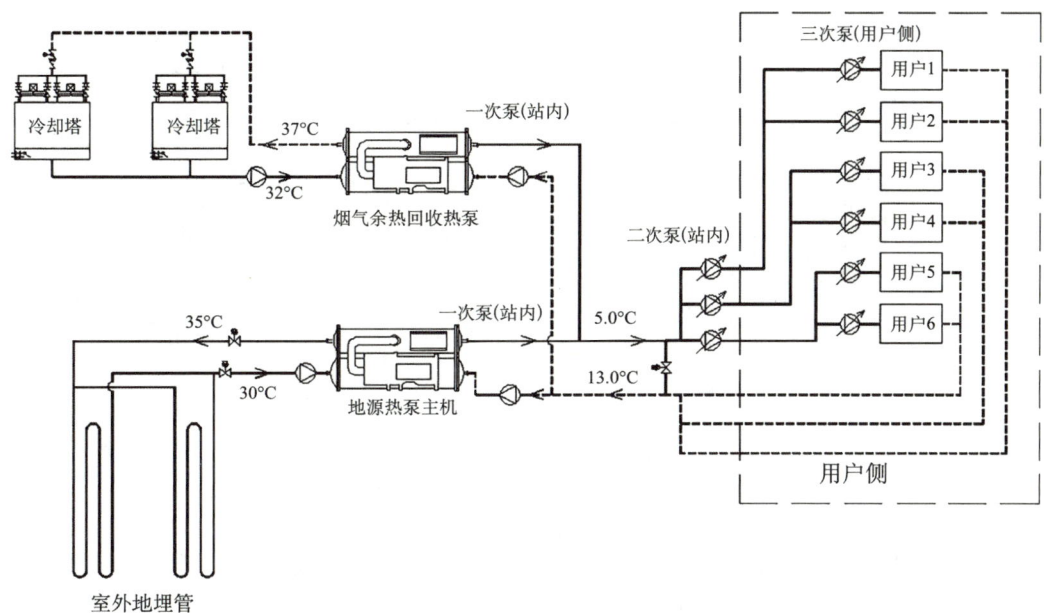

图 12-36　1号能源站夏季供冷流程图

示,换热机组的一次热源同样来源于区域锅炉房,二者之间通过一次网连接,由地源热泵系统承担基础负荷,换热机组与地源热泵系统并联。供冷方案为地源热泵+冰蓄冷+常规电制冷联合供冷如图 12-38 所示,部分地源热泵采用三工况主机,即冬季供热,夏季白天制冷、夜间蓄冰,实现一机多用,提高设备和系统的利用效率,冰蓄冷系统采用内融冰系统。

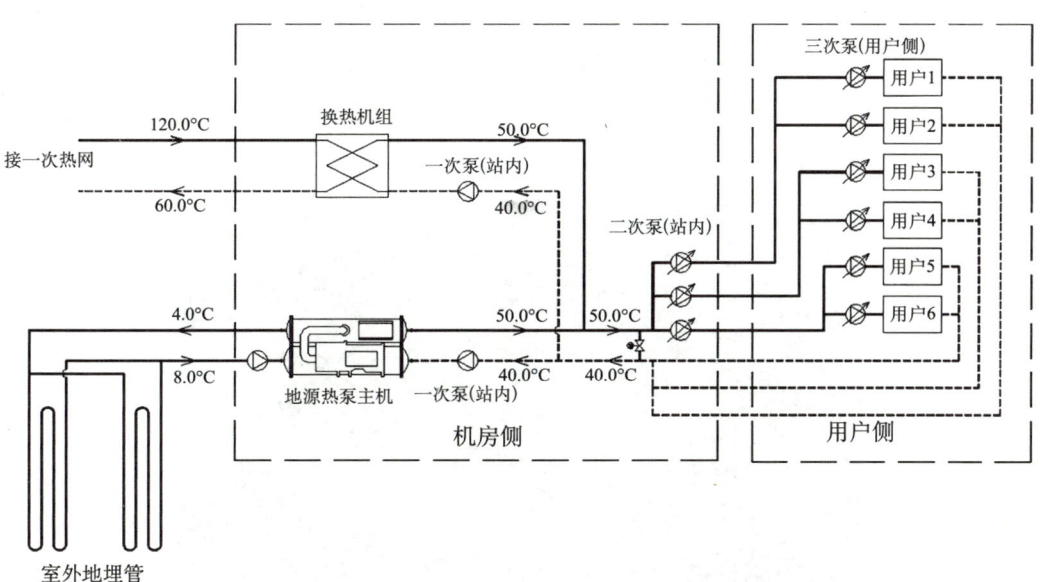

图 12-37　2号能源站冬季供热流程图

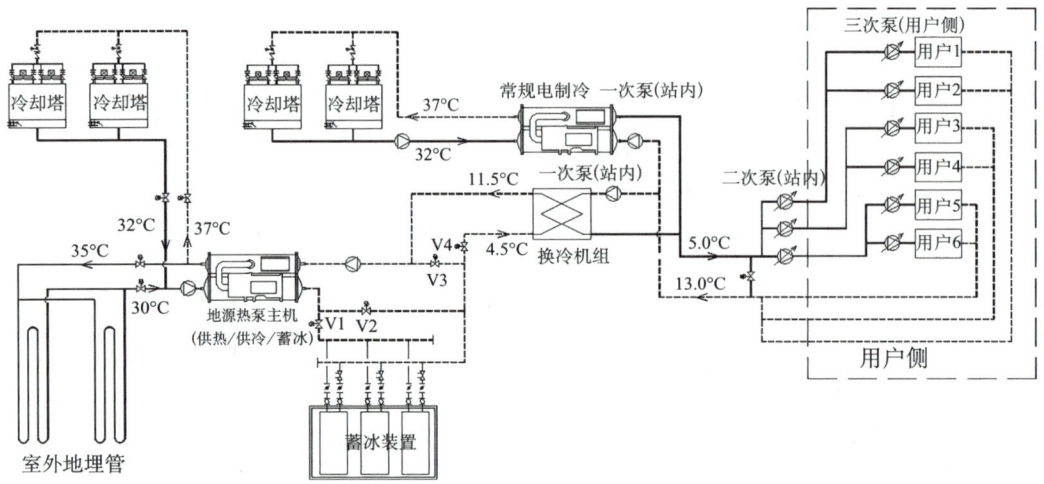

图 12-38　2 号能源站夏季供冷流程图

1 号能源站内本期设置 2 台地源热泵，5 台烟气余热回收热泵和 3 台换热机组；地源热泵机组单台制热量 7.1 MW、制冷量 6.1 MW，烟气余热回收热泵机组单台制热量 6.89 MW、制冷量 5.4 MW，换热机组单台换热量 15 MW。同时，能源站内预留 2 台烟气余热回收热泵的安装位置，单台制热量 6.89 MW。

2 号能源站内本期设置 6 台地源热泵、2 台换热机组及 1 套内融冰蓄冷装置，其中 4 台地源热泵为三工况机组，2 台地源热泵为普通型机组。三工况地源热泵机组单台制热量 7.1 MW、制冷量 6.1 MW、制冰量 4.9 MW；双工况地源热泵机组单台制热量 7.1 MW、制冷量 6.1 MW；蓄冰装置总蓄冷量 94 805 kWh，换热机组单台换热量 13 MW。同时，能源站内预留 2 台常规电制冷机组、2 台双工况冷水机组、1 台换热机组及 1 套内融冰蓄冷装置安装空间。常规电制冷机组单台制冷量 7.0 MW；双工况冷水机组单台制冷量 7.0 MW、制冰量 4.9 MW；换热机组单台换热量 13 MW；蓄冰装置总蓄冷量 140 640 kWh。

2 号能源站效果如图 12-39 所示。

图 12-39　地源热泵 2 号站效果图

根据效益分析计算表 12-5，地源热泵系统每年提取浅层地热能 303.2 TJ，本期 5 套烟气余热回收装置每年回收烟气余热量 146.0 TJ。相比燃气锅炉供热，天然气低位热值取 38.931 MJ/m³，锅炉效率取 94.2%，全年共可节约天然气约 1 225 万 m³，折合标准煤约 14 873 t，每年可减少二氧化碳排放约 24 948 t。该项目已顺利实施，最终整个大兴机场全场可再生能源利用率达到了 16%。

表 12-5 效益分析计算表

	浅层地热	烟气余热	合计
热量值/TJ	303.2	146.0	449.2
节约天然气量/万 m³	827	398	1 225
折标煤量/t	10 039	4 834	14 873
二氧化碳排放因子/(t/GJ)	0.055 5	0.055 5	0.055 5
二氧化碳减排量/t	16 839	8 109	24 948

5. 主要创新点

1）大型浅层地热运用，"一湖三用"解决团块状布孔难关

大兴机场供热工程实现了在 30 万 m² 蓄滞洪区内团块状布孔以充分利用浅层地热能。通过利用浅层地热，每年可以节约天然气约 827 万 m³，实现年二氧化碳减排量 1.68 万 t；同时，将景观湖兼用蓄滞洪区和浅层地热埋管区、实现"一湖三用"的功能。

2）电热泵回收大型燃气锅炉烟气余热，实现近零碳排放

本项目采用电热泵回收大型燃气锅炉烟气余热。此创新实现年节省燃气量 430 万 Nm³，实现年二氧化碳减排量 0.81 万 t，同时，运用低氮燃烧器与烟气再循环技术相结合，将燃气锅炉 NO_x 排放≤30 mg/Nm³ 达全球先进水平，为"蓝天保卫"作出贡献。

3）大型多能耦合可再生能源利用系统，打造高可再生能源利用率机场

本项目打造了大型多能耦合的可再生能源综合利用系统，实现整个系统多能互补、绿色经济、安全可靠，为民航或大型城市综合体的可再生能源利用提供了可推广借鉴模型；本项目运用三工况地源热泵机组耦合冰蓄冷系统，减少主机及冷却塔装机容量 20%～30%，实现电力移峰填谷 781 万 kWh/年，节省系统年运行费用，平衡电网负荷，减少电厂投资，净化环境。

4）多能互补智慧能源监控系统，实现首个机场能源一键启停智慧调度系统

本项目打造新型智能监控系统，建立能源监控平台，采集并整合整个机场内能源系统的重要生产数据，为大兴机场能源运行优化提供动态数据支持，以及为应急保障提供相关基础信息。

5）大型区域能源场地生态设计

本项目创新性地采用场地生态设计，将区域能源中心与大型景观公园、景观湖结合。能源运行调度监控用房屋顶绿化面积占屋顶可绿化面积的57%以上，厂区绿化及道路浇洒采用非传统水源利用率达50%，厂区透水铺装面积占可铺装面积比例高达70%。

6）获取优秀能源环境效益

本套能源系统可实现年节约燃气量1 225万 m^3，年节约标煤1.49万t，年减排二氧化碳2.49万t，年移峰填谷量781万 kWh。为国内同类型民航能源系统的优秀环境效益指标。

综上，通过对大兴机场的能源利用进行合理有效的整合利用，在保证用能安全、高效、节能、环保的前提下，实现清洁能源利用率100%，整场可再生能源利用率16%，区域能源综合利用率≥70%的各项指标。同时，综合考虑机场能源供应的经济可持续性，尽可能采用初投资较低、运行费用较节省、多能互补的能源供给方式，从而使大兴机场能源供应实现了"安全、可靠、绿色、低碳、可持续"的目标。

12.5.4 综合管廊

1．面临的问题与挑战

1）工作区路网密集，能源管线系统复杂，如何实现综合管廊系统布局最优和资金效益最优化

密集的市政路网系统：大兴机场围界内构建了U形的主进出场高架路系统，地面道路采用方格网式布局。工作区及货运区道路网由城市主干路、次干路及支路三级道路组成，其中主干路7条，次干路9条，支路21条。此外，场站内外部、工作区地块服务的微循环道路，共计有12条。主进场路围合的区域为工作区的核心区域，并被排水明渠分为南北两个片区，道路路网布局呈方格网布置，路口间距180～400 m。工作区的东侧规划为货运区，路网布局呈方格网布置，路口间距445～1 150 m。

系统庞大的市政管线系统（图12-40）：市政管线系统包括给水、再生水、雨水、污水、电力、通信、供热、燃气等。具体如表12-6所示。

表12-6　市政管线系统概况表

序号	管线种属	规模（mm）	备注
1	给水源水管	DN800	双路供水，近期由郭公庄水厂供水
2	配水管网	DN200～DN1 000	生活/生产/消防共网，环网布置
3	再生水管网	DN200～DN600	环状管网供水，沿道路敷设

续表

序号	管线种属	规模（mm）	备注
4	雨水管沟	DN500～W×H=2-4 000×3 000	沿道路敷设雨水管沟进行雨水排除，下游接入周边调蓄系统
5	污水管	DN400～DN1 400	沿道路敷设污水管网进行污水收集排除，污水管网下游接入大兴机场污水处理厂
6	电力线缆	10 kV、110 kV	大兴机场1号中心变电站上级双回110 kV电源引自规划张家务220 kV变电站，2号中心变电站上级双回110 kV电源引自规划杨各庄220 kV变电站，终期形成规划张家务站—1号中心变电站—2号中心变电站—规划杨各庄220 kV变电站的典型链式接线结构 工作区共设置10 kV开闭站8座
7	通信线缆	12—24 孔	沿道路布置
8	供热管道	DN100～DN1 000	沿道路和绿地布置
9	燃气管道	DN200～DN500	沿道路和绿地

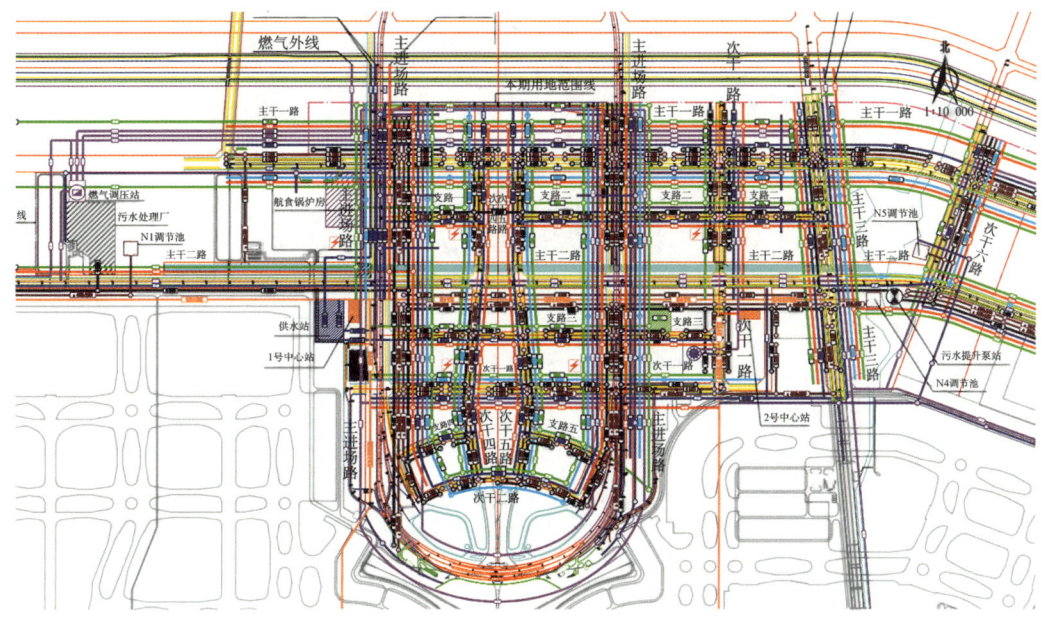

图12-40 庞大的市政管线系统

2）机场区域市政系统建设品质和综合承载能力要求高

要求市政管线集约敷设，避免直埋管道维修反复开挖道路；需要优先建立起机场区域的能源保障骨干体系，实现有效衔接周边市政场站，整体推进市政系统建设的质效；地下管线建设管理需要适应机场区域整体建设品质，大幅提升应急防灾能力。

2. 解决问题的方法与措施

工作区内综合管廊统筹市政能源管道布置，在主要市政能源干道上布设综合管廊系统，形成了"一横两纵"的干线综合管廊布局，通过干线综合管廊优先构建场区内市政能源骨干廊道，有效连接机场外部市政供给管线和场区内各能源站点。

此外，统筹大兴机场内外部市政能源供给系统和综合管廊规划建设，与机场外部永兴河北路管廊、大礼路管廊、大兴机场高速管廊、青礼路管廊等共同构建了机场高速、临空经济区、机场工作区、飞行区综合管廊一体化的能源供给安全保障体系，区域综合管廊长度接近70 km。

3. 设计方案提要

综合管廊规划建设注重有效需求和效益的关系、成本控制的要求、出地面构筑物景观协调三个方面内容。

（1）管廊类型：大兴机场工作区综合管廊位于大兴机场重要功能区，与地块开发结合紧密，主要为干线综合管廊（图12-41）。

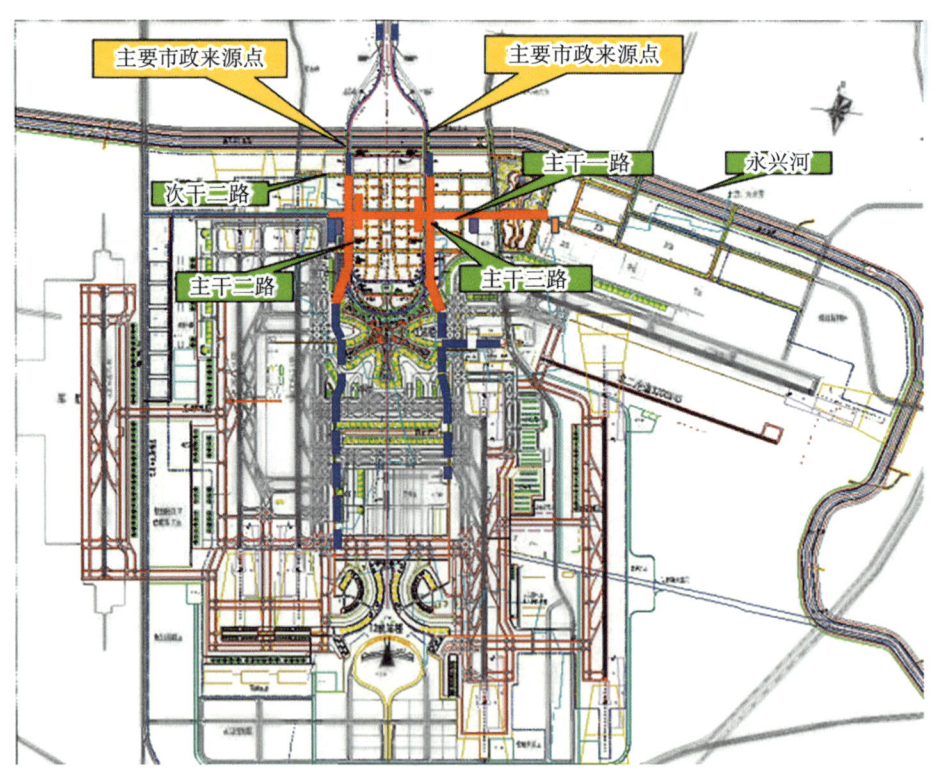

图12-41 "一横两纵"的综合管廊系统布局

（2）入廊管线（图12-42）：包括给水、再生水、热力、电力、通信等。

（3）建设规模：综合管廊分布在主干一路、主干二路、主干三路三条道路下，在航站楼附近与空侧拟建综合管廊相接，在北侧永兴河南岸与大兴机场高速综合管廊衔

图 12-42 管廊管线横断布置效果图

接,综合管廊总长度 7 600 m。

(4) 管廊标准断面情况:舱室断面两到三舱(图 12-43),主要为电力舱、水信舱、能源舱。

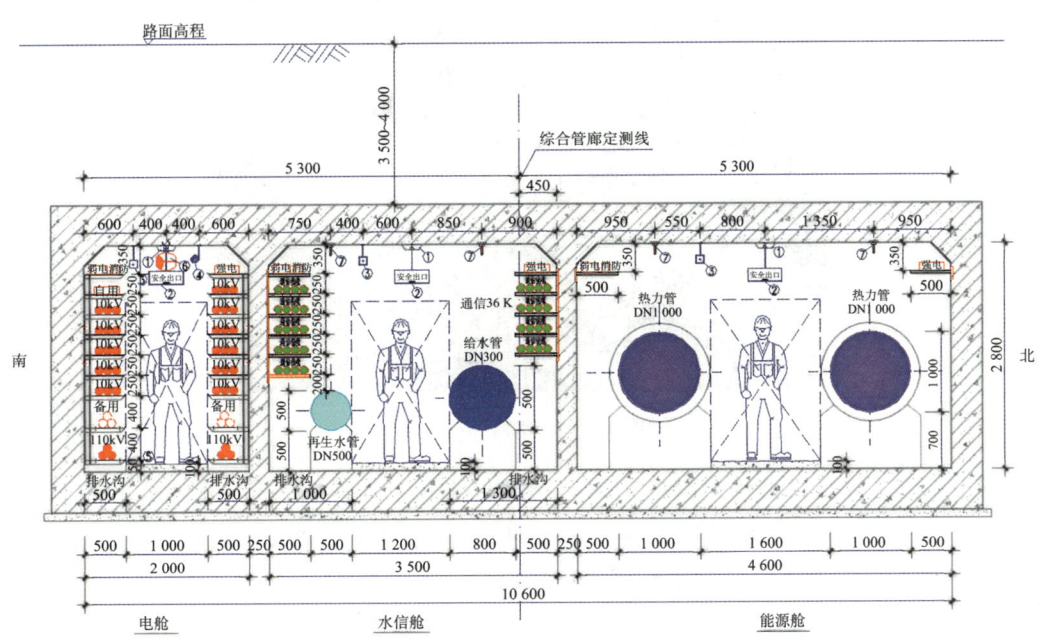

图 12-43 典型综合管廊标准断面

(5) 结构内容:明挖现浇矩形结构,实景如图 12-44 所示。

(6) 附属内容:综合管廊的附属构筑物主要有进风口、排风口、吊装口、人员出入口、逃生口。综合管廊全线划分为 37 个防火分区,整个综合管廊系统共设置 22 座进风口、20 座排风口、24 座吊装口(图 12-45)、8 座人员出入口(1 座与进风井 3 合建)、61 个潜水泵井、14 座端头出线节点、14 座地块分支节点、28 座路口分支节点和 1 座监

图 12-44 管廊施工实景

控中心(与能源中心合建)。

图 12-45 水信舱吊装口

附属设施齐全且现代化程度较高:主要包括消防、通风、供电、照明、防雷接地、火灾自动报警、视频监控及安防、有害气体及环境监测、井盖监控、有线语音电话、网络、门禁、排水、标识、监控中心等(图 12-46)。

4. 设计亮点与创新点

构建了"综合管廊+直埋管线"统筹融合的市政管网体系,实现了综合管廊约束各市政干线建设路由的模式,使市政管线整体得到优化(图 12-47),整体推进了大兴机场市政骨干能源系统的优先建成。

管廊系统紧密衔接场内外市政设施,与机场外部机场高速管廊、临空经济区管廊、机场内部飞行区管廊及主要能源站点连接,有效构建机场高效市政能源供给安全保障体系,确保大兴机场市政设施(水、电、信、热等)能源输送廊道畅通。

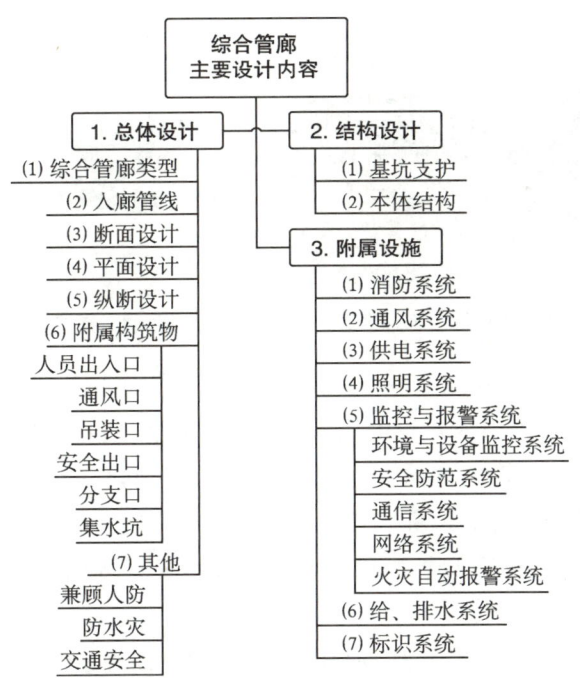

图 12-46　工作区综合管廊设计主要内容

图 12-47　电力舱内景

"一横两纵"的布局,解决了各市政管线穿越河道、桥梁、大铁、轨道交通、复杂路口、地下空间等建设难题(图 12-48),整体推进工作区工程进度的要求,实现了综合管廊建设规模和效益的最优化。

采用侧向式进风井有效避免了主干管廊穿越京雄城际、城际铁路联络线、轨道交通大兴机场线、预留 R4 线位置管廊覆土不足的问题。

图 12-48 综合管廊集中穿越地下重要设施

图 12-49 综合管廊交叉口节点效果图

采用分离式的设计方法有效简化路口多舱管廊断面相交处四通节点的设计(图12-49),在重要管廊节点引入建筑信息系统(BIM)方法进行辅助设计。

综合管廊运营维护管理遵循专业化、标准化、精细化、智慧化的理念,坚持统一管理、分类维护、安全运行的目标。依托大数据、物联网等新一代信息技术,搭建综合管廊智慧运维平台,精准掌控"地下城"状态,实现管廊"精准、高效、安全、智慧"运营。

智慧管理平台实现建筑信息模型(BIM)展示、3D动画系统展示、三维模型系统展示、GIS地图系统展示等功能,实现可视化运维管理模式,使人未到现场,也能有身临其境的视觉感受。

建立无线网络通讯系统(图12-50),运维人员可使用移动终端设备对管廊内各类数据实时查看并可与管廊外界实时通信,及时反馈现场视频及图片信息;智慧管理平台上可显示人员位置、查询人员的运动轨迹信息,时刻掌握运维人员动态,保证人身安全。

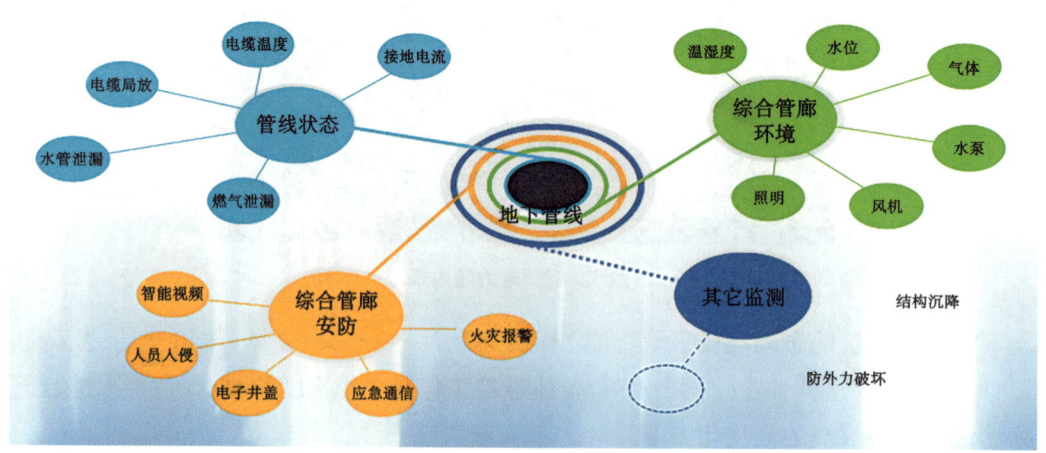
图 12-50 入廊管线智慧管控

12.6 高效有序的货运区设计

12.6.1 货运区设计综述

大兴机场定位为"大型国际枢纽机场",客、货运业务将同步发展。航空物流业务是机场运营重要组成部分和促进临空经济发展的重要环节,机场货运区作为航空物流产业链的重要节点,发挥着航空货物运输方式转换、海关等部门查验、包装方式转换及协调空、陆侧时间的作用,在调节货物时间、空间及监管等方面扮演重要的角色。大兴机场货运区的合理规划,对于大兴机场货运业务发展、货运枢纽功能实现乃至临空经济的发展至关重要。

1. 大兴机场货运发展战略定位

建成后的大兴机场将迅速成为北京市航空物流集散中心之一,依托充足的运力资源大力发展高品质的现代化航空物流服务。从规划阶段开始,紧密联系航空物流产业链,以机场物流设施为核心,发展全方位的物流服务。形成集货物集散、运输、配送、仓储、流通加工、保税物流、物流产业、物流信息、出口加工等为一体的现代化航空物流产业平台。

大兴机场将力争成为全球转运中心之一,引进国际/国内企业成立区域配送中心,开放海关政策,提高国际货物通关效率,提高北京作为东北亚中转中心的竞争力。

大兴机场与首都机场共同承担北京地区航空物流运输需求。大兴机场货运发展需要与首都机场协调并进、错位发展。大兴机场建成后,将充分利用机场资源,吸引航空公司、快递公司、邮政企业入驻,开拓货运航线,打造一流的航空货运枢纽,带动物流仓储、配送及相关产业聚集。

综合来看,在区域航空货运功能布局下,大兴机场货运区不仅将作为北京市航空物流集散中心之一,也将是京津冀地区航空货运业务及区域物流业发展的重要组成部分。除此之外,大兴机场货运区还将作为临空区域经济发展的动力源,带动周边地区的产业结构调整乃至新型城镇化进程,促进京津冀一体化的发展。

2. 货运业务发展预测

根据预测,近期建设目标年2025年,大兴机场航空货邮吞吐量为200万t,如表12-7所示。考虑到货运业务初期发展的不确定性,近期货运设施满足200万t/年货邮处理需要,其中国内、国际货运各占50%。远期,大兴机场年货邮吞吐量将达到400万t。

表12-7 大兴机场货运量及货机位预测表

序号	项目	类型	4 500万人次	近期(2025年)	远期
1	年货邮吞吐量(万t)	国内	75	96	180
		国际	75	104	220
		合计	150	200	400
2	货机位数(个)		24	33	67

1) 邮件、快件比例

在不考虑大型快件运营商及邮政运营商在大兴机场建设转运中心的情况下，参照首都机场现状，本期邮件比例按照4%，快件比例按照10%考虑。远期邮件比例按照3.2%，快件比例按照8%考虑。独立的邮件、快件运营商处理量单独计算。

2) 国际、国内比例

近期2025年国际货物占52%，国内货物占48%；远期国际货物占55%，国内物占45%。

（1）全货机、客机腹舱运输比例

全货机运输比例，国内近期22%，远期30%，国际近期40%，远期60%。

（2）易腐及冷链货物比例

预计近期易腐及冷链货物比例3%，远期达到5%。

（3）中转货物比例

初步规划按照近期中转货物占7%考虑，远期中转货物占9%考虑。

3. 货运区设计推进历程（图12-51、表12-8）

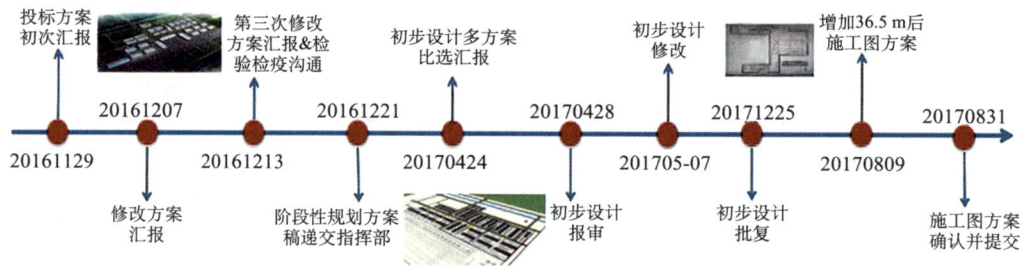

图12-51 货运区设计历程图

表12-8 货运区分期建设情况

项目	阶段一	阶段二	阶段三
用地规模	62.27公顷	48.65公顷	52.70公顷
功能设置	国内货运站、国际货运站、查验中心、综合服务楼	货代库、冷链库、快件库、快件转运中心、动物旅馆、餐饮住宿等配套设施	快件库、货代库、配套服务设施

续表

项目	阶段一	阶段二	阶段三
示意图	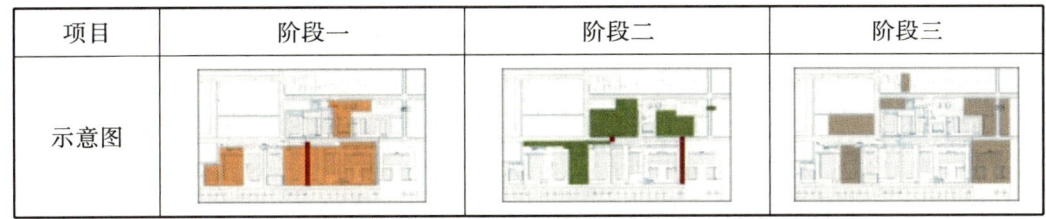		

12.6.2 货运区区位选择

大兴机场货运区于前期规划阶段主要考虑两个选址方案,分别位于机场西侧和东侧。而在大兴机场的货运区选址中,东方案与西方案的比较显示出东方案在多个方面的优势。机场货运区东方案与西方案地理位置如图12-52所示。

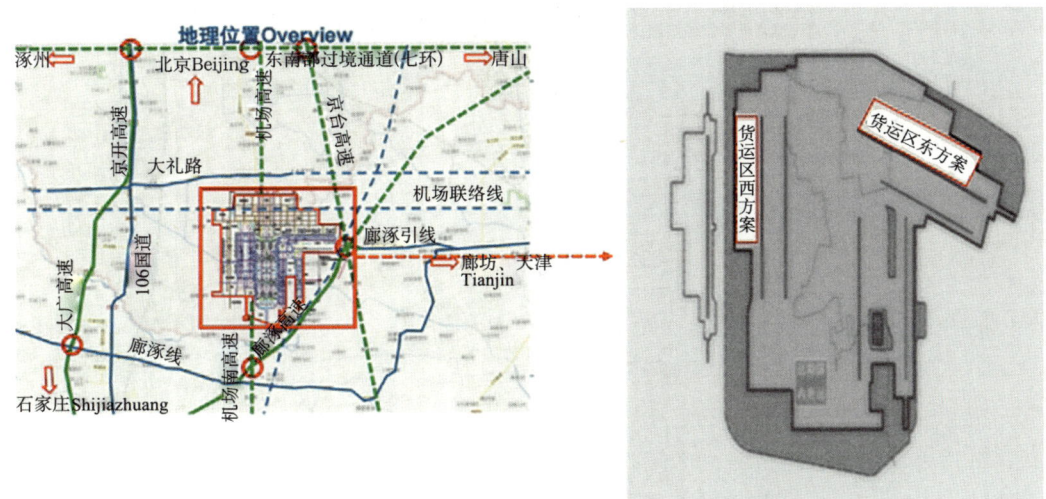

图12-52 机场货运区东方案与西方案地理位置示意图

在货运区东西权衡优化选址过程中充分结合临空经济区规划情况(图12-53),同时考虑的因素有以下几点。

(1) 与周边设施关系

考虑货运区与周边设施设备的便利性,是否具有靠近货源和目的地等优势,是否有利于航空产业链的延展,形成机场与综合保税区的港区联动等情况。

(2) 交通条件

考虑货运区所在位置的空侧衔接与陆侧衔接条件是否顺畅,通达的距离和时间效率是否高效。

(3) 用地条件利用

考虑地块平整,周边飞行区、建筑物是否会对货运区产生限制和不良影响。

(4) 空陆侧交通优势

东方案位于北一跑道北侧,能够设置 24 个货机位,空侧资源丰富。飞机运行顺畅,不需要穿越跑道,避免了起降干扰。距离北航站楼更近,地面服务车辆往返便利,减少爬坡,对以腹仓载货为主的货运较为有利,可以最大程度地保障地服空侧运输时间。货源集中于东北侧的亦庄经济技术开发区,东方案便于与主要货源地接驳。机场东北侧可就近接入高速公路,客货交通有效分离,提升运输效率。

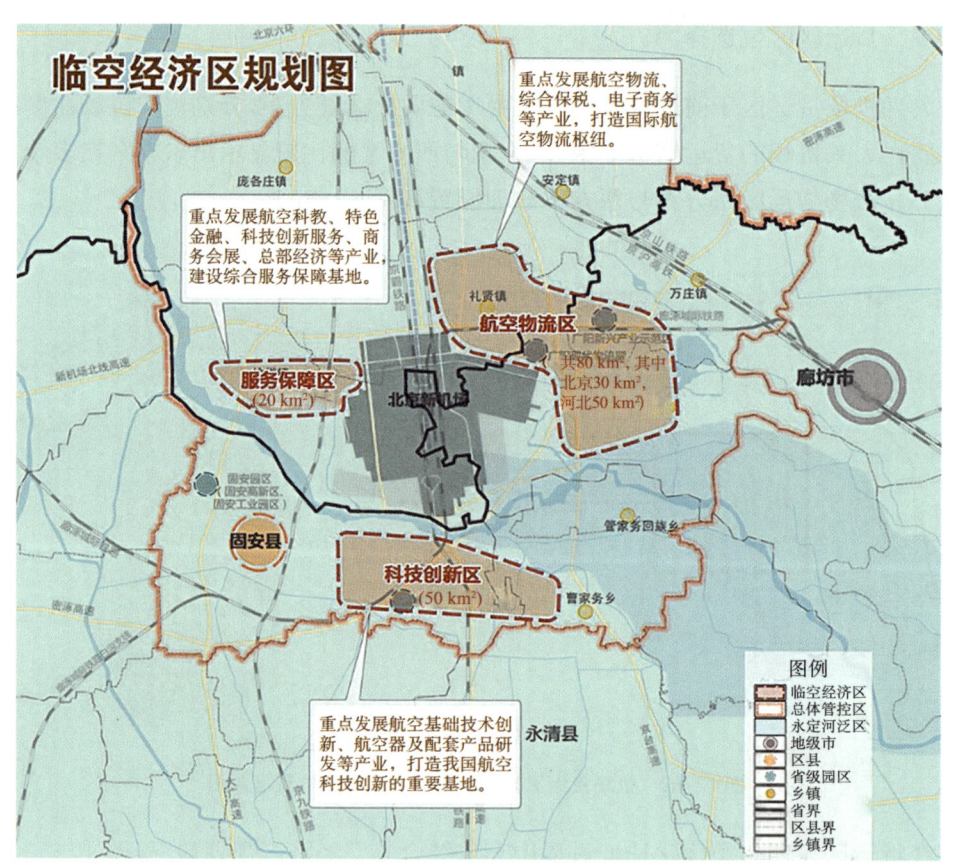

图 12-53　大兴机场临空经济区总体规划(2019 年—2035 年)

1. 货运区域发展空间

(1)机场东北侧外围北侧腹地有较大发展空间,有利于航空物流产业链的延展,促进机场与综合保税区的联动。

(2)促进机场与综合保税区的区港联动,提升物流园区的交互效率,发挥货运"新动力源"辐射功能。

2. 与主要货源地的衔接

(1)东方案靠近位于机场东北侧的亦庄经济技术开发区,便于快速接入主要空运货源。

(2) 有助于提升货物运输的时效性和效率,具体如表 12-9 所示。

表 12-9 大兴货运区东、西方案运输时间对比表

区域	参数	西方案	东方案
空侧	平均运输距离(km)	4	3
	平均运输时间(min)	19.2	12
陆侧	高速路至货运区距离(km)	9	5
	平均运输时间(min)	12.0	6.7

基于此,从交通运输、货运区位置与周边区域规划发展和对环境影响的角度综合分析,最终选取机场货运区东方案,规划机场综合货运区于北一跑道北侧、机场东侧位置。东方案在空侧和陆侧运输效率、区域发展潜力及与物流产业的衔接上均表现出色,为机场航空货运的长远发展奠定了良好的基础。

12.6.3 整体规划、分区定位及内外衔接

根据整体谋划和分区定位,大兴机场远期规划了三个货运区。为了实现全场远期货运设施布局的均衡,包括北货运区、南货运区和邮件快件区三个部分,具体如图 12-54 所示。

(1) 近期建设的北货运区位于北一跑道北侧,与跑道相邻的空侧资源较为充裕,可布置货机位较多,能满足预测中远期货机位数需求。

(2) 南货运区位于远期南航站区西侧,西一跑道与西二跑道南侧区域,用地 74.3 hm^2,主要考虑远期航站楼客机载运货物的地面处理服务。货运区处理能力约 84 万 t/年。

(3) 邮件快件区位于东一跑道与西二跑道之间,公务机区南侧,规划用地 52.3 hm^2(含机坪),考虑快件转运处理的相对独立性和采用全货机运输对于机坪的要求,可满足约 50 万 t 至 70 万 t 快件处理需求。

在内外衔接方面,通过统筹规划、设计与建设机场、航司货站,同步规划设计海关监管及配套设施的模式。更好地实现整个北货运区体系化的规划设计与建设管理。

在远期规划中,北货运区将优先发展,待远期航站楼建成后,再同步建设南货运区。南货运区将用于处理远期航站楼内航空公司承运货物。快件区根据实际需求规划和建设,以满足快件处理需求。

12.6.4 本期货运区分区分层布局

根据机场货运区的整体规划,需要对不同功能组团、交通等进行明确以提高货运效率。布局上需考虑货物装卸、仓储等功能区的合理设置,同时充分考虑货运设施与

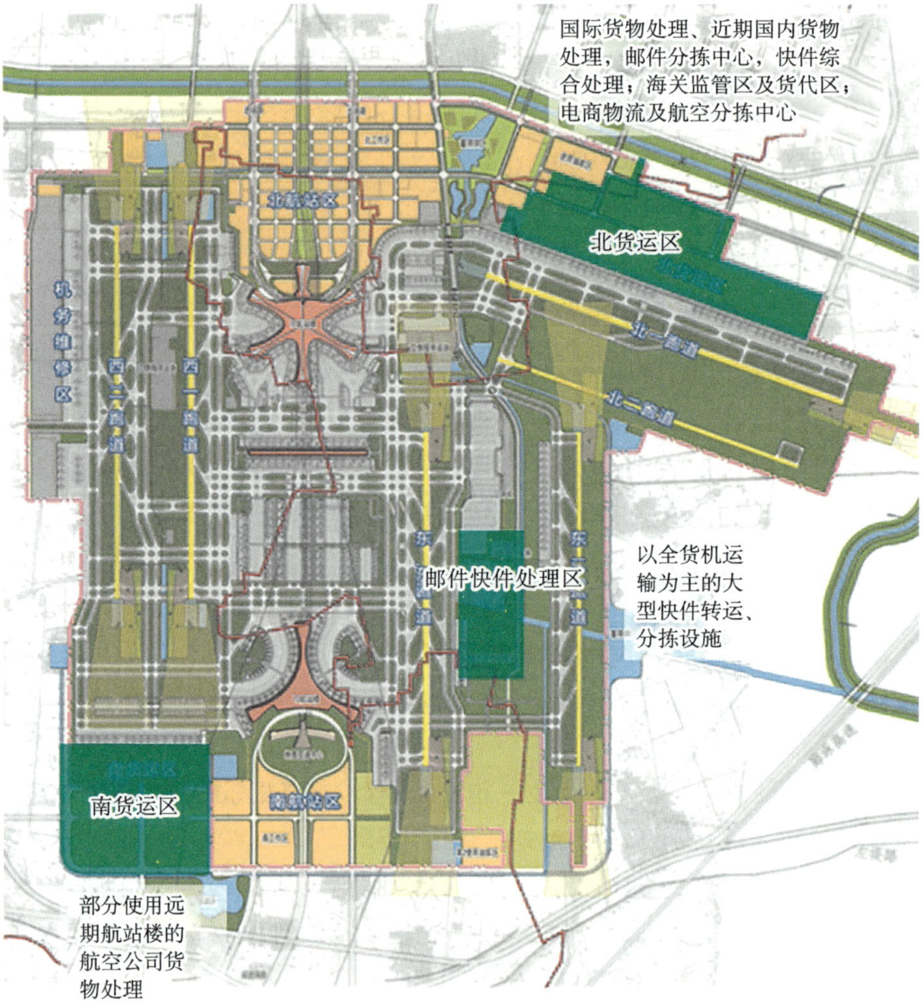

图 12-54 大兴机场货运区远期规划图

周边交通网络相衔接,便于货物的进出流通。通过区块化规划布局、柔性无缝连接、优化货物流转路径等方式,提高处理效率,降低损耗。

1. 整体规划、分层布置、集中监管、灵活延展

完成机场货运区域选址后,为提高货运效率,需要明确区内不同功能组团、交通等,如图 12-55 所示。充分考虑货运设施与周边其他交通枢纽、公路、铁路等交通网络相衔接相连,便于货物的进出口流通。同时在布局上需考虑通关、查验等手续办理的便利性在布局上需考虑货物装卸、仓储等功能区的合理设置,需要根据货运需求进行合理划分和布局,以确保货物的高效运输和储存。通过明确国际国内货运站的布局和不同功能区情况,可以进一步优化货运区的运营模式,提高货运效率,满足不同客户的需求。

图 12-55　大兴机场北货运区近期总体鸟瞰

2. 区块化规划布局柔性无缝连接

大兴机场货运区中间公共道路的分隔,有利于形成模块化的分层布局形式,合理控制各模块尺度,同时结合货物处理流程及与机坪的关系,自南向北分为货站模块、货代模块及综合服务三层,实现组团分区,功能分层式布局,具体如图 12-56 所示。通过分区分层布局有效地优化货物流转路径,提高货物处理效率,同时也有利于降低货物损耗和功能分离。通过分区分层布局,不同功能模块之间的交叉影响得到减少,使得整个货运区更加有序和高效,便于更好地实现对不同功能模块的精细化管理,提高整体运营效益。这种设计理念符合现代航空货运中心的发展趋势,为大兴机场货运区的未来发展奠定了良好的基础。

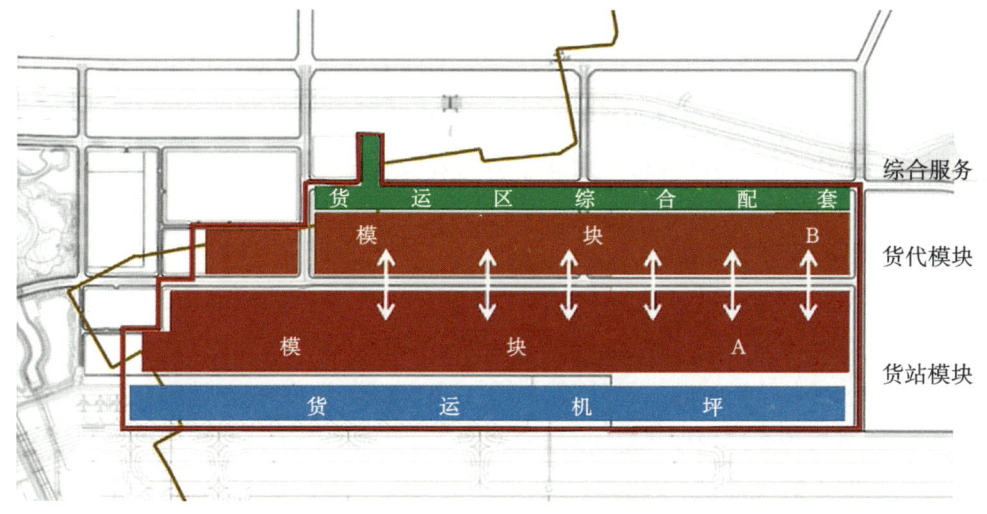

图 12-56　货运区用地规划

3. "大通关模式"实现国际区域内部融合、一站通关

大兴机场国际货运区集中设置在北货运区东侧,统一海关卡口,集中设置海关监管围界,未来可向东延展,呈现西国内、东国际的整体格局,具体布置如图12-57所示。结合国际货物查验流程,采用"大通关"模式进行设计,将海关一站式报关大厅、现场办公区、查验中心、监管中心、卡口毗邻设置在陆侧区域,取消二级监管库,满足海关集中监管、一站式查验要求,结合无纸化信息系统的设置,可减少国际货物处理环节,大幅缩短国际货物处理时间,且集中监管提升管控效率。国际货运区独立设置,满足海关国际货物统一监管要求,实现集中监管、查验。

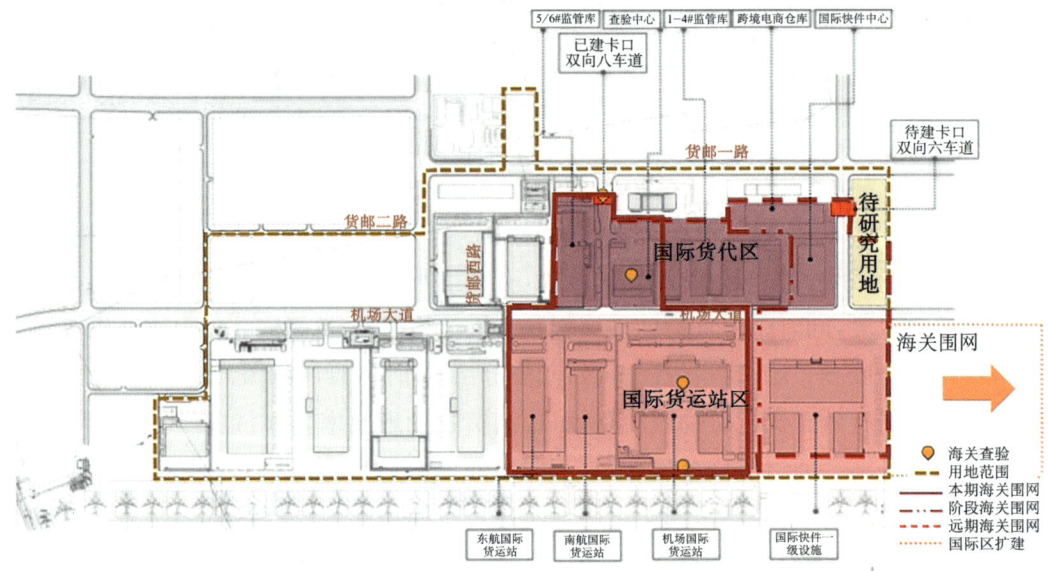

图12-57 大兴机场国际货运集中监管查验布置图

大兴机场货运区与货代区通过设置内部安全封闭通道,有效打通传统货运区与货代区的物理屏障,可实现航空货运站、货代作业的柔性无缝连接,减少层级间转运作业环节,减轻叠加交通压力,全面推行按航班信息进行组板配货运营,加大航空运载效率,提高航空口岸作业能力,降低物流作业成本。为实现空侧直提、抵港直装的快速通关模式创建了良好的物理基础。

4. 延伸空侧提高区域价值

以货运区中心点为原点,空侧依托监管围界设置的双空侧联络道,向北、向东延伸空侧资源,形成以此为中心的空侧1km辐射圈,具体如图12-58所示。这一设计使得货代库可以直通空侧,从而消除安检瓶颈,减少二次安检环节,提高仓储区域开发价值和运作效率,货站与各类代理库无缝对接,紧密相连,实现了货运站与代理库之间的功能柔性转换,远期不需要翻建、改建,即可实现航空物流一张蓝图绘到底,打造"货运航站楼"。这种布局优化不仅提升了货物运输效率,同时也为仓储区域的发展提供了更

大的空间和便利条件。

基于作业流程，延展空侧，提升运输效率。发挥区位优势，以机坪为起点，充分利用货运区开面、进深条件，将空侧道路均衡延伸，增加空侧延展面，使更多的设施具备空、陆侧条件，减少转运环节，提升运输效率，将航空货物地面处理、仓储、分拣、综合配套等功能分层次、分区域集中设置，既保证货运全产业链功能完整，又充分发挥各区域与需求资源的匹配性，达到人车分流、客货分流，实现高效协同。

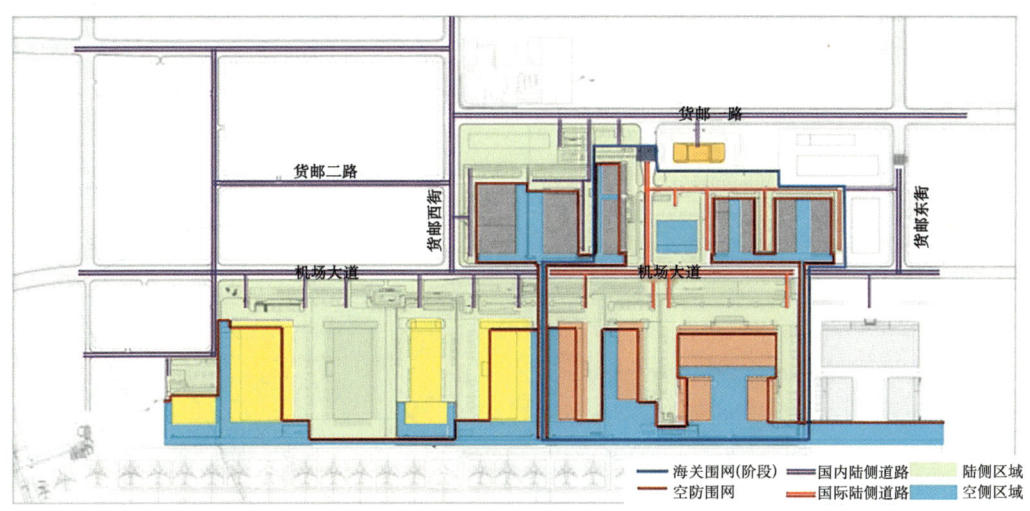

图 12-58　货运区货运设施空陆侧分区图

12.6.5　货运站及配套用房设计

货运区空侧依次坐落着机场国际货站、南航国际货站、东航国际货站、东航国内货站、邮政分拨中心、南航国内货站和机场国内货站等一级处理设施，向外有海关查验中心及多个海关监管库，再向外还建设了综合业务楼及相关配套设施。货运区东西长 2 160 m，南北长 1 120 m，配套有 24 个货机位，近期满足 200 万 t/年货物处理需求，远期向东、南扩展可满足 400 万 t/年货物处理需求。

货运站是货物处理效率最重要的节点之一，其处理时间占据了地面处理时间的半数以上。因此，货运站的建筑构型、工艺流线、设备选型等对于提升货物处理效率至关重要。

在内部设施设计时，需要考虑货物的分类和流向，合理规划货物存储区、装卸区和通道布局，以实现最短的货物转运距离和最高的装卸效率。同时，针对不同类型的货物，如普货、快件、邮件、跨境电商等，需要合理配置相应的设施设备，如 ETV、散货架、集装货存放架及智能化设备，以提高处理效率和降低人力成本。因此，在货站建设和工艺流线设计中,科学合理地配置设施设备是提升货物处理效率的关键。

1. 满足用户需求的多种建筑构型布局

在航空货物处理全流程中,收发货物和站台集放是货运站处理的两端,也是货运站流程中至关重要的两个节点。开面不足往往会导致货物积压,不能及时出入库,严重影响处理时效,形成进出货瓶颈。

大兴机场货运区整体进深约 900 m。为了增大空陆侧交界面,大兴机场货运站区充分利用 400 m 的大进深,根据不同地块特点,形成一字形、L 形等多种货站建筑构型,最高效利用交接面,形成"大开面、短进深、直线流"的流通性货运站格局,货物在货运站内交接口多、作业距离短、作业路径无迂回,实现快进快出,快速处理,如图 12-59 所示。

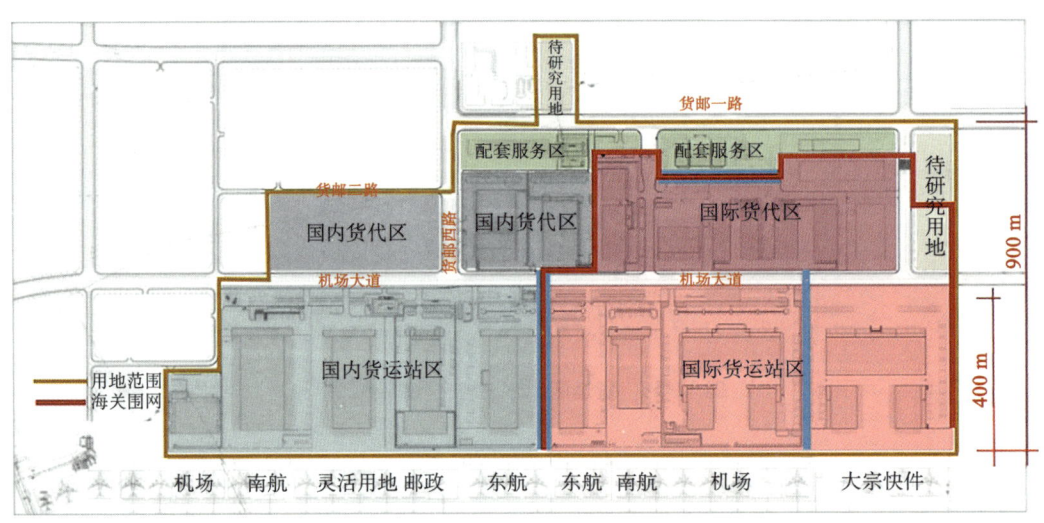

图 12-59　货运区布局图

2. 大兴机场货运站布局与设施

北货运区地块按照 400 m 开面为单位进行划分,每个地块都可根据需要建造多种模式的货运设施,同时符合单元式、模块化的原则,而且已划分的地块具有可调整性和灵活性。地块可建设航空货运站、转运中心等设施,也可满足机坪延伸需求。地块进深 400 m,平均每个模块面积 16 hm^2,处理能力约 40 万～50 万 t/年。

机场货运站结合货物流程需求,陆侧大开面实现站台高效利用,空侧形成 N 字形围合式集中布局,具体如图 12-60 所示,可实现空侧货物集中配货及快速中转。东航、南航根据实际货量处理需求以及主要生产作业内容,采用一字形,确保空、陆侧大开面的作业面,内部则充分体现货站通道功能,采用快速过站形式,提高货物处理效率。设置卡口外停车、园区集中停车与货运站停车三层次停车设置,配合停车管理系统,保证车辆有序调度,避免堵塞。

图 12-60　大兴机场国际货运站 N 字形布局

根据货物的不同性质和处理流程,在货运站的设计中需要进行分类处理,并配置相应的设备,以确保快捷高效地运输。航空普货通常占据全部货物的 85% 以上,国内普货主要采用客机腹舱运输,停留时间较短,因此需要采用短进深的货运站布局,配备平面机械化和人工处理方式,并且突出灵活性和高效性。而国际普货则更多采用集装化运载,部分货物停留时间较长,因此需要设置散货货架和装货货架,并辅助自动化搬运车辆进行集中储存,以实现自动出入库和节约用地空间。对于快速流通型集装器,需要单独考虑直通型通道,以节约存储环节时间,并解决设备作业高峰时段搬运能力不足造成的瓶颈问题。

在设计机场货运站时,特别在国际货运站内靠近机坪处集中建设了冷链中心,以满足冷链货物全程温控的要求。通过这一举措,可以实现陆侧交接货物至空侧出入库全程冷链管控,同时根据处理需求对库内进行分区温控,实现专业化操作,缩短驳运距离,从而保证冷链货物的品质。

各货运设施设计时致力于缩短货物处理时间,充分发挥航空货运便捷、高效的特点,通过规划和设计等方面的举措,满足货物高时效性处理的要求。综合评估显示,在大兴机场货运区处理的货物对比首都机场货物平均处理时间整体缩短约 15 至 60 min。

散货高货架存储系统集中布局,缩短货物转运距离,提高作业效率,符合物流高质量发展的要求,提高智能化运营水平;集装货存储系统的成熟运用,促进航空货运高效运转,为中转业务发展创造便利条件。

第四篇

展望篇

大鹏一日同风起,扶摇直上九万里。大兴机场工程建成投运,对提升我国民航国际竞争力、更好服务全国对外开放、推动京津冀协同发展具有重要意义。大兴机场工程的建设是我国民航建设史上的一个里程碑节点,中国大型机场建设的征程还将大踏步往前迈进。根据《新时代新征程谱写交通强国建设民航新篇章行动纲要》,到2035年,将建成保障有力、智慧高效、运行协同的现代化综合机场体系,民航与综合交通深度融合,形成一批以机场为核心的现代化综合交通枢纽。

　　下一步,如何构建运行顺畅、组织高效的集疏运体系,提升运行效率和管理水平,充分发挥辐射带动作用,将大兴机场打造成国际航空枢纽建设运营新标杆、世界一流便捷高效新国门、京津冀协同发展新引擎,新的大型机场建设中如何应用大兴机场规划设计管理积累的经验做法?本篇将结合管理篇、规划篇和设计篇内容,总结大兴机场规划设计管理经验与创新模式,并展望未来大型机场规划设计管理工作。

第 13 章
大兴机场规划设计经验与创新

历经近十年的规划设计与建设,一座在新时代新理念指导下建设的大型国际航空枢纽已在京冀大地拔地而起。航站楼五指廊构型、四条跑道"三纵一横"、综合交通"零距离"换乘等,无不彰显着这座机场的开创性。而这一切,都是从"以人为本"这一核心理念出发,希望为旅客创造更加愉悦舒心的出行体验。大兴机场建设之初就以服务国家战略为目标,全面践行"创新、协调、绿色、开放、共享"五大发展理念,瞄准世界一流。"人民航空为人民。大兴机场建设者不忘让广大旅客满意的初心,牢记将机场建设成为平安、绿色、智慧、人文'四型机场'标杆的使命,真情服务旅客。"

"十四五"期间,在构建以国内大循环为主体、国内国际双循环相互促进的新发展格局这一进程中,机场在国家经济、产业和物流系统中的核心地位将日益凸显。特别是在新时代民航基础设施建设的浪潮中,大兴机场的建成不仅标志着一个新的起点,更通过其规划设计的历程,提供了宝贵的经验和启示。全面审视大兴机场的规划与设计过程,审视其在面临挑战时所进行的努力和尝试,探索其背后的深层次理念、技术方法和经验教训,将对未来大型航空枢纽的规划与设计工作提供重要的参考价值。

13.1 大兴机场规划设计经验

13.1.1 坚持全生命周期的项目管理理念

大兴机场在规划和设计管理上,充分认识到规划对于工程项目全周期的引领和指导作用,认为规划工作不仅解决了机场的空间布局等技术性问题,更解决了时空情境下机场的资源动态分布与调整等关键科学问题。因此,大兴机场的建设强调"规划优先",尽最大可能通过"一张蓝图"确定未来将遇到的问题。具体而言,通过理论结合实践,宏观上采取了一种"基于规划引领"的全周期的管理理念,精细化规划的颗粒度,转变规划阶段的任务,将规划从单一的建设阶段扩展至整个工程的生命周期中的统筹资源调配阶段,不仅涵盖了传统的"规划"环节,更进一步延伸至对整个项目的战略策划与全面控制。微观上随着工程进展和核心目标的不断调整,不同颗粒度下的规划的角色、资源调配、重难点也在动态适应性演变与更新。通过回顾大兴机场的建设历程,可以看到,坚持这种"一张蓝图"的规划理念对于确保初期规划理念的实现、解决众多内外协调问题、推动工程按计划顺利进行,以及最终实现项目的顺利启用并赢得国内外的广泛赞誉,发挥了至关重要的作用。

13.1.2　坚持开放、自主、创新

大兴机场的规划设计管理恪守开放性、自主性和创新性原则,通过思想解放和视野拓展,对国际航空业的最新动态、国家政策推崇的发展方向及民航行业的尖端实践进行了全面而深入的研究,为机场的持续创新和先进性提供了坚实基础。大兴机场业主方具有众多机场规划设计方面的专业人才,在设计招标之前自身已具备一定的规划设计能力。在设计方案比选中,不拘泥于某一家设计单位的设计方案,而强调基于业主方视角和专业视角两个视角辩证看待各设计团队的设计方案,结合了ADPi、ZAHA、北京建院等多个方案的优势,强调博众之长,对诸如C形柱等亮点予以吸纳(张志杰,等,2020;朱忠义,等,2023)。同时立足于工程自身条件,大兴机场强调知识迁移等自主创新,涌现出一批诸如绿色航站楼建设、智慧能源管理、建设与运营筹备总进度综合管控、观景设施规划、无障碍环境规划等一批先进工程成果。大兴机场在多个关键领域实现了理念与技术的显著突破,实现了机场建设的高质量发展,其创新理念和技术已被众多其他机场采纳,并在实际运营中展现出卓越的成效。

13.1.3　坚持科学研究、科学决策

大兴机场涉及投资巨大,社会影响巨大,建设运营各个阶段变数较大,具有不确定性和复杂性,特别是那些对科技进步、环境保护、社会发展及民生等内容的规划设计,显著不同于一般建设项目。在面对复杂的决策时,大兴机场始终秉持"科学研究、科学决策"的原则,坚持从全生命周期的角度出发,从系统发展的角度出发,综合运用工程技术、科学技术和经济管理等多学科的研究方法进行深入论证,确保决策的客观性和科学性,有效控制了潜在的风险。例如,大兴机场的选址过程中,既要考虑到风向气候等环境因素要求,又要考虑到大兴机场到首都市中心距离的要求,还要考虑到大兴机场征地成本的要求,更要考虑到首都机场出港飞机航线和禁飞区的要求。因此构建合理的选址模型,遵循客观规律和主要要求,在科学研究的基础上实现科学选址成为大兴机场选址成功的重要基础。坚持科学研究、科学决策理念,做到"事事有依据",能够为未来的大型基础设施工程项目决策提供有价值的借鉴。大兴机场充分调动了设计团队的主观能动性和自主创新意识,并尊重原创精神。

13.1.4　坚持建设运营一体化

建设与运营一体化的理念，始终贯穿大兴机场建设运营阶段始终，在提升大兴机场发展的协同性、连贯性、整合性和便捷性方面发挥了关键作用。当代项目管理研究主流普遍认为，运营单位越早介入建设阶段对后期运营管理越有效。在组织层面，在航站楼建设并行期指挥部建立了运营筹备部，当代机场运营方参与建设运营一体化。在个体层面，由于指挥部中大量成员来自集团公司、首都机场及其他已运营机场的工作人员，因而这批专家具有丰富的建设和运营经验，在运营筹备部成立以后，原指挥部人员大量转入运营筹备部，实现人员和知识管理与建设运营的无缝衔接。在项目利益相关者层面，在规划阶段，东航、南航等航司作为机场使用方参与了机场的规划，将东航、南航的规划建设与机场建设有机结合，并在规划执行时与相关航司反复沟通，更有利于项目交付时航司接收。大兴机场投入运营后，为进一步巩固和提升一体化实践成果，实现理念的体系化和制度化，建设机构与管理机构联合场内相关单位，共同组建了北京大兴国际机场建设运营一体化协同委员会。通过建立项目、课题、人才和问题督办四个数据库，实现战略发展、核心竞争力和技术创新的深度融合。利用后续建设机遇，大兴机场大力发展新型基础设施，推动建设与运营在更高层次上的融合。

13.1.5　跨组织、平台化的规划

大兴机场定位高、规模大、项目全、单位多、时间紧，规划设计难度在中国民航建设史上前所未有，"协同高效"的跨边界、平台化是大兴机场规划集成的重要理念。大兴机场的组织协同不同于一般建设项目业主方与参建方的协同，而是"横纵双向立体式协同"。既需要考虑与规划设计单位等参建单位的纵向协同，又需要考虑与机场使用单位和航司、中航油等未来使用单位的横向协同。因此，大兴机场建立了纵向推动、横向协调、整体覆盖的跨边界协同平台，设计了"主体设计例会——指挥长联席沟通会议"的沟通机制，对于推动业主、设计人员和其他相关方的专业协作起到重要作用，对于其他大型基础建设项目来说，跨边界协同平台具有可复制、可推广性。

13.1.6　坚持与城市管理相融合

大兴机场在规划阶段，便考虑与城市规划理念、管理手段和发展的融合。在规划理念上，打破机场与城市之间的壁垒，将机场融入城市片区控制性规划，由单一的交通基础设施功能转变为与城市融合发展的综合性服务功能；在管理手段上，将城市管理方法与民航行业、机场管理方式相融合，编制控规、打造海绵机场、建设地下综合管廊等；在战略发展上，着重研究机场与临空经济区的规划布局、交通对接、资源对接和产业对接，打造机场与临空经济区协作紧密、分工合理、优势互补的发展格局。

13.2 大兴机场规划设计创新

13.2.1 创新规划,合理布局

在规划和设计阶段,创造性地将绿色指标、生态指标、信息智能化指标融入设计方案中,改变了以往设计方案和绿色指标、生态指标、信息智能化指标"两张皮"的局面,在设计起始阶段就给基层设计人员树立了绿色机场、生态机场、智能化机场的设计意识,在设计过程中能够全过程考虑这些问题,避免设计人员因绿色、生态、智能化"不交圈"而产生的后期内耗和重新设计。

大兴机场航站楼项目建设中使用了 BIM 智慧管理平台,实现了基于 BIM 的航站楼全寿命周期管理,打通航站楼建设期与运营期,实现共用一个模型,共享相同数据;实现了 BIM 技术全覆盖,基于数字孪生实现预建造和预运营,从而达到空间、时间和资源最优化配置。

大兴机场在规划过程中,还全面运用计算机仿真技术,取得丰硕成果。鉴于北京首都功能的多项空管限制,使得机场跑道的空域设计具备极大难度。大兴机场首次全面运用计算机仿真技术,在充分论证必要性和可行性的基础上,创新性地规划了带有侧向跑道的"全向型"跑道布局,既减少了与首都机场已有航线空域叠置的风险,又满足首都禁飞区需求,还优化了跑道的空间布局,使得跑道运行效率达到世界先进水平。

货运区充分考虑机场货运需求和转运需求,首先,合理预测货运量,通过分期建设的方式提升货运区的运行效能。其次,基于 GIS 对平均运输距离、平均运输时间、高速路至货运区距离、平均运输时间等指标数据进行提取收集,科学论证。再次,采用 BIM 技术对远期规划货运区进行模拟,确定货运区、快件区动线布局。最后,针对收发货物和站台集放使用 BIM 技术进行模拟,确定建筑构型,实现与航站楼的有效协同。

13.2.2 规划设计"以人为本"

指挥部始终以"为旅客服务"为使命。不单纯强调机场的规模有多大、功能有多完备等技术参数,而是更注重旅客在机场系统内获得的良好体验和增值为使命。

"三纵一横"的"全向型"跑道不仅解决了航线空域叠置的风险,侧向跑道的使用还减少了对城市居民的噪声污染,体现了以人为本的理念。

根据年客流量 7 200 万人次的规划,结合旅客使用便捷度和资源分配使用情况,指挥部选择了建设一座 70 万 m² 航站楼的方案,并采用中央放射的五指廊构型。这种构型的最大特点就在于指廊短,旅客安检后从航站楼中心到最远端登机口约

600 m，步行时间不超过 8 min。步行长度适宜，是旅客最直观的感受。五指廊构型同样带来了 4 km 的空侧延展面的长度，设置 79 个近机位，优于同等规模机场，可以让更多航班靠桥，让旅客减少乘坐摆渡车。

旅客同侧进出航站楼，车道边长度不足是个难题。其技术复杂性体现在：第一，大兴机场航站楼面临年 7 200 万人次的旅客进出港流量，均需要通过陆侧车道边进行疏导。第二，由于单体航站楼特性，要保证空侧延展面有效长度足够长，使得陆侧延展面有效长度过短，不利于客流疏解。面对上述困难，大兴机场充分考虑"以人为本"，创造性地提出"双层出发车道边"的客流疏解方案，旅客在三层、四层都可以落客，同时车道边设计为双侧，进入航站楼并办理乘机手续，可保障客流高峰时段旅客快速进出港，减少了旅客等待时间。

13.2.3　全生命期贯彻绿色理念

为明确大兴机场绿色建设目标与实施路线，2011 年 5 月，集团公司组织召开了"北京新机场绿色建设国际研讨会"，邀请国内外知名专家对大兴机场绿色建设进行了专题研讨，同时委托专业单位启动绿色机场主体研究工作。2012 年 3 月，陆续发布绿色建设纲要、框架体系、指标体系，确立了绿色建设体系架构，制定了绿色建设的实施路线，用于指导机场全局性绿色机场建设工作。

为确保绿色理念在机场的全过程贯彻，大兴机场以基本建设程序为基础，建立了一套指导—复核—优化—确认的绿色建设实施程序，如对于设计单位，针对主要功能区的绿色设计，指挥部多次组织评审会开展符合性审查，进一步优化绿色设计，确保绿色建设更加科学合理，指挥部向所有参建单位提出共同遵守的要求，并敦促其切实采取有效措施将上述指标或要求贯彻落实到工程规划、设计、施工等工程建设各环节，及时将相关情况反馈指挥部，与参建单位共同推进绿色理念在大兴机场建设全生命期的有效贯彻。

为促进绿色机场建设，大兴机场重点把控 7 个关键环节，包括绿色规划、绿色设计、绿色深化设计、绿色采购与施工、验收与总结、计量与验证、绿色运行，在项目的全生命周期广泛应用了各类绿色技术。

大兴机场按照绿色机场规划的目标要求，秉承理念创新、管理创新、技术创新的创新驱动理念，经过全过程的贯彻落实，形成了一批绿色建设亮点，达成了五大目标定位，获评为"北京市绿色生态示范区"称号（北京市 2018 年仅两个项目获得此荣誉），建成了大兴机场全面绿色机场建设样板。例如，机场"全向型"跑道在规划、设计、施工等工程建设各环节贯彻绿色理念，这种跑道构型的优势在于滑行距离短，经测算，这种跑道构型节能效果显著，相较于传统全平行的跑道，每年减少碳排放约 5.88 万 t。侧向跑道和平行跑道并不是完全垂直，而是偏转了 20°，避开廊坊城区发展区域上空，起飞越过永定河滞洪区,大大降低噪声影响。航站楼设计已先后获得绿色建筑三星级认证、节能建筑 AAA 级认证,树立了绿色节能全新标杆(孙京超,2019)。机场各项目的绿色机场建设效果显著。项目核心工作区、生活服务区、航空食品及地面服务区获得北京市绿色安全样板工地,核心工作区获得全国建筑业绿色施工示范工程;核心工作区、生活服务区获得绿色建筑"三星"设计认证。

13.2.4 专项信息系统规划,全面信息共享

前沿信息技术的加速发展及应用,驱动了智慧机场数字化转型趋势。大兴机场以"Airport 3.0 智慧型机场"的运行管理理念为核心,辅以"互联网+机场"的理念,利用云计算、物联网、大数据、移动互联网等新一代信息技术,构建立体感知、全面互联的机场信息系统,实现数据共享和全面协同,一方面支持机场的高效运行、安全运作、优质服务、精细管理,提升营业收入,另一方面全面支撑机场与各业务相关单位的多方协同,提供多方之间进行实时数据共享的能力和广泛协作能力,为各方提供态势预测和主动服务的能力。

面向未来航空发展趋势,大兴机场超前提出专项信息系统规划,将全面信息共享理念广泛应用于各项运营管理平台。大兴机场信息弱电系统设计立足于全机场业务的需要,以支撑"Airport 3.0 智慧型机场"的运行管理理念为核心,以"全面协同"为主要思路,从机场分区管理和业务职能两个维度来建立协同运作的机制,考虑业务协同及信息共享,对专业领域内的应用进行适度集成,构建关键的业务协同平台达到智慧机场所需的主动服务、智能分析和信息共享要求。平台采用先进的技术框架,以云计算平台为基础、自动化运维系统为依托、信息安全系统为保障,为实现 Airport 3.0 智慧型机场的建设打下坚实的基础。该平台是目前全国最大、最先进的机场基础云平台,支持大兴机场非空管类所有业务系统,实现大兴机场信息系统云平台服务。

13.3 大兴机场规划设计管理模式创新

立足于大兴机场规划设计的实践经验,本书提出大兴机场规划设计管理模式的概念,凝练出"一个目标、二元治理、三级组织体系、四型机场、五项管理理念、六项管理机制"的管理模式(图 13-1)。

(1)"一个目标"是指打造大兴机场标杆工程,大兴机场从建设之初就提出了"引领世界机场建设、打造全球空港标杆"的建设目标。对照此目标,建设过程中进行了工作分解,例如在绿色机场方面,大兴机场制定并发布了《绿色建设指标体系》,从"资源节约、环境友好、高效运行、人性化服务"四个方面提出了 54 项绿色建设指标,并以此为标准对标国内外机场。建设过程中,机场广泛应用太阳能、地热能等可再生能源,屋

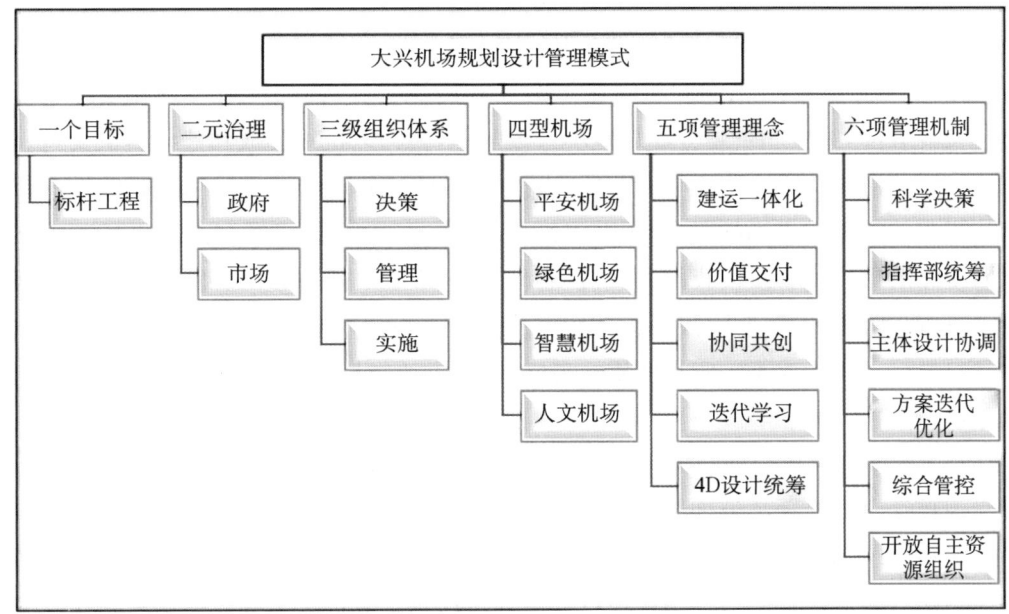

图 13-1 大兴机场规划设计管理模式

顶安装了大面积的太阳能电池板,地热能系统则为供暖和制冷提供了可持续解决方案。同时,选用了低碳环保的建筑材料,采用了先进的施工技术,如再生材料和低挥发性有机化合物(VOC)涂料,减少了碳排放和环境污染。通过这些措施,大兴机场在绿色建筑领域树立了标杆,为未来的机场建设提供了宝贵经验。

(2) 二元治理是指重大工程均处于"政府—市场"二元治理的环境之下,大兴机场亦是如此。政府作用方面,由于重大工程的公共属性和多重目的,其治理往往具有"例外"特性和"特别体制",甚至涉及到国家干预。市场作用方面,由于重大工程的规模巨大、技术复杂,需要调用大量的社会资源来完成,又往往具有一次性,故过度的政府参与会降低项目的成功率(李永奎,等,2018)。大兴机场项目需要举民航局之力来推动实施,同时,为获得较好的经济效益,不可避免需要通过市场竞争模式降低潜在成本,实现价值交付。

(3) 三级组织体系是指大兴机场组织过程中的决策、管理、实施机制。其中,集团公司和指挥部作为三级组织体系的核心枢纽,连接民航局政策、推动市场化运作,并协调规划设计任务,优化设计方案,起到了关键的管理作用。

① 在决策层面,大兴机场建设反映了党中央、国务院及中央军委的战略智慧,以及国家发改委的决策作用。民航局、北京市、河北省和指挥部的"3+1"机制解决了跨部门、跨地域的协调问题。

② 在管理层面,各指挥部通过联席会议和例会,确保单位间协调。在规划和建设中,指挥部通过一月一次的联席会议解决机场与各航司、中航油等机场使用方之间的

矛盾，通过半月一次的例会解决机场与规划设计院之间的矛盾，保证工作过程中不断发现问题解决问题，横向问题和纵向问题均得到全方位及时解决。

③ 在实施层面，设计单位通过定期会议和协调机制，高效推进规划和设计工作，优化资源分配，解决职责划分和规范不一致问题，为大兴机场的成功建设提供支持。

（4）"四型机场"是民航局颁布的《中国民航四型机场建设行动纲要（2020—2035年）》提出的最新对机场的要求，即平安机场、绿色机场、智慧机场和人文机场，这是当前乃至今后很长一个阶段我国大兴机场规划设计坚持不懈的追求目标。通过规划设计及其管理过程的实施，大兴机场全面贯彻落实民航局"四型机场"的建设要求，在众多评价指标上均建成了一座具实质性意义的"四型机场"，为今后高效运行奠定了坚实的基础。

（5）五项管理理念分别为建运一体化管理理念、价值交付理念、协同共创理念、迭代学习理念、4D设计统筹理念。

① 建运一体化是将建设和运营两个阶段紧密结合，通过整合设计、施工、设备安装、运营管理等各个环节，以确保项目从规划设计到实际运营的高效衔接和顺畅过渡，追求机场工程全生命周期效益最大化。

② 价值交付是在设计管理中，通过优化设计过程来实现预期的业务价值和用户需求。这包括明确需求、定义核心价值、优化设计过程、与利益相关者沟通、实时反馈和改进，以确保最终交付的项目能够有效满足目标和期望。

③ 协同共创是通过多方合作共享资源和知识，共同决策来实现设计目标的一种管理理念。在设计管理中，它强调跨学科合作、信息共享和持续优化，以提高设计的创新性和效果。

④ 迭代学习是通过反复试验和反馈来逐步优化设计和管理过程的方法。在设计管理中，它指通过不断测试和调整，根据实际反馈改进设计方案，从而提高设计质量、减少风险、提升效率和促进创新。

⑤ 4D设计统筹理念是一种从最终目标倒推各项目间互动的管理方法，通过优化各子项目的协作关系和资源配置，特别是强调时间资源与空间资源的统筹考虑，以提升整体效率和效果。这种策略结合设计管理理念，通过逆向思维、交叉协作和动态调整，确保项目群各部分协调一致，促进系统集成和持续改进。

由于标杆示范理念已体现在一个目标之中，综合集成理念、创新发展理念可应用于所有重大工程之中，各类出版物论述已较为丰富，非大兴机场所独有，因此未作为特点放入模式之中。

（6）六项管理机制包括科学决策机制、指挥部统筹机制、主体设计协调机制、方案迭代优化机制、进度综合管控机制和开放自主设计的资源整合机制。

① 科学决策是指将决策系统的各要素视为一个整体，综合考虑内部和外部因素，

采用系统思想和系统方法进行决策的过程。它强调建立综合的联系观点,将决策系统各要素和周围环境视为一个整体系统来研究,以系统整体的目标为根本,在追求整体利益的前提下,实现相对满意的结果。系统决策机制通过收集和分析全面的决策信息,运用科学的决策理论和方法,指导决策者做出更加全面、系统、科学的决策。

② 指挥部统筹是指通过以指挥部为核心的自上而下的层级管理和协调,确保各级规划目标、设计方案、实施步骤及资源配置在时间上前后衔接、在空间上相互协调、在逻辑上紧密关联的一种组织和管理方式。统筹机制强调从总体战略规划出发,逐级细化至具体实施方案,同时保持各层级之间的信息畅通与反馈循环,以确保整个规划设计过程的高效性、一致性和可持续性。

③ 主体设计协调是指大兴机场的规划设计管理具有系统性,在跨组织边界管理的基础上,建立平台化、常态化、全面化的管理机制,以主体设计单位为载体,将众多相关方聚集在一个管理平台上,建立问题库动态管理机制,定期统计各相关方之间需要协调解决的问题,组织召开集体协调会议,对各项问题解决情况进行跟踪和督办,评估现场实施效果。在不同的管理层面,规划设计管理团队建立不同的协调机制。

④ 方案迭代优化是一种基于反馈和持续改进的设计方法,通过循环往复地评估、调整和改进,使规划设计方案逐步趋于完善。在每一个迭代周期中,规划设计团队对现有方案进行详细评估,收集各方反馈和数据,识别潜在问题和优化空间。通过综合分析和权衡,提出改进方案并进行实施。经过多次迭代,不断优化设计细节和整体布局,最终实现规划设计的高效性、科学性和前瞻性。

⑤ 综合管控是一种集成多维度监控与管理的系统性方法,旨在确保规划设计过程的整体协调与高效运作。综合管控机制包括风险评估、进度控制、资源配置、质量监督等多方面,通过定期审核和反馈机制,及时识别并解决潜在问题,确保各项规划目标的有序推进和最终实现。

⑥ 开放自主资源整合是指一种以协同创新和资源共享为核心的设计方法,该方法旨在吸收与整合不同专业、不同国家与不同文化下的设计理念和方法,结合自身特点和发展要求,以国内优秀设计资源为主体,形成具有标杆性、引领性的设计方案。

本书阐述规划设计管理机制时,提到规划设计评审论证机制,它是所有项目必须完成的流程性项目,虽然大兴机场规划设计管理过程中大量采用了各类专家评审、论证的方式,由于所有项目都有不同程度采用,本书未将其作为特色内容放入大兴机场规划设计管理模式之中。

第 14 章
未来大型机场规划设计与管理展望

在新一轮科技革命和产业变革带动下,各种突破性、颠覆性理念与技术集中涌现,并不断交叉融合、相互促进、迭代升级,驱动产业变革与社会发展。上述新变化使机场发展面临新趋势。大兴机场在追求卓越的实践探索中,总结了一系列具有前瞻性的理念与方法,为未来大型机场的规划设计与管理工作积累了宝贵的经验。本章包括两部分,一部分是梳理了未来机场的发展趋势,另一部分是从宏观、中观和微观三个层次对大型机场的规划设计与管理工作进行了展望。

14.1 未来机场的发展趋势

未来的机场呈现个性化、智慧化、综合化、绿色化和一体化的发展趋势,为规划设计与管理工作带来了新的机遇和挑战。

14.1.1 个性化:高效、便捷和多元化的出行体验与需求

未来机场需要不断满足旅客的个性化服务需求,为其带来高效、便捷和多元化的出行体验。虚拟现实等新技术会改善旅客体验,带来更舒适的候机环境、更丰富的商业配套设施以及更多的休闲娱乐选择。不仅限于机场,在整个旅途的任何时候都能为旅客提供其所想要的服务,如轿车接送服务、为经常出行的旅客提供快速审批和便利等。同时,家中、办公室或酒店、高铁站、地铁站等都可能成为旅客提前办理值机和行李托运业务、解放双手的地点。

14.1.2 智慧化:安全而精简的程序

未来每个人将拥有一个"数字身份",利用旅客的数字身份,可对风险进行持续评估。数据的敏感元素仅由政府使用,出于边境安全目的,航空公司不再负责处理旅客数据。旅客及其行李通过走廊中的自动检查站时将被自动识别,传感器通道将代替传

统的物理安检。未来机场将能够进行独立的思考,利用 5G 网络、传感器及少量专用硬件,从整个机场和航空公司运营中获取数据,使用数字孪生技术为所有利益相关方提供实时运营支持,以可视化的方式模拟和预测未来,提高运营效率。

随着智慧交通技术的发展,无人驾驶车辆有望为旅客提供更加安全、高效、便捷的出行体验。无人驾驶车辆将通过自动驾驶技术和人工智能的结合,打造机场内部的智能交通系统。旅客可以通过手机等终端设备预约无人驾驶车辆,无需等待和寻找停车位置。此外,无人驾驶车辆的自动化特性也使其在人车配对、装卸行李等环节更加准确和高效。随着自动化技术的发展,诸多传统的地面服务和安检程序将实现自动化,以减少人力成本。

14.1.3　综合化:协同而创新的整体运营

随着综合交通化的发展,机场将演变为巨大的飞行"停车换乘"中心。更加综合化的机场要求每一次旅程中,至少有 10 个以上不同的运营单位参与。各驻场单位与整个互联机场生态系统的协作将变得尤为重要。更复杂的出行方式、更个性化的旅客需求、更智慧化的设备设施,将使机场变成一个巨大的创新孵化器,各种新技术、新设备、新服务将不断涌现,让未来的机场运营更具综合化与创新性。

民航运营的系统性强,需要航空公司、机场、空管三大主体的高效协同。不仅一个机场各驻场单位需要信息共享、协同决策,更重要的是,民航航班是跨区域运行的,地空协同、区域间机场的运行协同同样需要共享平台作为支撑。数据共享、协同合作理念的深化推动 A-CDM 系统(机场协同决策系统)不断发展,使民航各驻场单位的协同决策、空地一体化、区域一体化成为现实,技术变革带来了运营工作程序和管理机制的综合化转变。

14.1.4　绿色化:绿色低碳的高质量发展

未来机场的发展趋势将更加注重绿色化,致力于高质量推进环境友好、低碳发展目标的实现。首先,以高新技术助力低碳减排,注重在规划设计到建设运营的全生命周期内实现资源节约,加快构建清洁低碳、安全高效的能源体系,探索推进光伏发电、高效蓄能、地源热泵、绿色电力等多种能源协同的综合能源利用项目。其次,以智慧管理推动环境友好,以大气、水质、固体废物、噪声四大环境要素为重点,聚焦源头防控、过程管控、末端治理三个阶段,加强智能环境基础设施建设,搭建智慧环境管理综合平台,引领机场环境管理向更加精细的方向发展。再次,把握碳排放重点环节,通过采用电动车辆、APU 替代设备、可持续航空燃料等措施,显著降低碳排放。最后,以评促建、以评促改,探索推广实施绿色和碳排放认证,以评估机场对于绿色发展和节能降碳所付出的努力,推动其形成自觉、自省、自律、自查、自纠的高质量发展文化。

14.1.5 一体化:航空港与城市融合发展

以机场为核心的临空经济区成为资源要素重新组合的"战略节点",在其周围不断聚合航空指向性的高端产业和产业高端环节,打造城市和区域发展的"新引擎和增长极"。除临空相关产业外,机场还不断集聚居住、休闲、商业、教育、医疗等功能,"航空枢纽港+临空产业+航空新城",使机场片区从传统的运输功能区发展为产城融合的城市新空间,甚至影响整个城市(群)的发展走向和功能重塑。将航空功能前移至中心城区及周边城市,是大兴机场服务京津冀协同发展国家战略的具体举措。以大兴机场为中心点,京津冀"一小时交通圈"基本形成。大兴机场空地联运体系持续完善,陆续投运草桥、涿州、固安、廊坊4座城市航站楼,提供从"家门口"到"登机口"的一站式便捷出行服务。大兴机场临空经济区带来辐射效应,有助于整合京津冀城市群的科技、产业、人才等资源。

14.2 大型机场规划设计与管理的展望

大型机场的规划设计与管理是一个复杂的巨系统,不仅关系到机场自身竞争力的提升,还对区域高质量发展、国家战略布局甚至全球化进程带来了深远影响。根据机场的未来发展趋势以及大兴机场实践探索中积累的宝贵经验,大型机场需要从宏观、中观和微观三个层次把握规划设计与管理工作。其中,宏观层面需要从机场的战略布局、区域关系、功能定位加以研判;中观层面需要洞悉机场与城市和行业的关系;微观层面需要面向机场的高效运营把握规划设计管理策略。

14.2.1 宏观层面:研判战略布局、区域关系与功能定位

大兴机场的投运将对提升北京航空枢纽的竞争力发挥关键作用。随着运能逐步释放,大兴机场将成为东北亚地区重要的航空枢纽,与首都机场协同推动京津冀世界级机场群的发展。从宏观层面审视,大型机场的规划设计与管理应始终立足于全局高度,坚持五大发展理念,将机场的发展融入服务国家战略、服务区域发展、服务社会大众的布局中,在更高层次上发挥作用。

首先,不断崛起的区域型大型机场应深刻理解更高层次的要求。大型机场需要进一步提升航空运输网络效率,着眼提质增效,持续提升高空运输的通达性,推动以枢纽机场为核心的综合交通体系建设,不断提高大型机场在综合交通运输体系中的地位和占比,在高质量发展和国内国际双循环中发挥更大作用。特别是随着政策调整,大型机场需要灵活地加以应对,以保证战略稳定性与环境动态性的统一。

其次,大型机场临空区需要统筹与区域发展的关系。临空经济区作为依托大型机

场形成的经济发展走廊,整合物流、人流、资金流、信息流,形成以临空指向产业为主导的经济发展模式,成为区域发展的新引擎和增长极。大兴机场临空经济区的控规明确了其定位,包括国际交往门户区、创新开放引领区、和谐宜居实践区和港城融合示范区,旨在通过临空经济区的发展,提升北京国际交往中心功能,辐射带动周边地区转型升级。因此,通过规划引领、产业集聚、开放发展和港产城融合等策略,大型机场临空区正成为推动区域发展的关键区域。

最后,应准确把握大型机场的功能定位,体现其作为头部交通枢纽的重要支撑作用,通过统筹规划设计、空铁联运、信息服务一体化,因地制宜打造国际航空枢纽,构建具有特色的快速交通运输服务体系,打造"韧性机场"和"绿色机场"。具体而言,大型机场需要加强不同规划间的有效统一,如机场建设规划、城市总体规划、城市交通发展规划,推动不同运输方式间的技术标准规范统一,形成"航空 + 高铁"的快速交通运输服务体系,通过不断完善 A-CDM 系统,提升枢纽机场的信息服务一体化水平。在复杂、多变和不确定的乌卡时代,大型机场需要从时间、空间等维度加强应对极端天气等各类突发事件的韧性水平,更多采用绿色材料和技术,减少机场的碳排放,推动"碳中和"目标的实现。

14.2.2　中观层面:洞悉城市与行业发展趋势

从中观层面审视,大型机场规划设计需要洞悉城市(群)的发展趋势。首先,城市群作为新型城镇化的主体形态,需要构建一体化的交通网络,提升互联互通水平。大型机场作为关键节点,需要在规划设计时考虑与城市群内部其他交通方式的融合,如高速公路、城际轨道等,以实现便捷高效的换乘。其次,随着城市群的发展,机场群的功能定位和空间布局需要与之相适应。例如,京津冀地区机场群的发展表明,航空需求持续增长,需要优化机场群的功能结构和空间布局,以适应区域高质量发展的要求。最后,城市群的扩张和一体化要求大型机场成为综合交通枢纽。机场规划设计需要强化与其他交通方式的连接,如高铁、地铁等,实现空地协同,提升机场的辐射能力和服务范围。

大型机场与高铁之间存在竞争与合作的双重关系。高铁的发展对航空市场既是挑战也是机遇。高速铁路网的发展对短途航线的冲击尤为显著。当运输距离小于 1 000 km 时,高铁对航空市场的冲击显著,而运输距离大于 1 400 km 时,航空市场的优势更加突出。大型机场规划设计需要适应短途市场的冲击,通过预留铁路引入条件、建设地下交通中心等措施,实现与高铁、地铁等轨道交通系统的有效整合与衔接,特别是发挥高铁的快速集散优势,将机场的服务范围扩展到更远的地区,例如将"1 小时辐射圈"拓展到 300 km 半径范围,从而吸引更多的中转旅客量。高铁可以作为枢纽机场的支线航班,与机场形成互补,通过智慧机场的建设,实现空铁联运信息系统的一体化，共同构建"轴辐式"网络。

14.2.3 微观层面：把握规划设计管理策略

为将宏观层面的战略研判和中观层面的趋势分析与微观层面的规划设计与管理工作实际相结合，需要重点把握"五个坚持"和"四个探索"，其中"五个坚持"属于策略实施的指导原则，而"四个探索"属于策略实施的参考思路。

1. "五个坚持"

1) 坚持复杂系统思维

复杂系统思维是一种多维度、跨学科的思考方式，它强调系统内部各部分之间的相互作用和整体性，以有效应对大型机场面临的复杂挑战。具体而言，大型机场规划设计与管理工作所面临的复杂挑战涉及多方面的因素，如跨专业集成、大规模资源配置、技术难点、项目总体控制、利益相关者协调、环境与社会影响评估、数字化转型、应对不确定性的能力等。上述因素相互交织，要求规划设计与管理不仅要有高度的技术集成化和专业化，还要具备卓越的组织、协调和应变能力，面向运营阶段预判技术、行业和市场的变革趋势，以实现工程整体功能效用的最大化。

作为空地一体化交通枢纽工程，大兴机场高标定位、地跨京冀、军民融合，总投资巨大，涉及专业众多，各类要素之间存在着密切的交互作用，因而处于一个复杂的系统之中。大兴机场通过分层级的规划设计，进行"复杂性降解"，以更好把握专业细节问题。但分解属于"还原论"的认识路径，可能会破坏对系统整体的认识。因此，在"复杂性降解"的同时需要结合工作的愿景目标"复原"复杂性，保持对工程的整体认识，以避免局部最优而整体次优情况的出现。

未来机场的规划设计工作需要以复杂系统思维认识和驾驭问题，在保证问题分解后可操作的同时，要坚持"复原"的思维保证对问题整体性的认识，实现工程整体的最优化。专业和工作层级分解得越细致，复原的难度就越大，甚至还需要对"降解"造成的认知"损失"进行补偿。如何合理地把握"复杂性降解"的度是规划设计与管理工作不断探索的方向。

2) 坚持创新驱动意识，形成试错容错氛围

创新是第一生产力。规划设计工作的创新一方面能够提高工程的效率和安全性，降低成本，另一方面还能推动技术进步，满足多样化的运营需求。创新驱动的意识贯穿在大兴机场的规划设计工作中，如国内首个全向型跑道构型设计、集中式的航站楼放射性指廊布局、将天然光引入双层桥的设计等。在乌卡时代，要以创新驱动意识不断探索和尝试新的规划设计解决方案应对和满足重大工程的可持续发展要求，从而创造出更加优秀的工程作品。以创新驱动意识引领规划设计工作，关键在于确保技术创新和体制机制创新双轮驱动平衡发展。

本质上,创新是一个不断试错与改进的过程。面对未知的技术或方向,需要不断去探索和求证。例如,鸟击防范一直是机场航空安全方面的重要事项。为了验证、提升鸟击防范效果,大兴机场建成了鸟防实验场,试点安装了探鸟雷达,通过不断尝试和探索形成了系统的防控体系。在机场规划设计过程中,需要营造鼓励创新、合理容错的氛围,激发相关单位的积极性和创造性,不断推动新模式、新方法、新技术的应用。

3) 坚持全生命周期价值最大化原则

全生命周期是指从规划设计、施工建造、运营维护,再到工程改造、更新,直到工程退役或自然终结的完整过程。规划设计阶段与施工建造阶段是紧密相连的,但如果与运营维护阶段存在割裂,将会给未来机场的运营带来巨大的隐患。大兴机场的规划设计与管理不仅立足于特定的阶段,而是旨在对工程进行整体性的统筹和协调,如"分批设计"为施工建造赢得更多的时间、以综合效益最大化为目标发挥规划设计管理团队的专业协调和指导作用。

传统意义的工程项目管理着眼于进度、质量和成本等目标的实现程度。未来的工程项目管理正在从进度、质量和成本的"铁三角"目标系统转向更为广阔的价值交付系统,关注运营期内工程所能带来的综合价值。从项目交付(project delivery)到价值交付(value delivery),以全生命周期价值最大化原则指导规划设计工作。为充分实现机场运营期内的价值,增强用户的使用便利性、改善设施的可维护性,建议规划设计单位协同施工单位,为运营单位编制使用说明书,使其能够深刻把握机场的规划设计理念、技术功能特征、维护保养技巧等内容。

4) 坚持工程共同体建设

工程共同体是一个以共同的工程范式为基础,集结了为实现同一工程目标而组成的有层次、多角色、分工协作、利益多元的复杂网络。大兴机场规模庞大,涵盖30大项和120个子项目,涉及40余家专业规划设计单位,共同服务于工程规划设计的目标,通过集体行动,推动规划设计工作的顺利实施。大兴机场在考虑工程共同体时,深刻把握了工程共同体中组织之间的跨界关系和分层关系,通过"目标导向+问题驱动"充分发挥了主体设计单位的协调作用,推动了"跨边界、平台化"的协同。未来可以将工程共同体进一步拓展为工程社会责任共同体,探索跨组织协同的有效网络治理模式,探索打造全面伙伴关系。

5) 坚持以开放心态推动自主高质量发展

重大工程既要积极拥抱国际经验和技术,又要保持本土的自主创新能力和特色发展路径。大兴机场的规划设计走出了一条兼容并包、开放自主的道路。在规划设计阶段,大兴机场广泛借鉴国际机场的成功经验,如绿色机场建设、高效中转流程设计等,提出了"低碳机场先行者、绿色建筑实践者"等目标定位。在航站楼建筑方案国际招标中,大兴机场吸引了全球顶尖设计团队参与,最终形成了体现出机场设计行业高超智慧和精湛水准的方案。在开放的过程中，大兴机场坚决避免照搬照抄，破除"世界大型机场怎么干我就怎么干"的思维定式，充分考虑自身地域和市场环境的特点，把握机场发展理念和路径的差异化。平衡开放和自主是一个复杂的过程，未来的机场规划设计需要在充分利用外部资源和保持自主创新之间找到合适的平衡点，在兼顾开放中走出一条立足工程特色、独立自主的中国式现代化道路。

2. "四个探索"

1）探索"规投融建营"一体化

规划是依据，投融资是手段，建设是桥梁，运营是目的。要将规划、投融资、建设、运营多位一体 DNA 注入工程管理全过程，推动机场规划、设计、建设、运营一体化衔接，实现工程管理组织协同、业务协同、节奏协同，不断提高机场发展的协同度、衔接度、融合度和便捷度，全力追求综合效益最大化。

规划方案是工程实施的蓝图，合理的规划方案将为工程实施和高效运营奠定基础。"规投融建营一体化"模式是指通过集合规划设计、投融资、建设、运营，实现机场全生命周期的"一体化"整合，从顶层规划设计入手，统筹工程全生命周期的管理，打通工程全生命周期的整条产业链，实现对工程全过程的掌控，对保障机场建设和后期运营维护、满足机场发展需求具有重要作用。"规投融建营一体化"是加快补齐我国机场运力短板，做强做大机场行业的模式创新，将为工程的高质量交付提供新动力。

2）探索综合交通一体化和港产城一体化

《促进综合交通枢纽发展的指导意见》（发改基础〔2013〕475号）、《关于加快推进旅客联程运输发展的指导意见》（交运发〔2017〕215号）、《交通强国建设纲要》（2019年）、《国家综合立体交通网规划纲要》（2021年）、《关于全面推进城市综合交通体系建设的指导意见》（建城〔2023〕74号）等指导文件的出台为构建高效便捷的综合交通枢纽指明了发展路径和方向。面对综合交通一体化的发展趋势，一是需要机场的规划设计更具有前瞻性、整合性、灵活性；二是需要规划设计管理的对象不再局限于机场本身，而是从构建整个大型综合交通枢纽的角度，甚至整个区域发展的角度出发，推动民航与其他不同交通方式的衔接，其中最为关键的是加强不同运输方式标准统筹协调，制定综合交通枢纽、多式联运、新业态新模式等标准规范，打破传统壁垒，实现多交通方式的互联互通；三是需要规划设计管理的手段更加现代化，为后续机场运行高度自动化、各方信息协同化预留条件；四是需要搭建综合交通规划设计协同平台，使沟通交流更密切，规划设计更协同；五是强化不同交通方式之间的物理连接和信息共享，实现无缝换乘和联程服务，建立动态的评估和调整机制，根据实施效果变化，及时优化交通发展策略。

大型枢纽机场是城市经济发展的动力源，包括大兴机场在内的诸多大型机场，均以航空港为依托，以临空产业为基础，打造涵盖航空客流、物流产业在内的临空经济区。早期是机场自身发展的"航空港发展阶段",以机场基础设施的规划建设为主;目前逐渐发展到以货运物流为代表的临空产业聚集和产业链延伸、整合的港产"联动发展阶段";未来的发展趋势可能是规模扩大、全产业链、功能完善、高效协同运营的"港产城一体化"。实现"港产城一体化",需要把机场、临空产业、航空城规划的目光聚焦在"全生命周期"和"全产业链"上,在时间和空间两个维度推动工程的可持续发展。一方面在时间维度上注重临空产业从项目策划、立项、可研、规划、设计、施工,到运行、经营、维修维护、改扩建全生命周期的策划;另一方面,在空间维度上追求港产城一体化,从打通机坪、货运站、仓储区、监管区、保税区,到各种加工生产区、综合保税区、自由贸易港区,以至生活服务区、商务区、金融贸易区等之间的联系,将机场的发展思路从分散、局部,向关联、整体转变。

3) 探索数智化技术赋能

数智化的时代共同构筑了大型机场新的发展蓝图,大交通行业迎来数字化转型的高速发展期。大型机场将更多采用数智化技术提高运营效率和旅客体验,如智能行李追踪、自助值机和智能安检等。随着民航业的数字化水平由高速增长向高质量增长转变,大型机场也迈向"数字机场"时代,从 3D 机场、4D 机场、5D 机场向 XD 机场不断拓展。

数字化转型是一个循序渐进的过程,在设计和建设大兴机场时,我国的 BIM 应用刚刚起步,大兴机场虽然前瞻性地应用了 BIM 技术,但从全生命周期的角度审视,其 BIM 的应用尚存在诸多拓展空间。随着 BIM 体系和技术的发展,BIM 应用呈现"全阶段、全专业、全参与"的趋势。全阶段,即数字化技术涵盖工程规划设计、施工、运营等各阶段工作;全专业,即数字化技术应用实现建筑、机电、弱电等专业全覆盖;全参与,即数字化技术应用实现设计、施工、监理、造价等相关单位全参与。在工程竣工后,将出现一对"孪生"机场——一个实体机场和一个数字机场。未来随着技术的不断进步,BIM 将与地理信息系统、云计算、物联网、3D 打印、人工智能等技术深度融合,机场规划设计管理也将由平面绘图向全景呈现转变、由静态展示向动态仿真转变、由阶段性向全生命周期转变。

4) 探索从规划设计、建设到运营全过程总控管理

总控管理是项目管理理论结合企业控制论发展而来的管理模式,强调以数字化技术为手段,对工程项目中的信息进行收集、处理和传输,以信息流指导和控制工程项目的物质流,为管理层提供战略性和全局性的决策支持。受到不确定性因素多、资源分配与协调困难、跨部门与团队协作不畅、技术复杂性与创新要求高、变更管理与风险控制难度大以及进度监控与调整任务重等问题的影响,重大工程往往面临着项目目标管理的挑战。

大兴机场在进度目标控制、设计变更协调等环节充分发挥了总控管理的重要作

用。通过分层次的计划编制、过程跟踪管控，大兴机场顺利实现了"2019年6月30日竣工，9月25日开航"的进度目标。在借鉴大兴机场实践经验的基础上，未来的总控管理将进一步延伸至工程的规划设计等全生命周期各个阶段，加强规划设计、建设与运营阶段的衔接。

参 考 文 献

[1] 苍永宏.重大工程项目协调推进机制建设研究[J].项目管理技术,2017,15(1):64-68.

[2] 蔡云楠,李冬凌,杨宵节.空港经济区"港—产—城"协同发展的策略研究[J].城市发展研究,2017,24(7):32-40.

[3] 陈宏权,曾赛星,苏权科.重大工程全景式创新管理——以港珠澳大桥工程为例[J].管理世界,2020,36(12):212-227.

[4] 陈建国,张林煦,唐可为,等.基于建设运筹一体化的北京大兴国际机场工程总进度综合管控计划研究[J].项目管理技术,2021,19(6):88-94.

[5] 陈金仓.民航机场建设运营一体化:理念与工程管理策略[J].中国民用航空,2014,5(177):93-94.

[6] 陈军.基于复杂性降解原理的机场重大工程前期项目管理思路探讨[J].中国市政工程,2024(1):82-85+156-157.

[7] 韩维平,屈连松,穆阳,等.北京大兴国际机场航站楼消防系统设计难点[J].给水排水,2019,55(6):98-102.

[8] 何庶,卢朝阳,王颜颜,等.侧向跑道机场滑行路径优化[J].科学技术与工程,2021,21(20):8695-8701.

[9] 姜凯文,郑斐,陈建国,等.支线机场建设工程总进度综合管控模式研究——基于新疆于田机场工程建设的实践[J].民航学报,2021,5(3):6-14.

[10] 乐云,胡毅,陈建国,等.从复杂项目管理到复杂系统管理:北京大兴国际机场工程进度管理实践[J].管理世界,2022,38(3):212-228.

[11] 乐云,龚云皓,姜凯文.项目治理方式对重大工程双元性实践的影响机制——以北京大兴国际机场为例[J].项目管理技术,2023,21(7):1-5.

[12] 李凯薇,汪水清,胡昊,等.基于IPD模式的高铁建设前期协同管理研究[J].建筑经济,2019,40(10):35-39.

[13] 李迁,李江涛,盛昭瀚.大型工程建设管理的方法论体系研究[J].科学决策,2009(1):6-10+34.

[14] 李雄,陈晓清,卫东选.机场侧向跑道运行模式与容量仿真研究[J].飞行力学,2018,36(1):84-87.

[15] 李永奎,乐云,张艳,等."政府-市场"二元作用下的我国重大工程组织模式:基于实践的理论构建[J].系统管理学报,2018,27(1):147-156.

[16] 梁茹,盛昭瀚.基于综合集成的重大工程复杂问题决策模式[J].中国软科学,

2015(11):123-135.

[17] 刘娜娜,周国华.基于前景理论的重大工程协同创新资源共享演化分析[J].管理工程学报,2023,37(3):69-79.

[18] 卢浩,陈丹鹤,邓树新,等.重大工程设施抗爆韧性设计的思考[J].同济大学学报(自然科学版),2023,51(6):864-873.

[19] 赖华辉,徐峰.上海虹桥机场扩建工程中的变化管理[J].科技进步与对策,2010,27(19):130-133.

[20] 赖振贵,刘福光,梁景晖,等.白云国际机场三期扩建工程航站区给排水设计介绍——消防系统设计及智慧消防技术应用[J].给水排水,2023,59(5):134-139.

[21] 马骁.基于航空货运发展对货运区规划布局方式的研究[J].工程建设与设计,2021(S1):29-33.

[22] 钱学森,于景元,戴汝为.一个科学新领域——开放的复杂巨系统及其方法论[J].自然杂志,1990(1):3-10+64.

[23] 祁俊雄,李珏,王红卫.基于计算实验的施工现场安全适应性分析及其应用[J].系统管理学报,2018,27(1):157-167.

[24] 石永涛,李坤.成都天府国际机场apm捷运系统给排水及消防系统设计[J].给水排水,2019,55(1):71-76.

[25] 束伟农.北京大兴机场航站楼设计关键技术研究[R].北京:北京市建筑设计研究院有限公司,2020.

[26] 沈志远,胡莹莹.考虑尾流影响的侧向双跑道机场的跑道容量研究[J].南京航空航天大学学报,2020,52(1):161-170.

[27] 盛昭瀚.大型复杂工程综合集成管理模式初探——苏通大桥工程管理的理论思考[J].建筑经济,2009(5):20-22.

[28] 盛昭瀚,梁茹.基于复杂系统管理的重大工程核心决策范式研究——以我国典型长大桥梁工程决策为例[J].管理世界,2022,38(3):200-212.

[29] 盛昭瀚,游庆仲,李迁.大型复杂工程管理的方法论和方法:综合集成管理——以苏通大桥为例[J].科技进步与对策,2008(10):193-197.

[30] 盛昭瀚,游庆仲.综合集成管理:方法论与范式——苏通大桥工程管理理论的探索[J].复杂系统与复杂性科学,2007(2):1-9.

[31] 盛昭瀚,薛小龙,安实.构建中国特色重大工程管理理论体系与话语体系[J].管理世界,2019,35(4):2-16+51+195.

[32] 盛昭瀚,游庆仲,程书萍,等.苏通大桥工程系统分析与管理体系[M].北京:科学出版社,2009.

[33] 孙京超.多跑道构型交通流运行仿真分析[D].天津:中国民航大学,2019.

[34] 汪茵,高平,宋蓉.BIM在工程前期造价管理中的应用研究[J].建筑经济,2014,35(8):64-67.

[35] 王陈远,张宗玮,谢坚勋,等.城市片区整体开发项目的"4D设计总控思维"[J].建设监理,2022(3):15-20.

[36] 王凤彬,张雪.用纵向案例研究讲好中国故事:过程研究范式、过程理论化与中西对话前景[J].管理世界,2022,38(6):191-213.

[37] 王维,石燕丹.基于包络线法的大兴机场跑道系统容量分析[J].中国科技论文,2021,16(10):1126-1131.

[38] 王文良,王晓谋.机场建设对周边环境的影响研究——以安康机场工程为例[J].西北大学学报(自然科学版),2016,46(5):746-750.

[39] 王晓群.北京大兴国际机场航站区建筑设计[J].建筑学报,2019(9):32-37.

[40] 王亦知.以旅客为中心——北京新机场航站楼设计综述[J].建筑技术,2018,49(9):912-917.

[41] 王玲玉,葛峰,吴德勇,等.BIM助力北京大兴国际机场凤凰展翅[J].土木建筑工程信息技术,2020,12(4):92-98.

[42] 王孟钧,郭乃正,程庆辉.高速铁路建造技术国家工程实验室产学研一体化模式研究[J].科技进步与对策,2010,27(2):5-7.

[43] 薛小龙,王璐琪.重大工程管理理论演化与发展路径[J].系统管理学报,2018,27(1):192-199.

[44] 薛宽利.关于机场航站区规划和航站楼投标的思考[J].建筑学报,2009(12):83-84.

[45] 杨学兵.机场功能定位再探讨——基于航空运输网络视角[J].民航管理,2022(10):6-10.

[46] 姚亚波,郭雁池,等.多维度融合 一体化管理:北京大兴国际机场工程管理实践[M].北京:中国建筑工业出版社,2022.

[47] 姚亚波,吴志晖.扎根大地的工程哲学:北京大兴国际机场建设的实践逻辑[M].北京:中国建筑工业出版社,2022.

[48] 姚亚波,李强,等.新理念 新标杆:北京大兴国际机场绿色建设实践[M].北京:中国建筑工业出版社,2022.

[49] 姚忠举.大兴机场跑道和滑行道系统规划设计[J].机场建设,2021,2:32-37.

[50] 姚忠举.构建安全高效绿色的大兴机场飞行区[C].北京大兴国际机场"四型机场"建设优秀论文集,上册.北京:中国民航出版社,2020:113-121.

[51] 于景元,周晓纪.从综合集成思想到综合集成实践——方法、理论、技术、工程

[J].管理学报,2005(1):4-10.

[52] 赵鸿铎,李琛琛,刘诗福,等.机场智慧飞行区内涵、分级与评价[J].同济大学学报(自然科学版),2019,47(8):1137-1142.

[53] 赵楠琦,周丽亚,陈小妹,等.港产城融合发展理念下的深圳机场临空经济发展规划探索[J].规划师,2022,38(3):125-131.

[54] 赵莹,刘家宏,梅超,等.大兴机场海绵设施雨洪控制效果模拟[J].南水北调与水利科技(中英文),2023,21(3):512-521.

[55] 张爱林,王小青,刘学春,等.北京大兴国际机场航站楼大跨度钢结构整体缩尺模型振动台试验研究[J].建筑结构学报,2021,42(3):1-13.

[56] 张国华.大型空港综合交通枢纽规划设计技术体系研究[J].城市规划,2011,35(4):61-68+96.

[57] 张君伟.北京大兴国际机场周边水系规划设计研究[J].中国水利,2020(21):71-73.

[58] 张志杰,冯若强,刘峰成.北京大兴国际机场铝合金玻璃采光顶节点试验研究[J].土木工程学报,2020,53(8):38-44+128.

[59] 钟靖,陈小鸿.大型机场轨道交通发展影响因素及衔接模式——以美国东海岸机场为例[J].城市交通,2017,15(2):32-39+59.

[60] 朱建波,时茜茜,盛昭瀚,等.DB模式下考虑公平偏好的重大工程设计施工合作机制[J].系统管理学报,2018,27(5):872-880.

[61] 朱建波,时茜茜,张劲文,等.考虑保险机构参与的重大工程风险管理激励模型[J].中国管理科学,2022,30(6):1-10.

[62] 朱忠义,束伟农,周忠发,等.北京大兴国际机场航站楼中心区屋盖钢结构设计的关键问题[J].建筑结构学报,2023,44(4):1-10.

[63] BAXTER G,SRISAENG P,WILD G. An assessment of airport sustainability, part 2-energy management at Copenhagen Airport[J]. Resources, 2018, 7(2): 32.

[64] BJORVATN T, WALD A. Project complexity and team-level absorptive capacity as drivers of project management performance[J]. International Journal of Project Management, 2018, 36(6): 876-888.

[65] DE NEUFVILLE R. Airport systems planning, design, and management[J]. Air Transport Management: Routledge, 2020: 79-96.

[66] ESPOSITO MA, FOSSI E. Airport Planning and Design: The airport projects development within the Italian regulatory fra-mework[C]//Back to 4.0: Rethinking the Digital Construction Industry. Maggioli SpA, 2016: 118-127.

[67] FLYVBJERG B. Policy and planning for large-infrastructure projects: problems, causes, cures[J]. Environment and Planning B: Planning and Design, 2007, 34: 578-597.

[68] GRAHAM A. Managing airports: An international perspective[M]. London: Routledge, 2023.

[69] GREER F, RAKAS J, HORVATH A. Airports and environmental sustainability: a comprehensive review[J]. Environmental Research Letters, 2020, 15(10): 103007.

[70] GIEZEN M, BERTOLINI L, SALET W. Adaptive capacity within a mega project: a case study on planning and decision-making in the face of complexity[J]. European Planning Studies, 2015, 23: 999-1018.

[71] HONE D, HIGGINS D, GALLOWAY I, et al. Delivering London 2012: organisation and programme[C]//Proceedings of the Institution of Civil Engineers-Civil Engineering. Thomas Telford Ltd, 2011, 164(5): 5-12.

[72] HELMRICH AM, CHESTER MV. Reconciling complexity and deep uncertainty in infrastructure design for climate adaptation[J]. Sustainable and Resilient Infrastructure, 2022, 7: 83-99.

[73] PERL A. Assessing the recent reformulation of United States passenger rail policy[J]. Journal of Transport Geography, 2012, 22: 271-281.

[74] PENG J, OUYANG J, YU L. The model of low impact development of a sponge airport: a case study of beijing daxing international airport[J]. J Water Clim Change, 2021, 12: 116-126.

[75] PRIEMUS H. Development and design of large infrastructure projects: disregarded alternatives and issues of spatial planning[J]. Environment and Planning B: Planning and Design, 2007, 34: 626-644.

[76] SAUNDERS M. Research methods for business students [J]. Person Education Limited, 2009.

[77] SZYLIOWICZ JS, GOETZ AR. Getting realistic about megaproject planning: the case of the new denver international airport[J]. Policy Sci, 1995, 28: 347-367.

[78] VAN DER HEIJDEN RE. Planning large infrastructure projects: seeking a new balance between engineering and societal support[J]. Disp-the Planning Review, 1996, 32: 18-25.

[79] WU L, WEN W, JIANG X, et al. Research on design management process

based on bim-taking the new phnom penh airport project in cambodia as an example[J]. Highlights in Science, Engineering and Technology, 2023, 72: 1414-1422.

[80] ZHANG A. Analysis of an international air-cargo hub: the case of Hong Kong[J]. Journal of air transport management, 2003, 9(2): 123-138.

附录一

大兴机场主要规划设计单位简介

民航机场规划设计研究总院有限公司

1. 公司简介

民航机场规划设计研究总院有限公司(简称"民航总院",是中国民航机场建设集团有限公司的成员单位)前身为民航局场建处设计科,于1954年组建之初即全力投入首都机场的谋划建设。七十年来,民航总院始终坚守"为人民建机场"的初心,先后承担了新中国几乎所有枢纽机场以及大多数支线机场的规划设计任务,在神州大地上设计出一座又一座高品质机场。民航总院也不断开拓海外机场的规划设计任务,在机场规划设计领域形成了显著的核心竞争力,技术实力和所承担的项目规模处于世界机场规划设计企业前列。

民航总院是民航工程建设标准化技术委员会秘书处单位,通过"高新技术企业"认定,获批设立民航首个交通运输行业野外科学观测研究基地,获批设立首家民航机场工程类博士后科研工作站分站。在临空经济规划、港城一体化、工程总承包等方面积累了丰富经验,能够为政府部门、机场公司等提供全方位、全过程的咨询服务。

民航总院主要有四项业务板块,包括机场规划设计板块、咨询评估板块、总包业务板块和海外业务板块。

民航总院是参与北京大兴国际机场建设时间跨度最长的参建单位,是唯一一家参加了机场选址、预可研、可研、总规、设计、施工技术支持、验收试运行全过程的设计单位,并承担了全场主体设计协调的任务。

2. 资质资格

民航总院拥有工程设计民航行业甲级、建筑行业(建筑工程)甲级、市政行业(道路工程)专业乙级,工程勘察专业类(岩土工程)甲级,民航专业甲级资信、国家发改委以及民航局咨询评估短名单等各级各类资质资格。拥有质量管理体系认证、环境管理体系认证和职业健康安全管理体系认证证书。

3. 荣誉奖项

民航总院荣获"全国五一劳动奖状""全国民航五一劳动奖状""北京大兴国际机场建设及运营筹备工作先进集体""民航系统抗击新冠肺炎疫情先进基层党组织"等荣誉称号。

多年来，民航总院创造了一大批优秀的工程项目，创造的优秀工程累计荣获国家级、省部级上百余奖项。荣获鲁班奖3项，詹天佑奖4项，全国优秀工程勘察设计金质奖5项；民用航空主管部门优秀工程设计奖一等奖31项、二等奖24项、三等奖15项。荣获国家级技术奖项33项，以及其他省部级技术奖11项，在同类企业中遥遥领先。

4. 科研创新

民航总院在科研创新领域始终走在行业前列，一直是机场工程领域规范标准的主要编制者和维护者。民航总院拥有自主知识产权55项，包括70余项软件著作权、60余项实用新型专利和20项发明专利，编写了《民用机场飞行区技术标准》《运输机场总体规划规范》《民用运输机场水泥混凝土道面沥青隔离层技术指南》《民用机场场道工程消耗量标准》等40余部行业重要规范标准，持续参与民航5年发展规划编制，参与了京津冀、长三角、粤港澳三大区域民航协同发展战略规划，国家立体交通网规划纲要、十大国际航空枢纽战略规划工作。目前正承担20余项省部级纵向课题，9项工程项目横向课题以及40余部内部课题研究。

北京市建筑设计研究院股份有限公司

北京市建筑设计研究院股份有限公司（BIAD）成立于1949年，是与中华人民共和国同龄的大型国有设计机构。

BIAD的机场设计有着较长的历史，自首都国际机场始建以来至今，BIAD一直为首都机场的建设不间断地提供设计服务。从1958年机场初建时的最老的航站楼，到1980年建成的T1航站楼，之后再到1999年建成的T2航站楼，都留下BIAD几代人辛勤的汗水。近十年来，在中国机场建设的高峰期，BIAD先后承担了首都机场T3航站楼、昆明新机场航站楼、深圳宝安国际机场T3航站楼、南宁吴圩机场新航站楼、桂林机场T2航站楼等五个大型、超大型机场航站楼的工程设计，并参加了十余个机场设计投标工作。多项工程获得国家级、省部级优秀设计，昆明新机场航站楼项目获得2014年亚洲建筑师协会金奖。通过不断积累设计经验、培养了一批具有专业水准的机场设计人员，并于2014年成立了以第四设计院为主干的BIAD机场建筑研究中心。在持续的设计实践过程中，不断总结积累经验，BIAD机场设计团队逐渐形成机场航站区规划、陆侧交通、航站楼建筑设计等核心设计理念和方法，具备了与国际一流设计公司同台竞技的能力。

工程之外，BIAD机场建筑研究中心还承担着《建筑设计资料集》民用机场部分的主编工作，主编在编国标《运输机场旅客航站楼规划设计标准》，参编《城市客运交通枢纽设计规范》，并承担着多项科研任务，在建筑核心期刊发表数十篇学术论文。理论和实践的结合，将进一步提升BIAD机场设计团队整体实力和影响力，我们努力在中国机场建设大潮中奉献更多的力量。

北京市市政工程设计研究总院

北京市市政工程设计研究总院创建于1955年，是以咨询设计为主业，为工程建设项目全过程提供综合性服务的现代科技创新型企业，是中关村国家自主创新示范区"十百千工程"企业，15次被评为"全国勘察设计行业百强单位"。总院具有工程设计综合甲级资质，可承接各行业建设工程项目的设计业务及相应的建设工程总承包、工程项目管理和相关的技术、咨询与管理服务业务。总院同时还具有工程咨询单位甲级资格证书、城乡规划编制乙级资质、工程造价咨询甲级资质、工程勘察专业类工程测量甲级资质、工程勘察专业类岩土工程乙级资质、工程监理甲级资质、施工图设计文件审查机构和工程招标代理资质，具有对外经营权和进出口经营权。

北京市政总院在城市道路和公路系统设计方面具有丰富经验，多次为国家重大工程建设及重大活动提供咨询设计和运维保障，遵循绿色、智慧等理念服务北京"双奥"建设。在城市快速路、高速公路、快速公共交通、城市慢行系统、大型城市综合交通枢纽、城市立交桥梁、特大桥梁、桥梁交通低影响快速建造、桥梁快速检测加固及置换、长大隧道、城市地下道路、大直径盾构建设以及交通仿真与模拟分析、大型活动交通组织、智慧交通等领域形成了专业特色优势，多次获得国家科技进步奖、中国土木工程詹天佑奖、国家优质工程奖、全国优秀工程勘察设计奖、全国优秀工程咨询成果奖等国家奖项，以及菲迪克优秀工程、ENR、尤金.菲戈等国际奖项。

北京市政总院接道路建设超10 000 km，桥梁近4 000座。织密城市路网，构建北京城市快速交通体系，打通了京礼高速公路、延崇高速公路、北京大兴国际机场高速公路等多条城市发展"脉络"；打造了北京东六环超大直径盾构地下道路、深圳首条海底隧道、世界首座双层出发离港桥、北京新首钢大桥等多项地标性工程；推出精细化、智能化的综合交通治理方案，建成北京海淀中关村、朝阳CBD等智慧交通示范区，致力于解决制约城市发展的交通难点和痛点，推动智慧交通基础设施和平台建设。

北京市政总院本次在大兴国际机场承接的勘察设计工作包括主进场路改造、航站区道路及高架桥、航站区停车场、航站楼前综合管廊、航站区市政公用配套设施等。

中国中元国际工程有限公司

中国中元国际工程有限公司(简称中元国际)隶属于中国机械工业集团有限公司，是集科技研发、工程咨询、工程设计、工程总承包、项目管理和设备成套为一体的国有大型科技型工程公司。

中元国际成立于1953年，前身是机械工业部设计研究总院。经过70多年的砥砺前行，中元国际走出了一条专业化、综合化、多元化相结合的发展之路。公司业务领域涵盖医养健康、民用建筑、现代物流、新型工业、能源工程、环保工程、国际工程、数字化、产品研发多个业务板块，提供包含规划咨询、工程设计、工程建设、项目运营在内的建筑工程建设全产业链、全生命周期的专业化服务。

中元国际具有工程设计综合甲级资质，建筑工程施工总承包壹级，工程监理综合资质，城乡规划编制、工程咨询、工程造价甲级，专业承包壹级(电子与智能化工程、建筑装修装饰工程、消防设施工程、建筑机电安装工程)资质，对外援助项目全过程工程咨询各阶段资格、压力管道设计资格、消防安全评估许可、医疗器械经营许可、对外贸易经营许可等各类经营资质和经营许可证书40余项，是全国首批工程设计综合甲级资质单位、工程监理综合资质单位及住建部首批"全过程工程咨询试点企业"。公司获得"亚洲建协中国大陆十大设计机构""全国勘察设计单位综合实力百强企业""全国勘察设计行业创新型优秀企业""全国文明单位"等多项称号，数十年来跻身于全国勘察设计综合实力、工程承包和项目管理百强单位的行列，是国家援外工程的核心骨干企业。

公司以"创造价值、筑就美好"为使命，秉承"价值导向、创新驱动、责任担当、追求卓越"的价值观和"卓越无止境"的企业精神，为打造成为具有国际竞争力"卓越工程引领者"的美好愿景而不断努力。

中元国际典型业绩：中华人民共和国驻美国大使馆办公楼、中国科学院国家天文台FAST观测基地、中白工业园、梅兰芳大剧院、中央歌剧院、中国航空集团总部大厦、横琴口岸及综合交通枢纽开发工程以及各类援外项目。在非典、新冠疫情期间充分发挥国企先锋作用，小汤山方舱、火神山方舱、雷神山方舱等的建设贡献自己的力量。

中元国际在大兴机场建设中，参与设计多项工程内容，具体如下。

序号	服务项目	项目基本介绍
1	货运区总体规划	近期北货运区，占地163.62 hm^2
2	机场货运工程	项目规模：77 058.66 m^2，处理能力：60万 t/年
3	南航货运工程	项目规模：80 760.99 m^2，处理能力：65.2万 t/年

续表

序号	服务项目	项目基本介绍
4	东航货运工程	项目规模:108 892.57m²,处理能力:75 万 t/a
5	南航航食工程	项目规模:53 192 m²,高峰产能:10 万份标准餐/日、10 万份冷冻餐/d
6	航站楼行李处理系统	近期高峰小时行李流量约 9 500 件/h,远期高峰小时行李流量约 1.5 万件/h
7	能源工程	大兴机场本期工程内各建筑单体的供热和供冷需求
8	其他工程	公务机楼、武警用房、安防中心

附录二

大兴机场规划设计专项课题研究工作一览表

序号	项目名称	承担单位
选址阶段专项课题研究工作		
1	北京新机场选址报告	民航总院
2	北京新机场选址区域经济背景分析研究报告	国务院发展研究中心
3	北京新机场航空运输需求分析	中国国际工程咨询公司
4	北京新机场市场需求预测	民航科学研究院
5	北京新机场选址报告—首都地区多机场系统研究	民航总院
6	北京首都机场与第二机场发展研究咨询	民航总院
7	北京新机场选址报告—绿色机场研究	民航总院科研基地
8	北京新机场选址报告——空域研究	华北空管局、民航总院
9	首都机场与第二机场发展研究咨询	巴黎机场集团
(预)可行性研究阶段专项课题研究工作		
10	北京新机场预可行性研究报告	民航总院
11	北京新机场可行性研究报告	民航总院
12	飞行程序编制	华北空管局
13	北京新机场综合交通规划研究	发改委综合运输研究所
14	新机场综合交通规划	民航总院、交通部规划院、铁三院、北规院、河北规划院
15	北京新机场洪水影响评价	中水北方勘测设计研究有限责任公司
16	北京新机场洪水淹没分析及防洪规划研究	北京市水利规划设计研究院

续表

序号	项目名称	承担单位
17	北京新机场对永定河洪水调度方案影响专题研究	水利部海河水利委员会咨询中心
18	天堂河北京新机场段河道改道规划研究	北京市水利规划设计研究院
19	北京新机场水资源论证	北京市水利规划设计研究院
20	北京新机场工程水土保持方案	中国水利水电科学研究院
21	北京新机场工程环境影响评价报告	民航总院
22	节能评估报告	民航总院
23	土地调查及土地预审	北京中地华夏土地房地产评估有限公司
24	文物保护调查报告	北京市文物研究所
25	矿产压覆调查	河北省国土资源利用规划院
26	北京新机场场区地震安全性评价	中国地震局地壳应力研究所
27	北京新机场地质灾害危险性评估	建设综合勘察设计研究院有限公司
28	电磁环境监测与评估	北京市无线电监测站
29	咨询（电磁环境监测）	北京市无线电监测站
30	北京新机场社会稳定风险分析	民航总院
规划阶段专项课题研究工作		
31	大兴机场总体规划概念设计	民航总院
32	大兴机场总体规划报告编制	民航总院
33	大兴机场空域运行模拟仿真	民航总院、JEPPESEN（杰普逊公司）、华北空管局
34	大兴机场地面运行模拟仿真及跑道构型研究	民航总院
35	大兴机场控制性详细规划及城市景观设计	民航总院 北京市建筑设计研究院股份有限公司
36	大兴机场弱电信息系统规划合同	德电（中国）信息通信集成系统有限公司
37	新机场货运物流发展战略及规划方案咨询	艾思赋国际咨询（北京）有限公司
38	大兴机场热、电、冷联供方案专项研究	中国中元国际工程公司
39	大兴机场供热方案专项研究	中国中元国际工程公司
40	大兴机场供冷方案专项研究	中国中元国际工程公司

续表

序号	项目名称	承担单位
41	大兴机场绿色建设主体研究	科研基地、清华大学、股份公司
42	大兴机场绿色建设国际研讨会咨询服务合同	北京中企卓创科技发展有限公司
43	大兴机场绿色机场建设主体研究	北京中企卓创科技发展有限公司
44	关于大兴机场旅客吞吐量的思考	民航总院
45	中国市场展望、高速铁路的影响	波音民用飞机集团
46	北京机场系统研究	巴黎机场管理公司（ADPm）
47	大兴机场跑道构型研究	民航总院
48	大兴机场航站区规划方案征集	荷兰机场咨询公司（NACO）、美国兰德隆·布朗（L&B）公司、巴黎机场工程咨询公司（ADPi）、美国瑞康道航空咨询公司（Ricondo）
49	大兴机场航站区应征方案梳理分析	民航总院
50	大兴机场综合交通枢纽项目策划研究	中国民航管理干部学院

附录三

大兴机场规划设计主要管理工作内容清单

工作子项	主要工作内容
选址阶段主要管理工作内容	
初步确定机场性质和规模	(1) 科学、合理确定"一市两场"下的功能定位、运量分配等重要问题 (2) 通过对航空市场的分析预测,借鉴国内外经验,按照北京"一市多场"的总体发展目标,对各机场的功能定位做初步展望 (3) 对北京"一市多场"以及天津机场的运量分配提出初步假设
选址报告编制及申请	(1) 民航局成立选址工作领导小组,明确了空域优先、服务区域经济社会发展、军民航兼顾、多机场协调发展、地面综合条件最优五大选址原则 (2) 民航局选址工作小组并行委托有关单位开展了选址空域、区域经济背景、多机场系统、绿色机场选址等一系列专题研究,在各项专题研究成果的基础上,汇总编制《北京新机场选址报告》 (3) 民航局选址工作小组向民航局党委做《北京新机场选址报告》汇报,在广泛征求意见的基础上,组织有关单位修改完善《北京新机场选址报告》
选址报告委托及评审	(1) 民航局选址工作小组将《北京新机场选址报告》上报给国家发改委牵头的北京新机场选址工作协调小组 (2) 北京新机场选址工作协调小组办公室组织召开了北京新机场选址专家评审会,对选址报告进行了全面、深入、科学、公正的分析论证 (3) 民航局选址工作小组组织编制单位对评审意见(包括专家组意见、专家个人意见和参会代表意见、专项审查意见等)进行逐条答复,并对选址成果报告进行补充、修改和完善,形成选址成果报告审定稿,提交复核
预可行性研究阶段主要管理工作内容	
预审阶段	(1) 组织编制《北京新机场预可行性研究报告》,在预可研报告的编制过程中,指挥部认真组织,细化分工,专人专职负责相关工作。形成了每周的工作例会制度,与报告编制单位就可研编制过程中存在的问题密切沟通,及时将存在的问题提交指挥部领导讨论,调整工作方案,保证预可研报告编制工作得以有效推进 (2) 委托中咨公司对《北京新机场预可行性研究报告》进行咨询评估,并取得《工程预可行性研究报告评估意见》 (3) 根据《工程预可行性研究报告评估意见》委托相关单位进行补充研究(委托中咨公司、中国民航科学技术研究院分别独立开展"北京新机场航空运

续表

工作子项	主要工作内容
预审阶段	输市场需求研究"；委托国家发改委综合交通运输所开展"北京新机场综合交通规划研究"），并组织对《北京新机场预可行性研究报告》进行修改和完善 (4) 积极配合北京市、河北省做好相关的准备，完成预可研的报批工作
国家发改委审批阶段	(1) 经过与国家发改委、项目评估机构、地方规划行政主管部门沟通，指挥部梳理完善项目立项及预可研评估所需的各项文件清单，并据此积极做好了立项评估的相关文件准备工作 (2) 配合国家发改委进行项目立项评估，认真做好会前的各项沟通和会前准备工作 (3) 会后，针对评估会的意见及重点问题，及时系统梳理会议达成的共识、存在的重点问题、指挥部相关建议等问题汇报材料，及时向集团公司、民航局进行汇报 (4) 配合协助中咨公司完成评估报告的编写，及时反馈指挥部意见建议、综合交通、市政设施以及基地航空公司等重点问题的协调进展情况，督促获取《项目立项评估意见》 (5) 组织预可研报告编制单位研究整改措施，提出整改意见报国家发改委和中咨公司，并根据专题会的意见，规划设计部初步明确了各重点问题的解决方案，对相关问题进行了有针对性的梳理和分解 (6) 全力做好配合国家发改委立项上报程序工作，及时将指挥部的需求转达到高层，同时代拟上报、批复文件，配合完成向国务院汇报的备会材料等一系列工作 (7) 国家发改委和解放军总参谋部联合向国务院上报"有关建设北京新机场的请示报告"，全过程密切跟踪立项审批过程，必要时协助配合相关事项工作
可行性研究阶段主要管理工作内容	
各项专题研究	(1) 委托有资质的专业咨询单位编制水土保持、节能评估、环境影响评价、社会稳定风险评估、飞行程序以及规划选址意见书等可研支持性报告或文件，上报相关审批机关 (2) 与审批机关进行积极沟通，协调审批机关组织召开专家评审会，并根据评审意见组织编制单位进行补充完善后及时获取批复
预审阶段	(1) 在预可报告评估完成后，全面启动了可研阶段工作的梳理工作，召开北京新机场可行性研究报告编制工作启动会，以指挥部层面下发了《北京新机场可研编制工作任务分解表》 (2) 在分析、研究预可研报告专家评估意见的基础上，广泛征求、收集空管、军方等各方意见 (3) 协助参编技术人员对未来北京新机场各驻场单位、北京市、河北省相关部门进行了大量的走访、调研，取得一手资料 (4) 协助参编技术人员对航空业务量预测数据进行进一步的梳理、分析，最终确定设计参数，为可研报告编制工作的顺利开展奠定了基础 (5) 组织《北京新机场可行性研究报告》编制，在可研报告的编制过程中，指挥部认真组织，细化分工，专人专职负责相关工作。形成了每周的工作例会制度，与报告编制单位就可研报告编制过程中存在的问题密切沟通，及时将存在的问题提交指挥部领导讨论，调整工作方案，保证可研报告编制工作得以有效推进

续表

工作子项	主要工作内容
预审阶段	(6) 持续加强与海关、边检、检验检疫、口岸办、外联办等联检及政府单位的沟通，与北京市口岸办协同工作，基本理清新机场联检单位的非现场设施的投资模式，在向指挥部领导汇报后，有关意见纳入了可研报告，并通过专家评审 (7) 及时协调、督促空管、航油等其他项目法人同步推进可研报批工作，保障整体工作的顺利进行 (8) 委托中咨公司对《北京新机场工程可行性研究报告》进行咨询评估，取得《工程可行性研究报告评估意见》 (9) 根据《工程可行性研究报告评估意见》组织编制单位对《北京新机场工程可行性研究报告》进行修改和完善
国家发改委审批阶段	(1) 经过与国家发改委、项目评估机构、地方规划行政主管部门沟通，指挥部梳理完善项目可研评估所需的各项文件清单，并据此积极做好了可研评估的相关文件准备工作 (2) 配合国家发改委进行项目可研评估，认真做好会前的各项沟通和会前准备工作 (3) 会后，针对评估会的意见及重点问题，及时系统梳理会议达成的共识、存在的重点问题、指挥部相关建议等问题汇报材料，及时向集团公司、民航局进行汇报 (4) 配合协助中咨公司完成评估报告的编写，及时反馈指挥部意见建议、综合交通、市政设施以及基地航空公司等重点问题的协调进展情况，督促获取《项目可研评估意见》 (5) 组织可研报告编制单位研究整改措施，提出整改意见报国家发改委和中咨公司，并根据专题会的意见，初步明确各重点问题的解决方案，对相关问题进行针对性梳理和分解 (6) 全力做好配合国家发改委立项上报程序工作，及时将指挥部的需求转达到高层，同时代拟上报、批复文件，配合完成向国务院汇报的备会材料等一系列工作 (7) 全过程密切跟踪可研报告批复过程，必要时协助配合相关事项工作
规划阶段主要管理工作内容	
总体规划研究	(1) 指挥部超前启动总体规划研究，组织开展总体规划概念设计，明确了航站区规划目标，按照"单、双航站区模式→陆侧区域布局模式→道路穿越方式"的顺序对航站区主要规划要素进行逐一研究后，形成了中央航站区规划方案，并征询国家发改委、民航局有关司局各级领导的指示精神 (2) 指挥部委托中国民航工程咨询公司组织开展航站区规划方案的国际征集工作 (3) 指挥部及时组织设计单位梳理分析征集成果 (4) 指挥部委托有资质的专业咨询单位编制各项专题研究报告并组织评审 (5) 指挥部组织编制《北京新机场总体规划(第一阶段报告)》，重点对航空业务量预测、跑道构型、航站区规划、功能分区、综合交通及近期建设计划等关键问题进行方案比选及分析 (6) 指挥部组织召开《北京新机场总体规划(第一阶段报告)》编制工作汇报会，形成专家咨询意见 (7) 结合已经开展的综合交通规划方案研究、空域运行仿真、地面运行仿真和货运物流规划等，指挥部组织编制单位继续深入推进《北京新机场总体规划报告》的细化、优化工作

续表

工作子项	主要工作内容
总体规划研究	(8) 指挥部陆续开展了综合交通场内外衔接方案、航空公司发展规划、通信规划等工作,基本确定了跑道构型、功能分区、航站区规划方案、陆侧交通布局等关键事项,组织编制单位形成《北京新机场总体规划(报审稿)》 (9) 根据可研报告变化情况,指挥部组织编制单位及时完善了《北京新机场总体规划(报审稿)》,并提请民航局开展预审工作 (10) 配合民航局组织召开北京新机场总体规划预评审会,获得《北京新机场总体规划预评审会专家组预评审意见》 (11) 按照预评审专家组意见,并结合北京市、河北省有关部门的意见,指挥部组织编制单位进一步修改完善《北京新机场总体规划(报审稿)》,并提交民航局 (12) 配合民航局组织召开北京新机场总体规划评审会,获得《北京新机场总体规划评审会专家组预评审意见》;根据专家评审意见,指挥部组织编制单位对《北京新机场总体规划(报审稿)》的内容继续进行修改与完善 (13) 民航局、北京市、河北省对《北京新机场总体规划报告》进行联合批复,跟踪总体规划报告批复过程,必要时协助配合相关事项工作
控制性详细规划研究	(1) 按照《民用机场建设管理规定》以及办理《建设用地规划许可证》《建设工程规划许可证》、配套工程勘察设计招标备案等相关要求,组织开展近期建设详细规划、控规的编制工作 (2) 强化控规编制事前、事中、事后的全过程管理,围绕各个主要阶段成果,持续和基地航空公司、空管、一关两检等多家业主单位沟通协调,听取相关建设单位意见并及时消化,确保编制成果的可实施性 (3) 民航局机场司、北京市规划和国土资源管理委员会、河北省廊坊市城乡规划局共同组织专家论证会,对《北京新机场控制性详细规划》进行技术论证,待通过后报送所在地民航地区管理局备案 (4) 按照"统一征用、统一规划、统一建设、统一管理"原则实施规划管控,统筹建设驻场单位配套设施,搭建多层面的工作平台
专项规划研究	(1) 综合交通规划:指挥部组织民航总院牵头开展工作,协调公路、铁路、城轨等各种运输方式咨询机构,会同北京市、河北省的有关单位开展新机场外围京津冀综合交通体系衔接配套规划,待论证后上报北京新机场建设领导小组审议 (2) 信息弱电系统规划:指挥部组织设计单位对20余家单位进行了访谈调研,结合新机场建设规划和国内外标杆机场的先进经验,进行了详尽的需求分析,提出了以Airport3.0为核心的运行概念,对新机场的70余个系统进行了全面规划,通过召开内外部评审会和专家评审会,并充分吸纳各方意见建议,对规划成果进行优化完善 (3) 通信规划:指挥部对首都机场股份公司、空管局、各通信运营商等多个单位进行调研,对新机场通信系统建设思路进行细致研讨,形成了阶段性成果,对基础设施、公众通信网、专用通信网、建设运营模式等做出框架规划 (4) 绿色机场规划研究:组织召开了主题为"把脉世界绿色建设潮流,推动北京新机场绿色建设"的国际研讨会,邀请国内外知名专家对北京新机场绿色建设工作展开研讨;组织科研单位完成新机场绿色机场纲要与绿色机场框架体系的研究与编制,并正式发布《绿色机场建设纲要与框架体系》,为新机场绿色建设指明方向,推进新机场绿色建设主体研究工作,组织编制《绿色机场评价方法研究》《控制性详细规划绿色专项设计任务书》

续表

工作子项	主要工作内容
专项规划研究	(5) 地面仿真研究：组织设计单位系统梳理了新机场今后各个设计阶段的地面仿真工作任务，并配合可研报告的编报需求，结合不同类型的航站楼方案完成了空侧地面运行效率的仿真研究。相关的研究成果已为可研专家咨询论证会，以及航站楼方案的比选工作提供了数据支持
设计阶段主要管理工作内容	
方案设计	(1) 方案设计阶段的输入管理应收集、整理此阶段的输入资料，完成与设计单位资料交接、记录及资料备案。方案设计阶段输入资料宜包括下列内容： ① 方案招标技术要求； ② 用地规划条件及地形图； ③ 项目所在地区的地质、气象报告； ④ 项目用地周边市政资料； ⑤ 项目预可研报告和可研报告； ⑥ 项目设计任务书。 (2) 方案设计阶段的进度控制： ① 根据项目总进度计划要求，制定方案设计进度控制计划； ② 建立方案设计进度控制程序，全过程督促方案设计进度； ③ 按照计划完成方案设计工作及方案设计评审工作； ④ 动态跟踪方案设计进度的执行情况，督促方案设计单位按照计划完成方案设计及优化工作并及时组织方案设计评审工作； ⑤ 发现进度偏差的，要求方案设计单位分析原因，制定纠偏措施，将拖后的设计进度赶回来 (3) 方案设计阶段的质量控制：对阶段性的方案设计成果进行设计评审，并督促落实评审意见 (4) 方案设计阶段的投资控制：应用价值工程和限额设计等管理技术和方法，对设计方案进行技术经济分析评价和优化 (5) 方案设计阶段的输出管理应依据合同签收设计单位输出文件，核查文件的完整性，完成文件交接、记录及备案。方案设计输出文件宜包括下列内容： ① 设计说明书； ② 总平面图以及相关建筑专业设计图纸； ③ 设计委托或设计合同中规定的透视图、鸟瞰图、模型等
初步设计	(1) 初步设计阶段的输入管理应收集、整理此阶段输入资料，完成与设计单位资料交接、记录及资料备案。初步设计阶段输入资料宜包括下列内容： ① 政府有关部门对项目的方案设计批复文件和会议纪要； ② 经政府有关部门批准的方案设计文件； ③ 对方案设计文件的补充意见； ④ 初步设计启动函 (2) 初步设计阶段的进度控制： ① 根据项目总进度计划要求，制定四个批次的初步设计进度控制计划； ② 建立初步设计进度控制程序，全过程督促设计进度； ③ 按照计划完成初步设计工作及初步设计评审工作；④ 动态跟踪初步设计进度的执行情况，督促初步设计单位按照计划完成初步设计及优化工作并及时组织初步设计评审及报批工作；

续表

工作子项	主要工作内容
初步设计	⑤ 发现进度偏差的,要求初步设计单位分析原因,制定纠偏措施,将拖后的设计进度赶回来 (3) 初步设计阶段的质量控制: ① 组织各设计单位间的配合,组织对各设计单位的设计成果进行对图、会签,确认各设计单位间设计接口条件已满足; ② 对各批次初步设计成果进行审核,督促设计单位根据审核意见进行整改,形成审核报告并归档 (4) 初步设计阶段的投资控制:应用价值工程和限额设计等管理技术和方法,对设计方案进行技术经济分析评价和优化,确保造价限额设计目标实现 (5) 初步设计阶段的输出管理应依据合同签收设计单位输出文件,核查文件的完整性,完成文件交接、记录及备案。初步设计输出文件宜包括下列内容: ① 设计说明书; ② 总平面图、各专业设计图纸; ③ 设计委托或设计合同中规定的专项设计图纸; ④ 主要设备或材料表; ⑤ 设计概算
施工图设计	(1) 施工图设计阶段的输入管理应收集、整理此阶段输入资料,完成与设计单位资料交接、记录及资料备案。施工图设计阶段输入资料宜包括下列内容: ① 政府有关部门对项目的初步设计批复文件和会议纪要; ② 经政府有关部门批准含投资概算的初步设计文件; ③ 对初步设计文件的补充意见; ④ 施工图设计启动函 (2) 施工图设计阶段的进度控制: ① 根据项目总进度计划要求,制定各批次的施工图设计进度控制计划; ② 建立施工图设计进度控制程序,全过程督促设计进度; ③ 按照计划完成施工图设计工作及施工图设计审图工作; ④ 动态跟踪施工图设计进度的执行情况,督促施工图设计单位按照计划完成施工图设计及优化工作并及时组织施工图设计送审工作; ⑤ 发现进度偏差的,要求施工图设计单位分析原因,制定纠偏措施,确保设计进度 (3) 施工图设计阶段的质量控制: ① 组织各设计单位间的配合,组织对各设计单位的设计成果进行对图、会签,确认各设计单位间设计接口条件已满足; ② 对各批次施工图设计成果进行审核,督促设计单位根据审核意见进行整改,形成审核报告并归档 (4) 施工图设计阶段的投资控制:应用价值工程和限额设计等管理技术和方法,对设计方案进行技术经济分析评价和优化,确保造价限额设计目标实现 (5) 施工图设计阶段的输出管理应依据合同签收设计单位输出文件,核查文件的完整性,完成文件交接、记录及备案。专项设计施工图宜与主体施工图一体化输出,确有困难时可以分阶段输出。施工图设计输出文件宜包括下列内容: ① 合同要求所涉及的所有专业设计图纸,涉及消防、人防、抗震、节能、环保、卫生防疫、绿色建筑、海绵城市、装配式建筑等均应有相应设计图纸; ② 设计委托或设计合同中规定的专项设计图纸

续表

工作子项	主要工作内容
施工图深化设计	(1) 施工图深化设计阶段的输入管理应收集、整理此阶段输入资料,完成与深化设计单位资料交接、记录及备案。深化设计阶段输入资料宜包括下列内容: ① 涉及深化设计的相关主体设计施工图; ② 经指挥部确认的材料或设备厂商提供的技术资料; ③ 其他相关会议纪要及资料 (2) 施工图深化设计阶段的进度控制: ① 根据项目总进度计划要求,制定各批次施工图深化设计进度控制计划; ② 建立施工图深化设计进度控制程序,全过程督促设计进度; ③ 按照计划完成施工图深化设计工作及施工图审核设计审核确认工作; ④ 动态跟踪施工图深化设计进度的执行情况,督促深化设计单位按照计划完成施工图深化设计及优化工作并及时组织主设计单位对施工图深化成果进行审核确认; ⑤ 发现进度偏差的,要求深化设计单位分析原因,制定纠偏措施,确保设计进度 (3) 施工图深化设计阶段的质量控制: ① 组织各设计单位间的配合,组织对各设计单位的设计成果进行对图、会签,确认各设计单位间设计接口条件已满足; ② 对各批次施工图设计成果进行审核,督促深化设计单位根据主设计单位的审核意见进行整改并归档 (4) 施工图设计阶段的投资控制:应用价值工程和限额设计等管理技术和方法,对施工图深化设计方案进行技术经济分析评价和优化,确保造价限额设计目标实现 (5) 施工图深化设计阶段的输出管理应签收深化设计单位输出文件,核查文件的完整性,完成文件交接、记录及备案。深化设计输出文件宜包括下列内容: ① 经主体设计单位和提供资料厂家复核会签后的深化设计图纸; ② 相关的材料设备清单
施工阶段配合	(1) 组织施工、监理和设备材料采购招标投标及相关合同策划与签订工作 (2) 参与对施工单位施工组织设计的审查,对实现设计意图的主要施工技术方案、质量、进度及费用保证措施做必要的论证 (3) 准确、齐全地向施工单位、监理单位等有关单位提供施工图设计文件和有关工程施工的资料 (4) 组织设计、监理、施工单位进行施工图设计会审和设计交底 (5) 做好施工过程中的相关设计接口工作,处理设计与施工质量进度、费用之间的接口关系 (6) 参与现场质量控制工作,参与工程重点部位及主要设备安装的质量监督等 (7) 督促设计单位配合施工,协同设计单位,参加施工中主要技术问题的设计校核与处理等 (8) 进行有关设计的施工质量跟踪检查,发现偏差时,及时与设计、施工和监理等单位沟通,处理并解决现场问题 (9) 做好采购过程中的设计接口管理工作 (10) 严格控制工程变更,及时处理设计变更(包括设备材料的变更),修改设计文件。工程变更造成合同工程的工程量发生变化,施工进度和费用亦随之发生变化,故应包括因变更而引起的施工进度和费用控制工作

续表

工作子项	主要工作内容
施工阶段配合	（11）合理确定工程结算价款，控制工程款支付的条件，工程进度款的支付以及索赔等 （12）组织设计单位参与重要隐蔽工程、单位、单项工程的中间验收，整理工程技术档案等 （13）明确与政府相关管理部门、施工、采购和有直接关系的市政配套单位之间在设计工作方面的关系，全面及时做好设计沟通协调工作 （14）统筹工程竣工及行业验收 （15）按信息管理规定要求，负责做好设计管理所涉的项目文件资料管理的信息管理工作

内 容 提 要

本书以高质量发展理念和工匠精神为引领,深入挖掘创新、协调、绿色、开放、共享五大新发展理念在北京大兴国际机场规划设计及其管理过程中应用的要点与举措。通过实践界和理论界共同参与的"扎根式"案例研究,全书"全景式"呈现大兴机场的规划设计及管理过程,对大兴机场选址、决策研究、总体规划和详细规划、工程设计的技术、组织和管理问题进行系统的梳理和阐述,凝练出"一个目标、二元治理、三级组织、四型机场、五项理念、六项机制"的大兴机场规划设计管理模式。

本书可以为大型基础设施工程特别是机场工程规划、设计、管理实践者提供有益的参考,也可以从复杂工程管理理论的角度为研究者提供一个典型案例。可供从事大型复杂工程的规划设计、建设管理和工程管理理论研究等人员使用,也可以作为大专院校工程管理案例课程参考资料使用。

图书在版编目(CIP)数据

北京大兴国际机场规划设计 / 刘春晨主编. --上海:同济大学出版社,2024.12 --(中国大型交通枢纽建设与运营实践丛书). -- ISBN 978-7-5765-1426-1

Ⅰ. TU248.6

中国国家版本馆 CIP 数据核字第 202466GQ42 号

北京大兴国际机场规划设计

刘春晨　主编

| 责任编辑 | 姚烨铭 | 责任校对 | 徐春莲 | 封面设计 | 陈益平 |

出版发行	同济大学出版社　　www.tongjipress.com.cn
	(地址:上海市四平路1239号　邮编:200092　电话:021-65985622)
经　　销	全国各地新华书店
排　　版	南京文脉图文设计制作有限公司
印　　刷	上海安枫印务有限公司
开　　本	787mm×1092mm　1/16
印　　张	25.25
字　　数	490 000
版　　次	2024 年 12 月第 1 版
印　　次	2024 年 12 月第 1 次印刷
书　　号	ISBN 978-7-5765-1426-1
定　　价	168.00 元

本书若有印装质量问题,请向本社发行部调换　　版权所有　　侵权必究